風土工学への道

―挫折の人生から生まれた起死回生の工学論―

竹林 征三

父、勝吉・出征時
母、聞子に抱かれているのが征三（1 歳半頃）

「平成 28 年 5 月　那覇での講演会」

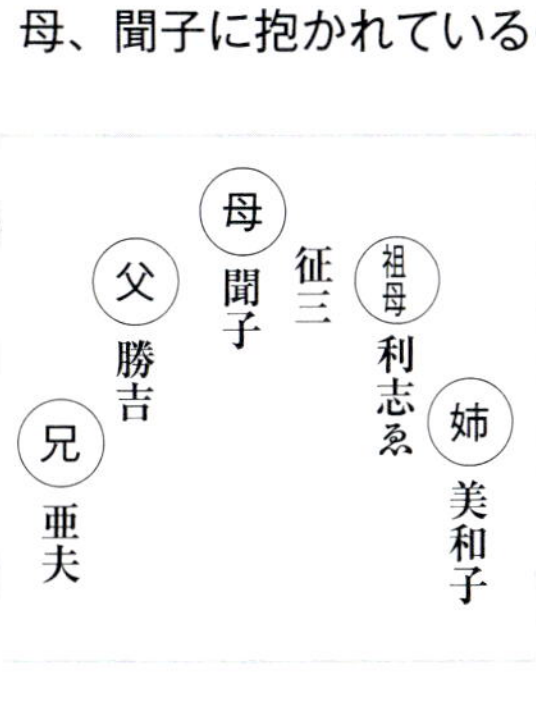

父勝吉が出征の時に撮られた写真。私は出征時に生まれた３人目ということで征三となった。

3列目真中より右２人目が竹林

前列左より２人目が松本零士、４人目が谷垣長官、後列真中が竹林

土研ダム部長当時、新年に土研ダム部のダルマの目入れ。
後にダム部のマークと旗をつくった

ダム技術センター時代、世界大ダム会議ロンドンにて。　右端は柴田功さん

琵琶湖の所長時代。新年の御用始め。全所員と共に。（出張所の職員はいない）

建設省　甲府工事々務所幹部一同　昭和62年1月5日

竹林所長を中心に副所長、課長、出張所長全員、所長室にて

風土工学への道　目次

風土工学への道 ――挫折の人生から生まれた起死回生の工学論――　目次

【三】履歴

風土工学への道
―― 挫折の人生から生まれた起死回生の工学論 ――

はじめに

還暦を過ぎてから物忘れをするようになってきたが、あまり気にしないようにしてきた。ところが、古稀の声を聞くようになって、急激にもの忘れが増加してきた。大切な人の名や物事がなかなか思い出せない。そのようなことが度々起きる。この先どうなるか一抹の不安を覚えるようになってきた。

そこで、今の内に何でも記憶しているものを思い出して書きとめ、いずれ子供や心ある方々に読んでもらう自叙伝にでもしようかと、自分のこれまでの人生の一コマ一コマを書きとどめることとした。いざ取りかかってみると、この作業は思いのほか、人生を顧みる良い機会となった。自分に対する他人の評価はもちろん、自分自身の評価も今まで考えてみなかったことにいろいろ気が付いてきた。

〈一点目〉は、遊び盛りの子供時代、学生時代、勤め始めた青二才の頃のことをいろいろ書き出すと、現在だけでなく、どの時代も必死で過ごしてきたその生き様は、〝風土工学の普及啓発〟を目的に必死で動き回っている現在の生き様と全くそっくりなことに唖然となる。〝三つ子の魂百まで〟という先人訓を実感する。

〈二点目〉は、曲折に翻弄され、わずかな順風もあったが失敗と挫折続きで、波欄万丈の末、今があると思っていた。しかし、実際は、現在の生き様をまっしぐらに寄り道もせずに突き進んで来たという感じになっていることに気が付いた。これまでの人生の一コマ一コマが全て現在の私を作っている。無駄な寄り道人生などの時間ロスが全くなかったと思えてきた。

〈三点目〉は、私は子供のころから奥手で、自分の意見をうまく表現できずに誤解されることが多かった。私の一つ上の兄は、子供のころからいつも人から良い評価を受けていたが、私は評価されるどころか損な役回りになり、〝僕、損や〟という事を口癖のようによく言っていたようだ。この年になるまで、私のこの損な役回りの人生は生まれ持った宿命だと言い聞かせてきた。しかし振り返りよく考えると、逆に身近な方々から羨まれている存在、得な役回りの人生を歩んでいたことを思い知らされた。

〈四点目〉は、いつも〝必死のパッチ〟（注）でやってきたものの、反省ばかりで悔やむことばかりの人生のように思ってきたが、自叙伝を書き進めるにつれ、むしろ誇り高い実に豊かな人生を歩んできたと思えるようになってきた。今改めてわが人生に全く悔いなしという心境である。

そんなわけで、この人生回顧録のタイトルは『風土工学への道』――挫折の人生から生まれた起死回生の工学論――とした。まさに七転八倒の人生は風雪の人生であり、逆境から生まれた学問であり私の人生史の表題として一番ふさわしいと思っている。

何はともあれ、七転八倒の苦しみも必死のパッチであがきながら、なんとか七転び八起の人生で締めくくりたいものだと思っている。

ところで、私が「七転八倒」の人生だったと言ってもピンと来ない方もいるかもしれないので、思いつくままいくつかを列挙してみる。

①京大医学部入試の失敗 ②建設省入省時の面接の失敗 ③上司も部下も反対する四面楚歌の中での武村知事との無謀な戦争 ④深夜の点滴救急病院のベッドからの通勤百数十日。強度な喘息発作でこのまま死んでしまうかもと覚悟した ⑤第二の人生就職先が全て閉ざされ暗澹たる日々 ⑥必死で立ち上げ育てた二つの研究所の閉鎖を余儀なくされた悔しさと惨めさ ⑦コンクリートから人への世の風潮の中、風土を大切にする風土工学の重要性が世の中から見捨てられかけた、何とも情けない思いの日々等々。

これらの七難に遭遇する度、世のため、人のために役立ったと自負できる若き日の人生の夢は泡沫と消えてしまうのか！ 私の人生もこれで御仕舞か！ と悩む一方、「こんなことで負けてたまるか！ 人の評価は墓場に入るときに決まるのだ」と言い聞かせて、必死のパッチでもがき苦しんだ後、七転びの後の最後に立ち上がり、八起することができた。

考えてみれば、これらの七難が無ければ誰もが考え付かなかった『風土工学』という学問も『環境防災学』という学問も構築できなかったであろう。これらの学問は苦しみのドン底の中で突如ひらめき考え付いたものである。まるで神様が私に授けてくださったご褒美のように思えてくる。こんな素晴らしいご褒美を神様から頂けるなんて、私はなんて幸せ者なのでしょう。

最後に、これまで仕事一筋にやってこれたのは、妻・聖子の理解があったからだと思います。妻と二人の娘に末筆ながら感謝の意を表します。

著者 平成二十八年七月記す

(注)

〝必死のパッチ〟は大阪弁で一生懸命の強調語である。どういう意味由来か分からないまま、子供のころから口癖でよく喋ってきた。由来を調べてみれば何説もある。①将棋の駒の桂馬は進路が二又に分かれるので又引き(大阪弁でパッチという)になぞらえて隠語で言う。②「ＨＩＳＳＩ」「ＰＡＴＴＩ」と韻を踏んでいる。「七と八」のことをリズムのある語呂合わせで言う。「余裕のヨチャン」というのと同じ。

ふるさとの風土

ふるさとには
その地に暮らす人が気づいていない
その地ならではの風土がある
訪ね来た人が気づき心打たれる
美しき風土がある

山を見つめれば
風土はその輝きを増してくる
川に語りかければ
風土は雄弁に答えてくれる
風に耳を澄ませば
風土の息吹が聞こえてくる
鎮守の杜に佇めば
風土の温もりが伝わってくる
ふるさとの風土は
森羅万象を抱いて輝いている

(竹林征三作)

第一部　序章

【一】挫折の人生を振り返る

［1］私の勉強法・半独学の道

私は小学校から大学・大学院まで教育を受け、社会人になるまで学校に通ったことになっている。小学校時代から高校卒業までは余り病気もしなかったので、病休もほとんどなく、皆勤賞も何度もいただいた。普通に考えれば学校から多くのことを学んだということになるであろう。

しかし、私は学校の先生から学んだことは余り記憶していない。小学校時代は先生の教えることにあげ足をとることには興味があったが、先生から学ぶという姿勢は皆無であった。学校は友達と遊ぶ場だったのである。

しからば何で学んだかと言えば、本や図鑑などから学ぶことが多かったのである。当時の本や図鑑等は学校の教科書などより数段内容が豊かで、写真や図版も多く胸おどらせて本をめくったのである。まさに、遊び感覚で本の世界に没頭していった。

中学生になっても勉強法は小学時代の延長線上にあった。英語が新しく加わったが、ほとんど何も教育を受けたという意識もせずに高校に進学した感じだった。

しかし、高校時代の勉強法は、友達にものすごい人がいたので一変した。その友人とは水泳部の斎文章君や同じ化学部の三好旦六君などである。彼らは成績優秀で常にトップクラスであった。

彼等は、受験の参考書などは「もう全てマスターした」と豪語するほどであった。当時も受験に関係するすべての学科で実に素晴らしい内容のものが出版されていた。研究社の「英文解釈読本」や数研出版社の「チャート式数学」等々であり、全て内容は相当レベルが高かった。

私は小学生・中学生の頃の授業態度に原因があると思うのだが、先生の話を聞くのが非常に下手であった。字を書くのも遅く、おまけに悪筆なので、ノートを克明にとれなかった。あとから読み返しても、自分の字なのに何を書いてあるのかわからないという有様であった。授業は先生の一年間のスケジュールで進められるが、私は自分のよくわかるところはどんどん時間をかけずに飛ばしていく。しかし、分からないところは何度でも時間をかけて繰り返して理解できるまで読みこむという習慣が出来ていた。

そんなことで、授業は出席確認がある授業には出たが、机の上には別の受験の参考書を広げ、マイペースで読んでいることが多かった。本を読んでわからない所は、斎君や三好君に聞けば懇切丁寧に教えてくれる。実にありがたい存在であった。

当然、出席をとらない授業や代返で済ますことができる授業は出席せずに、図書館やクラブの部室で本を必死で読んで学んだ。英語の授業だけは、中学校のレベルがあまりにも突出して低かったので、1年の前半は追いつくのに相当苦労したが、後半には辞書と英文法の構文の本を片手に読めるようになった。

そんなことで大学受験の一浪期間中は私のまわりの浪人は全て予備校に通ったが、私の受験勉強は、もっぱら東淀川区の図書館であった。一人で勉強すれば意外と能率は上がるし、一年間も受験勉強に没頭すると、受験の試験問題はほとんど瞬間的に出題者の意図も理解できるレベルにまでなった。

自分流の学習方法が功を奏したのか、東大、京大どこでも合格と太鼓判を捺されるまでになった。大学の教養部時代は外国語科目だけは必須で出席しなければならなかったので比較的まじめに出席した。第二外国語として履修したロシア語は、受講者が数人しかいないので欠席できずに皆勤した。その他の教養科目は教科書を購入したら、二度読めばほとんど理解できた。

しかし、専門学部に入り、丹羽義次先生の構造力学等は特訓的でものすごい量を1年間で詰め込まなければならないということで欠かさず出席した。測量学とかタイガー計算器や計算尺持ち込みの演習科目は欠席するわけにはいかなかったのである。

その他の概論的な鉄道工学、港湾工学、都市計画、交通工学等は、先生が筆者の本を読めば、ほとんど分かるので、あまり出席せずに数人で役割分担してノートをとることにして、授業で教えてもらうことは少なく、やはり独学に近い形となった。

大学卒業後、5年毎に催される同窓会で多くの旧友に久しぶりに会うことがあった。ある国立大学の教授になっていたX君が私に、「こんなことは大学時代は習わなかったので教えることはできない」などと言っていたが、日本の最高学府である国立大学の教授の言としてはいかがなものかと思った次第である。私の信条として、「学問とは自分で学ぶもの」ではないのかと思うからである。

卒業後、私は建設省に入った。そこは、転勤の連続で行くところ行くところその地のことを早急に深く知りたいと思い、その地の市町村史等をすぐに購入して猛勉強した。1カ月もすればその地の風土について地元の方よりも詳しく知ることとなる。

また、河川やダムに関する本は職務柄、当然名のある本はほとんど目を通すこととなった。

私の場合、大学・大学院時代より社会に出てから本格的な勉強が始まったと思っている。職場は2年くらいで必ず転勤になり、次の地で次の新しい仕事が待っている。早い場合は1年以内、長くても3年以上留まることはなかった。

いずこも、全く新しい土地に赴任し、暗中模索の人間関係のなかで解決しなければならない難題、課題が待ちかまえていた。

転勤となって「まだ赴任して間がないのでよく分かりません」と言えるのはせいぜい1～2カ月の間だ。本来は土地勘もなく、全く新しい人間関係のところで3カ月くらいで状況が分かるわけがないというのが本音だろうが、そう弁解できないのが国家公務員のつらいところだ。

3カ月も経てば、その地のこと、その職場で解決が待たれている難題、課題についても、一番よく知っているという態度を職場の部下にも地域社会にもアピールしていかなければならない。

しかし、表面だけ知ったかぶりしても、少し突っ込まれると化けの皮が剥がれるようでは、仕事で成果を挙げることはできない。早速、地元の首長さんたちは、今度の所長はどこまでできそうか首実験を仕掛けてくる。それに対して「今度の所長は、地元のこと、自分達の知らないことまで知っている。今までの人とは違う」と思わせなければならない。

それを可能にするには転勤1～2カ月の猛勉強しかない。

その職場で解決が待たれる難題、課題については、部下の副所長や担当課長から徹底的にヒアリングをして、1カ月以内に自分が納得できるところまで精通していなければならない。そして、その地方のことについては述べた通り、地元の市町村史等をよく読みこなすことである。

琵琶湖工事事務所所長の在職は2年間だったが、琵琶湖周辺の全市町村史および郡史等をすべて買い揃えて琵琶湖の水問題のことが書かれているところを徹底的に読み込んだ。滋賀県庁や地元の市町村の首長さん達も知らない水に関する貴重な種（風土資産・風土の宝）を調べ尽くした。毎日の勤務時間内には、秒読みの会議や要人との面談があり、とてもそんなことをやっている時間はない。夜、官舎に帰って真夜中にそれをすることになる。限られた時間での勉強量は並大抵ではない。当時「24時間戦えますか」などというキャッチコピーが流行った時代であるが、若さゆえに乗り切れたのだと思う。今振り返ってみても、社会人になってから、約2年毎に変わる職場でこの猛烈な地元を知るための自己に課した勉強量は、受験勉強や大学・大学院時代の勉強量などの比ではない。「自分に課したノルマ」を着実に実行し続けることに徹していた。

私は、このノルマとともにもう一つ目標をかかげた。それはその職場で勉強したことを、必ず本・印刷物としてまとめることであった。

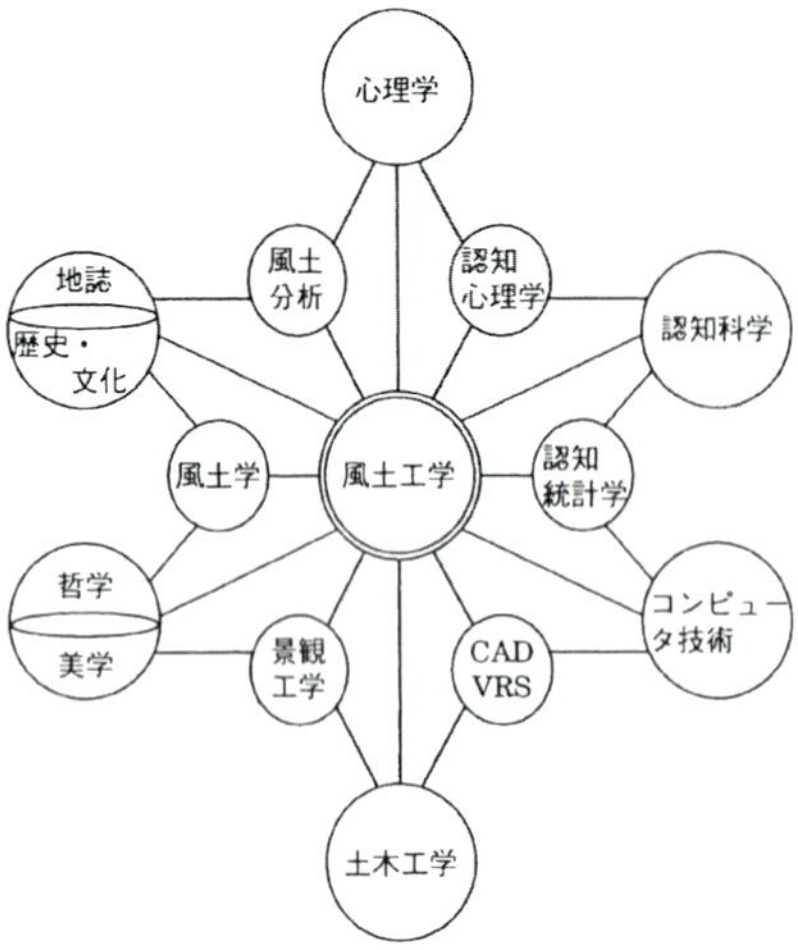

●風土工学六学

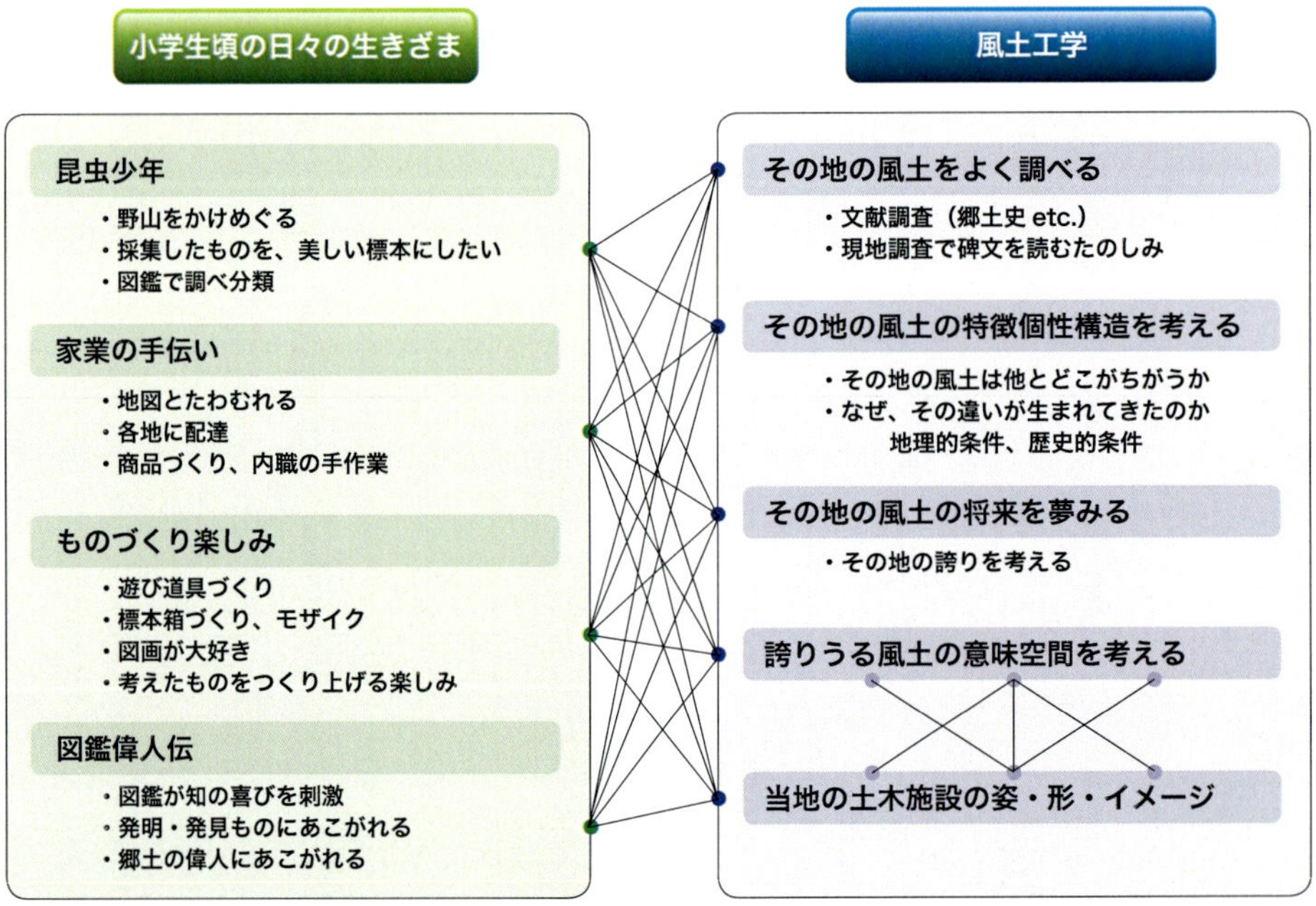

［2］「風土工学への道」
―そのルーツは小学生頃の生きざまにあった―

仏教で説く六欲天の下層・四王天（下天）の一昼夜は人間界の五十年に当たる。下天に比して人間の命は、はかなく短い。幸若舞の「敦盛」で語る「人間五十年、下天の内にくらぶれば、夢まぼろしのごとくなり、一度生をうけ滅せぬもののあるべきか」と人生わずか五十年と言われてきた。

私は還暦もとうの昔に過ぎ、古稀を迎えたのも二年前になる。

いつお迎えが来てもおかしくない。余命はせいぜい十年もあれば御の字である。願望もこめて余命10年としてもあとわずか３６５０日しかない。毎日毎日、日めくりが飛ぶが如くなっていっている。

これまでの人生を振り返り、今、私が何故このようなことで日々を過ごしているのだろうと自問をすることがある。すると、これまでの70年間、ただただ、毎日毎日出くわす出来事に必死に向き合い、その都度自分なりの判断でその場その場をくぐり抜けてきた結果今日があるのだと思い至る。

その場その場で一寸先はどうなるかわからない状況で、自分自身を納得させた上で判断を下し、すぐ後から、しまったあんなことをしなければと後悔することが何度もあった。よかったと思うことより後悔することの方がはるかに多かったという感じである。

しかし、後悔しても後のまつり、過ぎた時間は決してとりもどせない。結果的に、何故私だけが、人一倍の必死の努力にもかかわらず、こうもみじめな結果なのか？　と、自らの不幸な運命をなげくこともあった。

一方、よくよく心を鎮めて顧みると、「何故そんなふうに思うのか、誰も思いつかなかった風土工学や環境防災学を構築できたではないか、私ほど恵まれた幸福な人生を送ってきた者はいないのでは」とも思えてくるから不思議である。

そのように右へ行ったり、左へ行ったりの思いの中、余命わずかな日めくりをどんどん減らし、今日もあくせく動きまわっている。

そのような折、ある人が私のことを「あなた程幸運な人はあまりいないでしょう。余人が決して思いもつかなかった独自の風土工学理論を構築したではないですか、羨ましい限りです」と言う。さらに、「先行きどうなるかわからないので、この風土工学理論を大系付けることができた過程を『風土工学への道』とでも題して書き留めるべきでは」と進言されたのである。私の事をよく知る者の言だけに「はっ」とさせられた。

それが、この度の「風土工学への道」を書き留めるべく、ペンを走らせることとなったきっかけである。

ところで風土工学の芽生え、ルーツはどこまで遡れば良いのかと思案することになる。考えて見るに、直接的には仏教との出合い、感性工学との出合いのところからとなるのであろうか。順風満帆の人生を歩んできておれば、仏教とも感性工学とも出合うことがなかったことは確かである。

想定もしていなかった挫折の連続で、その都度、人生航路の舵を次々と大きく切らざるを得なくなり、その結果流れついた先が現在である。大木にたとえれば大木の支枝のまた枝の梢の先、いつ風が吹けばポロリと折れそうな半分枯れかかった小枝である。その小枝のルーツをたどれば立派な大木の幹にたどりつくはずだ。現在、いつ枯れ落ちるかわからない小枝の末端ともいえる私の考えのルーツは、実は大木の根幹にあたる子供のころに遡ると思っている。

子供の頃の私は60年後の自分の姿など想像もできなかったであろう。過去も現在も、10年先の私、いや一月後の私、いや一日先の私さえ想像することはできずにいる。一寸先も想像もつかない、その都度、その都度、一瞬の時を必死に悩みながら生きてきた結果が現在に外ならない。

風土工学理論誕生の歴史を書くことは、もの心がつき、記憶にある小学校1年生頃から現在に至るまでの自分史、自叙伝を書くことに外ならないことに気がついた。

三つ子の魂百までという。風土工学理論誕生の根幹となるものは、考えて見れば全て小学生の頃の自分の生きざまそのものであったことに改めて気づかされた。その詳細な経緯については、子供時代から大学生になるまでを後半の章で記述させていただいた。

「風土工学誕生」の本題に入る前に、私の70年をダイジェスト的に要約させていただいたので、まず、そこから書き始めることとする。

70年の我が人生を回顧すれば、おおよそ5期に大別される。

【第一期】遊びに夢中の時代「小学生時代」（6～12才）
　小学校に入学するまでのことは相当に奥手であったようで、何も記憶していない。

【第二期】自己流学びの時代「中学から大学（大学院）を卒業し社会人になるまで」（12～25才）

【第三期】「ダム現場の苦悩から学ぶ時代」（25～47才）
　現場での課題解決に立ち向かった苦闘の時代。

【第四期】多様な研究に没頭する時代「土木研究所時代」（47～52才）
　風土工学理論構築に至る思索・研究の時代。

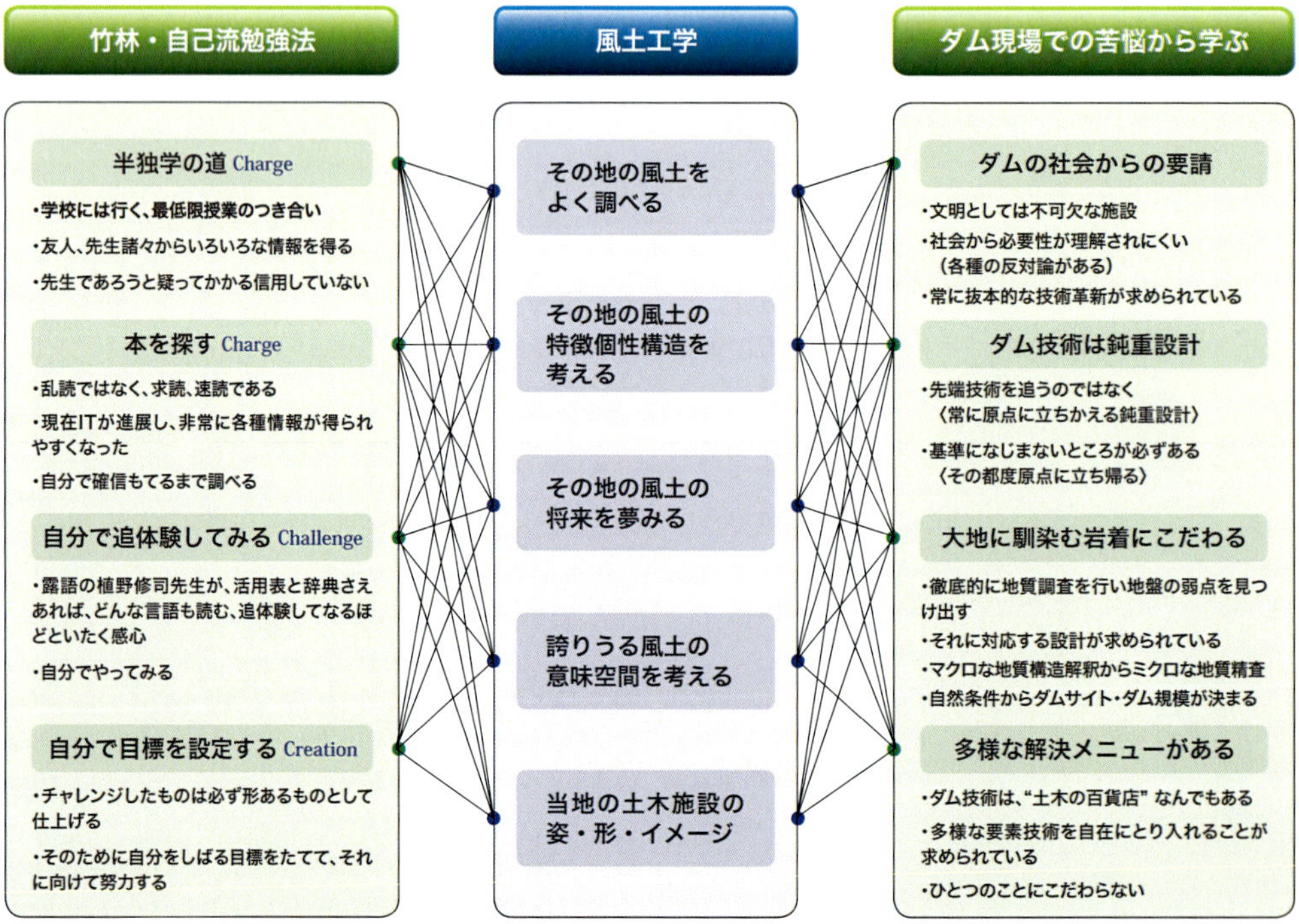
竹林・自己流勉強法
風土工学
ダム現場での苦悩から学ぶ
半独学の道 Charge
・学校には行く、最低限授業のつき合い
・友人、先生諸々からいろいろな情報を得る
・先生であろうと疑ってかかる信用していない
本を探す Charge
・乱読ではなく、求読、速読である
・現在ITが進展し、非常に各種情報が得られやすくなった
・自分で確信もてるまで調べる
自分で追体験してみる Challenge
・露語の植野修司先生が、活用表と辞典さえあれば、どんな言語も読む、追体験してなるほどといたく感心
・自分でやってみる
自分で目標を設定する Creation
・チャレンジしたものは必ず形あるものとして仕上げる
・そのために自分をしばる目標をたてて、それに向けて努力する
その地の風土をよく調べる
その地の風土の特徴個性構造を考える
その地の風土の将来を夢みる
誇りうる風土の意味空間を考える
当地の土木施設の姿・形・イメージ
ダムの社会からの要請
・文明としては不可欠な施設
・社会から必要性が理解されにくい（各種の反対論がある）
・常に抜本的な技術革新が求められている
ダム技術は鈍重設計
・先端技術を追うのではなく（常に原点に立ちかえる鈍重設計）
・基準になじまないところが必ずある（その都度原点に立ち帰る）
大地に馴染む岩着にこだわる
・徹底的に地質調査を行い地盤の弱点を見つけ出す
・それに対応する設計が求められている
・マクロな地質構造解釈からミクロな地質精査
・自然条件からダムサイト・ダム規模が決まる
多様な解決メニューがある
・ダム技術は、"土木の百貨店" なんでもある
・多様な要素技術を自在にとり入れることが求められている
・ひとつのことにこだわらない

【第五期】「大学の附属研究所をはじめ、私がつくった3つの風土工学研究所での普及啓発活動の時代」（52～70才）

現在、私が構築した新しい工学体系である「風土工学」の普及啓発に取り組んでいるのだが、現在の日々やっていることのそのルーツは小学生頃の日々の遊びそのものにあることは既に述べてきたとおりである。これまで必死に取り組んできた多種多様な諸々の研究や遊び感覚でまとめたものをもう一度レビューし、とりまとめるかけがえのない貴重な時間を与えていただいた。新たに感性工学と仏教の哲学により、これまでやってきたこと全てがものの見事に風土工学の体系として組み込まれ、その結果、風土工学の構築に至った。

その後は、3つの風土工学に関わる研究所を設立せざるを得なくなると共に大学教授として教育に携わること等を通じ、風土工学の普及啓発に努めてきた。

（1）第一期　遊びに夢中の時代

風土工学は大きく5つの作業プロセスに分かれる。それらの5つの作業プロセスは小学生時代の全てが夢中で遊びに没頭していた生きざまそのものであることに気づき愕然とさせられる。

①その地の風土をよく調べる

文献（郷土史ｅｔｃ.）でコツコツその地の風土をよく調べる。現地調査で調べる。碑文を読み感激する。これは昆虫少年で野山を駆け巡り、採集したものを図鑑で調べ分類し、美しい標本にしたい。標本を作製する楽しさ。家業の手伝いで各地に配達していた。その地を地図で調べる。地図とたわむれていた。遊びで手伝っているという感じであった。

②その地の風土の特徴個性・構造を考える　地理的条件、歴史的条件を考える

その地の風土は他とどこがちがうか、なぜ、その違いが生まれてきたのか。昆虫採集や家業の手伝いで各地を訪れれば、各地の地物風物に興味を覚えた。地理にも歴史にも興味が尽きなかった。地図帳や図鑑が大好きでボロボロになるまで読んでいた。地図に書き込む楽しさ。商品づくり、内職の手作業、遊び道具づくり、標本箱づくり、モザイク、図画が大好き、考えたものをつくり上げる楽しみ。

③その地の風土の将来を夢みる

偉人伝を読み感動した。郷土の偉人に憧れた。発明・発見ものに憧れた。図鑑が知の喜びを刺激。

④誇りうる風土の意味空間を考える

そして当地の土木施設の姿・形・イメージを考える。子供のころのものづくりの楽しみ、考えたものをつくり上げる楽しみのプロセスそのものと全く同じことをやっている。その地の風土をよく調べる、その地の風土の将来を夢みる、その地の誇りを考える、誇りうる風土の意味空間を考える。

（2）第二期　竹林・自己流学びの時代（学生時代）

現在風土工学で実践していることは学生時代の自己流勉強法と何ら何にも変わっていないそっくりである。

①その地の風土をよく調べる態度は、学校の頃の半独学の自己流勉強法と全く同じである

②その地の風土の特徴・個性・構造を考える

③その地の風土の将来を考える

④誇りうる風土の意味空間を考える

その地のことについて考えた先人の知恵を探し求める。本を探し求める。迷読と求読である。それをベースに自分の地理観、歴史観をどう重ねるかを考える。普及啓発に努めてきた。

⑤当地の土木施設の姿・形・イメージをつくる

自分で何でもやってみなければ気が済まない。やったかぎりは必ず形あるものに仕上げる。そのために目標をたてて、それに向けて夢中に取り組む。

中学から大学生までの竹林・自己流学びのスタイルそのものである。

（3）第三期　ダム現場の苦悩から学ぶ時代

ダム現場での苦悩の連続、そしてそれに正面から立ち向かったことは、必ず論文・報文としてとりまとめてきた。何を悩み、どう解決しようとしてきたか、自分の問題意識である。したがってその闘いの記録は自ずから独創的なものになる。

とりまとめたものを大別すると六つのジャンルに分類される。

1　大地の研究（地質学、地辷り、地震、岩盤力学等）
2　素材の研究（コンクリート、鉄、ゲート、堰等）
3　施設の研究（河川、道路、砂防、湖沼、公共投資論等）
4　災害・防災の研究（自然災害、人為災害、防災論等）
5　エコロジーの研究（環境学、生態学、緑化、魚道等）
6　地域の研究（地域学、地名学、水源地問題、地域文化史等）

日々の現場での悩んだことを、よくぞまとめたという程、実に膨大な量の論文をとりまとめたものである。我ながら改めてビックリする。

ダム現場での日々に遭遇し、その解決が待たれる難課題に直面する。その解決への苦悩から学ぶ。建設省入省後、主としてダム現場の仕事に従事してきた。ダムはひとつとして同じものはない。

それに対し、その地に馴染むダムを建設するためには解決しなければならない課題が次々に出てくる。それをどのように解決するのか日々悩む。それを解決するためには逃げられない。徹底的に調べ上げて、自分の持つ全身全霊をそれに傾倒させる。自分の持つ知恵そして先人の知恵を総動員する以外に道はない。日々苦悩との闘いである。

◇何故そこにダムを建設するのか、その地の人々が洪水や渇水の宿命とどのように闘ってきたのか。それを解決するにはどうすれば良いのか？　社会の人々からのニーズに答えるにはどうすれば良いのか？　どんなダムをつくれば良いのか。

◇社会の人々に喜んでいただけるダム事業とはどのようなものか、何度も何度も原点に立ち帰ることが必要だ。基準とか、いろいろな先人の知恵についても、ひとつずつその原点を確認しながらものづくりをすることが求められている。ダム技術は先端技術ではなく、むしろ鈍重技術・先人の知恵を一つ一つ確認するプロセスであることを教えられた。

◇その地に馴染むダムとは何か。その地の目に入る大地の姿・形すなわち表面の地形ではない。表面に存在する表土や、その下の第四紀層はなんと頼りにならないものか、その更に下の第三紀層より古い地層しか相

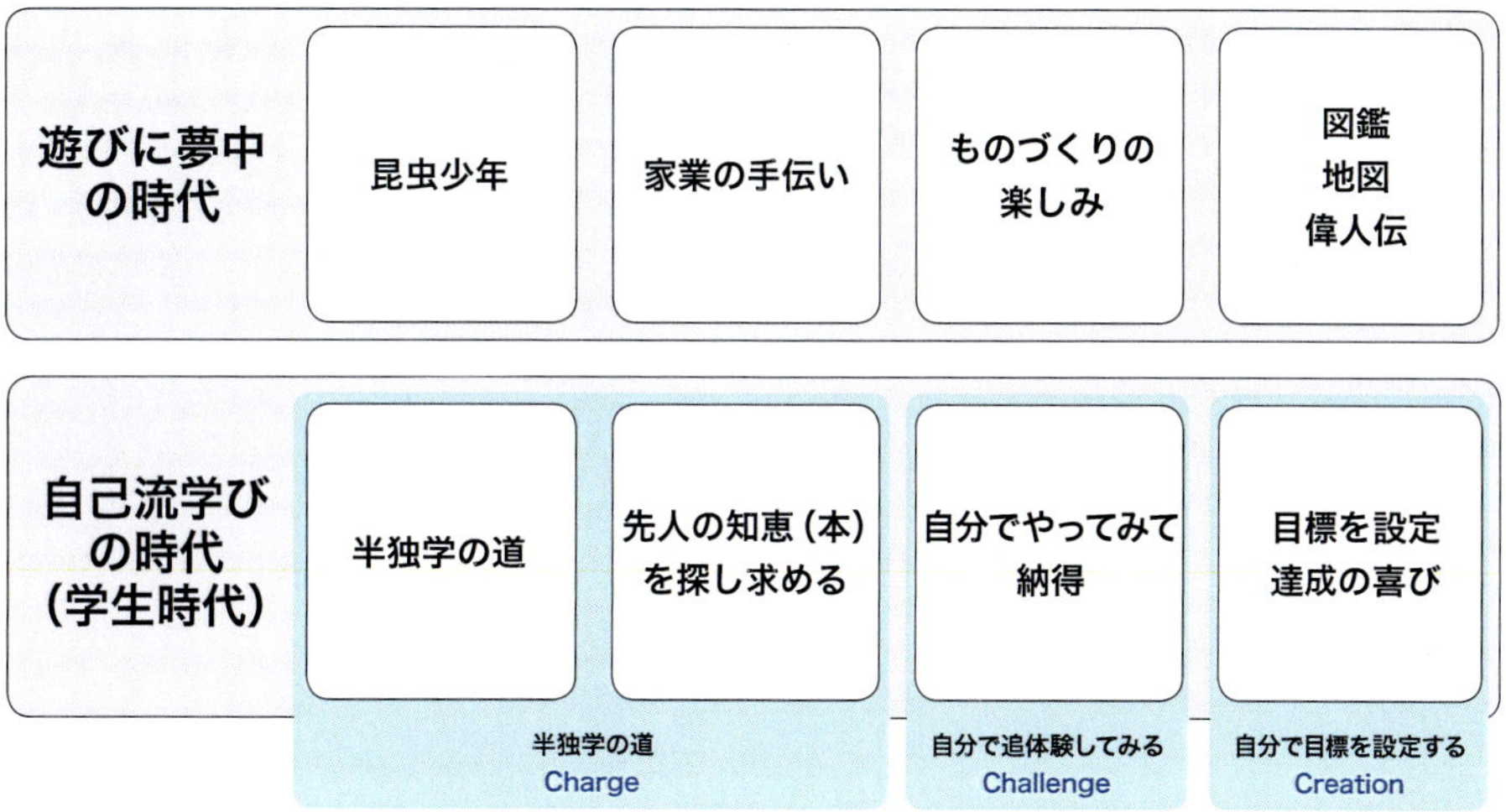
遊びに夢中の時代
昆虫少年
家業の手伝い
ものづくりの楽しみ
図鑑
地図
偉人伝
自己流学びの時代（学生時代）
半独学の道
先人の知恵（本）を探し求める
自分でやってみて納得
目標を設定達成の喜び
半独学の道
Charge
自分で追体験してみる
Challenge
自分で目標を設定する
Creation

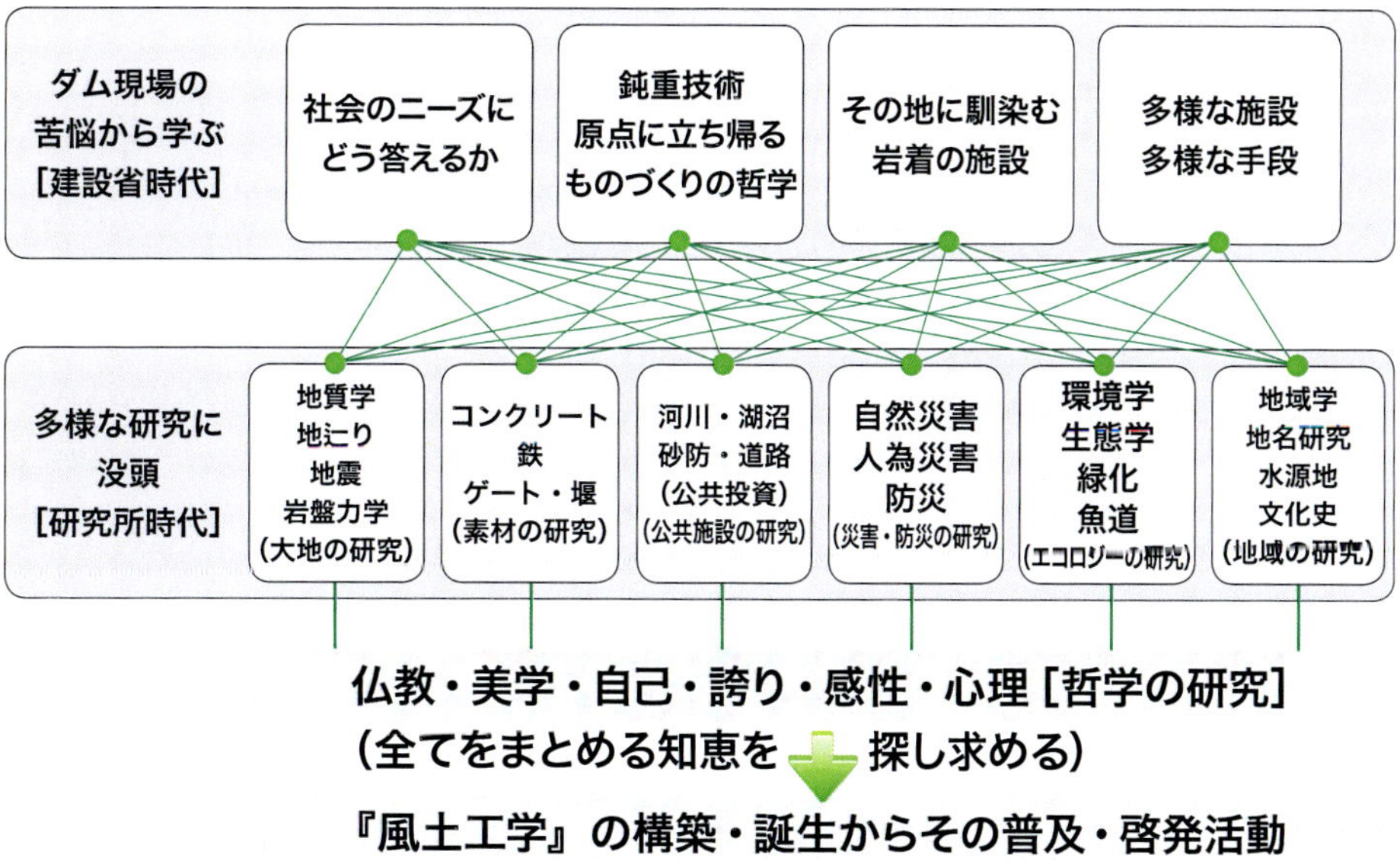
ダム現場の苦悩から学ぶ［建設省時代］
社会のニーズにどう答えるか
鈍重技術
原点に立ち帰る
ものづくりの哲学
その地に馴染む岩着の施設
多様な施設
多様な手段
多様な研究に没頭［研究所時代］
地質学
地辷り
地震
岩盤力学
（大地の研究）
コンクリート
鉄
ゲート・堰
（素材の研究）
河川・湖沼
砂防・道路
（公共投資）
（公共施設の研究）
自然災害
人為災害
防災
（災害・防災の研究）
環境学
生態学
緑化
魚道
（エコロジーの研究）
地域学
地名研究
水源地
文化史
（地域の研究）
仏教・美学・自己・誇り・感性・心理［哲学の研究］
（全てをまとめる知恵を探し求める）
『風土工学』の構築・誕生からその普及・啓発活動

手に出来ない。ダム建設の心はその地の原点・遺伝子である第三紀層より古い層に岩着させることである。そのためには、大地を調べ尽くさなければならない。大地の表面は四紀の蒲団に覆われている。
◇ダムを建設するということは人類の獲得した英知全てをその地に適応させることである。多様な施設、多様な手段がある。固定概念にとらわれず、何でも一番よいと考えられるものを考えるということである。

（4）第四期　多様な思索・研究に没頭した研究所時代

ダム現場で悩み取り組んできた時代の問題意識をそのままに、研究所勤務となった。これまでやってきた大きく分けて六ジャンルの研究をレビューする機会、時間を与えてもらった。

これだけ幅広く、一見バラバラなジャンルの研究は私としては決してバラバラな部門ではない。その問題意識の根っこは一つなのである。ダム現場の悩みを解決したいとの必死の思いなのである。私の役人時代もあと何年も残されていない。役人退官後、おそらく、これほど自由に研究できる時間的余裕はどう考えてもありそうにない。これまでやってきた幅広い研究を何らかの形にまとめて博士論文としたかった。

どうしたらバラバラなものがひとつにまとまるのか考えれば考えるほど、そのような先人の研究は見つけることは出来なかった。これまでの研究は全て理性の縦糸のバラバラな研究ばかりだ。共通して欠けているものは横糸で紡ぐ感性であるとの考えに至った。

そのような思いの時、感性工学という思いもよらない学問を立ち上げた長町三生先生の研究があることを知り驚いたのである。「そうだ、土木の部門に感性工学の手法を導入しよう」と考えた。

もうひとつ、これまでの研究にはベースになる哲学が弱いと考えた。自然とか環境とは何かとの哲学が欠けている。その部門を補強しようと仏教の勉強に没頭することにした。日々、中村元著の『仏教語大辞典』と格闘した。仏教は宗教だと科学者は敬遠するが、宗教の部分もあるが、大半は科学的思考であることが分かってきた。仏教哲学の中に全体をまとめる知恵があるに違いないと考えた。美しい風土をつくりたいと思えば美学を取り入れなければならない。誇り高い地域をつくりたいと思えば自己や誇りについての知恵を集結させなければならない。これらの知恵を総集結させることにより、これまでのバラバラな研究が一つの大きな風土工学の体系として構築された。ここに風土工学の誕生をみた。

（5）第五期　風土工学の普及啓発活動

風土工学という新しい工学体系が構築されたが、工学は実学である。実際に適用してその有用性を多くの人に理解してもらい、風土工学が普及してこそ真価を発揮することになる。

風土工学が誕生したが何もしなければそのまま泡沫として消えていく運命である。退官後、風土工学の普及啓発活動を積極的に展開してきた。

①教育活動

２０００年４月に富士常葉大学の創設と共に招聘され教授に就任し、「風土工学」や「環境防災学」を正式授業科目の一つにとりあげ11年間講義してきた。大学院開設にともない、社会人学生２人に風土工学修士の学位を授与した。

②学会の創設

日本感性工学会の創設に関わり、その中に風土工学研究を重要なテーマとする「風土工学研究部会」を創設した。毎年数編ずつの研究発表を実施してきた。

③研究所の創設

関連学会として「富士学会」を創設した。初代副会長、現在名誉顧問。

風土工学研究する場として独立採算の３つの研究所を独力で心ある方々の支援を受け創設し有機的相補完して運営してきた。

④風土工学シンポジウムの開催

風土工学を普及啓発の目玉として、しかるべき著名文化人による風土工学シンポジウムを毎年1回、通算12回開催してきた。富士で1回、札幌で1回、熊本で1回、東京で9回。

⑤風土工学の講演会

全国各地からの講演依頼を受けて「風土工学」生誕当初の2年間は年に１００回程、現在は毎年約10～20回程度実施してきている。

⑥広報誌及び研究部会報の発刊

『風土工学だより』年４回発刊。２００１年10月に創刊以来現在２０１６年５末までに55号。

研究部会報として『風土工学研究』年4回発刊。１９９９年７月創刊以来現在２０１６年末までに73号。

⑦啓蒙図書の発刊

『風土工学序説』『風土工学の視座』『風土工学への招待』

『湖水の文化史』シリーズ全五巻、『甲斐路と富士川』

『景観十年 風景百年 風土千年』『ダム・堰と湖水の景観』

『湖国の水のみち』『風土と地域づくり』

『市民環境工学・風土工学』『風土千年・復興論』その他多数

⑧新聞雑誌等への連載

『ダム日本』風土工学の視座と展開　１９９８年８月６５９号～平成26年８５６号まで約16年間（２０１６・２・１０まで）継続中

日刊建設工業新聞等に「風土工学」についての特集をこれまで何度も連載していただいた。

⑨風土誌・風土資産絵地図の編集と絵本等の創作

全国各地での調査した結果を、その地の風土誌・風土資産絵地図として編集し、更にその地のアイデンティティ形成に資する絵本の創作。この活動が、平成27年７月７日の第17回日本水大賞の受賞となった。

⑩風土工学受託業務の実施

毎年10～20件の受託業務を実施してきた。

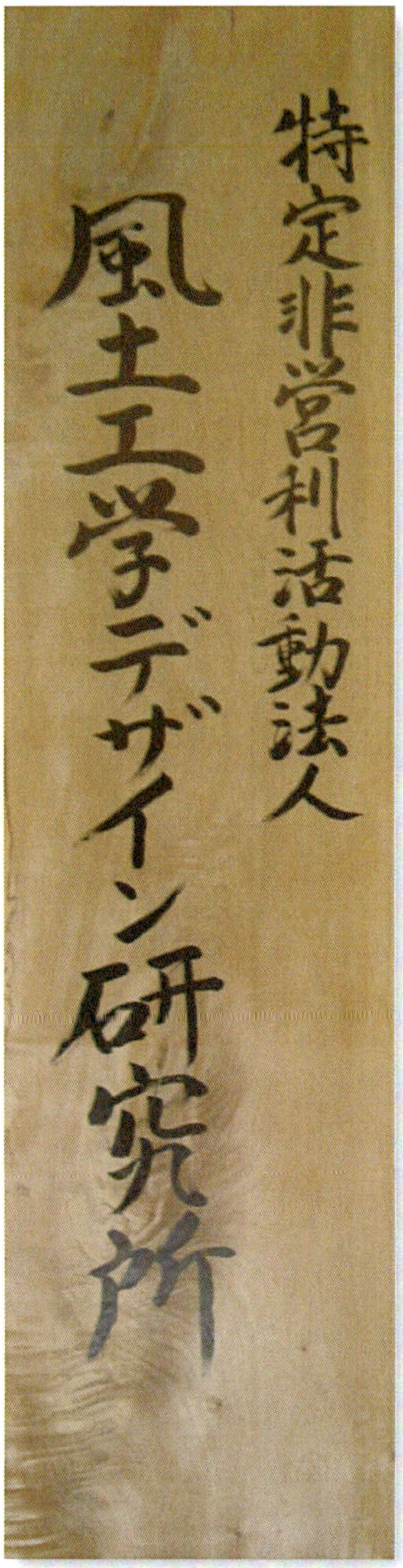

●研究所の入口に掲げられた田村理事長揮毫による看板。板は旧徳山村の楢の木

【二】風土工学とは

【1】風土工学は画期的な工学体系

・風土工学とはその地の風土文化と調和し、その地の誇りとなる地域づくりの工学体系である。
・風土工学とは、その地の風土文化という文科系的なものと工学・エンジニアリングという理科系的なものとを合体させる文理融合の工学体系である。
・地域づくりとは形のあるものづくりと形のないものづくりとよりなる。
・形あるものづくりとは力学大系に基づいた合理的・物理的な姿形・形状と素材のデザインとそして色彩デザインよりなる。
・形のないものづくりとは、そのものの名前とか意味とか物語とか意味空間の創造である。
・形あるものと形ないものとは表裏一体である。
形あるものと形ないものとを、どのようにデザインするか。
その地の風土と美を形成し、誇りを形成するようにつくるのである。
・形あるものも形ないものも美の法則は同じである。
美の法則・三定理である。ハーモニー、コントラスト、アイデンティティである。
・風土の構造は時間軸風土と空間軸風土そして社会軸風土（自己と他者の視点）よりなる。
風土の構造は、時間軸と空間軸と社会軸の三超越、時間軸と空間軸と自己と他者の四要素である。
・風土をより深く知れば知るほど、秘められた風土の心がわかる。
・風土との調和の美の追求は、より深く風土を調査し知ることよりはじまる。
・その地の風土の構造、誇り、意識の構造はその地の人々の風土資産連想アンケート（最低50人程度）により連想確率解析により分析することが出来る。
・従来の土木の地域づくりは「用」（社会的に役立つ）と「強」（丈夫で長持ち）の形である社会施設づくりであった。
・風土工学の地域づくりは従来の形ある社会施設の「用」と「強」のデザインはその前提するも、更に、風土との調和「美」を追求する方法であり、形のある社会施設づくりと同時に形のない社会施設のデザイン（名前・意味・物語等）を行うものである。
・従来の土木の地域づくりの目的函数は経済効果であった。風土工学の地域づくりの目的函数は良好風土の形成であり、経済効果ではない。

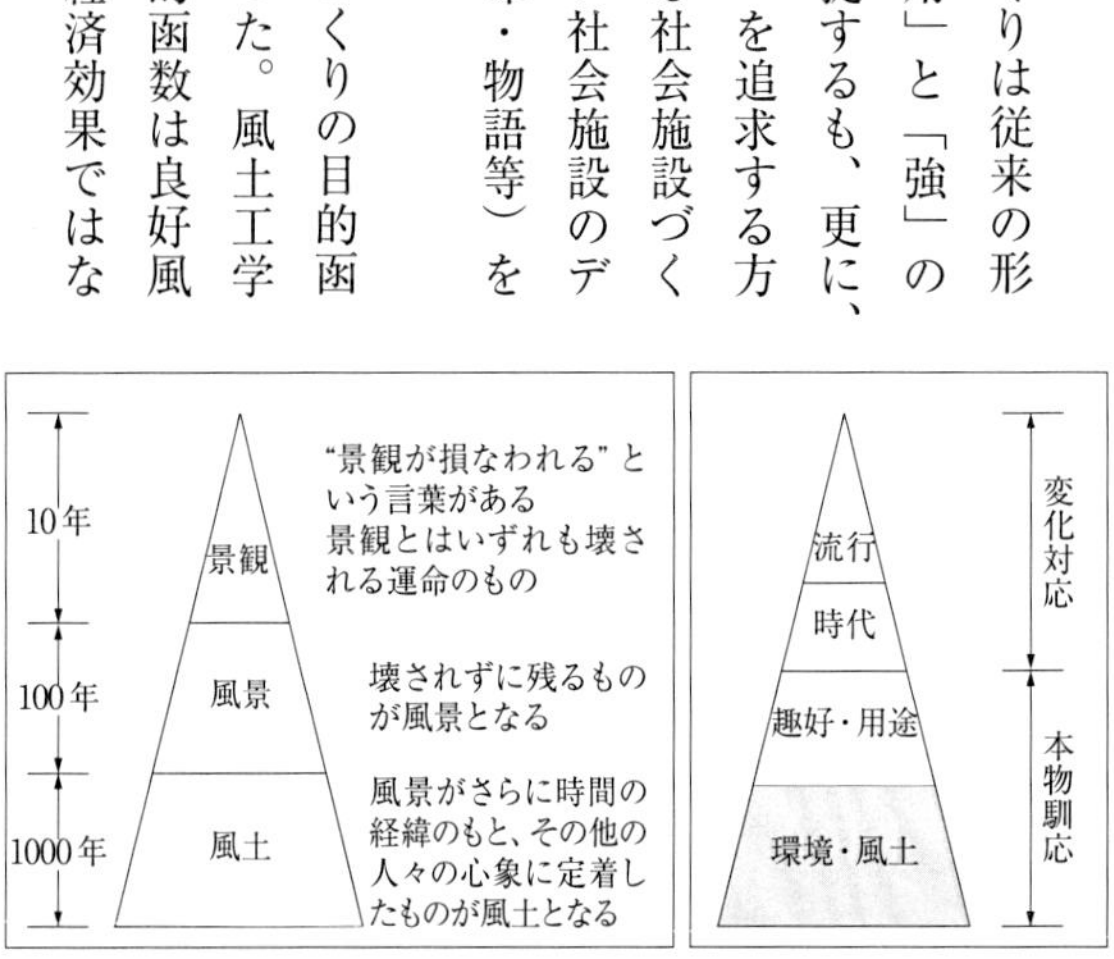

●景観十年・風景百年・風土千年

［2］かつてなかった真に独創的な博士論文

これまでに夥しい数の博士論文が世に生まれた。私は理工学系なので純粋な文科系の博士論文のことはほとんど知らないので、以下の博士論文というのは理工学系の博士論文に限った話であることをことわっておく。

博士論文とは、人のものまね二番煎じは価値がなく認められない。その人の独創であることが最も重要なことである。理工学系の論文は科学技術的思考法の論理的展開であることが求められている。

科学技術系の論文は過去の先人の研究をベースにして、一段一段積み上げられていくものである。その意味で、どこまでが先人の知恵であり、どこからが当人の知恵であるかをきびしく問われる。従って、先人の研究論文では、ここまで解明しているが、この一線までであり、それから先は解明されていないことを明確にした上で、当人が、実験とか、論理展開でその先の部分を解明したということを記述することとなる。その場合、先人の既往研究を参考文献としてあげ、そこから引用して記述される。人の参考文献や引用文献が極めて重要である。

私の風土工学について言えば、参考文献、引用文献らしきものは私自身の既往発表論文等しかない。あえて他人のものを挙げれば、長町三生先生の感性工学の論文くらいしかない。私の風土工学は長町先生の感性工学のある部分を更に進めたものではない。長町先生の感性工学の手法を全く次元の異なる地域づくり、土木計画論に考え方をアナロジー展開で応用発展させたものである。

［3］風土工学とは　―意味空間の設計―

（1）今、自然との共生、風土との調和が求められている　―風土との調和の「美」の追求―

風土工学とは〝その地の風土文化とハーモニーし、風土を活かし、地域を光らす、個性豊かな地域づくりのテクノロジー〟である。地域づくりのテクノロジーである土木工学とはどこがどう違うのか。

土木工学はそもそも、シビルエンジニアリング、すなわち「市民のための工学」であり、ミリタリエンジニアリング、すなわち、「戦争のための工学」に対する大きな実学としての工学の大家（おおや）であり、大家のシビルエンジニアリングから、一つの体系が出来た実学が分家し、それぞれ○△工学という一家をなしてきた。土木工学はそれらの多くの工学の親元の工学であり、それらを束ねて、市民のための地域づくりをする実学（工学）である。

かっこ良く体系ができた、まとまりある部分としての○△工学が分家して行った最後に残った工学、体系ができにくい部分の寄せ集めの工学、もぬけのからの工学。したがって、土木工学には魅力がないのではと言われそうである。

しかし、実はそうではない。市民のための地域づくりの工学から方法論としてあるまとまったものが一家として分家して○△工学となったということは、縦糸系のものがバラバラにその方法論体系の中でドンドン展開されてきたのが現状である。多くの縦糸系の○△工学がテンデバラバラに展開して行けば行くほど、それらを統合する横糸系の大家（おおや）の実学の役割はいやがうえにも大きくなってきている。

市民のための地域づくりの実学、シビルエンジニアリングとしての土木工学のそもそもの目的とする技術は次の３つである。

1.　市民が自然災害から安心して生活できる国土の基盤づくりの技術

2.　市民が便利で物質的に豊かな生活ができるような国土の基盤づくりの技術

3.　市民が心豊かに生活できる地域づくりの技術

これまでの土木工学はより利便国土形成に向けて道づくり、鉄道づくり、港づくりに大きな成果を上げてきた。また、自然災害に強い安全国土形成に向けて河川改修、砂防事業、海岸事業等々、防災に大きな成果を上げてきた。

これまで利便国土形成、安全国土形成をするという機能の最適化原理が主流となるあまり、土木施設の果たす、地域の風土文化形成機能が忘れ去られた。

その結果、個性のない町や地域が形成されてきた。地域づくりに大きな役割を果たす土木施設が基準化、標準化の結果、日本全国、金太郎飴風になって、個性のない町や地域が形成されてきた。

今、土木についても地域の風土文化との接点が求められてきている。これらの反省もふまえ、土木事業は自然環境との共生とともに、地域風土文化との融合、すなわち、地域の誇りとなり、個性豊かな地域づくりに資することが求められてきている。土木事業の個性化を図り、個性的な地域づくりの一端を担う最適化原理に代わる個性化原理の導入が必要となってきている。

人それぞれに個性があるように、地域にも強烈な個性がある。人にプライドがあるように、地域にもプライドがある。しかし、地域の個性やプライドは、多くの場合隠れていて、しばしば傷つけられている。

感性を磨き、その地の歴史や風土文化をよく調べ、よく知れば知る程、隠れているものが順次見えてくるし、基準化された全国金太郎飴の土木施設を建設すれば、地域のプライドが傷つけられて、悲痛な叫びをあげていることに気づく。

知れば知る程、気づく度合に応じて、地域の個性がより輝いてくることがわかるから不思議である。その地に住んでいる者がその地域の持つ素晴らしい風土の個性に気づかずに、あるいは気づいていてもそれを評価しようとせず、また誇りと思っていない場合に多々遭遇する。地域に関心を示さないことが、知らないうちに、心ならずも、その地域のプライドを傷つけていることにつながる。

土木は大地を刻し、風土を改変する仕事である。この貴重なチャンスを活かす。すなわち、その個性に合った活躍の場を与え、演出し、地域の個性を主張させることである。地域の個性の存在を認め、評価すれば個性は更に磨かれ、大きく脱皮する。それにより地域は発展し、いきいきと輝いてくる。

すなわち、市民がより豊かな物質文明を享受できるような地域づくりのため社会に役に立ち、丈夫で長持ちのする「用」と「強」の具備されたものに、更に自然環境との調和の美を追求しようとするものが環境工学であり、それらを包含した地域の風土文化との調和の美を追求しようとするものが風土工学である。

(2) 風土工学〝ものづくり〟の対象

従来の土木工学の設計対象は土木施設、すなわち、橋であり、トンネルであり、ダムであり、港である土木構造物であった。土木構造物とは、もう少し見方を変えると大地に根ざすための基礎の杭であり、形を構成するための柱であり、梁であり、壁でありスラブ・床であった。それらを順次構築していくためには、構築材料が必要である。材料としては天然の土砂とか岩石、そして木材から丈夫で長持ちの追求の結果、コンクリートや鉄及び金属が重宝がられてきた。更に、最近ではセラミックとかいろいろな新材料も使用されるようになりつつある。

一方、風土工学ものづくりの対象は「用」と「強」の具備する土木構造物を前提としながら、更に、その地域の風土文化との調和の「美」を付加する土木構造物である。

風土と調和し、風土を活かし、地域を光らせることを目指す。具体的に何を設計するのかと言えば、その土木構造物及びそれを取り巻く風土の意味空間であり、イメージであるということで、土木構造物の姿、形、そして色彩、たとえばテーマカラー、サブテーマカラー、アクセサリーカラー、アクセントカラー、それに素材テクスチャー等々のハードものの他、土木施設の名前とか、物語とか、行事儀式とか等々のソフトのものもデザイン対象としている。

(3) 風土工学の構造設計理論

従来の土木工学で丈夫で長持ちする土木施設の建設をするためには、まず土木構造物に働く外力を適正に評価しなければならない。外力としての風力や水圧、波力等々を計算する理論が水理学（流体力学）等を主とするからである。

土砂からの外力を計算する理論が土質力学等を主とする塑性力学である。外力に対して構造物の部材の応力等を計算する構造力学等を主とする弾性力学である。それに、降雨等の自然対象を評価するための水文学や地震外力を適正に評価するための振動力学等々である。これらの理論的根拠は、ニュートン力学であり確率統計論等である。

一方、風土工学におけるものづくりは、意味空間であり、地域のイメージであり心象風土である。すなわち、具体的に何を計算し解析するかといえば、風土の特性を分析しようとする意味微分法、更にそれらがどのように認知されていくかというプロセスの手法、すなわちこれらは脳と心の科学手法であり、最近とみに発達の著しい認知科学の手法が有効である。

風土工学は地域の風土を大きく左右する土木のものづくりに、地域の個性を組み入れようとするものである。風土工学は土木工学に地域の風土文化とのなめらかな接点を求める、ヒューマンインターフェイスを求める工学的実学である。〝ものづくり〟がどのように心象風土を形成していくかということからマインドインターフェイスを求める工学的実学でもある。

(4)「風土工学」を支える「基本六学」

風土とハーモニーし、風土を活かし、風土を光らす社会基盤施設づくりの工学、「風土工学」とはどのような学問か。

これまですでに確立している多くの学問の方法論を取り入れた総合

的にして包括的な工学なのである。関係する既存学問分野としては、

①その社会基盤施設づくりということよりそのベースとなるものとしての「土木工学」。

②その地の風土を知らなければいけないことより地理学（人文と自然）及び歴史学（主として郷土史）よりなる「風土学」。

③それに地域がどのようなイメージを形成するかという心理特性を扱う「心理学」。地域心理学、統計心理学等々と称されている。

④そして美しさの追求ということで「美学」や、ものの本質はなにかということの追求としての「哲学」。

⑤どのような頭脳、すなわち思考で考えるかということより、最近とみに発展が著しい「認知科学」。

⑥さらにものづくりの工学として支援してくれるコンピュータ技術「情報工学」。

以上の六つの分野が「風土工学」を支える〝基本六学〟とでも称する学問分野である。

風土工学は最適化原理に代わる個性化原理そのものの合理的な追求システムなのである。

風土工学の構築にあたっては、感性形容詞を数値化する感性工学の手法と地域の風土特性を各種の数量化手法等により分析する風土分析の手法が直接的に一番大きなヒントとなった。その他、土木施設の「美」とか、ローカルアイデンティティとか、「土木施設の風土における存在」とは何かという「美学」「哲学」が欠かせない。

和辻哲郎先生の風土の考察は極めて貴重な素晴らしい研究である。また、最近とみに発展してきた認知科学の手法が役に立つ。それら周辺諸学問の知恵の支援により、景観の美しさ、土木施設の名前のあり方、地域の誇り意識等が体系化されてくる。

「風土分析」は、土木工学をそのベースとして、地域の風土特性と心理学をコンピュータ技術の支援を受けてドッキングさせた大変先駆的な研究である。

「感性工学」は「心理学」と、ものづくりとしての「実学としての工学」とをコンピュータ技術の支援を受けてドッキングさせたものとみることができる。

「風土工学」は以上の二つの方法論に、さらに私がこれまで展開してきた形あるものの設計と形のないものの設計（土木施設の名前や工法、儀式、祭り等）についての考察、それに環境に対する思索等から合体して構築されたものである。

すなわち、地域の風土のアイデンティティとは何か、美の構成論を取り入れ、コンピュータの支援を受けて土木工学のものづくりに適合させようとする実学である。

（5）風土工学の設計図

従来の土木工学のものづくりにおいて、実際に橋を建設するためには、柱一つつくるにも大工さんが設計図や仕様書等マニュアルに合わせて型枠を作る。また、鉄筋工が配筋図に従い鉄筋を加工し、組立てる。その後、セメントと骨材、砂、そして水を配合表に基づき混合して作ら

れたコンクリートを打設する。このように実際に形を作っていくためには、平面図、断面図等の設計図面、それに配筋図や加工表、更には配合表等の設計計算に裏付けされた設計仕様書が必要である。すなわち「用」と「強」を具体的に具現化するためには設計図と設計仕様書やマニュアルが必要だということである。

風土工学においても、風土と調和する「美」の追求を具現化するためには設計図にあたるものが必要である。

意味空間をつくる、イメージをつくる、そして心象風土をつくる。そのためには必要な設計図にあたるものが下記に述べるような各種の構造図にあたる。すなわち風土における土木構造物が存在しているということの構造図や、それがその地の風土文化と調和の美を形成しているとするとどのような構造をしているのか。更にはその地の風土文化の個性、見方を変えればローカルアイデンティティはどのような構造をしているのか、そして、またこれからつくる土木構造物がローカルアイデンティティを形成するとすれば、どのような構造にすれば良いのか。またハードな形だけではなく、色彩も風土とハーモニーするにはどのような色彩構造にしなければならないのか。またソフトな名前についても、どのような名前の構造にすれば、その地の風土文化とハーモニーするのか、またローカルアイデンティティを形成するのか。その地域の良好風土を形成する土木構造物のハードな姿、形のみでなく、ソフトな名前等も設計対象であるので、それらの設計図にあたるのが構造図ということである。

（6）風土工学〝ものづくり〟の目的函数 ― 風土工学の評価函数 ―

土木施設の建設を目的としてきたこれまでの実学としての土木工学の目的函数は社会に役に立つ「用」、そして丈夫で長持ちな「強」、すなわち経済効果であり、主としてコストベネフィット分析等が評価函数であった。用と強の最適化原理による機能の実現に基づく経済効果であった。

しかし、現在、社会経済成長期から成熟期を迎え、市民は心豊かに感じられる地域づくりを求めてきている。アメニティーとか自然環境との共生とか調和が重要な課題となってきた。

社会の実用に役に立ち、丈夫で長持ちする土木施設だけでは物足りないのである。自然環境との調和した土木施設その地の歴史文化と調和した土木施設を求め始めているということである。

自然環境との調和を目指すものづくりが環境工学の目的とするものである。

その地の歴史文化との調和を目指すものづくりが風土工学の目的とするものである。すなわち、「用」と「強」の具備を前提として、更に自然環境との調和の「美」、更にその地の風土文化との調和の「美」を付加するものづくりが求められているということである。

その目的函数は「良好風土の形成」である。

風土と調和し、風土を活かし、地域を光らすものづくりの目的としての良好風土の形成は「用」と「強」の目的とする経済効果そのものに導入された良好風土形成に資する文化の種（シード）の質の高さの度合。言い方を変えると土木施設、およびそれがつくり出す地域に導入されうる誇りうる地域文化、それを目指す個性化への設計意図の質的高さの度合と、それを感じ取り評価する深さの度合の３つの積の時間軸の積分が良好風土の成形である。

（7）文理シナジー効果
―風土工学〝ものづくり〟の目指すもの―

現在の土木施設を計画する時には機能性の追求を目的とし、実学として工学的手法を使う。そのところには、その地の風土とか文化とかとは何ら接点がない。

これは現在、教育面でも社会面においても文科系と理科系とは画然と分離されていることと無関係ではない。この傾向は我が国において著しいように見える。

その結果、学問はより細分化の方向に進んでいく。細分化すれば、細分化する程、それらを結合することが社会の健全な発展のためには不可欠である。

人文科学や社会科学と科学技術と結合することによるシナジー効果によって１＋１＝２以上の新しい大きな価値が生じてくる。

土木技術とその地の風土文化との融合により文理シナジー効果を創造する実学が風土工学ということである。

	従来の土木工学	風土工学
設計対象	構造物 （柱、梁、壁、基礎 etc）	土木構造物及びそれをとりまく風土 （意味空間、イメージ、心象風景）
設計の目的関数	（用）と（強） 社会に役に立ち、丈夫で長持ち 【経済効果】	（用）と（強）の具備されたものに（美）の追求 風土と調和し、風土を生かし、地域を光らす 【良好風土の形成】
構築する図面	設計図（用と強の具現化） 平面図、立体図、横断図、側面図、配置図 etc	構造図（風土における美の具体化） ・風土における土木施設の存在の構造図 ・風土における土木施設のアイデンティティの構造図、美の構造図 etc
設計計算の理論	力学の手法 弾性力学 塑性力学 流体力学 etc 【ニュートン力学】	脳と心の科学手法 風土分析 イメージ分析 感性分析、認知分析 etc 【認知科学】
構築材料	素材 コンクリート、土砂、岩石、鉄及び金属	ハード：姿・形・色彩、素材テクスチャ ソフト：施設の名前、デザインコンセプト、工法、儀式、イベント、物語

●風土工学・意味空間の設計

第二部　七転八倒・苦闘の末の風土工学誕生

【一】土木実務での七転八倒・四面楚歌・苦悩の時代

【1】何故、就職先に建設省を選んだのか

大学入学後も学業に専念する訳にもいかなかった。学費かせぎだけでなく母親への手助けのことがいつも気にかかっていた。そんな訳でアルバイトには人一倍精を出した。私は授業を聞くのが下手だったし、ましてガリ勉タイプにはなれなかった。しかし、要領の良い勉強法で試験の成績だけは良かった。

土木教室は実学の社会で、教室選びも、就職先選びも全て成績順だった。京大土木の方針としては、教養2年、学部2年では、専門のことを教えるには時間が不足しているので、出来るだけ大学院へ進学しろという方針だった。また就職先については民間志望の者以外は国家公務員試験を受験しろという方針であった。

私の育った環境の近くには公務員はいなかったので職業としての公務員のイメージがわかなかった。私は土木の社会を全く知らなかった。大学の方針として公務員試験の上位合格者は建設省に就職しろというムードであった。公務員になるなら府県や市役所よりも国家公務員になれ、国家公務員も、行けたら建設省に行け、建設省がだめなら運輸省や道路公団や水公団に行けというムードだった。

民間志望の者は全て無試験で入ることができ、大学の就職指導の方針として超大手の鹿島建設等には複数人でも良いが、他は1社1人以上志願させなかった。志望が重なった場合は、成績順というルールになっていた。

私は学生時代、土木という実業の社会の構造について殆ど知らなかった。建設省と府県・市町村との関係、建設省と公社公団との関係、建設省と民間との関係、建設省の技術者と民間の技術者との関係、ゼネコンとコンサルタントの技術者の役割等々、何となくしかわかっていなかった。私は大学では入学から卒業までいつもトップクラスだったし、国家公務員試験も学年で一番だったし、どこにでも志望できた。教官も同級生も皆私は建設省に就職するものだと思っていたようだったので、何も深く考えることなく建設省に就職することとなった。

●大鳥が羽ばたいている　大鳥の姿　揺れ動いているさま

［2］太陽の下で、大地の医者になろう
（反省とチャージ、チャレンジ、クリエーション）

大学受験の時、何学部を志望するか悩んだ。純粋学問（文学と理学）等の学ぶ楽しさは大変魅力的であったが、それを職業とするには色々難しいのではないだろうか。実学でなければ日々の生活に困ることになってしまうことがあるのではと考えた。そうなれば、医学部か工学部だと考えた。医学部には大変魅力を感じたが、一生病人を相手にする職業よりも太陽の下で明るく健康的な職業のほうがいいのではと考え土木を選んだ。

土木の中で、水系、土系、構造系、計画系と四つのコースであったが、どのコースを選ぶか考えた。たまたま2年生の夏休みに、建設省の淀川工事事務所に実習に行った。その時、上林好之建設専門官室で、故小葉竹重機氏（群馬大学教授）と1カ月半ほど淀川の三川合流の水面形計算を学んだ。こんなことをやって給料をもらえる素晴らしい職場があるものだと思った。

春の実習では阪神高速道路公団の設計室で中空スラブ橋の橋梁の設計を手伝った。橋梁の設計はまさに土木構造物の設計そのものであった。こちらの方には余り魅力を感じなかった。土木構造物の設計よりも大自然である河川の外力を知ろうとする工学の方に学問としての面白味を感じた。

このような訳で水系水理学を専攻することとなった。京大の土木では優秀な者は大学院へ行けという雰囲気があった。優秀だったので大学院も無試験だった。そして4年で受けた公務員試験もシングルであった。大学院修士終了まで2年間、公務員試験の合格資格を保留にしてもらうこととなった。

建設省同期入省者は河川系では青山俊樹氏と大島康宏氏と私の3人、道路系では辻勝成氏と星野満氏と三好逸二氏の3人、そして都市計で山村信吾氏の合計7人であった。

昭和44年4月入省以降、約28年間の建設省技官としての仕事が始まった。今となっては28年間はあっという間に過ぎたような感じだが、その都度その都度必死であった。分からないことの連続であり、失敗の連続であった。失敗を振り返り、猛省しきりであった。失敗は知恵の不足より生じる。それを乗り切るには、二度と同じ失敗をしないように、人に負けない量の知恵のチャージが一番大切である。知恵のチャージの次は、それを使ってよりよきものへのチャレンジである。その結果がものづくりである。技術者は百万べんの講釈より、一つのものづくりの実行なのである。

●淀川三川合流地点
左から木津川、宇治川、桂川（上流から下流を臨む）

［3］初めての仕事

和歌山県時代、広川ダム本体発注業務から学ぶ

私共の入省の年より上級土木職採用者は半数が府県へ配置という人事プログラムとなった。私は新採各省合同研修の後、和歌山県庁へ出向となった。和歌山県土木部和歌山土木事務所和歌山班工務第一課改良係からはじまった。1年後の和歌山国体のメイン会場、紀三井寺への道路新設等の担当だった。県道の局部改良、災害復旧等の実務を担当した。浜啓介さんの補助として毎日現場に行った。ポール2本とテープだけで横断図をはじめ現地測量図を作っていく。その当時は測量の専門業者に出して図面をつくるということは余程大規模な工事以外はなかったと思う。

まず、最初に道路を設計するのに車の運転が出来なければだめだということで、午後5時に仕事が終わると自動車学校へ行った。3週間くらいの最短で免許が取れた。

現場へ行くのは自主運転で行く。毎日、浜さんと現場へ行った。丁張りのかけ方から、出来方測量等々まさにオンザジョップトレーニングであった。浜さんは仕事熱心な方で、毎日仕事が終わったあと、おでん屋で今日の反省で一杯飲みながら仕事の心を教えてくれた。本当に浜啓介さんには感謝の気持ちで一杯である。

当時和歌山県庁では京大の土木というだけで貴重品扱いされた。県庁の道路課には、京大土木出身唯一の雄山重義さん（橋梁設計の大家）がおられた。よく家庭に呼んで頂き御馳走になった。

1年半和歌山土木の現場にいたが、その後、本課の砂防利水課の利水係に異動になった。利水係はダム担当であった。

当時の利水係長が柳沢宏さんで、あと天笠俊夫さんと井関哲次さんがおられた。砂防係長には中村堅さんがおられた。柳沢さんはその後すぐに広川ダムの現場の所長に転勤された。砂防利水課の仕事としては、1年後に控えた広川ダムの本体発注業務であった。

当時のダムの積算方法は何も決まっていなかった。土木工事の積算方法は河川局防災課がつくっている防災歩掛りだけであった。ダムの積算はどうするのか。まず施工計画書をつくり、作業工程ごとにどこでどれだけの作業員を配置し、どのような作業をし、その作業の効率はどのくらいで行うか、それを一つずつ積み上げていく。そして一方単価は物価調査版で調べ、また単価の分からない物は見積もりを数社からとり、それらを掛けあわせて工事費を積み上げていくのである。

多くの単純な作業の積み上げである。それらの工種毎に相互関係がある。問題は直接工事費はわかりやすいのだが、間接工事費については、先進事例の積算方法と施工計画書を集めた。皆てんでんばらばらである。それらを参考にして広川ダムの施工計画書をつくり、その施工計画にのっとり工事費を積み上げていくのである。大変な作業であった。

広川ダムの現場の事務所に泊まり込んで何カ月もかかって作った。当時、私は大学を出たばかりで何も実務をわからないという状態であったが、その私がリーダーを務めた。そして私のもとで山下博君が手伝ってくれた。山下博君は利口で仕事も早い。その後和歌山県庁の土木職トップの技監になった。

そもそも私共は学校で教えてもらったことは構造物の設計とは応力計算であって、安全率をかけて柱や梁や鉄筋量を決めていくことであった。しかし、県の土木事務所に行けば、設計とは見積もり金額をはじく

積算のことを言っているのにまず驚いた。

　例えば道路の擁壁などは、ほとんど応力計算などしない。天幅何cm、表勾配いくらで裏勾配いくらで過去の事例から絵を画いておしまいである。土木は経験であり、実社会の実業なのである。災害で被災した所は、一日も早く復旧しなくてはならないのである。いちいち応力計算し、安全率を考えていたら間に合わないのである。

　設計と積算の〝はざま〟の問題もある。実学とは資本主義の世の中、金額に換算するということである。

　和歌山県の砂防利水課長は小薮隆之さんであり、建設省の砂防職のキャリアである。小薮さんは、「竹林はいつまでも和歌山県にいてはダメだ。早く全国の仕事をしなくてはならない」といってくださり、河川局開発課長の宮内章さん（後、飛鳥建設副社長）に話をしてくれて、私を開発課に異動させてくれた。

胸のバッチから和歌山県庁時代

［4］眼がまわる、霞ヶ関の耳学問

（1）河川局開発課補助技術係長へ

　全国の府県からすれば弱小の力のない和歌山県の小さな一ダムを担当していた一係員、それも大学を出て実務経験がまだ3年しかない者が、一枚の人事発令で霞ヶ関の河川局府県担当の係長になった。

　県の課長補佐レベルの人に、指示をする立場が本省の係長である。県の課長補佐レベルとは県のその道の実質的責任者であり、大変な実力者である。

　47都道府県の実力者である課長補佐や本庁係長を相手にして、霞ヶ関の立場から色々注文をつけるし、技術的相談にも乗る立場の仕事である。私は、まだ実務経験も少ないし、問題点を処理できる知恵を持ち合わせようもない本当の青二才であった。補助技術係長には2人の係員がいた。渋谷さんと刃弥さんである。2人はベテランであった。

　私は県の担当の時は、渋谷輝敏さん刃弥賢さんの指示をうける立場であった。それが1枚の人事発令で逆転したのである。実力と知恵があってそれらの人の上に立つのならわかるが、実力も知恵も経験も彼らより数段落ちるのにである。彼らにとっては面白くないこと甚だしいことは容易に想像できる。私は平身低頭を心掛け、彼らに教えを乞いながら仕事をしなければならない。彼等が私を無能呼ばわりして反発することもしばしばであったが、そこは、私としても必死に係長のプライドをかけ、仕事のポイントを学んだ。

　数カ月もすれば私自身が納得するほど、私の方が妥当な判断をしていることが自覚されてきた。

私を指導してくれた人は補助担当の課長補佐であった糸林芳彦さんであった。補助技術係長を1年も経験すれば、2年目から各県の技術の責任者に上の立場で自信を持って技術指導できるようになっていった。毎日毎日の全国からの困ったことの報告を受け、それに対し、どうすれば良いのかの知恵を毎日毎日真剣に学んでいたのである。

地方の和歌山県での勤務から一転して東京の勤務となった時、朝の通勤ラッシュに始まり終電近くで帰宅する時まで、人・人・人の熱気と喧騒の渦の勤務に豹変した。一日にお会いする人、名刺交換する人の数も何十倍も増えた。本当に目の廻る忙しさという感じで、初めはついて行けるか悩んだこともあったが、毎日毎日が過密なスケジュールで自分の体調など一切考えている余裕もないほどであった。

年がら年中、府県からいろいろな問題が持ち込まれてくる。大事故が生じた技術的にどう対処しようか、それに対し金銭的にどのように処理したらよいかというような深刻な課題も多かった。

例えば、工事中、大洪水に遭遇し、据付中の放流管が流されてしまったとか、業者の現地事務所が作業員の給料の入った金庫ともども流されてしまったとか。給料日直前の大洪水、この損害は甲、乙どちらが負担するのか、契約の天災条項をどう解釈し、適用するのか。実に難しい問題が持ち込まれる。それをどのように処理するのか、糸林補佐をはじめ、多くの組織人の知恵を結集して処理していくのである。毎日毎日が実事例の対処の連続である。糸林さんの後に山口甚郎さんが担当補佐になった。山口さんは大変な能吏であり、ポイントとなる要所を押さえてその他の事は担当係長の私に任せてくれた。

（2）ヒアリングと〝たばこ〟（開発課係長時代）

本省の仕事の半分以上は全国の各府県や全国の出先からの要求事項をヒアリングして、必要な処置をとることであった。補助の係長の時は全国の府県河川課の補佐、係長クラスから予算要求の事情を詳しくヒアリングすることである。直轄の係長の時は局の課長補佐や事務所長から技術的課題をヒアリングする仕事である。

ヒアリングとは耳学問である。聞くとは相手がしゃべることを基本的に聞くことである。理解できないところなどを途中で質問することはあっても、ほとんどは聞くことに徹する。

ヒアリングに際しては、相手は本省の人間を説得するために色々工夫した資料を作ってくる。それをペラペラめくれば、何を言いたいのか大体わかる。説明している最中に結論は何か、要点だけで良いとは言えないが、分かっていても辛抱強く聞くことが要求されている。私はこれが大の苦手であった。黙って辛抱して聞いているとすぐに居眠りが始まる。

ヒアリングの最中、一生懸命説明しているのに説明されている相手がコクリ、コクリと居眠りをされると説明している側としてこれほど不愉快なことはない。私としても誠心誠意聞くことが仕事であることは百も承知だ。相手に不愉快な気持ちを与えてしまうことは不本意なことである。そこで考えたのが〝煙草〟である。私は大学時代から煙草を始めた。煙草を吸えば頭が冴えるという事でもないが、手持ちぶたさで煙草を吸い始めた。煙草を吸えば、その間は寝ずに済む。ヒアリングの最中、眠気覚ましで煙草を吸い続けた。煙草は火である。火がついている間は寝れないのである。

ヒアリング中ひっきりなしで、たばこを喫うこととなる。幸か不幸かいわゆるチェーンスモーカーという状態になってしまった。煙草代は安月給の身としては決して小さいものではないが、1日中、夜寝ている時以外はずっと吸っていた。煙草の種類は当時で一番安いものがゴールデンバットであった。その次のクラスが「しんせい」と「いこい」であった。朝、左右のポケットに「しんせい」2箱ずつ入れて職場に向かう。「しんせい」4箱とマッチ箱2箱をポケットに入れヒアリングに臨んだ。チェーンスモーカーは、最後まで吸って、消す時は次の煙草に火をつけていた。要するに起きている間中、ズーッと煙草を吸っていることとなる。夜中に起きた時も吸っているのである。トータル1日80本となる。右手の指先は煙草で黄色くなる。口の中も歯茎も黄色くなる。何よりも口の中、舌ざわりも煙草でザラザラになる。ヒアリングを行う時、眠気覚ましとして煙草の火遊びは確かに効果はあった。煙草に火がついている間は寝ることはなかった。しかし、煙草の弊害も大きかったのである。

その当時、健康状態は良かったので身体に変調をきたすことはなかったが、口の中はザラザラになり、指先は真黄色と決して健康に良いわけがない。

同僚の係長の藤沢侃彦君とは毎日、仕事の仲間であり、夜の酒の仲間でもあった。藤沢君と禁煙すればオールドパー一本をかけて禁煙することとした。最初の2~3週間は、側で煙草を吸われると吸いたくなったが、意外とすんなり禁煙することが出来た。その後、喘息を患うこととなった。本当によく禁煙できたものだと思っている。本当に禁煙してよかったと思っている。

（3）補助技術係長から直轄技術係長へ

補助技術係長を2年過ぎたところで隣の直轄技術係長へ横滑りすることとなった。補助の時は47都道府県の人が相手だが、直轄に変わると全国の地方建設局の人や水公団の人が相手になる。補助の場合、県の課長や課長補佐、所長等相当に偉い方々と、霞ヶ関の補助金を出す方の立場の国の役人とは、人事が異なるので立場は逆転することは基本的にはない。しかし直轄に変われば毎日毎日相手する現場の所長や地方建設局の担当課長補佐は、霞ヶ関の係長としては相談を受ける立場であるが、次の人事ではそれらの人の部下になるのである。同じように現場から持ち込まれる案件に対して、同じ立場に立って解決等を模索するということになる。大問題に対し本社と支社も現場とで協議して共に責任を分かち合って対処法を模索することになる。

大蔵省との協議、他の省との協議、そして国会質問に対する答案つくり、原案つくり、そのための資料収集、事例研究等々である。そして、会計検査院の指摘に対しどうするかということも重要な仕事であった。

この時、御指導を受けたのが山口甚郎課長補佐。開発課の係長時代、補佐や直轄の現場から次々持ち込まれる技術的課題に間違いなく対処していくためには、高い技術的知識を身につけなくてはならないこと、そしてそれに対する高いレベルのノウハウが欠かせない。難しい技術的な課題が持ち込まれる都度、土木研究所のダム構造の柴田功さん、地滑りの渡正亮さん、地質の岡本隆一さんに相談にのってもらって色々アドバイスを得た。

また、当時ダムの設計やゲートの設計、仮設工の設計等色々な設計についても持ち込まれる課題があった。それの技術計算書をいちいちチェックしている余裕などある訳がない。その時求められているのは大局的見地からのチェック方法なのである。昭和42年7月に、関西電力の和知ダムのクレストゲートが座屈をおこして吹っ飛んだ大事故があった。それを事前にチェックする方法は細かい計算のチェックでなく、そのゲートのトータルの鋼重を縦軸にプロットすると、和知ダムのゲートはこれまでの多くの同種のゲートと比較して際立って鋼重が低いことがわかる。このような既往実績のマクロのチェックグラフをつくっておけば、一瞬にしてどこがおかしいかがわかる。社会問題となった姉歯建築士の事件などはこのようなマクロのチェック用グラフを作っておけば一瞬にしてわかったはずである。

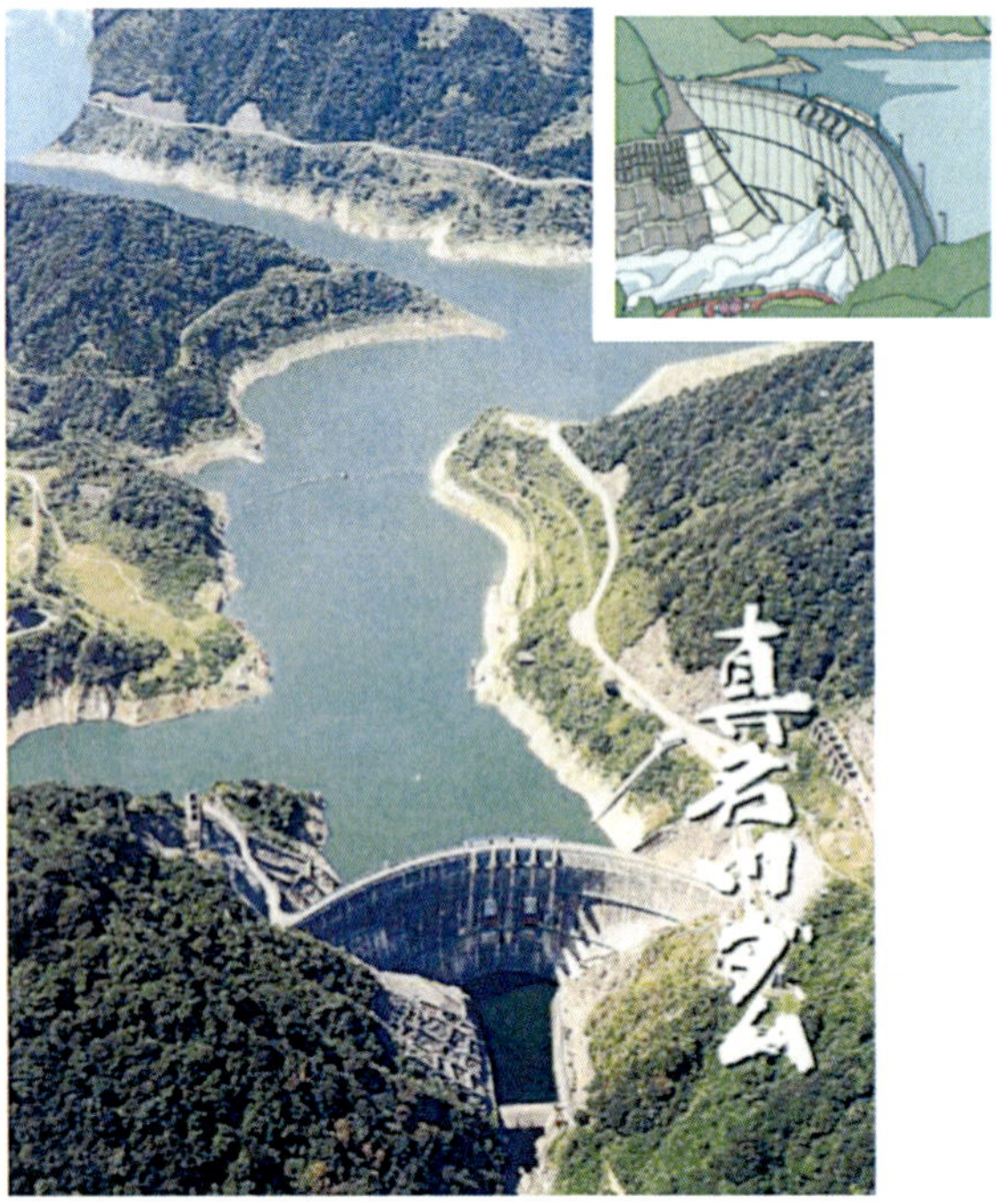

●真名川ダム

[5] 初めての管理職

(1) 開発課から真名川ダムへ

開発課の係長、補助2年、直轄1年、計3年の勤務を終え、現場の課長に出ることとなった。年令は30歳になっていた。

(故)長谷川重善専門官から、どこへ行きたいかと希望を聞かれたので、私は関西出身だから近畿地建を希望すると言った。内心実は母親のことが気になってしかたがなかったからである。近畿地建管内ではダム現場といえば、本体工事最盛期の福井の真名川ダムか、長年用地交渉が進まなかったがようやく進展の徴しが出てきた奈良の大滝ダムの2ダムしかない。工事最盛期の現場の経験をしてみたかったので、真名川ダムを希望した。長谷川重善専門官から、「現場の課長は一応管理職でもあるし、独身ではなあ」と言われたこともあり、開発課の3年目に結婚した。4月1日付なので、4月早々赴任することとなったのだが、まず郊外に行けば車がなければ動きがとれないだろうと中古車を購入することとした。トヨタ空冷式のパブリカの相当古い中古車が10万円だったので、負担にならないのでそれを購入した。色は真っ赤であった。少し色に抵抗はあったが、私が買えるのはこれが限度だったので、真っ赤なパブリカにした。女房は6月に出産予定なので、取り急ぎ単身で赴任することとしてパブリカに積めるだけ詰め込み、車で赴任先に向かった。

あいにく、その日は春の大嵐の日だった。横浜を出て東名高速で小牧まで行き、そこから白鳥まで行き、油坂峠を越える急なヘアピンをいくつも経て、九頭竜ダム湖についたころには日は完全に落ちていた。真名川ダムの宿舎に着いた時には真っ暗だった。

真名川ダムでは工務課長を拝命し、予算総括と付替え道路工事等付帯工事の担当だった。本体工事の方は調査設計課の方で担当していた。山岳道路工事は各所で斜面が崩壊した。流れ盤の地質に沿って辷ったり、断層に沿って崩壊したりの連続で、まともに当初の計画通りに完成することは稀であった。この時の経験から山岳道路の法線等のルート選定する時は地質をよく読み、山地崩壊が起こらないようルート選定が重要であると確信したのである。

例えば、山岳斜面は道路幅員確保のために掘削や盛土をすれば一般的には、現状地形時より、より不安定化の方向になるのだが、地辷り地形の場合、地辷りの頭部にあたる所を切土し、地辷りの下部末端部には盛土となるように道路法線にすれば道路工事は地辷対策工事そのものになるのである。

そのことがあって、いずれの日にかは『自然になじむ山岳道路』というようなタイトルの本をつくって見ようと考えた。

（2）若生子大橋の設計

また、大きな工事の一つとして貯水池を横断する若生子大橋の工事があった。主塔間長２０３・２２ｍの吊橋であった。私の担当した時には既に工場製作が前年度までに完了しており、今年はそれを架けて完成させることになっていた。

架設工事を始める前に気になったのが、吊橋のワイヤーを両岸に固定するケーブルアンカーブロックの設計である。大きなコンクリートの塊である。一般的な構造物の基礎のコンクリートは掘削面に栗石か砂利を均質に敷いてからコンクリートが打ち込まれる。上からの荷重を基礎の地盤に均一に伝えるためにこの栗石か砂利敷は重要なものである。

しかし、吊橋のケーブルアンカーブロックの基礎は栗石や砂利を敷いてはダメなのである。掘削面をよく清掃し、敷き均しモルタルを薄く均した上に直接コンクリートを打つのである。ほとんどの土木構造物の基礎コンクリートは上からの垂直荷重を基礎に伝えるためのものであるが、ケーブルアンカーブロックは岩着面の接着による滑動剪断抵抗により水平方向の荷重に対し、安全なように設計されているのである。

色々な土木構造物の中で、滑動抵抗により水平方向の荷重に対し、安全な設計をすることで構造物が設計されるのは、コンクリート重力式ダムと吊橋のアンカーブロックぐらいのものである。

若生子大橋の両岸のアンカーブロックは滑動抵抗で設計されているものであるが、施工する時、横荷重で設計される少し特異な構造物であるという設計の心を知らず、一般的な構造物の垂直荷重を下に伝える基礎構造物の施工をしてしまったのである。このことに気が付き、ビックリ仰天である。これに気づかずそのまま吊橋をかければアンカーブロックがズルズルと滑ってしまうことになる。出来てしまっているアンカーブロックを壊してやり直すことも考えられるが、それでは大変な手戻り工事となり、税金の無駄遣いになってしまう。そこでアンカーブロックをそのままにして滑動抵抗不足分のみ継ぎ足すこととした。アンカーブロックにリュックサックのように継ぎ足しのコンクリートブロックを継ぎ足したのである。

私はたまたまダムの設計を多く手がけてきたから、岩着の概念の重要性を認識していたが、土木の施工を多く手掛けていた人でもこのことに案外気が付いていないことに唖然とした次第である。アンカーブロックの設計補強の問題も片付き、いよいよ吊橋を架設する工事にとりかかった。前年度までにメインワイヤーや、桁を吊り下げるワイヤーとケーブルバンド等の工場製作は完成しており、完了検査に合格し、工場に保管されている。工場から工事現場まで大型トレーラーで搬入され、いよいよメインケーブルが両岸の塔、そしてアンカーブロックに無事架けられて定着を完了した。

しかし、その後に問題が起こった。メインケーブルにいくつかの吊り下げるワイヤーを固定するケーブルバンドをとりつけたのである。するとケーブルバンドでメインワイヤーを挟んで固定するはずが、ケーブルバンドとメインワイヤーの間に隙間が出来ていて、スルスルで固定できないのである。

何故このようなことになったのか。間違いない設計がなされ、工場で精度の高い製作がなされた上で、役所の技官により厳しい検査に合格し請負金も支払済である。

しかし何故機能をはたさないケーブルバンドが出来てしまったのであろうか。答えは簡単であった。製作誤差が生じるので、設計に対してプラス1～2㎜、マイナス0・5㎜というように仕様書に記されているのである。これも鉄製品としてはごく常識的な話である。この場合、工場側で製作するとき製作誤差を全て安全策をとってプラス側で作られてしまっていた。従って大きめに作られたケーブルバンドを2つ合わせて出来るケーブルをはさむ空間は設計で考えていたものより大きく出来てしまってガサガサとなってしまったのだ。部分部分の設計製作は間違っていなかったが、

それらを総合してものが設計される、全体を組み立てるところ、総合するところの知恵が欠けていたのである。

（3）工務課長から調査設計課長へ

工務課長の重要な仕事として予算管理と工程管理がある。予算管理はどれだけ予算が必要かということの把握である。

土木工事とは即地の仕事であり、やってみれば当初考えていたことと必ず違っていることがあたりまえなのである。いろいろな不測の事態がおこらないよう事前によく調査して、設計するのであるが、誰かの言葉ではないが全て想定済みという訳にいかない。日本の大地は千変万化である。

想定していないことが生起してから、それをどうリカバリーするかが現場技術者の知恵の出しどころ、臨機応変の知恵が問われているのである。それらのリカバリーをするためには必ず予算の裏付けがなければならない。

予算とはあらかじめ算するということで、今後必要となることを想定して積み上げるのである。理詰めで積み上げることは出来ない。大地を掘削したら、大断層があったり、山が崩れてきたり想定できないことが生じる、それが土木というものなのである。それも、やってみたら想定していたものより良かったという場合は予定された設計通りつくる。問題は想定された以上に悪い場合に、それに対応して設計変更しなければならない。必ず悪いほうに変わるのである。ダム事業とは施工すれば必ず想定外の工事増が伴うものである。

昨今のようにコスト縮減の嵐の中では、紀の川の大滝ダムの白屋の地辷りのような大事故が生じることとなる。白屋は当初より地辷り地形で地辷り対策工をしなければならない対象地域であった。しかし、湛水前にどこまで対策工をするかというところで踏ん切りがつかなかったもの

である。そのような工事はコスト縮減の嵐の中ではカットされる。その結果大変なことになるのである。

地盤というものは、動き出す前なら少ない工事費で安全率を上げることができるが、一度動き出してから、それを止める為の対策工は何倍いや何十倍もかかる。一桁多い工事費で済めば良いがそれ以上必要となる場合もある。更に、完全に崩壊してしまったらそれに対する対策工は、更にまた一桁多い対策費がかかることになる。

ガンの医療とよく似ている。ガンの疑いのある初期のポリープならば簡単に治る。ひとたび、確定ガンになったポリープならば、その手術は一桁大がかりになる。更に、手遅れになって他に転移してからでは、いくら手術しても直らない死に至ることもある。

全く同じなのである。コスト削減のつもりで予算を節約した結果、何十倍の余計な対策費が必要になる場合もあるのである。初期対応では簡単だが、手遅れともなれば大変になるということである。

それでは、どれだけのことを想定しなければならないか、それが総合的エンジニアリングジャッジメントなのである。これまで多くの実務経験を踏まえた確かな総合判断が出来ることが高級技術者の要件となる。

真名川ダム当時をふりかえると、どの地建にも一人や二人位、ダムの神様と言われる高度な技術的判断が出来る人がいた。また、それらの人の判断を聞いて、的確なアドバイスが出来る高度な技術者が本省には何人もいた。土木研究所にもいた。

真名川ダムの設計論として悩んだのが表面取水設備であった。当初設計時点に想定されていなかったもので、その後の環境問題への対応として計画変更したものである。相当難しい課題を解決しなければならなかった。

（4）近畿地建の河川計画課の課長補佐へ

真名川ダムで2年9カ月が経過したころに近畿地建河川計画課のダム担当の課長補佐に異動になった。河川計画課ではダム事業の計画を纏めることが業務であった。河川部長は金屋敷忠儀さんで計画課長は井上喬之さんだった。

紀ノ川大堰の計画の詰めがもっとも重要な仕事であった。奈良県と和歌山県の調整、そして紀ノ川から大阪への分水計画であった。

和歌山県の水担当部局は利水計画の水の収支が事業費の負担割合を決めることをよく承知しており、利水の収支計算をする基準年の取り方によって大幅に負担割合が変わってくる。そこの関係をうまく計算することにより和歌山県の分担割合で大幅に得することを考えていた。一方、奈良県の水の担当者は国の綿密な利水計画に納得していただいていた。事業計画を両県が納得できなければ事業化できないのである。

このような利水の水収支計算等が良くわかっている人はプロである。よく理解できない人はアマである。県民にとって見れば、その県の役所の技術者がプロであれば、県民として得をすることになる。また、水収支計算とは先取りするほど効率がよく、後のりするほど、同じ量の水を利用できるようにするのに何倍もの負担をしなければならなくなる。

水問題は先手必勝なのである。あとになって水を欲しいと言っても後ほど負担金は何倍もかかるのである。プロの先見、アマの後追いなのである。十年、二十年先を見こして、先行投資的に水資源開発をすればする程、安価で安定度の高い良質な水が確保できるのである。一方、水飢饉となり慌てて水資源の確保を言い出しても、後の祭りとなることが多い。

公共事業というものは先を見据えて、先行投資する程、安い事業費で済むのである。県や市の執行部が後追い体質のところは、結局、高いアロケーションの負担を余儀なくされる。

紀ノ川大堰事業は和歌山と奈良そして大阪の〝はざま〟の事業である。1県の知事がやると言って出来る事業ではない。県で出来ることは県でとか小泉元首相は言ったが、県をまたぐ事業は、県間の利害がかみ合わず、その調整が出来るのは両県より上の立場の国しかない。それにしても両県が国の調整をどれだけ信頼してくれるかということにつきる。すなわち事業費の費用割り振りにおけるメリット論になるのである。

河川計画課の課長補佐の仕事で半年ほどたった8月に急に土木研究所のダム計画官に転勤の辞令が出た。

雪国福井の2月、雪が大量に残っている時に越前大野から大阪の枚方の星ケ丘に引っ越しをし、あくる日から毎日残業等で家には深夜に帰る日が続いた。従って引っ越しの荷物も大半が段ボール箱に入ったまま、荷物をあけていない。食事台所等の日用生活用品以外はまだそのまま段ボール箱のままだった。

(5) 土木研究所・ダム計画官へ

開発課の係長時代、また、真名川ダムの課長時代に土研のダム部や地辷り研究室そして地質研究室にはいろいろな場面で指導を受けてきたので、土研への転勤はあまり何とも思わなかった。

土研といえば、研究職になる。私は今まで行政職であったので、そこが少し気がかりであった。しかし、今回の転勤先のダム計画官というポストは研究職ではなく行政職だという。そしてダム部に所属するのでなく企画部に所属するという。

転勤地もダム部のある赤羽ではなく、企画部や土研の本部のある駒込だという。面白い、時代の要請で新設されたばかりのポストなのである。私の前任者は中村靖治さんで、私より3つ4つ上の年次の方が約1年つとめたポストである。私は2代目だという。霞ヶ関の開発課の要請や各地方建設局や各府県の要請を受けて、土研のダム部や地質研究室等の技術的バックアップをとりつけて、事業化へもっていく橋渡しの仕事だという。そのような事で、1年中全国各地のダム計画の現場へ行き、地質調査の指導やダム計画の指導を行うことが基本的な仕事になった。

ダム計画官は企画部に所属しているがラインでなくスタッフで独立している。上司もいないようなものであり、部下も当然いないという形である。従って全国の建設省組織の中で、最も若くして個室をいただいたということである。個室ということは間違いないのだが、廊下の奥にドアをつけて締切って部屋にしたというウナギの寝床のようなスペースであった。隣が土研の地質官であり、その間に入口のドアがあり出入り出来るようにした。

地質官は渡正亮さんで〝地辷りの渡〟とも言われた人で、年中地辷りの現場に行っており出張続きである。そこでダム計画官の室はうなぎの寝床で、私の机とお客様の応接セットしか置けない。そこにはあと机をもう一つ入れるスペースもない。そこで資料整理兼秘書的な形で一人女性の臨時職員に来ていただき、机は地質官室において、いろいろ手伝ってもらった。そこでまとめたものがダム事故例調査である。土研には世界の技術雑誌のバックナンバーが揃っている。それらを調べるとダム事故のニュース等が詳細に記されている。エンジニアリングニュースレコード（ＥＮＲ）等である。それらを調べ上げてダム事故ニュースを全てコピーして、ダム事故の技術的内容をとりまとめた。大変な労作となった。

また、ダム部長の飯田隆一さん、地質化学部長の岡本隆一さん等のカバン持ち的な形で全国のダム計画地点の地質調査に奔走した。

このダム計画官の時代は地質のコンサルタントの報告書を読み、現地の地質と照合しながらその解釈の事例研究を毎日しているようなものであった。従って、地質のコンサルタントを職業としている人の知的レベルがどれくらいかということが良くわかった。地質のコンサルタントの手を抜いたところ、間違って解釈しているところ等はすぐにわかるようになった。いつでも地質のコンサルタントを職業としてやっていく自信も生まれた。また、開発課の係長時代に糸林芳彦補佐から教えていただいた、ダムの細部技術を直轄技術研究会のテーマとしてとりまとめた。

(6) ダム計画官当時の思い出

ダム計画官の仕事は、全国各地で計画されるダム計画について、ダムの規模（ダムの高さ、貯水池容量等）やダム形式（コンクリートダム、フィルダム、アーチダム等）そしてダムサイトが適切かどうか、現地に行き、これまでの既往調査を現地で確認する。ダムサイトは他にないか。その位置が地形地質的に馴染むかどうか。ダムの型式はそのダムサイトから考え、フィルダムがよいかコンクリートダムが良いか、またはアーチダムが可能か複合形式を考えねばならないか。更に、そのダムサイトで計画されているダム高は基礎岩質の強度から考えて大丈夫か、貯水池からの漏水が懸念されるところはないか、等々について現地調査して、ダム建設技術上の課題を整理し、ダムサイトの良し悪しを判断し、今後のダム建設に向けての調査計画をつくる。

ダム計画官時代のもっとも記憶に残るダムサイトは東北地建の摺上川ダムである。福島工事事務所が調査計画を進めていた。当初計画サイトは藤清水サイトであった。ダムサイトとは両岸の山体が狭まったところが考えられる。藤清水サイトはまさに誰が見ても狭窄部で左右岸の山体が狭まり、ダムサイトの適地に見えた。そんな訳で、このサイトで地質調査が進められていた。左岸側の岩体は、第三紀の凝灰岩で、左岸の山全体が1～2㎞の範囲で山体が移動（地辷り）をおこしており、岩体の深部に随所に地辷りで出来た数㎝オーダーのオープンクラックが見られた。

土研の地辷りの神様といわれていた渡地質官や岡本隆一地質化学部長などは、絶対このサイトは地質的に問題が余りにも大きすぎて、建設すべきでないという意見であった。

しかし、東北地建の福島工事はこのサイトで建設すると地元説明を繰り返してきた。また、東北地建の河川計画課は地質上問題点が少々あっても、今の建設省の技術を動員すれば建設不可能なことはないのではと考えていた。

藤清水サイトのダム計画規模は、1億㎥クラスの大ダムで、水没家屋も200～300戸あったと思う。

渡さんや岡本さんは土研一筋の方で技術上の問題点から、このサイトでは計画を進めるべきでないと、行政上の責任者である東北地建に強く言ってあった。それでも行政側が建設可能と判断して建設計画を進めるのであれば、それによって生起するであろう色々な課題は行政側で責任をもって対処すべきであって、研究所の立場の人間がとやかく言うべきことではないと言う態度であった。

私は行政職でダム計画を進めてきた人間である。ダム計画官というポストも行政職のポストである。渡さんや岡本さんのような研究職ではない。

私は世界のダム事故例を徹底的に調べてきた。ダムという人工構造物は基礎の岩質と一体となって巨大な水圧に耐えるのである。人工構造物はコンクリートであれ、フィル材（土と石）であれ徹底的な品質管理を行えば万全なものは出来るが、基礎の岩質は神様が作ったもので、それに欠点のある場合は岩を鉄筋や鉄骨で縛ったり、岩の割れ目にコンクリートを詰めたりして補強はするも、それで絶対に万全なものは出来ないことをいやという程知っている。大自然の営力の巨大さに対し、人間の力など大したことはない。

千変万化の地質構造の中でダムのような構造物が建設可能なところは限られている。この藤清水のダムサイトは一見狭窄部でダムの最適地のように見えるが、その両岸の地質は死に体なのである。一見岩のようであるが、それはスベリ台の粘土の上に浮いているような感じである。

ここにダムを絶対に作ってはならないという大自然からのメッセージが聞こえてくる。何より建設省の幹部がいう、建設省の技術力でもって出来ないところはないとの考えにはついて行けなかった。ダム技術というものは、大地に何度も何度も聴診器をあて、大地が拒否しない範囲で大地の御機嫌を損なうことがないよう、謙虚にダム築造してきたはずである。摺上川の川筋を上下流現地調査すれば、藤清水サイトのように基礎地質が死に体になっているところがなく、1億㎥級の貯留可能なダムサイトは他にいくつもありそうである。また、藤清水サイトは200～300戸という水没移転も伴う。他のサイトは水没移転はほとんどなくて、よさそうなサイトがいくつかあることを考慮した上、藤清水サイトはダムをつくらないことを建設省として決断する儀式を行わなければならない。

河川局開発課の調査担当の建設専門官に、とうとう藤清水サイトはダム建設不可能であることを説いた。河川局の幹部の合意をとりつけた上で、藤清水サイト撤退の儀式を行う段取りをした。

その後、上流の茂庭（労振）サイトは1億㎥級の貯水可能で両岸の地質もよく、水没戸数がほとんどないサイトが見つかり、数年後にダム建設に着工し、竣工式を行った。本当に良かったと思う。

（7）再び、近畿地建へ。河川計画課長へ

土研のダム計画官を終えて、再び近畿地建へ戻る事となった。ポストは河川計画課長である。2～3年前課長補佐をやっていたので、事情はよくわかっていた。また、直接の上司にあたる河川部長は（故）井上章平さんであった。

井上章平さんは治水課畑のエリートコースを進んでこられたプリンスである。後に事務次官まで昇進し参議院議員になられた。また、局長は佐々木才郎さんで開発課長をやられたダム技術者であった。井上章平さんの官舎は枚方の楠葉のマンションであり、私の官舎も少し離れた同じ楠葉の1戸建てであった。

河川計画課長の仕事は河川部長の直近の部下としての仕事が多い。河川部長の車で管内の事務所や現場に出張によく出かける機会もあった。

井上章平さんの仕事のやり方、人の接し方、事の処し方等をじかに学ぶことが出来た。

意見が対立する問題は足して2で割る。不満がある向きには、気は心

ですこし色をつけてやる。更に、四方八方全てにきめ細かな気配りをする。まさに全て丸く治める。役人中の役人、役人の極意を体得した人という感じであった。府県や市町村の首長への対応も実に相手の要望をよく聞かれたし、国から府県・市町村へは、強引に無理なお願いをするということはなかった。井上章平さんの仕事振りは陳情行政の治水課のやり方そのものに見えた。これなら敵は作らない。これこそまさに役人の本流の仕事である。

前任の河川部長であった金屋敷忠儀さんや佐々木才郎さん等は、仕事は全く違う。ダムを計画し事業を推進して行くためには陳情行政で足して2で割る、四方八方へのきめ細かな気配り配慮では一切事は進まない。ダム事業は治水事業の切り札的なところがあり、災害等で強烈に被害を被った所は強い陳情がある極めてまれな場合もあるが、基本的に強い陳情は少ない。反対に水没移転等を伴うため強烈な反対運動がある場合が多い。何より、治水、利水共に地元の利害調整に非常に苦労する。地元から打開策は一切でてこない。当方から次々と調整案を出し合意点を見つけ出さなければ進んでいかない。いわゆる仕事の進め方は全く逆のような感じを受けた。

計画課長時代の最大の仕事は加古川大堰であった。加古川は一級河川であり、その河川管理者は建設省であった。しかし、実質的加古川は、ほとんど農林省が低水管理している河川であった。上流の呑吐ダム、川代ダムの建設、扇状地扇頂部の要の位置、加古川大堰そして下流の各種用水事業等は全て農林事業であり、建設省は堤防工事等の陳情等の対応だけのような河川であった。農林は京都にある近畿農政局管内であったが農政局の部長より年次が上の東播用水事業所長が現地におられた。

建設省の河川管理とは治水（洪水調節）と渇水補給等における流水調整であるが、その切り札的な仕事は全て農林であった。農林の考えは河川から平時に農業用水を出来るだけ多く取水して平野を潤し、農業に資することであった。洪水時や渇水時等の非常時には河川管理者の治水と利水の流水調整によらなければならない。

このような事情により、東播用水事業と河川管理者との河川協議、水利権協議は調整はつかずデッドロックに乗り上げていた。農林のほうは既に事業化しており、予算がつけば、河川協議がととのってから事業を進めるという建前は理解できるとしても、予算執行から事業を進めていかざるを得ないという現状であった。河川管理者サイドからは最低限の秩序は守ってほしいという現状であった。河川管理者としては、河川管理の秩序をもどすためには、せめて最後の切り札である加古川大堰は建設省として管理しなければならない。

これまで河川協議でデッドロックに乗り上げていた川代ダム、呑吐ダムの構造物許可等を下す一方で、下流五ケ井用水等からの要請を受けて既に東播用水の中核施設と位置づけられていた加古川大堰を建設省事業に移すという荒療法であった。事を治めるには両者にメリットがなければ終結しない。農林省の方でストップかけられていた川代・呑吐ダムの両ダムについては、水利権の協議者として構造物審査に乗り出して解決した。呑吐ダムについては河床の大断層処理について大型のマット工法を指導した。川代ダムについては低標高部の水平断層に対し、ダウエリング工法により剪断抵抗補強工法を指導して、許可を与えて事業を進めるお墨付きを与えた。一方、加古川大堰は農林省から建設省事業に移管するというものであった。

両省の合意調印を行った。地建局長の佐々木才郎さんは、当初加古川大堰は両省の共同事業でおちつける案も考えておられたが、最後は多目的ダム事業で解決調印となったことで喜んでいただいた。

近畿の河川計画課（課長補佐と課長）時代、多くのダム計画をつくり事業化（実調着手、建設着手）した。高時川ダム、大戸川ダム、猪名川総合、川上ダム等々であるが、それらのダム事業が淀川流域委員会とかで中止あるいは休止となり事業がうまくいっていない。国家百年の計で考えなければならない事業を、今後は30年間の当面の課題として考えるという短絡的な考えで決断している。何と嘆かわしいことであろうか。

（8）会議と〝いねむり〟近畿地建の課長補佐時代

役所という所は実に会議の多いところである。役所は所掌事務が全て縦割りである。縦割りの組織は確かに効率が良い。目的と業務内容が明確であるので、業務内容が明確な仕事の遂行には実に効率的に機能する。そして社会の組織が高度化すればするほど、次々その変化に対応して組織は細分化していく。しかし、細分化すればするほど、そのものずばりの業務はうまく効率的に遂行できるが、社会の高度化複雑化に伴い、色々なところにまたがる問題が増えてくる。多くの部署にまたがる仕事をスムーズに解決していくためには、関係する複数課の担当者と協調して、役割分担して解決にあたらなくてはならない仕事が激増してくる。そのためには調整会議が頻繁にもたれることとなる。つまり、役所の仕事は年がら年中、会議ばかりということになる。関係課の調整会議とは、自分の課にメリットがあることなら、それは自分の課の役割だと主張して、仕事をとってくる。反対に、自分の所属する課にメリットの少ないどちらかといえば、責任だけ負いかぶされる労多い仕事は、余所の課に押し付けることとなる。

会議はおどるというフレーズがある。会議とは、結果はともかく、参加し、自分の課の利害を背景として何かを主張することが求められているものが実に多い。会議は細分化した役所業務の必要悪だと思う。そのような会議では相手が何を主張するのか会議に出席すれば事前に配布された資料からも直ぐに全容が分かる。

私はそのような会議では、自分の役割として自分の説明すべきことが終われば、他の人の主張することがわかっているので、起きて真剣に聞く気力が続かない。眠気に誘われてコクリコクリしてしまう。一通りの説明と主張が出揃った後、本論の討論が始まる。会議に参加した他の課の担当者は、完全にコクリコクリと寝ておりイビキも聞こえるのに、討論になると起き出して、全ての論調をよく聞いている者にしか不可能な核心をえた論を主張し展開する私に対し、竹林はイビキをかいて寝ている振りをしているだけで、実は全てよく聞いているのだと、よく噂していた。

実は、そうではなく、私がコクリコクリと会議中イビキをかいて寝ている時は本当にぐっすり寝ているのである。眠りに着く前に、この人はこれから何分間か喋ることはこんな内容だとわかってしまったら、私の緊張感は途切れて眠りを誘うのである。従って、その人が喋っている口調は私にとっては子守歌なのである。その口調が途切れた時、即ちその人の主張が終わった時、私は目が覚めるのである。目が覚めたら即その場でその人の主張した論に対し、その反論等をしなければならない。私は寝る前に反論する論調がわかってしまえば、緊張を持続することが出来なくなり、ついウトウトしてしまうのである。

私は常に睡眠不足の状態なのである。いつでも眠りたいのである。少しでも緊張が緩めばコクリコクリと居眠りをすることとなる。

近畿地建河川計画課長当時。新年御用始、合同庁舎屋上にて課員全員と

近畿地建河川計画課 20 周年。5 年毎に開催されている。竹林挨拶、米田初代課長と共に

若いときは朝まで飲み明かすことも良くあったが、50歳を過ぎてからは12時過ぎまで飲むことはなくなった。飲み終われば数時間眠る。真夜中に目が覚める。その時には酔いも醒めている。真夜中、色々仕事のことを考える。また、読みたかった本に目を通す。私にとって真夜中が最大の思索の時間であり、一番創造的な時間なのである。

真夜中は、出張中、旅行中や休みの時も含め一番大切な思索の時間なのである。従って昼間はいつも寝不足状態なのである。出張中の飛行機の中、新幹線の中、定例の色々な会議などは私にとって一番おあつらえ向きの睡眠する重要な時間なのである。

（9）障子の桟と肋骨（近畿の計画課長の時代）

近畿地建の河川部には河川計画課、河川管理課、河川工事課、水政課の4課があり、河川計画課は筆頭課であり、私の課長の後で、河川調整課が分かれる直前であったので、係りの数も多く課員も相当数いた。課長補佐クラス数人は私より年上であるが、他は皆若い。年に一度の秋の旅行会が土曜日の午後から日曜にかけて行われた。当時土曜日は午前中は勤務日である。

伊勢志摩方面だった。土曜日は○○温泉の民宿を貸切で予約してある。土曜の中心は民宿での宴会である。日曜日はゴルフ組と観光組とに分かれる。当時は未だゴルフする人は少なく1組か2組くらいだったと思う。他の大勢は観光組だった。私もゴルフはしていなかったので、観光組であった。

事件は土曜日の宴会で起こった。課員は皆若い、よく飲むし、普段は気を晴らす機会も少なかったのか、皆よく飲み唄い、余興に花が咲いた。夜もふけ、飲み疲れ、ふざけ疲れて、眠りだす者も出てきた。何部屋かに分かれて、1部屋6～7人ずつ蒲団が敷かれた。

まだ、飲み足りないものが一部屋で蒲団を隅にずらして未だ飲んでいる。そのうち、一人の者に蒲団をかけてその上に乗る蒲団蒸しの悪ふざけを始めた。順番に誰かを捕まえては蒲団蒸しをする。そのうち、私がつかまって蒲団蒸しにあった。

私がトップの旅行会である。私の時は普段の鬱憤もあったのか、悪ふざけもピークに達し、蒲団の上に多くの者が乗った。私は蒲団ムシの後、胸が痛み、息をするたびに苦しい。その夜はどう寝返りをしても胸が痛く、息も出来ない。とうとう朝まで一睡も出来なかった。肋骨が骨折していたのである。

明朝は朝食も口に入らない。顔色も青くなってきた。民宿を出るとき、今回の旅行会の世話役が精算すると、蒲団蒸しなどの悪ふざけで障子の桟を何本も折っている。その分1カ所1万円くらいずつ、弁償させられていた。何本も桟を折ったので、相当高くついたようだ。無事？　精算も終わり、民宿を後にして日曜の行程に入る。私は胸が痛くて息も出来ない。私は、皆には申し訳ないが、そこで一人だけ先に帰らせてもらうことにした。

一人だけで近鉄に乗り、京阪に乗り継ぎ枚方の自宅まで帰り、病院に駆け込んだ。日曜日なので、医者も看護師も正規な人ではなく、応援のアルバイトの医者らしかった。至急にレントゲンをかけることとした。レントゲンをかけて、現像されたフィルムを医者が見て驚いた。フィルムは真っ白である。レントゲンの放射量をかけすぎたのである。もう一度レントゲンをかけ直しとなった。今度は慎重にレントゲンをかけたので良く取れていた。肋骨が2本程折れているという。骨折はしているが、幸いにも骨と骨とはずれていないという。結局、胸は呼吸のたびに動くところなので、ギブスもはめる訳にはいかず、軽いサポーターと痛み止めの頓服をくれて、あとは出来るだけじっと安静にする以外にないという。頓服のお陰で痛みは少なくなったが、息をするたびに胸が痛むことは同じである。

治療費は保険があるので初診料も僅かで済んだ。しかし、放射能をかけすぎて、フィルムが真っ白だということにビックリさせられた。何か後遺症でも出れば訴えたい思いだ。ヤブ医者にかかれば大変なことになる。

月曜日、痛む胸を抱えて、そろりそろり出勤した。課員の弁、民宿の障子の桟は、一本折れば一万円ずつ弁償させられて大出費だったようだ。しかし、課長の肋骨は2本折れても治療費はわずかそちらの方が相当安い。こんなことなら、民宿の障子の桟を折るのをやめて課長の肋骨をもう少し多く折った方が面白かったかもと冗談を言う。冗談にしてもひどい事を言う。息をするたびに痛む肋骨も、一日、一日、痛みが和らぎ、10日くらいで全く痛みは感じなくなった。

レントゲンで放射能をかけすぎた医者、冗談を言う部下、蒲団蒸しの主犯者など訴えたい思いはあるがそうもいかない。とかくこの世は住みにくい。

（10）開発課の課長補佐へ、そして河川計画課の課長補佐へ

2年数カ月の近畿地方建設局河川計画課長の任務を終えて建設省河川局開発課の水源地対策室の課長補佐へ異動となった。水特法が出来て、水源地域の整備をどのように進めるか考える部署である。佐藤幸市室長の下で「水資源地域便覧」を編纂した。

水源地対策室の課長補佐から開発課企画調整担当補佐となる、企画調整業務である。国土開発技術センターで各種委員会を立ち上げた。「ダム技術会議」「ダム施工の合理化委員会（RDC工法）」「ダム基本設計会議」「ダム工事総括管理技術者制度」等々である。

ダム技術者の夢の実現に向けて　ダム技術は総合土木であり、かつ常に原点に立ち帰り考えなければならない技術である。大学等でもダム技術を教える先生は殆どいない。相当強力に育てないとダム技術者は育たない。官学民全ての部門でダム技術の振興策を講じなければならない。多くのダムを間違いなく建設していかなければならないとすれば、ダム技術者を相当レベルアップしなければならない。そのための方策としていろいろ廣瀬開発課長のもとで（故）山住有巧、竹林が検討し次々実行へ移していった。

①官側技術者の育成としてダム技術センターの創設

ダム技術センターについては廣瀬課長のもと竹林が主に実行に移していった。

②大学側技術者の育成テコ入れ

各種委員会に積極的に参加してもらうこと、研究発表の場としてダム工学会を創設しよう、ダム工学会も廣瀬課長のもと竹林が主に実行に移していった。

③民側技術者の育成としてダム総括管理技術者（CMED）制度の創設

CMEDは廣瀬課長のもと山住が主、竹林が副で実行に移していった。次に研究開発テーマとしては

○施工の合理化は廣瀬課長以降開発課の中心テーマともなり、山住が主となりその手伝いとして竹林も当たった。

○ダムの効用ベネフィット治水経済の見直しは廣瀬・竹林ラインで国土開発センターで環境経済調査要綱、水質経済調査要綱、渇水経済調査要綱という形で一応とりまとめまでは進めたが、その後進んでいない。

その後、補助事業の技術的支援を目的とする「ダム技術センター」を設立しようと、長年の開発課の懸案解決に向けて動き出した。脇雅史（現参議院議員）が補助担当補佐として47都道府県からの出捐をとりつける仕事にあたり、私が企画調整担当補佐として現実にダム技術センターを動かす組織と業務を行うことになった。

本省の中にダム技術センター設立準備室（3階）の開所の儀式をやった時、突然、当時の廣瀬利雄開発課長から、開発課から準備室のスタッフの方にまわれと言われた。準備室の要員は初め、後藤國臣さん、熊澤信忠さん、川野正隆さんなど事務系の3人と技術系では磯久禮志さんと竹林、水公団から中込武史さんがきてくれたと記憶している。ダム技術センター発足まで3カ月の時間的猶予しかなかったと思う。準備室の3カ月は河川計画課の課長補佐の肩書きとなった。

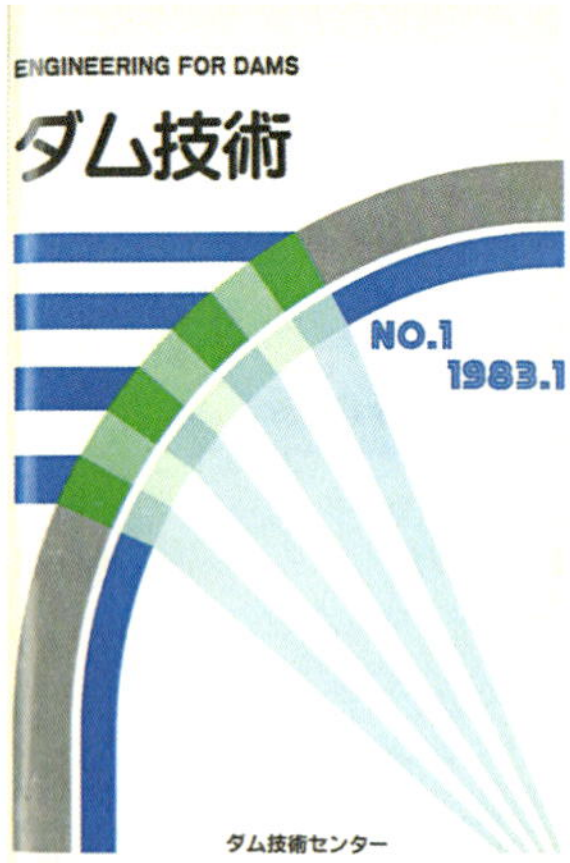

●雑誌「ダム技術」創刊号

［6］新しく組織をつくる

（1）ダム技術センター準備室

ダム技術センター準備室では、3カ月後に発足する新しい組織と体制を作らねばならない。まず、事務所をどこにするのか検討を始めた。銀行が色々な物件を持ち込んできた。霞ヶ関と東京や羽田等の利便性から神谷町の第39森ビルとなった。新築のビルで家賃も高かったが、本省等の意向にもそっておりそこに落ち着いた。事務所のデスク等の設備等は事務系の3人がやっていた。

各都道府県からの出捐ということで自治省への手続き、そして現職の国家公務員（竹林の事）が出向できるように人事院との協議等に非常に手間取った。結果としてはダム技術センターの設立は9月1日となったが、私の正式出向は10月1日と遅れることとなった。47都道府県からの出捐は、1県200万円で均一で出して頂けることとなった。

発足とともに家賃をはじめ諸経費が自動的に出て行く。急いで収入の道をつくらなければならない。発足初年度は半年間であるが、各府県事務所への業務提案書をつくって、発足と同時に受託契約を締結しなければ間に合わない。私も乙の立場で札入れをした。

（2）ダム技術センター設立への思い

当時の建設省のダム技術は直轄と水公団そして土研のダム部が支えていた。各府県の補助ダムは数こそ多かったが、府県の土木技術者は道路や河川、砂防、何でも担当しなければならない。ダムばかり専門にやっている人はいないのである。直轄なみの技術レベルは期待すべくもなかった。少しの例外を除き、ダム技術者と言える者は殆どいなかった。それを補完し支えるコンサルタントも未だ育っていなかったから、補助ダム技術者のレベルアップを目指すダム技術者のプール育成組織を結成しようとするのが長年の大課題であった。先発の下水道事業団に劣らないダム技術センターの構想はあったが、夢のまた夢で実現する気運が巡ってこなかった。

田中角栄の日本列島改造論や、ガソリン税もあり、全国で補助ダムが多く計画されてきた。

私は和歌山県の広川ダムを手がけた後、これまでダムのベテランが担当した開発課の補助技術係長を上級職の者として初めて担当した他、土研の新規ポストであるダム計画官の2代目も経験させてもらった関係で、補助ダムの技術的課題について当時一番よく精通している者の一人であった。私が開発課の課長補佐になった時、ダム技術センター設立への気運が最高潮になっていた。当時47都道府県の中でダム計画がなかったのは東京都だけではなかったかと思う。

そのような世の中のムードの中でダム技術センターが 47都道府県が設立発起人となり設立されることとなった。

その際、初代となる建設省から現職出向のダム技術者として私が行くことになったのは、誰の目にも自然な流れだったかと思う。このような経緯で建設省の3Ｆの一室にダム技術センター準備室が設置されて、ダム技術センターの骨組みを全てつくって行く使命を担うことになった。

理事長は建設省の河川技術の大御所・山本三郎さんであった。技術理事の磯久禮志さんはもと水公団の第一工務部長で水公団の実情には精通していた。また、和歌山県の河川課長も歴任しておられ、補助ダムについての実情にも精通しておられた。私が構想を練って開発課長（廣瀬利雄氏）の了解をとりつけて磯久理事にも話は通した上で実行に移すという流れだった。

課題となる案件の中でも、一番は人選であった。当時、日本のダム技術について最も多くの技術指導の実績を持つ方に来てもらわなくてはならないと考え、土研ダム部長の柴田功さんと土研・地質官の岡本隆一さんに来ていただいた。また、技術的判断の出来るトップは文句はないとしても、その下で実際に仕事をこなす、技術者も不可欠である。水公団から中込武史さん、大槻光雄さん、石井義旺さんの三人は磯久理事が抜擢した。建設省からは私一人、問題は府県からどなたに来ていただくかということであった。

そこで、設立に際して一番中心となり全県をまとめていただいた山口県の河川開発課長の小林義正氏に部長待遇で来ていただくこととなった。次の問題は県から来ていただく技術者である。ダム技術の経験はなくても、ダム技術センターに来てから学んでもらえばいいのだが、問題は、技術に対する素養であった。将来その県の土木部長になると見込まれるほど優秀な若者を集めることが、ダム技術センターの将来の命運を分ける重要なことだと考えた。設立の時にどれだけの人材を集めることができるかどうかで、その人達がもとの県に戻り、その人たちの後任で来られる人のレベルも決まってくる。そのような深謀遠慮のもとに各県から推薦していただいたのが、岩手県の佐藤文夫さん、宮城県の三浦良信さん、富山県の山田昌信さん、千葉県の萩原茂雄さん、沖縄県の金城淳さんの5人の一期生で、少し遅れて、兵庫県の増本晴久さんと石川県の小笠原邦和さんの7人であった。このことで最も課題とした私の人選作戦は成功したと思っている。

ダム技術センター発足２年目、山本三郎理事長を囲んで全所員、理事長室にて

その後現在まで脈々と全国から優秀な人達が、次々ダム技術センターに来てくれることとなった。私の人事作戦の原則は、先発の財団法人は民間のコンサルタントからの応援部隊がいるが、ダム技術センターは発注者側のダム技術者のプール機関であるので、民間からの人は入れないということである。

また、他の財団法人は派遣元が給与を負担するいわゆる弁当持ちで出向してきていたが、ダム技術センターは、派遣元の県に負担をかけたくないことから全てダム技術センターが負担する。人件費給与水準については、府県、水公団、建設省からの寄り集まり集団であり、いずれ数年後にはもとの組織に復帰するのである。出向元と全く違う給与体系にもしづらい。仕事の性質が甲（役所）的な立場とは言え、実質の法体系からは乙（民間）の立場であることには違いないが、民間のコンサルタントの給与ベースまで高くは出来ない。結果的には府県、国、公団の三者のうち一番高かった公団並みにすることとした。府県、国からの出向者も少しは給与が高くなるのでモチベーションも少しはあがると考えた。しかしよくよく考えると、ダム技術センターへの出向期間中は公務員の人事から言えば自己都合による休職中という扱いになっている。公務員を退職する場合の退職金等の計算においては、勤続年数にカウントされないという不利益もあるということで、あまり、良い待遇だったということにはなっていない。給与以上に、何よりもダム技術が一流の人と同じ机で仕事をすることにより、ダム技術の真髄を学ぶことが出来ること、日本のダム技術の最先端を身につけることが出来ること、地方レベルから全国レベルの視野を持つことが出来ること、ダム技術センターへの出向は国内留学だと考えれば数えきれないメリットがある。

ダム技術センター発足時、ダム技術センターとメイン取引銀行となりたい大銀行各社が、下水道事業団の再来とばかりに大変な営業活動を展開し、結果みずほ銀行に落ち着いた。この選定については後藤事務理事が担当していた。取引銀行の次は、事務所ビルをどこにするかであるが、銀行から山ほど貸事務所チラシが持ち込まれた。

ダム技術センターの設置場所を考えるポイントは

①霞ヶ関に近い事。地下鉄で1～2駅程度、タクシーでも気にならない距離

②全国47都道府県の方が立ち寄り易い利便性

③東京駅や羽田空港から便利なこと

等で選んだのが神谷町の第39森ビルだった。

難は新築の森ビルで家賃が割高であった。私は銀座で少し古いビルだったが、十分なスペースもあり、そちらの方が良かったと思ったが、場所の決定は理事等が最終的に決められたのでそれに文句をはさまず従った形となった。

当初の資金のやり繰りで、銀行はしきりに事務理事に短期でも良いから金を借りてくれと働きを強めていた。しかし、私共としては銀行からは一切金を借りるな、借りるクセをつけるなと主張し、資金が不足しそうな時までの短期の業務も受託し、それを早期に完成させることで収入を確保して、結果的には設立当初に資金が不足する時も一切借金せずに切り抜けた（それらの経験をもとに、私は後に立ち上げた風土工学研究所や風土工学デザイン研究所も銀行等の外部からの借金は一切せずに安定経営の軌道に乗せることに成功した）。

安定健全経営に向けては、実質的に業務をこなす技術者の経営的センスであると思っている。

私の組織運営のポイントは、①能力ある人達の確保、②良き立地、③初期の借金ゼロのクセである。

その次にはいよいよ仕事の中身としてはまず心がけたことは次の3つであった。

①業務の内容は、業務を出してくれる府県が一番困っていることを解決すること。ダム技術センターのお陰でデッドロックにのり上げていた事業の難題を解決すること

②ダム技術センターを手伝ってくれた民間コンサルタントの方も、自分達の業務もダム技術センターが中に入ったお陰でロスなく良い仕事が出来たと思ってもらえるようにすること

もともとダム技術の素人であった県から出向した技術者達が業務を担当するのであるが、それらの人がその事業を通じて、非常に勉強になった、よい仕事をしたと思えるようにすることであった。

私はこの三方良しの業務執行のやり方はほぼ確立できたと思っている。

何はともかく、私にとってダム技術センターの1年数カ月は、私がコンサルタント業を新しく立ちあげ軌道にのせるいろいろな実務経験の場を与えてくれた。（私が建設省退職後、全く新しい海のものとも山のものともわからない、やって行けるのかどうか非常に疑わしい新ジャンルで、新しいコンサルタント業を資金ゼロから立ち上げて軌道に乗せることが出来たのは、ダム技術センターの設立時の経験があったからだと思っている。）

すなわち、建設省退官後、一つ目は土木研究センターの組織の中ではあったが、実質的に独立採算の風土工学研究所を立ちあげ軌道にのせることが出来たこと。

二つ目は創設したばかりの新設富士常葉大学の附属研究所とは名ば

かりな大学附属風土工学研究所を、大学からの支援がゼロの状態で設立し、10年余何人かを雇用して全くの独立採算で研究所活動を継続させたこと。

三つ目は、いずれやってくることが確実な大学教授定年退官後の私の活動の場として、予め設立しておいたNPO法人風土工学デザイン研究所の経営である。

いずれの3つの研究所の経営も、どこからも金銭的支援を受けない状況下で独立採算を志向し、借金ゼロで組織を設立し、それなりの研究活動成果を上げながら運営していけたのも、そのルーツはダム技術センターでの実質的な経験の場を与えていただいたお陰である。その意味で私の転々とした職業遍歴も全て、無駄な時がなかったということを改めて再認識した次第である。

今、こうやって生業が出来ているのも、これまでの数々の試練の場を与えていただいた結果であると感謝しなければならないと、しみじみ思い知らされる。

（3）ダム技術センターの1年5カ月

ダム技術者として永年の夢の組織「ダム技術センター」での準備室の4カ月と、ダム技術センター企画課長の1年5カ月は、全くの無垢のキャンパスに大胆に大きな大作の絵の構図を画くような仕事であった。

前任者はいない。誰からも引き継ぐ懸案はない。自分でこういうものをつくりたいのだということを次々企画して形にして行く仕事だ。次々に何かをものにしたいと自分が打ち出さないと何も生まれてこない。私が考えたダム技術センターでしなければならないと思うことを次々と花火のように打ち上げて行くことであった。打ち上げた花火は不発になったものはない。全てが見事な大輪の花を咲かせてくれた。

○月刊誌「ダム技術」の発刊。季刊誌から多くの特集号そして月刊化へ。

○ダム技術研究発表会。○その他。

どのような企画も関係者の意見や要望をよく聞かなければならない。そして、それらの人々の納得をとりつけ協力してもらわなければならない。そのためには何回かの合意形成への会議を積み重ねなければならない。

（4）雑誌『ダム技術』の創刊そして季刊から月刊へ

永年の念願だったダム技術センターが創設されたが、ダム技術センターは自分達の最低限の仕事に汲々としていたのでは余りにも惨めである。創設に向けて多くの関係者に、ダム技術センターも一生懸命期待に応えようとしていることを分かってもらえるには、機関誌を発刊することである。雑誌の発刊とは非常に手間暇がかかり労が多いが、決して儲けにはならない。そのようなことより、設立当初ということもあり、受託業務をこなし、ダム技術センターの経営的安定基盤を構築することが最優先であることは分かるが、それだけでは余りにも寂しいと私は考えた。しかし、ダム技術センターの経営陣からは、未だ基盤が出来ていない時に手間暇のかかる雑誌の発刊をすることには猛反対であった。それでも、猛反対を押し切ってまず季刊ということで『ダム技術』を発刊してしまった。

そして次々とページ数など一切こだわらない特集号を企画して、雑誌『ダム技術』が発刊された。特集号を組む際には、関係者の座談会などを企画し集録する等、私の案で編集構成した。この事業は、高橋健さんと、鴨打まゆみさんが手伝ってくれたので実現できたのである。ダム技術センター草創期の超多忙な時に、『ダム技術』発刊にかけたエネルギーは中途半端なものではない。

これらの一連の行動について磯久禮志技術理事には、「竹林のやっていることは、町の治安を担う木っ葉（こっぱ）役人見たいなものだ！泥棒だ、泥棒だと大さわぎをして犯人を追いまわし、ようやく捕まえた。捕まえたところまで良いとして、捕まえた犯人を縛る縄がない。それから縄はどこに行けば手に入るか探している。全く計画がない」と批評された。まさにそのとおりであった。雑誌の印刷費がいくらかかるか、印刷したものをどこに配本するのかリストもない。発刊してからリストをつくっている。発刊した雑誌を購入してもらわなくてはならないのに、購入代金の口座も準備出来ていないという状況だったので、そういわれてもしかたがないと思った。

しかし、実を言うと私としてはそれらのことは全て想定内のことだった。何故そこまで無理をして機関誌の発刊にこだわったかというと、私がダム技術センターのポストに数年在職することが分かっていれば、こんな無理は一切しなかったのだが、私の次の人事異動は1年以内だろうと考えた。2年もある訳がないと。私の在職中にダム技術何巻かを発刊してこの世の中に出し、後戻り出来ないところまで実績をつくることが大事であったのである。

私の後任にどんな人が来るかわからない。私のような無理はしない、要領の良い優等生の役人がくることは間違いないだろう。その人は手間がかかり儲からない、そしてダム技術センターの上司から褒められることのない仕事などする訳がないと思っていたからである。ダム技術センターの経営の屋台骨を支える受託業務が軌道に乗ってから機関誌の発刊を考えるということならば、おそらく、どんなに急いでも数年後のことになったであろう。

一方、47都道府県から出資金を出してもらって創設したダム技術センターについて関係者の関心はきわめて高かった。創設後1～2年でダム技術センターの評価は定まってしまうと考えた。ダム技術センター草創期であり、出資設立者の47都道府県をはじめ、コンサルや建設業界等に注目されている間にダム技術センターに期待されていることは全て着手することが最重要であると考えた。

何もない所から企画して実現し、軌道に乗せるまでには実に並々ならぬ苦労が必要である。雑誌の発刊等儲からない手間ばかりかかる業務に力を注いだが、経営の屋台骨を支える受託業務を軌道に乗せることで手を抜いたことはない。

従来土木研究所でアドバイスを受けていたのと同様な内容については柴田さん、岡本さんの指導を受けるとしても、各県から期待されていることは、それらの周辺で処理しなければならない技術行政の諸々の課題である。

都道府県の土木部とか土木事務所という組織は災害復旧の事業とか、道路や河川の局部改良等の業務が大半であり、それらを処理するノウハウは蓄積されているが、スポット的に計画されるダム事業などをどうこなすかということに関してはほとんどノウハウがないのである。過去に施工したダム建設時の諸先輩はもうとっくに職を離れている場合も多く、突発的に十数年ごとに計画が持ち上がるダム事業については全くといっても良いほど技術行政的ノウハウは継承されない。各県の担当者が一番知りたいところ、アドバイスを受けたいところは、それらに対する適切な指導なのである。

また、昨今のダム事業は世の中の環境問題の高まりから、ダム環境破壊論やダム反対論に対しどう対処したら良いのか各県の担当者は悩み、頭を痛めている。それらに対し相談に乗り、アドバイスも受けたいのである。かつてのダムサイトは地質的に難の少ない所が多かったが、最近のダムサイトは先輩達が地質的に難があると避けてきた所に計画しなければならないケースが多くなってきた。それらに対応する新しい調査法や設計・施工法についてのノウハウ、アドバイスを得たいのである。

さらに昨今は、談合問題に端を発して大規模工事の発注実務が実に煩雑で手間暇がかかり、ひとつ間違えるとマスコミから手ひどいバッシングを受けることとなる。各府県の現場を預かるダム技術責任者の悩みはメンタル的にも深刻である。それらの相談に乗り、適切なるアドバイスが求められるのは必然であった。それらの課題に対する知恵は 過去10数年以上前のダム建設にたずさわった先輩の知恵だけでは間に合わない。求められているのは現在全国各地で日々展開されているダム事業についての知恵の結集である。

このように、ダム技術センターに期待されている技術的アドバイスとは上記のような行政的・技術的課題に答えることであった。おのずからダム技術センターへ依託される業務はそのような内容のものが多くなる。それに対する担当者は各県から出向してきている若き技術者達である。同時に各県から出向してきている者はそれらを学ぶために来ているのである。オンザジョブトレーニング（ＯＪＴ）でそれらを学んでいる最中なのである。それらの知恵はどこに結集されているのであろうか。河川局の開発課の実務技術者は、毎日全国から寄せられる行政的難課題をヒアリングして何んらかの相談にのっている。つくばの土木研究所のダム技術者は、毎日全国から寄せられる純粋技術的難課題をヒアリングして何んらかの相談にのっている。

ダム技術センター設立に当たって、土木研究所から招かれたのは柴田功さんと岡本隆一さんの2人だけである。河川局の開発課からは竹林ただ1人である。

私はたまたま土木研究所のダム計画官も経験し、河川局開発課では補助技術係長、直轄技術係長そして企画担当補佐等に従事させていただいた。このような経験からも私の役割は実に大きくなった。ダム技術センターでは各県から来られた現場の責任者との対応が次々とある。17時を過ぎると、一杯飲もうという話もある。しかし、その後は必ずダム技術センターに帰らなければならない。各県から出向して来ている業務担当者が私に相談に乗ってもらいたいと待っているのだ。気が付くと夜中の12時近くになってしまう。最終電車で帰宅しても、タクシーで帰宅しても40分位の距離だったが、帰っても翌朝早く出勤しなくてはならない。往復の時間がもったいないので、センターのソファーで仮眠をとる方が身体には楽だ。そんな日が多くなっていった。幸い私はどこでも眠れる質なので良いのだが、私に付き合わされる者はたまったものではない。そんな訳で、ダム技術センターからごく近いところにある香川県の宿泊所、讃岐会館と折衝して、会館の最上階にある職員の仮眠用の部屋を真夜中に来ても泊まれるようにして貰った。私以外にも讃岐会館に世話になった者は何人もいる。毎日毎日が超多忙な日々だった。過労で倒れる者が何人か出てもおかしくない状況だったが、幸運なことに、頑健な人ばかりで誰一人倒れる者は出なかった。今時のひ弱な若者だったら何人も倒れていたかも知れない。

今夜も深夜になって街は月明かりに照らされている。明朝は羽田発の早い便で出張だ。家に帰るより、ダム技術センターのソファで仮眠した方が身体に楽だし、神谷町は羽田空港から近い。ということでソファで仮眠をとることにしたのだが、目が覚めたら飛行機の飛び立つ時間だった。心ならずも現地調査の約束を急きょキャンセルせざるを得なかったことも一度や二度ではなかった。

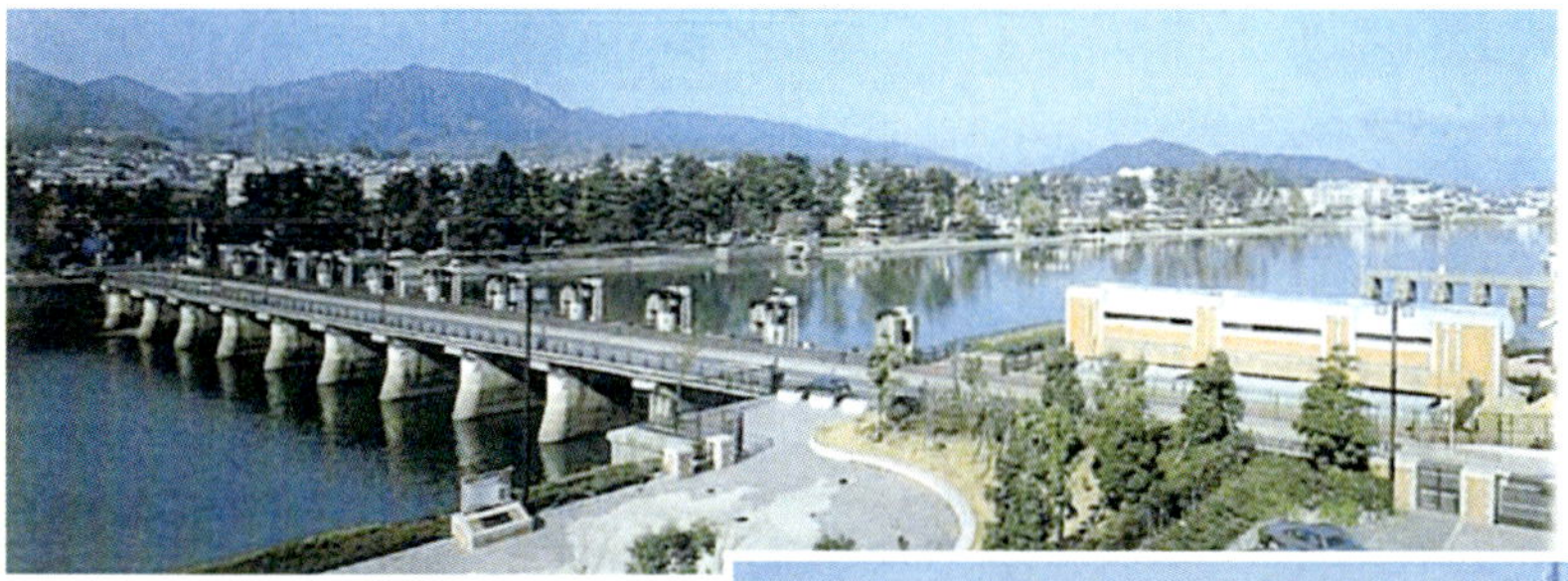

●瀬田川洗堰とバイパス水路

[7] 所長業の苦悩と苦闘、四面楚歌を聞く

(1) ダム技術センターから琵琶湖事務所長へ

私が前任者宮井宏所長のあと琵琶湖の所長に赴任したばかりの時は、滋賀県選出の宇野宗佑（衆議院議員）が総理大臣になる少し前で、宇野議員が政治家として一番油がのっている時であった。その宇野先生から、建設省の琵琶湖の所長が懸案の石山寺前の瀬田川を埋め立てて道路を拡げる案をよくのんでくれたので、お礼の一席をもうけたいという話が入ってきた。このような重要な話は宮井さんから引き継いでいないので、宮井さんの自宅へ深夜に電話で確認したら、「そんな無理な話はのんだ覚えはない」という。それは滋賀県が宇野先生のご機嫌を取るため、建設省の所長交代期に罠を仕掛けたものだと分かった。

公共事業というものは、国の立場と県や市町村の立場が一致協力して連携し、地元をよくするというのが役割分担であるが、県が国をだまし討ちにかける大変なところに来たものだと驚いた。赴任早々、引き継ぎ時に先制パンチをくらわされた私は、これからどんな仕掛けと戦かっていかなければならないのかと緊褌一番覚悟を決めた。

しかし、先制パンチくらいは序の口で、その何倍もの強烈なパンチが次々やってくることとなる。先制パンチで勉強させてもらったので、それ以降は、少しでも危ない予感のするものは直ぐに宮井宏さんに相談にのってもらうこととなった。宮井さんは非常に冷静沈着に的確な判断をされる方だった。問題になりそうな危ない、妖しい情報が入れば、即刻処置しなければ落とし穴に落ちる。時には真夜中でも宮井家に電話し、相談にのってもらった。宮井さんの奥さんは、真夜中だろうが嫌な声ひとつなく取り次いでくださり、宮井さんが親身に相談にのってくれて間違いない作戦を立ててくれた。宮井さんは琵琶湖の所長の後、局の環境審査官というポストに就任、琵琶湖総合開発担当であったので、宮井さんが大阪の局で色々琵琶湖の根回しをし、私は地元で滋賀県対応をするというコンビを組む形であった。宮井さんは滋賀県内の裏情報にも明るく精通されていたので、宮井さんの知恵と指導をうけて私が滋賀県内を駆けずり回って琵琶湖問題を解決したというほうが正しい。

水公団事業の琵琶湖開発事業は、最後の折り返し点となる山場の決着をつける前夜という感じであった。というのは、当時の武村知事は、「建設省の琵琶湖開発事業は下流の大阪・京都の水を確保するために、琵琶湖を死の湖にする事業だ。それをストップさせて、美しい琵琶湖を取り戻すのが県知事の武村だ」という内容のことを、年がら年中、ことあるごとに県庁の記者クラブで発言してきている。武村知事は元東大の新聞クラブ出身だとかで、実にマスコミを操作するのが巧みである。「ムーミンパパ」という愛称もつけられ、琵琶湖の救世主を演じるのである。「建設省は瀬田川を浚渫し、洗堰を改築して琵琶湖の水を大阪のために毎秒40立方メートル水出しをし、琵琶湖の水位を下げる。琵琶湖の水位が下がれば、水質が悪化して琵琶湖は死の湖と化す」というのが武村知事の反対の論理で、武村知事の作戦、戦術であった。国からの資金による県内の補償対象の各種整備事業はじゃんじゃん進めてもらうが、下流の府県への水出し40t/sは、環境問題等の社会状況のムードを背景として出したくない。すなわち琵琶湖の水質が悪くなるという学者やマスコミによるキャンペーンをはって、それを背景として、琵琶湖から新規40t/sの下流への水補給はうやむやにしたいという戦略であった。滋賀県知事は下流の大阪府、京都府、兵庫県知事と琵琶湖総合開発プロジェクトには調印している。従って、表向きは琵琶湖総合開発による水資源開発には反対できない。琵琶湖総合開発による滋賀県がメリットを受ける分については、てじゃんじゃんやってもらいたいが、下流府県への義務である40t/sの水出しはしたくないので、水出しすれば水位は低下し琵琶湖水質が悪くなり死の湖になるという世論を大きくすることであった。

何よりも建設省の琵琶湖工事を悪者に仕立て上げ、自分は悪者をたたく、琵琶湖を救ったヒーローになりたかったのではないか。そのために大津で第1回の世界湖沼会議の開催を企画したのではないか。つまり、世界の湖沼で死の湖の危機に瀕している事例の報告や、湖沼の水利用が水質悪化に引き起こす事例などの研究報告をどんどん発表してもらい、その結果を受けて、琵琶湖を救おうというキャンペーンを展開し各種市民運動を支援し、市民参加の面白おかしいイベントも支援するという作戦だったのだろう。

第1回世界湖沼会議は新聞マスコミを操る武村知事のパフォーマンスも加えて、武村知事としては大成功に終わった。一方、美しい湖にしようと琵琶湖の各種の環境整備事業を実質的に一番多く行っている国の組織である建設省琵琶湖工事事務所は完全に悪者にされてしまった。この数年でやらねばならない琵琶湖工事事務所の最大の仕事は、琵琶湖開発のうち最後まで残った瀬田川浚渫と瀬田川洗堰の改築を実施し完成にもっていくことである。しかし、武村正義知事は滋賀県全域で展開している国と下流府県の支援による、下流からの40t/s水出しの見返りのおみやげの各種多様な事業がうまく進んでいないことを理由に、人質として両事業をストップをかけていた。

世界湖沼会議が琵琶湖で第1回開催されるということで世界各国の湖沼研究の第一人者が建設省の事務所に来訪された

武村知事の本音は環境運動の高まりを背景として瀬田川浚渫と洗堰の改築の2事業を永久に中止したかったのである。知事は県会等で2事業は下流への水出しのためのものであると位置づけた説明を繰り返していた。

国の立場の現地責任者としては、知事の作戦に乗る訳には行かない。県会の琵琶湖総合開発委員会のメンバー全員に各種琵琶湖総合開発事業が進んでいないのは国の責任ではなく、滋賀県が予算を返上したことによるものであり、滋賀県側に責任があること、国としては精一杯努力してきていること、また、瀬田川の浚渫と洗堰改築は琵琶湖治水（琵琶湖の溢れる水を軽減させるためのもの）の要であり、下流府県の水出しのための施設ではなく上流滋賀県の治水のための根幹施設であることを、県会の琵琶湖総合開発委員会のメンバーの全員に徹底的にレクチャーすることにした。県会議場でつかまらない時は、自宅へも押しかけた。忙しくて時間がないといえば夜討ち朝がけでつかまえて説明したのである。県会の琵琶湖総合開発委員会メンバーの委員としては、国の責任者から説明のため、朝飯前とか、帰宅後寝る前の30分時間をとってくれと言われれば、断りきれないのである。

県会の琵琶湖総合開発委員会特別委員会のメンバーには、何十年も特別委員会のメンバーであり、琵琶湖総合開発では自分より詳しい人はいないと豪語していた北川弥助県議をはじめ、琵琶湖総合開発委員会の論客といわれていた小林先生等々、実に論のたつ県議が沢山いた。

琵琶湖所長当時、中国他外国からの視察団が次々に来所、
琵琶湖問題は溢れる水対策であることを説明した

（2）五箇荘の北川弥助の家で（琵琶湖の所長の時代）

武村知事と琵琶湖所長竹林との決戦が始まった。武村城を守る敵の武将をどれだけ切り崩すかが重要な作戦の要となる。

県会の琵琶湖特別委員会の審議日程は決まっている。それまでに主要な琵総特別委員会の県会議員に理解してもらわなければならない。十数人の委員の中で、最大の大物は五箇荘に自宅がある琵総の委員長の北川県会議員である。

北川県議は県議会議長も何度もされた最長老の県議であると共に、琵総の初代の委員長であり、また、琵総の最重要時点である現在、余人をもってかえがたしということで再登板させられた琵総の委員長であった。

北川弥助さんは県会議員十四期53年3カ月務めた、日本の最長議員記録保持者であった。ごく最近、北川県議の記録を超した人が現れたので現在は第2位の記録保持者ということになる。

本人が言われるには、「琵総問題は、当初から関わってきたし、滋賀県内で一番詳しいのは私だ」と豪語されていた大物である。

琵総は大きく2つの事業からなる。一つは琵琶湖を近畿圏の水資源として活用しようとする事業である。もう一つはその見返りとして滋賀県内の各種地域整備振興のための諸々の公共事業を実施することであった。

これに対し、武村知事など当時最大の反対論点は次のようであった。

知事の主張は、建設省は下流のための水資源開発の事業ばかりを進めて、見返りの県内の諸々の事業は相当遅れている。見返りの事業が遅れている状況では、水資源開発の事業はストップさせると。建設省側の主張は、見返りとなる諸々の公共事業が遅れていることは、確かであるが、その原因は国・建設省側にあるのではなく、遅らせた張本人は武村知事である。自分で遅らせておいてその責任を国・建設省におしつけることは卑怯ではないか、ということを過去の予算のデータから論理的に説明することであった。「武村知事は過去何度も国が予算をつけて見返り事業を推進させようとした時に、予算を返上して事業推進にブレーキをかけてきたではないか」との事実確認である。

その上、見返り事業が遅れていることを理由に、下流府県との約束の水資源開発事業にブレーキをかけるとは、知事としてとんでもない二枚舌で県民や国民をだましているのではないかということを主張した。

確かに、既に遅れている見返し事業については過去の武村知事の失政ばかりを追及してもしようがないので、国・建設省としても、それを取り戻すために一生懸命応援するから共に粛々と事業を進めようではないか。それが滋賀県のための、また広く近畿圏のための一番幸せなことではないかと訴えている。

私は武村知事の論より、私共、建設省が言っていることが正論であり、滋賀県民のためになると堂々と主張しているのである。

県議会の全議員一人一人に、武村知事の主張は国民をだましているのでありペテンの論である、県民のためにならない理由をデータを基にして説いてまわったのである。県会議員が時間が取れないと言えば、夜遅く帰られてから、また、朝早く出勤前に自宅に押しかけて説いて回った。

琵総の最大の論客である北川県議の自宅五箇荘は大津から遠い、北川県議は夜10時以降しか帰らないという。夜の10時に自宅へ説明に参るとアポイントをとり、五箇荘の自宅を訪ねた。

琵総の最大の論客である北川県議のところへ行ったのは所長の私を筆頭に総務課長の前林と、水質調査課長の田中修司君と水公団の琵琶湖建設部の原紀男さんの4人である。闇夜で道は暗く、自宅は田舎道でわかりにくかった。長年県議をやられて最も有名な政治家の自宅としては私が想像していた以上に質素であった。約束時間にようやく自宅を訪ねあてて玄関に立った。すると、玄関は開けっ放しで奥まで見える。この地方は戸締りなどしている家は一軒もないという。

奥で北川県議は立派な仏壇を前にお経を上げておられた。お経の終わられたところで「こんばんは」と声をかけて家に入った。

北川県議は毎日自宅に帰ればお経を上げるのが日課であるという。広い玄関の上がり口で、まず、先生はこれまでの琵総のこと、自分が一番詳しいことをとうとうと述べられた。また、北川先生の手がけられた愛知川ダムの苦労話をされ、私は一つ一つ頷きながら、先生のこれまでの数々の功績について敬意を表わさせていただいた。

北川先生は私に対し、これまでの苦労がわかってくれて嬉しいという感じであった。そこで、今日訪ねてきた本論を資料で持って説明する段になった。説明役の田中修司君は九大卒の下水道畑のエリートであった。年はまだ20代であったと思う。彼は非常に冷静で喋り口調はきつくはないが、子供を諭すように論理的にたたきこむように説明された。

北川県議からすれば田中課長は孫よりも若い年頃である。県議は既に当方の論調や資料は他の県議から事前に聞いており、既に皆知っていることばかりであった。その県議に子供を諭すように論理的にたたみかける田中君の口調が県議のプライドを傷つけることとなった。

北川県議は私共の方を見ず、田中課長の方を向いて、感情的にカンカンに怒り出した。私は横で聞いていて、北川県議が怒り出した原因は、子供を諭すように説明するその口調が面白くないことぐらいしか思い当たらない。

説明資料の内容などそっちのけとなった。私と前林さん、水公団の原さんの三名で北上県議をなだめるのに苦労した。そのかいあってようやく心を鎮めてくれたと思ったら、一時たって、また思い出したかのように田中課長の方を向いてまた怒り出した。

このようなことを2、3度繰り返した後、心も鎮めていただいてようやく北川県議の家を去ることになった。大津の官舎に帰った時は既に時計の針は12時をとっくに過ぎていた。

当然県議のみでなく滋賀県選出の国会議員である衆議院の宇野宗佑代議士や山下元利代議士、参議院の望月邦夫先生等にも自宅へ訪問し説明した。

当時、滋賀県選出の宇野先生け国会議員を何期もやり、自民党の重鎮でもあった。選挙でも他の候補とは戦いにならぬくらい強かった。宇野先生の実家は守山のつくり酒屋の旧家である。その宇野さんが当時、非常に気をもんでいる事があった。それは、建設省を悪玉に仕上げることに成功し、琵琶湖を美しくするキャンペーンをはり、ムーミンパパと呼ばれ、大柄で飄々としている武村知事の存在であった。

武村知事は知事を何期かやり、最初は別としても2期目からは圧倒的人気で当選してきた。その武村知事が知事から国会議員への転出を図りたいとの意向が伝わってきたからである。武村知事は知事としてやりたいことは何でも出来た。圧倒的マスコミ人気を背景に県庁人事を掌握し、各市町村にも武村知事の子飼いを送り込み、うるさい県会議員も全て説得してみせると豪語するほどであった。県政を自由自在に操る武村知事の配下には、イエスマンの部下ばかりになり、また、政商といわれるものも多く巣くってきたことは間違いないようだ。県政のスクープを狙うミニコミ紙に、そのような黒い噂、暴露記事も見え隠れしていた。武村知事は知事としての魅力もさることながら、それより更に上の国会の場で活躍したいとの政治家としての野望もあったし、それ以上に黒い噂から逃げたかったのではないかともいわれていた。その武村知事が国会へ出るとなれば宇野代議士と同じ選挙区ということになる。

宇野代議士は武村知事より相当格上の大先輩の政治家である。武村知事が国会へ転出すれば、武村知事はかけだしとしての勢いがあり、宇野代議士は自民党の大看板としてのメンツもあった。宇野代議士は内心武村知事が国会へでることを恐れていたようだ。その宇野代議士は自宅の応接室で私から琵琶湖の案件の話をうなずきながら聞いて、沈思黙考のあと言い出した。

「武村君は間違っている。竹林が説明したことの方が滋賀県民のためであり、かつ正論だ。武村君にも忠告するし、竹林のいうことを応援するよ」と約束してくれた。

当時、県会議員の割合は武村派と宇野派と山下派で3分していた。当初は武村派が一番少なかったが、その時点では宇野派、山下派を抜く勢いであったと思う。宇野代議士が賛同してくれたので、宇野派の県会議員はいずれこちら側に賛同してくれるであろうと幾分胸をなで下ろした。

次に山下代議士に説明に行った。山下代議士は既に私が説明する資料等は地元の県会議員から入手しており、あまり熱の入った聞き方ではなかった。なにか煮え切らない、あいまいな返事しかなかったように記憶している。山下元利派で琵琶湖総合開発委員会の瀬田川筋の地元、相井義男県議には、地元瀬田川筋の現状と瀬田川浚渫洗堰の改築の関係を十分に説明した。相井先生は「武村は間違っている。地元のために私は武村と対決する」と言ってくれたのは心強かった。

また、多選の山田豊三郎大津市長の影の市長と言われている田上自治連合会長山本俊一さんにも説明した。山本俊一さんは、地元や県会、市会の裏事情に詳しく、武村知事の野望も裏の黒い噂も相当詳しく知っておられた。山本俊一さんも「武村は間違っている。竹林のいうことを応援する」と明言してくれた。

相井義男、山本俊一両氏の働きかけの結果、山下派の県会議員もほぼ全員が知事の琵琶湖総合開発委員会はおかしいと気づき始めた。

武村知事は私の県会議員総なめの夜討ち朝がけの説得工作を県の知事側近や武村派の腰巾着的な県会議員からつぶさに聞いて、情報は相当詳しく把握していた。武村知事は側近の成瀬企画部長に「今度の建設省の所長は本気なようだ、早く潰しておかなければならない。琵琶湖総合開発委員会の県会議員全員を至急に集めるように」と指示を出した。知事は県会議員を手名付けるのは朝飯前であると、堂々と豪語していた。

瀬田川畔の臨湖庵の大広間で、企画部長等の県の側近を引き連れて臨み、琵琶湖総合開発委員会の県会議員に、武村知事の巧みな話術でもって、「滋賀県民のため、美しい琵琶湖を取り戻すためにも、瀬田川浚渫と瀬田川洗堰改築を中止させるよう次回の県会で議決したいので賛同して欲しい」と、とうとうと自信たっぷりに演説した。このような形で県会議員の協力体制をこれまで何度もとりつけて、県会のいろいろな議案を何度もまとめている。

知事は、今回はいつも以上に熱を入れて武村論を展開した。知事の演説が終わった時、いつもなら全員一致で武村論に賛同をとりつけたのだが、今回は山下派の相井義男県議が挙手し、「知事の論はおかしいのでは。地元のためには建設省の言っていることの方が正しいと思う。武村知事の瀬田川浚渫、洗堰改築の中止凍結議案には反対である」と口火を切った。

その後、多くの県会議員からも次々に同様な意見が噴出し、おさまりがつかなくなったという。いつもなら、シャンシャンでお手うちをして、あとは酒席で諸々の情報交換や時の話題の課題で花が咲いて解散お開きとなる予定であった。自信たっぷりの知事にとっては、過去一度もなかった屈辱の、実に後味の悪い酒席となった。

その日は結論持ち越しで解散となったらしい。

その夜、知事公邸は大変だったようだ。集まったのは側近の県職幹部成瀬企画部長等と側近のわずかな県議だけであったという。飲み直し、ウイスキーのボトルが何本もころがったとのことである。夜半まで反対していたが遂に折れたという。知事は相当悪酔いしたという。明朝の県政のミニコミが「知事コペルニクス的大転換」と伝えていた。

瀬田川浚渫と洗堰改築を中止させるという長年の知事の信念を取り下げて、両事業にゴーサインを出すというコペルニクス的な大転換の決断をしたと、あくる日の県政スクープ新聞は詳しく報じている。

(3) 武村知事のコペルニクス的大転換

武村知事はコペルニクス的大転換後、企画部長等に建設省、国土庁等とのトップの覚書合意文章づくりを命じた。

その文案調整に、武村知事に一番優しい人を通じて画策が始まった。次年度、予算の大蔵原案が出来る直前まで文章の一字一句の調整で文案づくりに手間どった。現場の事務所では洗堰の改築の用地で1カ所残っていた県有地で、知事がブレーキをかけていた水産センターの用地買収の印はトップ合意の調印後ということになった。その買収の調印と同時に洗堰改築と瀬田川浚渫の本工事の業者への現場説明会を実施した。

この一連の作業を暮れの御用納めの日一日でやった。

実にけたたましい御用納めの一日であった。近畿地方でのこの一年、一番社会を賑わした国の事務所は、なにを言っても渇水報道で紙面を賑わした建設省の琵琶湖工事事務所であるということで、御用納めの様子を近畿地方のローカルニュースで放映したいと、事務所の2階の大会議室での私の御用納めの挨拶を録画していた。

一方で、用地課は知事が人質としてとった大物。県有地用地の調印式、また、一方で一階の会議室では工務第1課を中心とするメンバーは、琵琶湖工事事務所としては数年に一度の大規模工事2件の入札の現場説明会を行っている。決して大きくもない事務所の建物は、1階も2階も大にぎわいであった。

マスコミ各社は御用納めの録画のみで調印式入札には何故か一社も気づかなかったようである。マスコミのつまらない報道で振り回されなくて本当に良かった。安堵した。

その後の秋の日曜日、野洲川の河原で鯉の稚魚を放流するイベントがあり、私も地元の要請で出席した。河原には私共より早く武村知事も招待されて来ていた。知事は私を見るなり、寄って来られて「建設省の琵琶湖所長さんに、私は誤解されてしまったようだ。私の真意が伝わらなかったようで残念だった」と一言いわれた。

私は「この知事、何をふざけた事を言っているのだろうか。私はこの一年間以上、知事の次々打ち出されるトゲのある言動でどれだけ傷付けられてきたことか」と、本当に空々しく感じてならなかった。知事のあらゆる挙動がタヌキそのものに見えた。

(4) 知事の国への嫌がらせ

洗堰改築には一部、県の水産センターの用地がかかる。この土地はもともと河川敷（国有地）を県に無償で払い下げた土地である。地元関係者全員の同意を取り付け、残るは県有地の一部に調印してもらうだけとなった。水産センター関係者は同意済みで決裁の後、知事決裁に回した段階で知事が止めてしまった。

知事は成瀬企画部長と塚本次長に指示

水公団や琵琶湖工事事務所の市町村協議の決済は全て止めろと成瀬企画部長に命令した。企画部長は県内の全市町村にまたその旨を通知した。その結果、水公団と建設省の琵琶湖工事事務所の関連する全事業は半年近く全てストップすることになった。

（5）知事の県庁記者クラブ

武村知事はマスコミ操作はお手の物であり、地元版には琵琶湖を美しくするため、悪玉の建設省と戦っていることをオフレコでいう。これは県内版にしか載らないので、この知事の本音がチョロチョロでている新聞は下流府県の知事には目に入る機会はない。

琵琶湖総合開発に多大な資金を負担している大阪府の岸知事などは、武村知事は琵琶総を上下流の約束どおりしゅくしゅくと進めていただいているとばかり思っている。滋賀版の新聞記事をスクラップして下流府県の知事さんへ宮井さんが配布してくれた。自治省の大先輩である大阪の岸知事は「武村君がこんなふざけたことを言っているのか」と呆れ、カンカンに怒られたという。地元での発言と近畿の知事会下流向けの発言が全く違う一番品格の落ちる人が使う二枚舌（両舌）を使っていたことがばれてしまった。

琵琶湖問題が新聞紙上を出ない日はなかった。記者クラブの全記者に現地視察してもらった。
特に石山寺では大越亮知事の碑を篤と説明した。
1985年9月6日。真中は石山寺の鷲尾座主、前列左端が竹林

(6) 企画部水政室の伊原参事

「今度来た建設省の琵琶湖の所長は生意気だ。県内の琵琶総の特別委員会に招聘して出席してもらい、こっぴどくいじめる必要がある」と企画部の水政室の伊原参事は県内で言っているという話を耳にした。間もなく、「是非共建設省の所長の御意見をお聞かせ願いたいので、県会に出席していただけないか」と低姿勢で依頼がきた。前々任者の石田真一所長も出席していただいたという。

「私は県の職員でもなく、県会に出席してとやかく言う義務も立場でもないので」と言って、当然の事ながら断った。それは、4月に来たばかりで、何も分からない赴任早々の時であり、出席して一発パンチをくらわされていたら、その後の滋賀県との交渉は自信を持って望めていなかったかもしれない。クワバラ!クワバラ!。

(7) 琵琶湖管理、高めの水運用

琵琶湖唯一の出口である瀬田川洗堰の開閉の管理をするのは建設省琵琶湖工事事務所の重要な業務である。洗堰の管理で琵琶湖の水位が決まってしまうからである。この年、特に意図があったのではなく、たまたま高めの水位で管理していた。その後、干天が続き一向に雨が降る気配がない。その間、琵琶湖唯一の出口洗堰は全閉したが、まだまだ雨が降らない史上第2位の琵琶湖の水位低下になった。近畿地方の新聞は毎日の琵琶湖の渇水の話題を報道していた。「今回の渇水騒ぎは建設省の琵琶湖の洗堰の操作ミスでなったのだ」と、ワンパターンで批判する新聞社もあった。

今年はたまたま高めの水位管理であったので、そのような批判を浴びることは一切ないにも関わらず、新聞は本当に何でも良いから、まず、建設省を叩けという。とうとう環境庁の石本大臣（女性）が、渇水の水位低下で琵琶湖の環境破壊状況を視察にこられた。水位が下がれば水質が悪くなり、死の湖になるとこれまでさんざん主張していた京大の環境関係の先生方や武村知事等の論調からすれば、琵琶湖の異常な水位低下に伴い水質が非常事態になっているものと当然考えられる。石本大臣は環境破壊の度合を現地確認のために視察にこられたのである。

ところが、実際はそうではなく水位低下に伴い琵琶湖の水質は悪くなるどころか、水位低下すればするほどドンドン良くなってきたのである。これは非常に理にかなった事で当然の帰結である。即ち、雨が降らないと言うことは、流入水量がどんどん減ることで、琵琶湖の集水区域の農薬汚染されている田畑等から流入河川を経て琵琶湖に流入するＮ（チッソ）やＰ（リン）等の流入負荷が、流入してこなくなったから、当然水質は良くなってくるのである。ただそれだけの論理であり、非常に簡単なことである。

武村知事の「水位低下は水質悪化を招き、琵琶湖は死の湖となる」と論戦をはった論処や、琵琶湖開発反対派の京大の理学部関係の先生方の論処が間違っていることを大自然の実現象が証明してくれたのである。

琵琶湖の水位低下による干潟が大きくできた所などでは湖底の日干しが出来てかえって水質が良くなる方向に働いているようである。

マスコミの喧騒。武村知事の喧騒。反対派学者の喧騒は一体何なのであったのか。琵琶湖洗堰の直下に石本環境庁大臣に立ってもらってこのことを堂々と説明した。マスコミ各社がこのことを大きく報道してくれた。

この史上2位の水位低下時の水質改善の実証が琵琶湖開発の反対論説を相当トーンダウンさせる効果があったことは確かである。

（8）琵琶湖工事の部下について

所長の直下に技術のYA副所長がいる。副所長は言う。「地建の局長や県知事等が反対している仕事を何故一生懸命するのですか？」所長が夜討ち朝がけで残業つづきであっても、副所長は、何もしない。「局長が反対するものをやる必要がない。県知事も反対しているし、出来るわけがない」と冷ややかで5時になったら「さっさと帰らせてもらいます」と言って帰宅してしまう。所長の右腕になってもらわなければならない副所長がこの調子。殆どの職員も、「どうせ瀬田川浚渫、洗堰改築に向けての技術的業務、積算業務等は予算はついているが、毎年明許繰越し、その次の年は事故繰越し、その次の年は不用額で流すことを繰り返してきたではないか。そんな、やっても無駄な仕事のために、残業残業と切り詰めても仕方がない。しかし、仕事なので予算がついているので先は繰越になるかも知れないが、一応最低限の業務だけはやっておこう」というのが大半の態度であった。

しかし、私とともに、この難局面を必死に夜討ち朝がけの資料作りから、武村知事との戦いの勝利を信じ、勝利後、これまでブレーキをかけられていた業務を早急に実施しなければならない業務の段取りに骨身を削ってやってくれた野口工務課長、橋本係長他の職員がいる。合計それでも10人もいなかっただろう。

（9）地建と琵琶湖工事事務所の関係

地建の局長は萩原浩さんであった。道路畑のプリンスといわれてきた超エリートで近畿の局長から道路局長に転出された。近畿の局長になる時から次は道路局長の本命と目されてきていた人であった。

近畿の局長の時、琵琶湖工事と武村知事との壮絶な戦いが始まったのだ。萩原局長は直轄の国道事務所の所管区域はかつては各路線ごとに県境関係なく一連区間ごとに決められていたものを、県境で区切るように変更された方である。

萩原局長は県知事が強烈に反対しているものを、どうして建設省は強引に進めようとするのか理解できないと言っておられた。従って瀬田川浚渫や洗堰改築の工事は県知事が反対しているものをやるべきでないという哲学の持ち主であった。従って私が、死に物狂いで戦っている仕事は一切理解できないのである。

武村知事が県内の全市町村に水公団の仕事と琵琶湖工事の協議は一切受け付けるなと指示を出した頃、同じく、近畿地建内部で琵琶湖工事からの局長決裁は一切ダメだということになった。琵琶湖工事事務所が発注する工事や案件について、局長が数カ月間決裁しないのである。

局の担当者から局は非常事態だという。局長のところへ事務所長として情況報告に行った。局長は私の顔を見るなり、顔をそらして話を聞こうともしない。局長は、県知事の意向が全てなのである。

（10）県企画部長・仲直りの会

年が明けて、年始に県の成瀬企画部長が事務所にやってきて、国と県の仲直り会を設けたい、出席してほしいと申し入れがあった。

一方、県から地建局長へ地建の幹部と県知事等で仲直り会を設けたい、地建の方は、局長、企画部長、河川部長、環境審査官の宮井さんと琵琶湖の所長の私であった。場所は、大津でやれば人目につくので、京都祇園の一流どころであった。

知事の方からの関係修復のための一席である。宮井さんとどうしようか相談した。「ふん、武村知事の狸の顔など二度と見たくないのに」と思った。宮井さんはライン外のスタッフである。「知事が招待する仲直りの会など出席できるか。出席する気持ちになれない」として欠席した。

私は現場の責任者である。私が欠席したら、仲直りの握手を求めてきたものを蹴ると言う事になり喧嘩状態の継続を意味する。腹の中は煮えくり返っていたが、私が最低限出席しなければ、仲直りの会にならないと出席することとした。知事のほうから年末の覚書調印に対する感謝の言葉と、これから覚書の趣旨に沿ってよろしく頼むという言葉はあったが、この一年間、県内の業務でどれだけ、暴力的といっても良いやり方で、業務妨害してきたことに対する謝罪の言葉は一切無かった。

武村知事は涼しい顔をして、お願いばかりであった。政治家はこのような厚顔でなければ権力を取れないのであろうか。

(11) 武村知事の本音

琵総は下流府県が琵琶湖の水の恵みを受ける代わりに、琵琶湖周辺の諸々のインフラ整備や環境整備に下流府県と国は相当な財政負担と援助をしようとするものであった。関係府県及び国がその枠組みに同意し、法律までつくって粛々と整備していた事業である。


武村知事の作戦は、下流府県や国からの支援と援助はどんどんやってほしい。しかし、その見返りとして、滋賀県が約束した琵琶湖から下流への水資源供給については、環境問題等で、反対運動をあおりながら、琵琶湖を守るという大義を掲げて先送りにして、いずれなしくずし的に実行しないというものであった。

従って、下流府県知事間の会議では、琵琶湖開発については賛成で下流府県知事との約束どおり一生懸命推進しています、という演技をしていた。

しかし、県内では知事が先頭に立って、反対運動をあおって、自分が琵琶湖を守っているのだと県民にPRする。県下で琵琶湖事業を推進している組織（水公団、建設省）を環境破壊の悪と決め付け、ことあるごとに事業推進にブレーキをかけてきた。

これまで以上の本音のところはカモフラージュし、オブラートをかけてやってきた。

今回、武村知事はなりふり構わず、全市町村に琵琶湖開発事業（水公団と建設省）を全て止めるということを露骨に行ってきた。関係市町村の担当の方から県の企画部からこんな命令が来た、困ったと私共のところに沢山の相談がやってきたので、わかったのである。

(12) 大先輩への根回し

これまで、私は武村知事という、滋賀県内で向かうところ敵なしの大権力者と立ち向かって戦った経緯を述べてきた。

私としては、ながい歴史のある琵琶総問題であるが、この琵琶総に取り組んだ先輩達が沢山いることに着目し、琵琶総に取り組んだ先輩として歴代の琵琶湖の所長、近畿地建の歴代の河川部長、企画部長、本省の開発課、水公団、関係の方々のうちでも、特に琵琶総に詳しい方々に、現在のおかれている状況や、武村知事の言動等も逐次伝え、どうしたものか相談にのってもらった。

私は上京して、琵琶総に従事し、今も発言権と影響力を有している大先輩のところへ行き、琵琶総の現状と武村知事の動向について詳しく報告し、どうしたものかと相談にのってもらった。

・武村知事が水産センターの土地を人質として洗堰着工を実力阻止していること。

・武村知事が全市町村に琵総妨害の通知を出したこと。

このようなことを全行政権限を持つ公の知事が行うべきことだろうかと私は訴えた。

建設省のこの道の大先輩が、萩原局長は道路畑で琵琶総のことは理解できないであろうから、佐藤企画部長や山口河川部長に私の方からうまく、気づかれないよう琵琶湖の応援するように話をしておくよといってくれた先輩もいた。

大先輩から電話があった企画部長や河川部長が「おかしいな、こんなことを大先輩が知っているわけがない。これは竹林が相談に行き、現職の責任者である私共に圧力をかけさせたに違いない」と勘の良い企画部長、河川部長は考えた。

局の河川計画課の保科係長から事務所の総務課長のところに、「竹林所長が東京への出張に行った時、どこへ行ったか調べて出せ」といってきた。局は私が東京の関係方面へ根回しに行き、大先輩に相談に走り回っていることに気がついたのである。

(13) 山口甚郎河川部長と佐藤幸市企画部長

両先輩は近畿地建の大先輩であり、また、河川局で直接お仕えした上司でもある。両部長とも武村知事のこと、琵琶総のことについて大変詳しくよく理解されておられた。また、宮井宏さんは、琵琶湖工事の前任者ということで、局には三人の大変な理解者がいた。宮井さんとは毎日、真夜中でも緊急事態発生ということで相談にのってくれて作戦の指示アドバイスをいただいた。両部長には私の動きを全て報告し、アドバイスをいただいたが、お二人とも萩原局長に上げる時は、非常に慎重に顔色と御機嫌を伺いながら、言葉を選んで、キーポイントだけの簡単なメモで説明されていた。「局長への説明は私がするから、竹林は横でだまって聞いておれ。一切口をはさむな」と指示された。両部長と宮井さんの3人の大変な気配りと気苦労と知恵がなければ武村知事との戦争は勝てなかったに違いない。

(14) 琵琶湖3部作のこと

琵琶湖工事事務所の最大の懸案である瀬田川浚渫と洗堰の改築が、武村知事の強力な反対論によりブレーキがかかって久しい。私が赴任する前々任所長当時から、予算はついているが毎年着工できず、繰り越しを繰り返し不用額として予算は流されていった。この予算は水公団についているもので、瀬田川浚渫と洗堰改築は、水公団から反対に河川管理者である建設省が受託し実施することとなっていたものである。毎年繰り越しを繰り返していたことにより、「繰り越し公団」と揶揄されていた。この繰り越しの要因が、直接的に全てだとは断言することはできないにしろ、武村知事のブレーキ作戦が多分に、相当なウェイトを占める要因であったことは確かである。

この瀬田川浚渫と洗堰改築は下流府県の利水のための事業であると武村知事の主張するまやかし欺瞞の論理、主張が世の中をあざむくペテンの論であることを、どうすれば多くの関係者に理解してもらえるだろうかと考えた。瀬田川浚渫は琵琶湖のあふれる洪水のための琵琶湖治水のための根幹事業工事であることを、簡潔明瞭に論証してみせるにはどうすれば良いかと考えた。ふと、琵琶湖周辺の市町村の郷土史を徹底的に調べあげれば、過去に琵琶湖があふれるた洪水の記録が沢山出ているに違いないと考えた。そのとりかかりとして、滋賀県内の全市町村や郡の郷土史の本を、手に入れることができるものを片っ端から購入することにした。それらを読めば、それらの市町村がこれまで琵琶湖治水にどれだけ苦労してきたかが分かる筈だ。また、過去の洪水時の浸水位標高が残っているところがあるに違いないと、まず、それらを徹底的に調べた。

水質調査課の田中修司課長と今井範雄係長が担当し、琵琶湖3部作を作ることとした。『瀬田川の流れ』（大津市の山田豊三郎市長と竹林征三との対談集）、『治水の歴史をたずねて』、『田上山を緑に』の三つの小冊子である。

特に『治水の歴史をたずねて』は、琵琶湖周辺を襲った過去の洪水の痕跡をたずねて歩き、琵琶湖治水のため、あふれた水を若狭湾等へ切り流す構想と、治水にたずさわった先人たち、大先輩がとり組んできた歴史を綴ったもので、今井範雄さんが、休日息子さんを連れて琵琶湖周辺の治水の痕跡をさがし回ってくれた。その結果、実に貴重な小冊子ができた。これを読めば、武村知事の主張が根も葉もない空論であり、低次元のものであることが一すぐ理解できた。

また、山田豊三郎大津市長との対談集は、大津のことなら何でも知っているという多選市長と、琵琶湖唯一の出口、瀬田川の流れについて対談したものであり、これも瀬田川の浚渫が、滋賀県民の多年にわたる悲願中の悲願であることを多くの人に認識させるために制作したものである。近畿地建の現場の所長と地元市長との対談シリーズは、近畿地建の広報誌で連載する第1号となったものである。

さらに、『田上山を緑に』の小冊子は、田上山の山腹緑化工事は瀬田川の出口、供御の瀬の河道閉塞対策であること、一度はげ山となった所を緑化する国家百年の計の大切さを訴えたかったのである。

高橋裕先生にこの3部作を読んでいただき、先生が出しておられた機関誌の巻頭言で、この3部作は所長である私の、並々ならぬ文化性があると高く評価していただいた。先生からこのような形で高く評価していただいたことは、「風土工学への道」に通じる先駆的試みであったとも考えられる。

地元の全市町村史や郡史を手始めとする風土調査から始めるという手法は、後に私の風土工学デザイン研究所設立に至る第一歩でもあった。

(15) 野州川放水路について

琵琶湖工事事務所の職務としては、①武村知事とのやりとりで身体がすり減る思いをさせられた、瀬田川浚渫と洗堰改築の仕事の他に、②野州川放水路と、③田上山砂防と信楽砂防の仕事があった。

野州川放水路の仕事は、地元守山市（当時の市長高田さん）、野州町（同町長宇野勝さん）、中主町（同町長那須さん）とは非常に良好な信頼関係で、国と市町との役割分担がうまくできていた。瀬田川の仕事は、武村知事との間で精神がすり減る思いをさせられた一方で、野州川放水路は、1市2町のトップとの関係は心が癒される思いがした。

野州川放水路工事も通水式も3代前の豊田高司所長の時に終え、私の時は残工事を粛々とこなしていく段階になっていた。私としては、この昭和の三大放水路の一つであるこの事業の立派な工事誌を編さんすることに意を注いだ。幸いにも、まだ国と地元の関係当事者が健在であったので、多くの関係者に執筆していただくことができた。この仕事を実質的につくられ動かされた稲田裕さん、金屋敷忠儀さん、そして渡辺重幸さんの3人の大先輩の鼎談と、放水路計画の河川工学的な面から芦田和男先生の話を記録に残せたことなど、私としては、相当内容の高い工事誌を編纂できたと思っている。

野州川の担当係長であった中済孝男さんに、古文書等、地元の風土のことを調査し、とりまとめていただいたが、中済さんも、休日を返上して野州川の下流部の各種古文書等を集めてくれた。

(16) 瀬田川砂防・田上山のこと

日本の山腹砂防の原点である田上山砂防の事務所長をさせていただいたことは、私にとって誇りであり大変幸せなことであった。河川やダムが中心であった者にとって、砂防の仕事は非常に新鮮であった。砂防関係で、何かこの時期で記念になることができないか考えた。

この時はまず、瀬田川砂防のイベントをしようと考えた。しかし、事前に砂防事業のイベントをするのに必要な予算などは準備していない。予算がなくてやれることはないかと思案し、この１００余年間で、田上山でやられた砂防施設を全て数え上げることにした。砂防堰堤を、一つ一つ丁寧に数え上げた。砂防堰堤と土留工や帯工等で、砂防堰堤とどちらでもカウントしてもよいものがある。それらのうち、どこかで区切りをつければ ちょうど１００基になる。数えるのに必要なのは頭だけであり、予算はいらない。

砂防建設１００基記念のパンフくらいはつくって、数え上げた根拠を明解に残すことはキチンとしておきたい。ついでに、日本山腹砂防の原点となる事務所である砂防資料館をつくろう。建物すなわち箱物である。もちろん建物を建設する予算など一切ない。そこで考えた。琵琶湖の事務所は古い伝統ある事務所である。どこかに使われていない部屋なり、建物はないか探してみた。すると、かつての瀬田川洗堰の開閉の操作は角落しを人力で入れる仕事であったが、その時の現地の事務所（昔の瀬田川出張所）であった古い小さい建物が、何も使われていなくて倉庫となっていた。その建物は明治44年築の琵琶湖事務所の歴史を伝えるにふさわしい、古い格式のある木造建築ではないか。それを砂防資料館にしようと思いついた。

しかし、砂防資料館としてオープンするためには、古いあばら屋では余りにもみすぼらしいので、少し改修し、せめてペンキの塗り直しくらいはしようと考えた。ペンキで内装し直すにもいくらか費用はかかるが、その予算は砂防では準備していない。また思案を巡らす。その建物はそもそも洗堰の操作用の建物である。洗堰の改築の予算は毎年ついているが、武村知事の横槍で毎年不要額としているではないか。洗堰の維持修繕という名目は立つと考えた。

問題は、資料館をつくっても、それにふさわしい中身がなければならない。日本の山腹砂防の原点にふさわしい展示物はないか探し出した。資料館用にと古くから山腹砂防で使われてきて古道具類が集まり出してきた。しかし、もうひとつ迫力が不足である。

そこで、田上山砂防の古文書をいろいろ読んでいると、田上山の砂防さんと呼ばれた井上清太郎さんの「砂防工大意」という技術書に、井上清太郎さんの考案による山腹砂防の模型の絵が画かれていた。「よし、これだ、素晴らしい」と直感。その模型を復元しつくったのが、メイン展示物の山腹砂防模型となった。これで中心となる展示物はできたが、それでも何かさびしい。まわりの壁に展示するものはないかと考えた。「そうだ、滋賀県の山はかつてほとんどはげ山でなかったか、県内各地にはげ山を緑にした記念碑があるではないか、砂防に命をかけた先人の頌徳碑があるではないか、その石碑には名文句が書かれているではないか。この地域に残されている砂防の石碑を全て調査し、碑文の拓本をとろう」と。この作業をやってもらったのは黄瀬清司さんだ。

碑文の拓本見本も見事に出来た。それを表装すれば、大変迫力ある展示物になる。県内の砂防功労者の頌徳碑の所在地を調べて、拓本をとり始めた。相当数出てきた。これで資料館の四方の壁が埋まり、真ん中には山腹砂防の原点の模型も展示した。いよいよ、それにふさわしい儀式、開館式典を開く準備に取り掛かった。

開館式典には、地建の萩原兼修局長（元琵琶湖工事の所長）と、本省の砂防部長の矢野勝太郎さん（元琵琶湖工事の副所長）は欠かせない。砂防職のトップの方にはテープカットを。それに、大津の地元の中森寛三さん（元琵琶湖砂防の所長）が御健在である。メンバーには不足がなかったが、それだけでは面白くない。瀬田川砂防堰堤百基記念も同時にやろうということで数え上げた砂防ダム。谷止工か砂防ダムか区別しにくいものも多くあったが、それらを素直に数え直せば現在施工中の砂防堰堤は丁度たまたま百基目にあたる。

瀬田川砂防資料館開館記念　昭和61年1月18日

旧瀬田川出張所の建物は歴史的な建物であった。
内装をし直して砂防資料館とした。関係者全員で祝した。前列右から２人目しかして、田上山砂防百基記念の現地での儀式と、田上山砂防資料館のオープンの儀式を同時に挙行できることとなった。萩原兼修局長談「竹林にかかると、何故か皆不思議に百になる」と言っておられた。

砂防資料館の開館と直轄砂防ダム１００基完成記念式典は1月18日に行った。また、その日には、関係者による「瀬田川砂防を考える」座談会を実施した。メンバーは、土砂水理学の芦田和男先生、砂防学の武居有恒先生、植林学の堤利夫先生、近畿の地質学の大御所である藤田和夫先生、地建の局長の萩原兼修さん、本省の砂防部長の矢野勝太郎さん、それに竹林征三である。

その座談会の内容は、その年の6月1日に大津で開かれた第4回土砂災害防止月間・全国大会に合わせて記念出版することにしよう。とうとう砂防の予算1円も使わずに大きな儀式一切をすることが出来た。

(17) 近畿地建の所長会議（琵琶湖の所長時代）

1年に数回、区切りの時とか、特定の課題がある時、地建の局長が管内の全事務所長を大阪に収集して所長会議がもたれる。最初に局長会議の趣旨説明等の挨拶があり、次いで担当部長等から特定の課題について説明が行われる。その他、局からの伝達事項の説明がある。

雛壇の中心に局長がすわり、その両サイドに部長が続き、その後に局の幹部が並ぶ。一方、所長達は局長等の雛壇を囲むようにコの字型に座る。所長の座る順番が決まっていて、琵琶湖工事事務所は設置令が一番最初なので、局長の方から見て左側の一番手前となる。要するに局長から一番近いところということである。

琵琶湖の隣は大戸川ダムの今卓也所長である。私は地建の所長会議では、局長から極めて評判は悪かった。その理由の1点目は、所長会議には毎回遅れてくることである。2点目は遅れたうえに、コックリコックリ居眠りするのはまだ良いとしても、そのイビキが回りに聞こえることであった。

まず1点目の遅刻に関しては、毎回事務所を出る直前まで、何人もの課長が決裁の判を貰いに来る。そこでどうしても毎回遅刻ということになる。毎回会議というものは、最初に局長（トップ）の訓辞か挨拶があり、それが終わって会議の本題に移っている頃に席に着くことになる。本題の課題はたいてい、説明資料が配られている。資料はパラパラめくれば、大抵中身が分かる。初めは神妙に聞いているのだが、どうせくどくどと説明するだけと分かってしまうと、不思議と眠気が一気に押し寄せてウトウト居眠りをすることとなる。

会議に居眠りはつきものである。いくら私でも、中身のある話であれば居眠りはしないのである。居眠りする本人は一切認識できないのだが、周りにイビキが聞こえるらしい。所長会議では琵琶湖所長の席は局長に距離的に一番近く、局長のあたりまで聞こえるらしい。局長のとなりは佐藤幸市企画部長、そのとなりは山口甚郎河川部長だ。

毎回所長会議に遅れてきて、局長の話は聞いていないのに加えて、会議が始まるとすぐにイビキをかいて居眠りをする。当然の事として私の評価は局長には極めて低くなる。しかし、私は局長に評価してほしいとも思わない。従ってゴマをする気がしない。私は局長とはもともと相性が悪いのだと言い聞かせていた。

局長の不機嫌が爆発寸前になると、私の隣の席は大戸川ダムの今卓也所長であったが、今所長は隣から私を突く。するとせっかくよき気持ちで居眠りをしていたものが起こされて、やや気分が悪い。局長の方を見ると局長は相当苦虫をかんだ顔をしている。佐藤部長と山口部長があらかじめ今所長に「竹林は居眠りをするのは何度言っても治らないのであきらめたとしても、イビキをかき出したら、突いて起こせ」と指示してくれていた。

おかげで、毎回の遅刻とイビキにも関わらずとうとう、局長からの雷は落ちないで済んだ。これも佐藤部長、山口部長、それに今さんのお陰であると感謝している。これだけでも大変な御恩であり大感謝であるが、それはほんの序の口に過ぎなかった。

佐藤、山口両部長は、今所長に、竹林は所長会議での重要な局からの指示事項も一切聞いていないし、メモをとっているようにも見えない。所長会議が終われば各所長は、事務所に帰って課長等幹部に所長会議からの連絡事項や指示をしなければならないはずだ。竹林はメモもとっていそうにない。一方、今所長のメモは天下一品である。微に入り、細に入り、克明にきめ細かく記してある。所長会議が終わり、帰り際になれば今所長がその日の所長会議のメモを書いたノートをコピーして私に渡してくれるのである。私はそのメモを見れば実に要領よく書かれているので、事務所に帰っても、課長達に的確な指示伝達が出来た。渡る世間は鬼ばかりと言うが、蹴飛ばす鬼がいれば、一方救ってくれる神がいるものだ。世間様に文句を言えた義理などない。ただただ感謝、感謝である。

(18) 団交とクモ膜下出血（琵琶湖時代）

琵琶湖工事事務所長時代、組合問題で嵐が吹き荒れていた。団交の最中、所長室の電話がけたたましく鳴る。電話をとった総務課の者が、家からの緊急電話だという。母親がクモ膜下出血で倒れ、救急車で病院へ運ばれたが、医者がいないとか何かで、いくつかの病院をたらい回しになっているという。

クモ膜下出血は一時を争うことである。手遅れになれば死亡するし、死亡しないまでも治ったとしても半身不随になる。一刻を争う時に病院の非情さに腹が立ったが、どうしようもない。家の者からはどうにかならないかとの電話だ。思いついたのは、知っている医者に火急に相談に乗ってもらうしかない。そこで、緊急事態ということで団交を一時休憩していただいた。そして知っている医者で親友の謝君のお兄さんが大阪市大医学部を出て大阪のどこかの病院の勤務医をやっているはずだと思い至った。しかし、連絡先は分からない。私の親友の謝君は　4人兄弟の2番目で京大の電気科を出て、京都産業大学の教授をやっていた。一番上の兄さんが医者である。3番目は京大の土木で私より1～2年下の学年で当時鳥取大学の教授をしていた。4番目の弟さんも国立大学の医学部を出て医者をやっている。4人兄弟皆大変頭が良い。謝君のお父さんは台湾出身の中国人で、お母さんは日本人だった。私は謝君を通じて4人兄弟とも面識はあった。謝君に緊急に電話したら、運良くつかまった。謝君に話をすると、すぐ医者の兄さんに電話してくれた。私の想像どおり兄さんは大阪市内の病院の勤務医だった。お兄さんは伊丹のしかるべき病院で母親の緊急入院の手はずをとってくれた。たらい回しはようやく解決した。お兄さんもその病院にかけつけてくれて緊急処置に加わってくれた。お陰で母親は一命をとりとめただけではなく、半身不随になることも免れた。

謝君のお兄さん（医者）の手配がもう少し遅れていたら、半身不随になっていたことは、間違いないことだった。危機一髪病院に滑り込んだという感じである。大学を卒業してから、10年以上逢っていない謝君に突然電話して通じたこと。またその謝君がお兄さんに電話したら、また即刻お兄さんに電話連絡がとれたこと。勤務中の多忙な勤務医がその場で伊丹にある仲間の医者が勤める病院に緊急入院できる体制をとってくれたこと。お兄さんがその日の勤務を早く切り上げて、その病院へ駆けつけてくれたこと。それにそもそも、団交の厳しいやり取りの最中、わずかな休憩の時間を設定できたこと、全てが、僅かな確率の連続で、まさに奇跡の連続であったと思っている。それにしても、身近なところに医者がいることの重要性をこれほど感じたことはない。一時期、医者を目指したこともある私としては、私の二人娘の一人は、医者になってくれればと思うようになってきた。そんな親の思いが伝わったのか、その後、下の朋子が自分から医学部へ行きたいと言い出してくれた。

(19) 野洲川竣工式の思い出

私が富士の大学にいる頃、野洲の町長、守山の市長、中主の町長3人がそろって私にお願いがあるとのことで静岡の富士の大学まで尋ねて来られた。何のことかと聞けば、約一年後に野洲川改修の竣工式をやりたいが、その時に1市2町で結成している野洲川改修期成同盟会も閉会することになる。閉会するにあたり、会の通帳に残金がある。残して戻してもしかたがないので、竣工式に何か記念になるものをつくって、参会者に配りたい。何か良い案がないか、とのことだった。

世の中はもの余りの時代、何をもらっても嬉しくはない。ゴミが増えるだけだ。野洲川が竣工すれば急激に野洲川の災害の記憶が忘れ去られてしまうと私は考えた。野洲川の災害の宿命を忘れてはならない。そのためには単なるものではなく、災害の宿命を伝えるマップをつくって参加者に配布したらと提案した。3市町長共、賛同してつくることになった。

もうひとつ、私のＮＰＯ法人風土工学デザイン研究所の前理事長・田村喜子先生は土木技術者をテーマとした作家である。野洲川改修をテーマとして小説を書いてもらおうと提案して、田村先生にお願いをした。資料を集めてくれるならやりましょうと快諾いただいた。

ところで期成同盟会の資金はいくらあるのかと尋ねたら３００万円しかないという。金額ではない〝心だ〟ということで引き受けてつくったのが「野洲川のマップ」と小説「野洲川物語」であった。竣工式で参加者に配布され、大変よろこばれたことは言うまでもない。

その後、県の農林の方から野洲川改修に関連して記念館をつくるが、その中で流すビデオをつくってほしいとの依頼でつくったのが、「野洲川のビデオ」である。

(20) 田上山五讃の碑

私は田上山砂防で地元の関係者を対象として何回か講演をしたことがある。その時に「田上山五讃」を作詞して、地元の関係者から大変よろこんでいただいた。その内容を確認するために何人かが大英博物館の展示物（田上の鉱石）を見にヨーロッパへ出かけたという。

そのようなことがあって田上山砂防協会としては「田上山五讃の碑」を建立したいとの話がまとまった。会長の山本俊一さんが田上山をかけ巡って石碑として適当な巨石を探してきた。それを運び出すのに大変苦労したということを聞かされた。作者の竹林の名も刻したいという話があったが、私は当時退官前なので固辞した。

尚、田上山は世界の宝の山なので、日本語だけではなく、英語、韓国語、フィンランド語（田上にフィンランド学校がある）にも訳したが、石碑には日本語と英語のみになったと記憶している。

田上山五訓碑（竹林撰）の建立。山本俊一田上自治連合会長と共に

(21) 私の果たせなかった田上山砂防2つの夢

①田上山の沢や渓谷等小地名のマップ

私は田上山砂防は全山、肌には田上の地元の人々の血と汗がしみこんでいる。大変な思いが各所にある。各所を何んらかの名前で呼んでいた。小さな沢、渓谷、凹み等、全てに小地名があった。それを後世に残したかった。私が琵琶湖を去って10数年後にその事に気がつき、当時の所長に、小さな地名を全てマップに残そうと提案した。そして田上山砂防協会の人にも相談した。すると何故もっと早く言ってくれなかったのだ、この10年で知っている長老の方は全て亡くなられて今や誰一人知る者はいないと言う。残念手遅れであった。

②田上の砂防さん、井上清太郎の像

田上の砂防さんといわれた井上清太郎翁の立像を建立しようと思いつき、当時井上清太郎の末裔の方もおられて、立像のミニチュアも出来、製作費もわかったので早速、関係者に図った。田上山砂防協会の方も賛同してくれた。

ところが、現職の所長が先人の顕彰のためとはいえ、金を集めることに名前を連ねることは余り好ましくないのではとクレームをつける建設省の関係者もいて、とうとう中止に追い込まれて実現しなかった。

・次々に立派なものが出来てきた。するとこれらを展示するスペースがほしくなった。

・まして砂防資料館を建設したくなった。
・そうだ昔の洗堰の操作事務所がある。
・100基目の砂防ダムは大谷堰堤である。

(22) 3月末、私は琵琶湖の所長から甲府の所長へ

転勤の内示があった。武村知事との戦争にも勝利し、これから本当の意味で滋賀県民のための公共事業に邁進できると思っていた矢先のことである。やらねばならない仕事、やりたい仕事はこれからだが、やむをえない。

県の成瀬企画部長と塚本次長から、これまでの御迷惑をかけたことの償いも込めて、送別会を設けたいと申し入れがあった。しかし、転勤の内示が10日前ぐらいなので夜一席の時間はとれないと言うと昼食会をつくってくれた。

自治省から出向してきていた成瀬企画部長にも4月1日付で異動の内示が出ていた。成瀬企画部長は東大法卒の自治省のエリートであった。私が琵琶湖の所長のとき、隣の三重工事事務所の脇雅史（現参議院議員）さんと高校の同級生だったとかで、脇さんに大津に来ていただいて、3人で一杯飲んだことがある。

河川単独の琵琶湖事務所から河川道路総合の甲府事務所は、職員数も120～130人から240人～250人と倍になり、予算規模も2～3倍あったと思う。

なによりも当時建設省に対し力があった金丸信代議士の地元である。建設省の幹部は金丸信先生に大変気を使ってピリピリしていた。そんな時に変な者を現場の所長に持って行けなかったのだろう。

ところで、琵琶湖問題でさんざんブレーキをかけた地建の局長萩原浩さんは、私より一足早く本省の道路局長へ念願かなって御栄転された。管内の所長会議のメンバーで萩原浩局長の御栄転の送別会が催された。そのあと2次会の席で何事においても大変な自信家である萩原局長は、「近畿の局長で手に負えない分からないことが3つあった」と言っておられた。

その一つ目は、琵琶湖問題、二つ目は同和問題、三つ目は組合問題だったという。そのようなことで萩原局長は、私の後任の局長は河川それも琵琶湖に精進されている方が望ましいといっておられた。その結果だと思うが、萩原局長の後の局長は萩原兼修局長となった。兼修局長は私の6代前位の琵琶湖の所長もやっておられた。兼修局長はその後河川局長そして技監にまでなられた。

●野洲川放水路暫定通水

［8］地域の夢の実現に向けて・醍醐味

（1）甲府工事事務所長時代のこと

琵琶湖工事の所長から甲府工事の所長になって、一番、やりがいがあったのは道路の仕事である。河川やダムを中心として業務をしてきた者としては道路の仕事は非常に新鮮であった。初任地の和歌山県では県道路の現場の仕事に従事してきたが、今度は直轄の道路の仕事である。県道の局部改良等と違ってスケールが大きい仕事であるので面白かった。特に仕事をスムーズにやるには事務所と局と本省の役割分担が良く分かっていなければならない。河川事業の事務所と局そして本省との仕事の分担と相当違うのである。それをよく理解しておかなければ色々な根回しが出来ない。

たまたま、関東地建は道路の所長会議が河川の所長会議より頻繁に開かれるし、局の道路部長や道路調査官がよく相談にのってくれたので、比較的早く事務所、局、本省の役割分担と局にはどこからのことを相談し、どこからが所長の判断に委ねられているのか分かれば、何も心配がなくなる。

甲府工事事務所前所長から引き継ぎを受けた。河川事業としての懸案箇所等の話は何もなかった。道路事業としては、都留バイパス、大月バイパスや身延バイパス等、用地が難行している話の他、大きなプロジェクトとしては、中部横断自動車道へ向けて地元の協力体制づくりの話、そして雁坂トンネルの着工の前段階として試験掘削の話があった程度であったと思う。

引き継ぎがあったこととしては、地元の業者と政治家とのつながりの話や、汚職事件も過去にあった事務所でもあり、内部告発や投書の多い事務所である等の話もあり、私としては面食らった。琵琶湖の事務所では、懸案課題として大規模プロジェクトをどうするかで、地元業者の話などは一切関係なかった。今回は、地元業者と政治家との関係や、職員の職務規律のことに気をつけなければならない事務所だということが分かった。前任の所長は、自分自身もいつも誰かが目を光らせて見られている、少しでもおかしいことがあれば、直ぐにマスコミや警察等に通報されると言う。大変な事務所なので、前任の所長は5時になったらさっさと帰り、それから碁会所へ行くという行動パターンを皆に分かるようにつくって、いつでもアリバイをつくっていたという。

私は単身赴任だったので早く帰っても仕方ない。所長室で、いっぱい本を買って、それを読むことにした。夜遅くまで所長室の電気だけ赤々とついている。琵琶湖で行った方法である。

最初に行ったことは、職員の中で古本収集に意欲を持っている佐野秀延さんにお願いして、甲府事務所管内の道路と河川に関する全ての本をそろえて欲しいこと、また、全市町村の郷土史を購入して欲しいと頼んだ。

佐野さんは、甲府の古本屋に、山梨県内の道路・河川のことが書かれている本なら何でも良い、全て購入するから（2冊はいらないが）ということで、集めてもらった。そして、その古本屋は、東京の神田の古本屋にも連絡をとって、山梨県内の道路と河川のことが書かれている本は、本当に珍しい本まで次々集まってきた。集めてもらった本に目を通すことは、勤務時間中はほとんど無理である。次々と持ち込まれる職員からの決裁書類に目を通さなくてはならない。職員からの担当事業についての相談にも乗らなければならない。また、引っきりなしに来るお客さんとの応対もある。

夜になると、やっと自分の時間がとれる。明日の現地でのイベント・儀式に向けて、所長の挨拶文を考える。そのために、その事業の地元の風土を一夜づけで勉強する時間とした。所長官舎まで近いし、単身赴任である。積極的に所長室で遅くまで残業することにより、所長の行動のアリバイもできた。明朝までに読まなければならない資料や書籍（市町村誌等）は、佐野秀延さんが山ほど集めてきてくれている。資料に不足はない。そのようにして翌日の所長挨拶のメモをつくった。

当日は私に随行してくれる担当職員に挨拶のテープをとってもらった。そのテープを、所長受付の秘書であった土橋由美子さんに、テープおこしをしてもらった。土橋由美子さんは、所長は大阪弁で早口でしゃべるので、非常にテープおこしは苦労すると言っていた。分かりにくい所はそのままでよいからと言って、テープおこしができたところを順次赤字を入れ、修正してつくったものを所内報「甲府ニュース」に連載していった。

そのようにして、行事の都度に、所長挨拶文が多く活字化されていった。所長の挨拶シリーズである「穴山開通によせて」、「小松護岸工事着工によせて」、「新年の挨拶」、「都留バイパスの起工式によせて」、「道路情報局ラジオ局韮崎局の開局にあたり」、「優良工事等の表彰によせて」、「日々技術の鍛錬を」、「大和国道出張所地鎮祭」、「永年勤続表彰、四つの感謝」等々である。

これまでの所長挨拶と違ったものになったと思う。挨拶の中に、地元の風土文化を調べた上での、地元の人達が気づいていない風土資産（風土の宝）を、誇りとなるようにちりばめたところにある。この手法は、後に風土工学の体系の中の風土資産の発掘と評価の中に取り入れられていくこととなる。

（2）転勤と〝いじめ〟

小学生時代も転校してきた者は〝いじめ〟に合いやすい。それは社会に出てからも同じである。子供の頃の〝いじめ〟は単純だが社会人ともなれば陰湿である。

人事異動で自分達より年も若い者が上司で来られたら、面白くないことは間違いない。上司として仕えなければならないのだが、赴任してきた当初はその地のことはよく知らないことは当然としても、いつまでたってもその地のことをよく知らないようでは馬鹿にされる。面従腹背ということになってくる。赴任すれば最初に受けるのは首実検みたいなものである。今度きた上司はどのような人物か興味津津である。一挙手一投足に注視される。その結果三つの評価が下される。

一つ目は、今度の上司は自分どものリーダーにふさわしい、この上司の為に何でもしよう。

二つ目は、今度の上司は良くも悪くもない。どうせ2～3年でまたどこかへ行かれる。その間は役目なので、形どおりのことだけをしておこう。大抵の人はこの評価を受ける。

三つ目は、今度の上司はとるに足らない。仕えたくない。早く代わってほしいと思われる。いろいろな場面で拒否反応を示す。仕事の協力は得られない。好ましくない噂をそこいら中にまき散らされる。いずれ本人にも噂は届くこととなる。

私が琵琶湖の所長に赴任した時、私の右腕として働いてもらわなければならない技術の副所長のYAさんは、私に「地建の局長は、知事が反対していることはするなと言っているではないですか？　局長の方針と違うことはしません」と私に明言して、一切非協力を宣言した。私は毎日、残業に次ぐ残業で気が狂う程忙しかった。YA副所長は17時になるとさっさと帰られてしまう。私は自分の部下からも見捨てられた状況となった。

一方、甲府の所長に赴任した時は所長の受付の土橋由美子さんは私のことを褒めちぎって、女性職員同士の井戸端会議的なおしゃべりの場でも「竹林所長はこんなに素晴らしいと」一杯噂をしてくれた。また、所長室へ来られる県や市町村関係者や業界の方々にも私を持ち上げるエピソードをしきりに話してくれていた。このような話は一瞬にして広まった。

山梨県も滋賀県も相当閉鎖性の強い県民性のある県である。県内にいたら足の引っ張り合いで大物は出てこないが、一度県外に出れば大活躍するという良く似た県民性である。

滋賀県から大阪に出て、大阪商都を牛耳ったのは江州商人である。一方山梨県から東京へ出て、東京の経済をリードしたのが甲州商人である。共によそ者に対しては排他的なのである。しかし、よそ者でもとけ込めば同じ仲間として扱ってくれるところがある。

私は琵琶湖では滋賀県知事と戦争をした結果、大変な苦労をさせられたが、最後は滋賀県知事が私に謝り、仲直りの一席まで設けてくれた。知事との戦争に負けていたならば相当みじめな結果になっていたと思われる。

（3）雁坂峠と名数化

日本三景とは、松島と天橋立、安芸の宮島である。日本三大急流とは、最上川、富士川、球磨川である。どのようにして、誰がいつ決めたのであろうか。誰が、いつ、ということは聞いたことはない。しかし、日本三景や日本三大急流と尋ねられ、他の景勝地や河川をいえば、地理の試験でも誤りとなる。景色の素晴らしさはどのようにはかったのだろうか。人の感性や価値観で変わってくるではないか。しかし、三大急流といえば、物理的な河川の勾配で数字に表せる。河川の勾配の急なものとしては、常願寺川や安倍川など、上記の三河川よりも急勾配で、急流にふさわしいものもある。有名な河川は他にもいくつもあるではないか。何故、上記三河川が日本三大急流になったのか。誰が、いつ、どのようなことから日本三大急流としたのか。考えれば考えるほど、単純なようで難しい課題である。

日本三大急流のひとつ、富士川を管理する甲府河川事務所の所長となれば、一度は真剣に考えなければならない課題である。この課題を考える前に、早急に考えなければならない課題が飛び込んできた。それが、日本三大峠、雁坂峠であった。

甲府工事事務所が近く着工しなければならない、大きなプロジェクトとして、雁坂トンネルの工事がある。雁坂トンネルの工事を担当するものとして、雁坂峠を越えておかなければ話にならないということで、山梨県の道路建設課長と埼玉側を担当する大宮国道の所長と関東地建の道路部長等とで雁坂峠越えを行った。総勢20～30人の大部隊であった。

1日前、建設省の宿泊施設である笛吹寮に1泊し、その日は余り飲まずに早く寝て、明朝早く、寮のおばさんにおにぎりの弁当をつくってもらって、夜明けとともに出発した。そして、峠に着いた時、峠には日本三大峠・雁坂峠という木でつくられた標識があった。一緒に登った皆に聞いたが、誰一人日本三大峠のことを知る人はいない。しからばと、甲府側の三富村の村長に聞いても知らないという。埼玉側の大滝村の村長に聞いても知らないという。

日本三大峠という限り、三つの峠が有るはずである。日本全国、郷土史やら山岳の本やら登山案内書等々、しらみつぶしに調べてみた。すると、三大峠と称している峠が、いくつも出てきたではないか。日本三大雪渓の北アルプスの峠・針ノ木峠、アルピニストの憧れの八ヶ岳にある夏沢峠、標高日本一の南アルプスにある三伏峠、謙信ゆかりの関越国境の清水峠、それに雁坂峠と5つの峠が日本三大峠となっている。三大峠といっている限り、3つの峠なのである。それが5つあるということは、内2つは三大峠ではないということになる。

山梨には、これと同じように日本三奇橋の猿橋がある。日本三奇橋は、他はどこか調べてみた。木曽の桟橋、山口の錦帯橋、四国の祖谷のかずら橋、富山の黒部川の愛本橋、福井の九十九（つくも）橋の6橋が、いずれも地元では日本三大奇橋と称されている。

三大峠の三大のスケールは何ではかるのか、三奇橋の奇のスケールは何であるのか、いつ、誰が決めたのかもよく分からない。

そのようなことがあって、たまたま、雁坂トンネル着工までの最後の広瀬トンネル起工に当たり、昭和61年11月21日に起工式が行われた。その時の祝辞で、日本三大峠の王様が雁坂峠であることを、私が多々分析した結論をとうとう述べさせていただいた。このトンネル工事は県の仕事であり、望月幸明知事の挨拶の後に、私が長い長い祝辞をした。出席者全員がキョトンとしながらも、話の内容が面白く、今日の式典にふさわしい、興味の尽きない話だったので、皆真剣に聞いてくれた。雁坂峠は格式高い峠であることを誇りにもってもらおうという私の意図は成功した。

その後、山梨県知事を始め、笛吹川筋の市町村長さん等は、建設省の

雁坂峠を克服するには雁坂峠越えをしなければということで、
関東地整、山梨県関係者と登山した。前列左端竹林、その右地建道路課長

竹林所長はスケールの違う大物だということになった。この後、雁坂トンネルの本坑ではないが、調査先行試掘坑の起工のところまで、甲府の所長をやらせてもらった。そのようなことで、雁坂トンネルを着工させていただいたと言ってよい。

雁坂トンネル着工が間近になってきた。雁坂トンネルは、直轄国道としては日本最長の約６㎞である。この直轄トンネルは、排気のための斜坑や避難用トンネル等々を合わせると、トンネル延長の２～３倍の延長ということになる。

大手ゼネコンが受注に向けて活動を始めた。多くの先輩も所長室へ挨拶に来られた。私はその時、常に言う。「雁坂トンネルを掘るということは、物理的なトンネルを掘るということではない。これまで閉ざされていた、秩父と甲州が結ばれるということであり、新しい文化が生まれるということだ。その意義の実現のためにトンネルを掘る。このことが分からないような会社には、参加して欲しくない。ところで、日本三大峠はどこですか？　雁坂峠はどのような峠ですか？　雁坂峠を越えたことがありますか？」と聞くことにしている。すると、大会社の重役に納まっている先輩が、何も答えられずにすごすご帰っていった。

それから数カ月たって、何人かに1人は、雁坂峠を越えてきました、大変素晴らしい峠でしたとやってこられた。また、小生の雁坂峠の書き物等を徹底的に勉強されて、元気よくやってこられた。前回、元気なく帰られたが、今回はやや元気な様子で帰っていかれた。

（4）山梨三大不可能話

山梨県は、南アルプス、八ヶ岳、富士山、秩父山脈等々、スケールの大きい山の谷間に人が住んでいるという大変厳しい地形的条件におかれている。山梨の人々の間で悲願中の悲願であるが、大自然が厳しくてどうしても実現できない話として、三大不可能話がある。

その一つ目は野呂川の水を原七郷へ引くという実現不可能なことのたとえの野呂川話。二つ目は開かずの国道１４０号線、雁坂峠・雁坂トンネルを掘る話。そして三つ目は富士川禹の瀬開削の３つである。

野呂川話とは、早川源流の野呂川の水を、鳳凰山系に水路トンネルを延々と掘って、常襲的な水不足で悩んでいる、御勅使川扇状地である原七郷地区へ分水して用水を引く構想である。これは、原七郷の人達にとって悲願中の悲願であったが、用水で潤う所と、その排水で余計に浸水が増加するという下流域等の、上下流問題の利害調整がつかなかったことにより、無理な話といわれてきた。これは、分水でなく、釜無川の水を引く別の計画により、実質的に解決した。

次の開かずの国道１４０号は、甲府から秩父を通って熊谷まで国道１４０号として指定されている。甲府から熊谷までの国道ルートと明記されているが、実際には雁坂峠の大山塊は車両をガンとして通してくれないので開かずの国道雁坂トンネルといわれ、いつまでたっても実現しない、地元では悲願中の悲願であった。この雁坂トンネルは、私の在任中に着工の目途が立ち、試験先行坑を着手することができ、完成するまでのスケジュールができた。

富士川禹の瀬の開削の話というのは、以下のようなものである。

甲府盆地は、かつて大湖水であり、その湖水の水を切り流した神様（蹴裂明神、穴切明神、瀬立不動様）の伝説が伝わる。

昨今でも、甲府盆地は、大雨が降ると出口の禹の瀬の吐口の断面が小さくて、水が吐き切れずに水が浸かる。南湖という地名が残る。鰍沢や市川大門地区は、浸水の常襲地帯となっている。禹の瀬の出口を開削して広げれば、洪水被害はなくなる。禹の瀬の開削は、甲府盆地の南部地区の人々の悲願中の悲願のプロジェクトである。しかし、禹の瀬を開削すれば、その下流部の洪水が、それ以上に大きくなる。富士川中流域も洪水のたびに被害を被っている。これ以上、洪水がきたら困る。このように、上流と下流の利害が相反することにより、調整がつかず、三大無理な話の筆頭は、禹の瀬の開削ではなかったかと思う。禹の瀬の開削は、過去何度も県議会等でも熱く議論された。話としてはあったが全く実現できる可能性はなかった。禹の瀬の開削の話は、人々の記憶から薄れていった。人々は、洪水被害は宿命と諦めてしまったのかも知れない。しかし、禹の瀬開削の悲願は決してなくなった訳ではなかった。

前河川局長の廣瀬利雄さんは、技監になられた。廣瀬利雄さんは開発課で活躍された方である。廣瀬さんは、かつて甲府工事事務所の副所長もやられた経験もあり、富士川のことは精通しておられた。その廣瀬さんが、禹の瀬の開削をやってみたらとアドバイスしてくれた。廣瀬さんは、河川局長の前に北陸地建の局長時代、信濃川で同じようなケースがあり、両岸を削り広げて解決したという。私は廣瀬さんの指導を受け、禹の瀬開削の効果を、山梨大学の砂田助教授に水理模型実験してもらい、確認してから、中下流部の沿川町村長にも、禹の瀬の開削による影響は、堤防の築堤が進んだことにより、実質的にほとんどないことを説明して了解をとりつけた。このようなことにより、禹の瀬の開削については、当初は予算など一切ついてなかったものを、動き出させることができたのである。県や地元市町村にとって、これだけ大問題であった不可能話の筆頭の工事が、あれよあれよと見ている間に実現していったのである。甲府工事や関東地建および本省の治水課等の担当者にとっても、あれよ

甲府の所長時代、禹の瀬の開削にあたり地質学の権威、芥川先生と徳山明先生と現地調査

あれよと見ている間に予算化され、実現していったことに驚いた。

金丸信先生は原七郷の白根町出身である。金丸信先生が副総理の時である。一番力があった時である。金丸信先生が裏で大きな影響力を発揮されたことは間違いない。

私はたった一年半の短い勤務であったが、甲府の三大無理な話のうち、2つまで解決することができたのである。大変な幸運者である。

（5）公共事業と大物政治家

私は金丸信先生が一番力を持っていた時期にその御膝元の甲府に勤務したことになる。政治と公共事業についていろいろなことを勉強させていただいた。竹下内閣の次に総理になったのは宇野宗佑先生である。私が琵琶湖の所長の時、武村知事と建設省の現場所長の竹林の意見・主張の違いを聞き、「地元に敵のいない最大の権力者の武村知事は間違っている。竹林所長の方が正論である。宇野宗佑は竹林を支援する」と決断した方であった。その当時から自民党の大物であることはよく認識していたが、まさか日本を動かす総理大臣になろうとは想像もしていなかった。私は、宇野宗佑先生は剣道等武道にも長け、古武士然的な風格と見識を持つ真の政治家だと思った。宇野宗佑先生が日本の難局を解決していってくれるものと信じていたが、女性スキャンダルで2ヶ月ももたず退陣してしまった。残念でならなかった。琵琶湖総合開発事業は宇野宗佑先生がいなかったら解決しなかったと思う。宇野宗佑先生がいなかったら、武村知事のような政治家が人気取りの政争の道具として琵琶湖は利用され、日本国民のため、滋賀県民のための美しい琵琶湖にはならなかったと思う。

金丸信先生と甲府の綺麗どころと共に

公共事業について当時最大の時局の話題は国鉄の民営化問題であった。私は組織というものはスケールメリットというものがあるが、余りにも巨大化すればスケールデメリットが生じてくると考えている。人間のつくる組織には統治能力から適正なスケールがあるのだと考えさせられた。

甲府所長時代、山梨県選出の金丸信先生は副総理で最大の権力者になった。

（6）水源税構想

当時、河川局で最大の課題であったのが水源税構想であった。道路には、田中角栄元総理がつくった、ガソリン税という特定財源がある。河川局には、ガソリン税のような特定財源がなかった。

河川局の悲願中の悲願は水源税構想で、特定財源をつくり出すことであった。

河川局から全国の所長に命令が下された。全国の市町村議会で水源税賛成議決をさせて、水源税賛成の陳情をさせるように市町村長に働きかけよ、ということであった。河川局の幹部は、全国の河川系所長の水源税賛成をとりつけた市町村の数の一覧表を作成していた。甲府工事事務所は、全国の事務所の中で、飛び抜けて1位であった。河川の所長にとっては、市町村長にアポイントをとり、時間をとってもらって水源税構想の重要性を説いて理解していただき、議会にかけて議決していただいて、それから、河川局へ水源税賛成の陳情をするところまでもっていくのである。全国の河川の所長は、なかなか難行していたようである。

甲府の場合、富士川改修の期成同盟会の主だった市町村長数名には十分に説明した。この構想は、市町村の遅れている河川整備の切り札になるので、是非実現させて欲しいと説明して、了解をとりつけた。その他は、市町村長にTELで了解をとりつけた。市町村長は、竹林所長がそこまで熱心に、市町村にとってプラスになるということなら間違いないと賛成してくれた。大変な信用なのである。

水源税とは、下流でも水の恩恵を受けている者が水量に応じて税金を納め、上流での河川整備や森林の整備を行うとするものである。税金を納めるのは、下流の大都市で水の恩恵を受けている者が中心なのである。山梨の場合は、そのほとんどが上流域で水源地域であるので、水源税構想は、そもそも反対する理由もなかったことも確かであった。

しかし、世の中新たに税を取ると言えば、まず強烈な反対が起ることは間違いない。水源税構想は、反対も相当強く、最後は政治決着で見送られることとなった。その代わり、見返りとしてできたのが河川整備基金である。河川整備基金の運用で、河川整備の各種活動に対する助成という形になった。相当スケールの小さいものになってしまったことは、誠に残念である。

（7）富士川二十二選

富士川について正しい認識をしていただくためには、どうすれば良いか考えた。富士川は〝ふじ〟だから22である。富士川からのメッセージを22カ所選定して、社会に広くPRすることとしようと考えた。

富士川は大河川である。メッセージは余りにも多い。しかし、22にしぼり込まなければならない。そこで、笛吹川の治水の要・「万力林」と釜無川の治水の要・「信玄堤」、そして下流の治水の要・「雁堤」は格段に意味が大きいので、特別指定3選を別格にしようと、だいたいの構想ができたが、私が選定したところで権威もない、重みもない。しかるべき権威者をそろえて、厳格な審議過程を経て、格式高く22カ所を選定しようということにした。

委員長には山梨県出身で日本河川協会会長の山本三郎さん、河川工学の一人者である高橋裕先生、砂防学の第一人者芦田和男先生、淡水生物学の第一人者の森下郁子さん、他は地元の山梨大学の先生や山梨・静岡の文化財関係の先生、静岡新聞・山梨日日新聞の編集長、そして地元の市町村長の世話役の町長さんらで委員会を結成して、22選を選定するプロセスを踏むこととした。

沿川55市町村の協力を得て、200カ所以上の候補リストから①富士川の猛威に対する正しい認識、②治水の伝統に感謝する、③富士川の恵みに感謝する、④富士川を愛する心の育成、⑤富士川を美しくする心の育成等5つの視点から、評価して選定することとした。二十二選の選定の準備は、5月から入った。私は考えた。このような企画は、その思いのある人の時に、完了しておかなければならない。役所の仕事だから、人事異動があれば組織でやっているので引き継ぐことになるのだが、大抵はうまくいかない。思いが伝わらないのである。私は甲府の所長2年目に入ったので、この1年は人事異動がないと考えられるが、山梨は政争の激しいところである。1年半を過ぎれば、いつ私の人事異動があるか分からない。そう考えて、9月までには完了することとした。

7月に、委員による現地視察と第1回の委員会を開催し、8月には、委員による22選の選定と対象市町村への認定式というスケジュールを組んだ。委員の先生は、大変高名で超多忙な方々ばかりである。日程調整をやりくりして、9月3日が認定式と決まった。ところが、私自身は、

富士川二十二選の選定のため有識者による懇談会を結成。前列真中が山本三郎さん、その左が芦田和男先生、右が高橋裕先生、前列左端が竹林、前列右端から3人目が森下郁子さん

9月1日付けで本省の河川局開発課へ異動となった。形は新任の山中所長が行い、実質は竹林が行う認定式が新旧所長の引き継ぎの儀式の場となった。

富士川二十二選の仕事と考え方は、風土工学そのものである。選定された市町村は、認定書をもらい、河川への取り組みが変わってくるのである。その効果は大きい。

(8) 絶頂時が引き際

琵琶湖工事の所長業は、内と外にいる多くの敵に対し、内と外にいる数少ない味方で闘った。実にストレスの多い仕事であった。一方、甲府の所長業は、地元市町村との連携も信頼関係もうまくいき、県とも悪くなく、局や本省ともうまくいき、事務所の職員も所長を信頼してよくついて来てくれたし、良い仕事をやってくれた。懸案の事業も次々と解決し、順風満帆という感じであった。琵琶湖が地獄の仕事だとすれば、甲府は天国の仕事であった。職員によっては、竹林所長は武田信玄の再来のようだということで、「今・信玄」だと言っている話まで聞こえてきた。

現場の所長とは、雇われた一つの駒でしかない。2〜3年ごとに取り替えられる将棋の駒である。うまくいけば周りから妬まれる。どこでどんな落とし穴が仕掛けられるかわからない。建設省の先輩で、私のことを色々気にかけてくれる人がいて、1年5カ月という短い任期であったが霞ヶ関へ引き上げてくれたようである。役人の組織は大変大きな世界である。政治の世界の争いも熾烈である。役人の世界も、親分子分、派閥の世界、そして蹴飛ばす人もいれば、拾い上げてくれる人もある。役人の世界も、外には言えない大変熾烈な世界なのである。

(9) 所長業とハンコ（甲府の時代）

甲府工事事務所は琵琶湖工事事務所より全てが2倍の規模の事務所だった。職員数、組織数、事業費等々が約2倍であった。すなわち、2倍位の事務処理が所長に回ってくるということになる。事務処理はハンコを押す決裁が伴う。一つの物事に何故こうも沢山のハンコが押されてるのか役所仕事をすれば良く分かってきた。業務の分担の起案者が書類を起案して、それに関係するすべてのラインの人がハンコを押さなければ事務はそこで止まってしまうのである。

２００数十人いる職員の誰かが起案したものは全て所長まで上ってくる。所長業で毎日押すハンコの数は数えていないので良くわからないが、相当な数になる。所長業としてはそれらの内容を一つ一つ確認してからハンコを押すということは時間的にも不可能なことである。所長のところに決裁を上げてくる担当者に一言、二言、内容を聞いて、「大丈夫か？　間違いないな?」と口頭で確認し、部下がOKといえば書類にはほとんど目を通す事なく、また確かめもせずハンコを押すことになる。その事も組織としては途中の課長の所で責任をもって内容を十分検討していることになっているのでそれで良いことなのである。

部下の担当者がこれは重要で、良くわかってハンコを押してくださいという案件や、自分が大変重要だと思っている案件、それにどうも危ないなと第六感で感じる案件のみ、内容を確認し、内容をよく聞いてから必要な場合は修正をしてもらってからハンコを押すこととなる。部下にとって、所長にとやかく聞かれたくない、何でも良いからハンコを押してくれという案件が実に多い。新米の所長に対し、ベテランの部下になれば、余計そのような案件が多くなる。勉強不足で理解力の不足の上司に、レクチャーをし、理解をしてもらうということはどれだけ大変なことか、有能でない上司に仕えた経験のあるものならよく分かる。問題はあるが、事務所の慣習として過去、そのように処理してきたという案件は実に多い。そのような案件について新米の所長におかしいのではと指摘されて、今までの慣習を直されでもしたら、大変な手間と作業が伴う。ベテラン職員はとやかく言われないで所長にハンコを押させることを考える。所長にツベコベ言わせる時間的に物理的に余裕のない形でハンコを押させることを考える。所長の日程予定スケジュールは所長秘書の土橋由美子さんの所で全てわかる。何月何日は重要な会議や儀式が入っていて、何時何分には遅くとも事務所を出なければ間に合わないということは秘書に聞けば直ぐ分かる。

事務所を出なければならない直前30分位前に何人かのベテランの課長や係長が数人並んで決裁して欲しいという。異口同音にこの書類は今日中に出さなくてはならないという。今日、決裁しなければ、期限が切れてしまうという。判押すだけでも30分位はかかる書類の山を持ってくる。

判を押す機械の如く、相当なスピードで押して丁度良い時間しか残されていない。所長業の宿命と諦め、判を相当なスピードで押し続けることとなる。

ベテラン職員はそこで言う。「ハンコを押すのもくたびれるでしょうから、ハンコをおいていって下さい」「代わりに押しておきますから」という同じパターンと同じ台詞を数人のベテラン職員から聞くこととなる。そこで所長としていう。「ハンコは預ける訳にはいかない。判を押すことが所長のもっとも重要な仕事だから」ということで、甲府工事の所長は、今日もまた重要な遅れてはならない会議を遅刻するということを繰り返すこととなる。

(10) 役人の世界・減点主義

民間の組織は、人事評価はプラスとマイナスをともに評価し、差し引き、この人物はいくら組織のためにプラスになるかで評価される。民間のサラリーマンは、必死で会社のプラスのために日夜頭を使い、身体を酷使して働いている。失敗すれば、それ以上のリカバリーをすれば失敗は帳消しになる。やり手の人間が出世するのである。

役人の組織は、2~3年ごとに定期的に人事異動する。大きな成果は、個人ではなく組織の連携プレーで成し遂げたものと評価される。その個人でなくて、そのポストに他の人がいても成し遂げられると考える。そのポストが仕事をするのであって、個性ある個人が仕事をするのではない。誰でもよいのである。代替の人は、いくらでもいるのである。しかし、失敗は組織が犯すのではなく、個人が犯すのである。したがって、役人社会はマイナス評価のみとなる。

仕事というものは、何もしなかったら失敗することはないのである。したがって、役人の世界は、大過なく定年を迎えるというのが一番幸せな過ごし方なのである。石橋をたたいて渡るという生き方がある。役人は、石橋をたたいて渡らない仕事の仕方の方が出世するのである。何故出来なかったのかと聞かれた時の、弁明だけをよく考えておくことである。出来なかった理由を挙げることは実にたやすい。地元の市町村や県の責任にすれば良い。役人の社会で際立った仕事をするということは、どこかで相当無理な所が出来る。反対の者もいる。敵をつくることにもなる。必ずどこかでマイナスの所もできる。それだけで自殺行為のよう

甲府所長時代。地震防災訓練にて団長として指揮

甲府の所長当時、幹部を集めてよく会を設けた。
その後は懇親会でもりあがった

甲府所長時代、櫛形山のアヤメが見頃だと石川豊町長に誘われて、気軽に出かけたが、大変な高山だった

甲府工事の所長当時。山梨県内の著名な名士の一人として
身延山の節分会の豆まきの年男の役が廻ってきた

甲府所長時代、釜無川の大聖牛をテレビにて説明

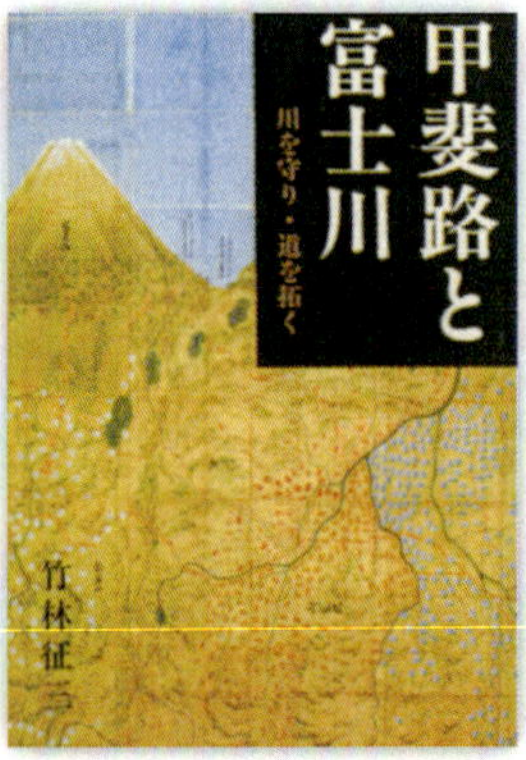

●甲斐路と富士川

富士川筋で白根町の名執町長が最大の実力者だった。
名執町長と山本三郎氏と共に

なものである。

(11) ダム・堰の景観設計技術について

私がかつて開発課の企画調整課長補佐時代だったと思う。世の中、景観設計ということがとやかく言われだした時なので、全国の多くのコンクリートダムを色々な角度から写真をあつめ、デザインネックになっているところはどこか、そのデザインネックを解消するにはどのような設計があるかというテーマを設けて、国土開発技術センター内に研究会をつくって取りまとめたのが「コンクリートダムの景観設計」という本である。このテーマの発案と技術指導は竹林による。

この延長線上で堰の景観設計についてもデザインネックを解消する技術をとりまとめようと考えた。

その第1歩として多くのダムや堰そして湖水の景観について多くの写真やデータを集め景観設計の視座・考え方をとりまとめた。ダム水源地センター理事長の廣瀬利雄さんの名前を付して廣瀬・竹林の連名で発刊したのが『ダム―堰と湖水の景観―』という本である。

堰・水門の景観設計のデザインネックは感性工学の手法で色々分析でき明確である。

①ワイヤーロープウインチ式の巻揚機室が上部にあり、トップヘビー(上部が大きくて重い構造)となっている②コーナが角ばっていること③メタル構造とコンクリート構造物が一体として設計されておらず、別々で設計されていること。

(12) ダム工学会の創設に向けて

○ダム工学は実学である。学会といえば大学が中心である。大学の先生方の中にはダム技術をうたっている人が全国にほとんどいない。

○ダム工学会を設立しようとすれば実業の者が主導しなければならない。

○ダムの施主は建設省と農林省と電力会社と厚生省(水道)・通産省(発電・工業用水道)である。

○ダムの歴史の中心は明治以降はじめは水道だった、それ以降は発電に移った。

○農林関係は構造改善局を中心に着実に進めている。

○現在のダム事業は洪水調節が中心である。これからダム工学会を創設しようとするならば建設省が中心とならざるを得ない。

廣瀬利雄開発課長のもとで設立に向けて動き出すことになった各部門の最高の権威者の合意を取りつけなければならない。

当時、京大土木で私の一年後輩の佐々木宣彦さんが通産省の発電課長をしていた。まず、佐々木宣彦さんと関西電力の土木関係トップの要職を務めていた後藤宏一さんに同意を取りつけた。次は農村関係は京大総長をやられた農業ダムの最高技術的顧問役をしておられた沢田敏男先生の了解を取りつけなければならない。

ダム工学会は設立に大きく貢献することができた。さらにダム工学会を将来、学術会議が認定する学術的な学会にしなければならない。そのためには、学会の運営費を企業等民間にたよらないこと。また、役員の中心も企業関係者ではなく、大学等の研究者であること。さらに、年に数回、研究論文を中心とした学会誌を出すこと等の要件をクリヤしなければならなかった。

ダムは、大手ゼネコンや電力会社等の大企業にお願いすれば資金的には非常に容易ではあったが、最短で学術学会に認定されることを目指し、発足当初より厳正な運用をするよう規約等を整えた。このような経緯で最短で学術学会の認定を受けることができたことは、設立当初の実務に携わったものとしては想定通りということである。このダム工学会の設立に大きく貢献できたことは私にとって誇りとなっている。

(13) 河川局・開発調整官時代

長良川河口堰は開発課所管の水公団事業である。開発調整官である私と直轄担当補佐門松武がラインの主務事業であった。

長良川河口堰反対派は中部地建のどこからか、計画の基礎的各種資料を入手していて、河川の粗度係数であるとか、水需要の実績だとか色々な意志形成過程の途時のデータまでもが相手方に渡っていた。それらをもとに、色々計画の不備をついてくる。

それに対し、主務課としては対応しなければならないのであるが、裁判の係争中であり、その主務課は水政課。河川の堤防関係は治水課、計画論は河川計画課と担当課がちがう。また、各課は対等で命令関係や上下関係はない。

それらの全ての課にまたがる対応をしなければならなかった。

その河川局全課を長良川シフトにしてチームを結成し全ての質問に対する回答づくりがはじまったのが、白パン（無地の簡易製本のパンフレット）つくりであった。

[9] 死に直面しながらの勤務

(1) 救急病院処置室のベッドからの通勤１５６日
——我が喘息闘病記——

私の母親は平成19年に90歳でなくなった。母は50～60歳頃から喘息を患っていた。小発作を起こし苦しそうに吸入器を使っていたことを覚えている。この20数年間はホクナリン等の簡単な貼り薬程度で発作も起こらず上手くコントロールできていたようだ。

母親の喘息体質が遺伝したのか私も40歳位までアレルギー体質もなく、自分が喘息の持病を抱えていることを知らなかった。開発調整官の時、長良川問題で連日会議や資料とりまとめで深夜までの残業の連続で徹夜も何日もつづくこともよくあった。私は、頑健で、これまで建設省に勤めてから一度も病休した記憶がない。

若い頃から深夜までよく友人や同僚とよく酒を飲んだ。真名川ダムの時などは朝、空が明るくなるまでよく飲んだが、それでも翌日の朝は誰よりも早く出勤して仕事をしていた。一緒に飲んだ仲間は二日酔いで相当遅刻してきていた。

近畿地建や開発課の課長補佐、ダム技術センター時代は通勤電車の関係で、最終電車で帰ることも多かったが、明朝まで徹夜で飲むことはなかった。琵琶湖や甲府の所長時代は多くの部下のいる組織の長であるので、大抵は一次会でおしまいで、たまには2次会等に及んだが基本的には9時、10時頃までには家に帰り誰よりも早く出勤して仕事をしていた。

長良川河口堰の主務課は開発課であり、私はその担当である。

数カ月に及ぶ連日連夜の長良川白パンづくり等の時間的、肉体的激務の連続と、怒られることの連続で、そのストレスが相当なもので、とうとう持病の喘息が悪化して頻繁に発作を起こすようになった。

もともと、母親から受け継いでいる喘息体質が一度に噴出したという格好である。平成元年の7月から志木市立救急市民病院に喘息の発作で気管支拡張剤の点滴を処置してもらう闘病がはじまった。普段は朝昼夜の食事後の飲み薬と小発作時には気管支拡張剤の吸入で、業務をこなすのには支障がなしでやっていけた。煙草の煙がモンモンとした閉じられた部屋での深夜までのきつい残業の連続で最終電車で自宅に帰る。最終電車に間に合わない時、深夜の2時、3時になれば明日の業務もあるので一区切りしてタクシーで帰る。小発作では本人は余り気にならない、少しはしんどい程度だったのだが、周りの人にはゼイゼイというゼイ鳴が聞こえるらしく、中発作ともなれば顔は脂汗で苦しそうで相当な形相になったようだ。

その頃の自宅は志木市中宗岡であった。中宗岡の自宅から志木市緊急市民病院までは自転車で5～6分。車で1～2分で行ける距離だった。自宅に帰った深夜1時か2時頃じっとしていると喘息の苦しみが蘇えってくる。苦しくて寝付けないこともままあった。

病院へ電話してかけつける。夜番の看護師が体温計をくれて体温を計っている間に宿直の医者を起こすため電話をすると、当直の医師が眠そうに目をこすりながら降りてくる。私の胸に聴診器をあて、あまりにひどいゼイ鳴に、直ぐに気管支拡張剤の吸入の指示と、ステロイド入りの点滴の指示をする。

吸入は数分で終わるのであるが、５００ccの点滴には約2時間かかる。夜中1時から2時頃に点滴を開始し、５００ccの点滴が終わるのは夜中の3時から4時頃である。一本の点滴が終わった頃、医者がまた胸のゼイ鳴を聴診器で聞く。軽い時は一本の点滴で終わり、家に帰り、5時から7時頃まで一眠りして朝8時前に出勤する。自宅から霞ヶ関まで1時間40分位かかる。通勤のラッシュアワーのおわり頃でギュウギュウということはないが、吊革をなんとか持てる程度の満員電車である。

朝9時半前には自分の机に座っている。9時半になれば各地建からの電話がジャンジャンかかってくるし、ファックスやら決裁の書類が次から次へとやってくる。

ところで点滴だが、普通は一本では終わらない。一本終わった後、医者が聴診器をあてると相変わらずゼイ鳴がひどいのでもう一本５００cc追加となる。

引き続き二本目の点滴となる。夜中の4時から5時頃から点滴開始して、終わる頃は朝7時を過ぎている。夜勤の看護師から日勤の看護師に替わっている。楽になったかと聞かれ、首を縦に振らなければ、また、聴診器をあてられ点滴三本目となる。点滴三本目となると、9時、10時となり、午前中は休暇をとらなければならなくなる。半日でも休めば私の病気が皆に分かってしまうので、「すっかり楽になりました」と言って二本の点滴で終わって家に帰れば朝7時半頃である。朝食を食べる暇なく出勤ということになる。

点滴を始めるのが遅れると朝の出勤に間に合わなくなる。その時は看護師の見ていない時に点滴のスピードを速めて時間を合わせた。「点滴が終わった」と看護師に告げると、こんなに早く点滴が終わる訳がないのに、おかしいなという顔をしながら注射器の針をはずしてくれる。

こういう状態で、自宅の蒲団で寝ることはほとんどなく、毎日のごとく志木市立救急市民病院の処置室のベッドか、それが使われていたら、手術用のベッドで4時間から5時間の点滴を済ませて、出勤する日が続いた。その間一日も休んだことがない。遅刻もしていない。職場の誰もが私が毎日、病院の処置用ベッドから通勤しているなど知る由もない。唯一、いつもタクシーで一緒に帰宅した近藤係長（川越に官舎があった）は、私の発作のことを知っていた。

長良川河口堰で連日連夜の徹夜が何カ月も続いていたある真夜中、建設省が入っている建物の第2合同庁舎から飛び降り自殺があった。長良川メンバー数名のうちの一人ではないかと直感した守衛さんが飛び込んで来たが、結果は運輸省の人であった。

土研に転勤してからも合同庁舎の守衛さんは何年経っても私の顔を覚えておいてくれて、身分証明書を見せなくても敬礼してくれていた。

しかし、平成7年7月30日はひどい発作だった。とうとう私が最も恐れていた事態になってしまった。医者に即刻入院を命ぜられてしまった。入院したら自動的に役所へ行きたくても行けない。建設省入省以来はじめての病気休暇をとらざるを得なかった。入院して喘息治療の何が変わるかと言えば、500ccのステロイド入りの点滴が24時間連続に変わるということだけで、後は変わらない。あとは病院の食事ということで、カロリー計算されたもので初めは味気ないものに思えるが、そのうちこんな美味いものはないと思えてくるから不思議であった。あと、大部屋に入れば、時間通り消灯されるので夜中に本が読めないのが不満だった。

昼間は連続の点滴で行動は束縛されているがそれ以外は自由である。多くの本を持ち込んでいるので読みたい本を片っ端から読破していった。思いがけず充実した時間を与えてもらった。

深夜に救急病院の処置室のベッドで点滴を受けている間中、夜中、ピーポー、ピーポーの音と共に色々な救急患者が運ばれてくる。交通事故、喧嘩ざたから子供の怪我まで、まさに色々な社会の事件や事故ドラマの縮図が展開されていることが実感として感じさせられる。夜勤の看護師さんの激務ぶりが良くわかる。

私の喘息の小発作は回数は非常に多いが、一番簡単なものである。おかげで多くの看護師さんのお世話になり顔馴染となった。近所のスーパーなどでたまに顔を合わせる事がある。その時はなつかしさと共に自ら頭が下がり感謝の気持ちが蘇える。

この度、闘病の実態を調べるために市民病院のカルテを調べてもらった。平成元年7月以降のカルテが残ってあった。それを見ると入院は計4回。合計26日間、多い時は一月の内16日、17日病院のベッドでお世話になったことが記録されている。1年9カ月の間に、病院の処置室のベッドからの通勤日数156日である。ひどい時には毎日連続。平均すると2日に1日の割合である。

長良川の激務も平成2年暮れの12月頃までに白パンと呼んでいる解説書が出来、出来た白パンで河川局の補佐以上で衆参の全国会議員にアポをとって議員会館へ説明に回った。半分以上の国会議員は新聞報道されていることがいかに間違っているかということに気がついてくれたと思う。議員によっては、なかなか理解をいただけない方もいた。

関係方面への説明も終え、平成3年に入って長良川のマスコミの嵐・喧騒の山はようやく峠を越え、激務の山も越した。開発調整官から平成3年4月1日付けで土木研究所ダム部長に長良川問題の責任をとっての人事転勤となった。

永年の組織の歪が世に出たその時に、その職にいた者が責任をとらされるのが役人の組織ということなのであろう。面白くないが責任をとらされた形の人事異動は甘んじて受けざるを得なかった。

しかしそれ以上に連日連夜の喘息発作と点滴生活の1年9カ月から

闘病日誌（入院と深夜救急外来記録）

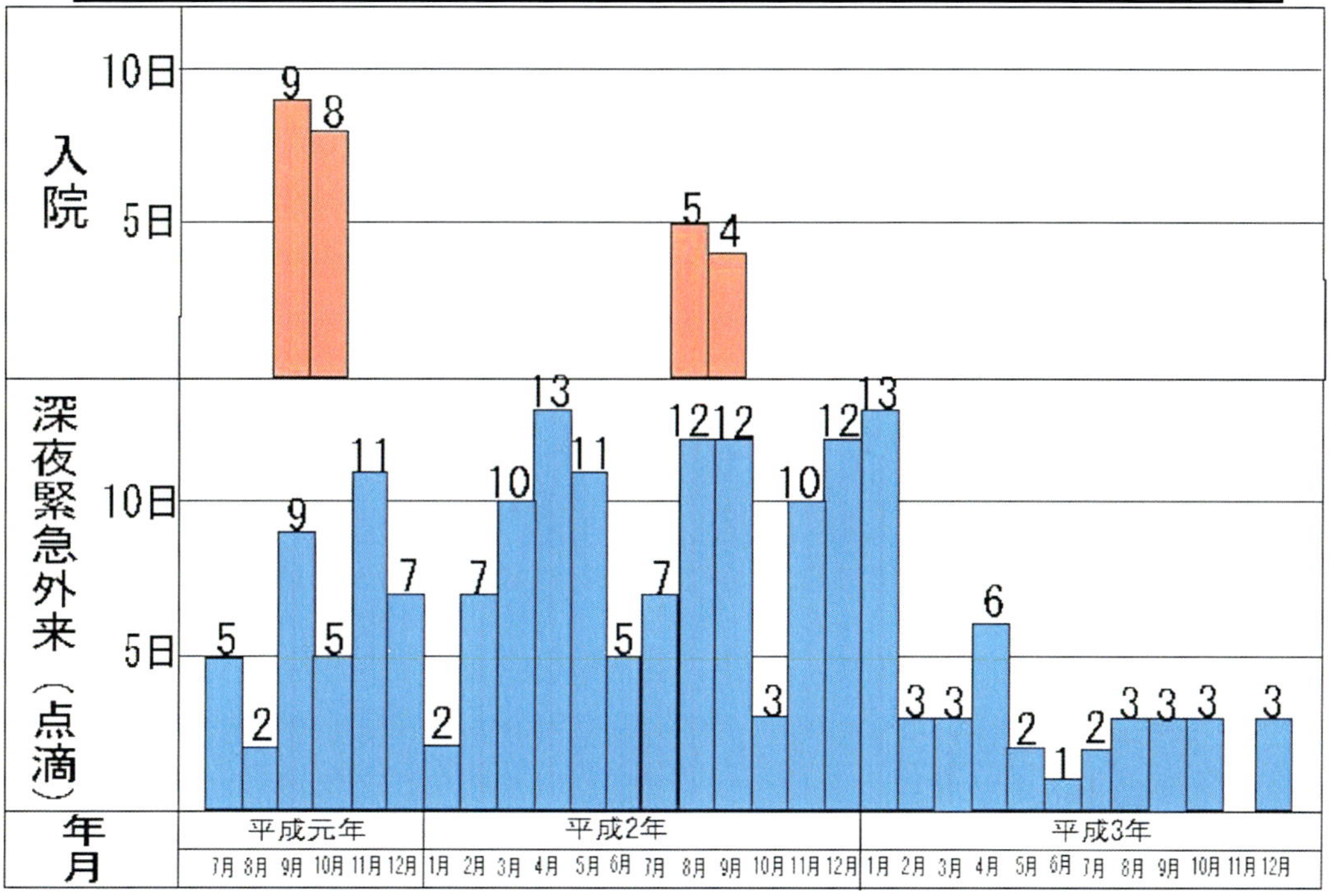

	総日数	土、日曜 他休日	勤務日数	深夜救急外来と入院		
				平成元年	平成2年	平成3年
1月～3月	90日	約31日	約59日		19日	16日
4月～6月	91日	約29日	約62日		29日	
7月～9月	92日	約30日	約62日	16日 他9日入院	31日 他9日入院	
10月～12月	92日	約31日	約61日	24日 他8日入院	25日	
計	365日	約121日	約244日	40日 約17日入院	104日 他9日入院	16日

開放されることとなった。これまでの激務でストレスを続ければ、私は喘息で本当に死んでしまったかもしれない、と思えた。これで私も死ななくて済んだという事を実感することとなった。それにしても喘息はいかにストレスが大きな原因になっていたかが分かる。その後も時間的肉体的な激務は続いていたが、喘息発作は急速に少なくなってきた。

そのように頑強で病気知らずの身も、開発調整官時代の長良川河口堰の問題で、毎日の深夜までの激務と、これまでのやり方が悪いという厳しい責めの毎日から、職場のストレスは極限に達していたのである。

私はその後も、肉体的に疲労が蓄積し、精神的にストレスが極まると喘息の発作が起こることとなる。

私にとっては喘息の発作が注意信号である。喘息発作のおかげで最悪の事態に至らず、私は生かされているという感じである。一病息災という。喘息発作がなければとっくに過労死していたに違いない。喘息様々である。

(2) 長良川河口堰の後手後手対応

長良川河口堰問題が何故このような大問題になったのだろうか。何が問題だったのか。反省しなければならないことが山ほどある。

私はその最大の要因は縦割行政の弊害ではないかと思う。長良川河口堰建設事業の主務課は開発課であり、その事業は当時の水資源開発公団であるが、長良川河口堰の機能を発揮させるには、河口堰の建設だけではなく、両岸の上下流の何キロにもわたる堤防や河道内の浚渫等が一体として行わなければならない。しかしこれらの両岸の堤防等は治水課が主務である。さらに計画の当初から反対運動があり、訴訟も起こされていた。その主務課は水政課となっていた。

建設省という巨大組織は「課あって局なし、局あって省なし」というフレーズで揶揄されていた。課ごとに意識が強く、隣の課との連携が良くない。密接に調整をとらなければならない隣接関係課との調整がいつも後手後手になってしまう。

東京霞ヶ関の縦割がそのまま名古屋の中部地建の縦割の行政になっていた。横の調整が最も重要な計画にも関わらず、長年横の調整がなされなかったことによるものと考える。

長良川河口堰の主務課とはいえ、実質的に一切調整権限もなかったということではないだろうか。

(3) Aダム　左岸岩盤すべり

長良川河口堰の反対運動対応で、連日、徹夜に近い状態がもう何カ月も続いていた。そんな時、夜の10時か11時頃にS地建のAダムの現場で、ダムサイトの掘削中に左岸側の岩盤がミシ、ミシ、バリ、バリと音を立てて出してきているという、掘削面にそこいら中ヒビが入ってきたという報告が入ってきた。開発課長や河川局長は長良川河口堰でピリピリしていて、この報告を上げることもはばかる状態であった。開発課長には情報を入れた上で、私が中心となり処理をしなくてはならない。急遽、Aダムの現地に飛んだ。左岸の上部にある観音様の像のある基盤にも亀裂が走り出した。これは一刻も猶予のない大事件であると悟った。

このダムサイトの岩盤が崩壊するということは、日本中のダム建設ができなくなるほどのダム技術者の失態である。長良川河口堰の問題どころではない。日本のダム技術の大汚点、大失態である。原子力発電所が大事故をおこせば、原子力発電所の建設に国民の理解は得られなくなるのと同様に、ダムサイトの堅硬な基岩の大崩壊を、それも工事中に生起させるということが起これば、今後、ダム建設に対する国民の理解は得られなくなる。何が何でも止めなくてはならない状況にあった。ところで、この工事を請け負っているのはX建設で、Y建設とのJVである。X建設は、この問題にどう対処してきたのであろうか。X建設の現場の責任者は、当然のことながら建設省に報告し、いろいろセンサーをつけて、安全性を確保しつつ工事が進められた。

そこで問題なのは、この問題の一報が入る一週間くらい前、X建設の社長が現地に赴き、現場の作業員が、岩がバリバリ音をたてており、恐ろしくて作業できないことを社長に訴えたという。現場をよく見て、その話を聞いた社長は、確かに相当危険な状態であることを察知して、現地の作業員に対し、「大変危険な状態にある。人命は何よりも貴い。少しでも危険を察知したらすぐに逃げろ。」と指示したという。また、X建設のダム技術陣としても大変な事態である。ダムの岩盤力学に社内で一番詳しいと考えられる、X建設の研究所のTさんが岩盤の歪計の計測データを解析したところ、間違いなく2次クリープから3次クリープの状況に突入し、岩盤が大崩壊するまでの残り時間（Xデー）が計算できるところまで岩盤内の組織崩壊は進んでいた。私も真名川ダムの原石山の大崩落を歪計のクリープからXデーの何時何分まで予測したことがあるので、3次クリープまで進んでいるという、Tさんの計算がほぼ正しいことは分かる。

X建設のこの一連の流れは、その後の手を打つのは役所側で、岩盤が崩壊すればその責任は施主側にあり、X建設等JV側は施主側の設計図通り施工していただけで否は請負側にはないという態度なのであった。

私はこれにカッときた。本体工事の施工途次のことである。当然、最初に察知したのもゼネコン側であり、工事現場での不測の事態に対し、どのように応急対策等で山体崩壊を止めようかという提案も主体性も一切ないのである。私は、この他人事のような態度が気にくわないのであった。

このような岩盤の歪の進行は、初期にわかれば簡単な対策工で処置できる。しかし、岩盤内部の破壊領域が広がれば、指数関数的に対策は大がかりにならざるを得ない。ガンの手術と似ている。初期のガンなら簡単に治るが、他の箇所に転移しだしたら指数関数的に難しくなる。そこいら中に転移していればお手上げとなる。Aダムの岩盤変状は、掘削工事をしてから生じたものなので、初期変状から全てわかっていたはずである。それを、何も有効な手段をとらずに、末期症状のガンの段階にまで進行してしまっていた。あとXデーと何時間何分で大崩壊となる。秒読みの段階まで、よくほっておいたなという感じである。ここまでほっておいた責任は、一次的には工事請負者にある。また、監視する役所側も責任は重い。X建設とY建設の重役にも建設省OBがいる。X建設のT専務とY建設のH副社長に、朝一番で河川局に来てもらい、厳しく厳命を言いわたした。

あと何日で大崩壊という追い込まれた状況だが、何が何でも崩壊させてはならない。これから突貫工事で対策して落とさないようにしろ！人の命は重要だが、考えようによっては人の命よりも何十倍、いや何千倍も重いものがある。Aダムの岩盤を崩壊させるようなゼネコンならば、二度とダムの仕事を請負うことができなくなるであろう。ダムの岩盤を崩壊させることは、ダム請負業者、ダム技術者としては失格である。ダム技術者、ダムのゼネコンとしてはこれ以上の失態はないと宣告し、両者とも、Xデーまで日がない、またあと数十日で当地では深い雪の季節に入る、それまでに残されている日はわずかしかない。私自身も悲愴感に襲われたのは言うまでもない。

これまで、ダムサイトの地質の難しい問題になれば、建設省の地質担当の大先輩、芥川真知先生、そして地すべりの問題が起これば、地すべりの神様といわれた渡正亮先生に相談にのってもらってきた。そして、芥川先生に、この技術的問題解決のための委員会の委員長をお願いした。芥川先生がだめなら渡先生をということになる。これまでの技術的難問は、この体制で切り抜けてきた。今まで、これで断られてきたことはない。今回は違った。ことの重要性から、岩盤が崩壊してしまう可能性が非常に高い、成功する可能性の方が少ない、なにしろXデーまで何日もない。これだけの岩盤対策をした経験もない。芥川、渡両先輩は、成功しなかった場合、社会から責められたらどうしようかということが頭をよぎったに違いない。両先輩が言うには、この技術委員会は行政的責任が大きい。行政責任者が最後に責任を取るべきだということで、開発課の開発調整官である竹林が委員長を務めるべきであると言う。両先生とも、委員には入りアドバイスはするという形となった。

メンバーは竹林が委員長で、芥川先生、渡先生、それにダムの岩盤設計では柴田功さんが欠かせない。柴田さんの岩盤設計の知恵がなければ解決しなかった。そして、土研現職の永山さんの解析能力に期待することとなった。ゼネコンのT専務、H副社長も毎回技術検討委員会には出席して、技術的検討内容を聞いていただき、現場対応は本社あげての体制をとってもらうこととした。

落ちかけている大岩塊を止めるためには、岩盤を何らかの形で締め付けなければならない。何らかの締め付ける工事は、どんな方法をとっても、1~2カ月のオーダーでできる工事ではない。一方、大岩塊は、岩盤内で音を立てて破壊域が急速に拡大していっているのが、耳を澄ませば聞こえてくる。2次、3次クリープが日に日に進んでいる。あと1カ月強でカタストロフィのXデーを迎える。恒久対策の岩盤を締め付ける工事は、まだつめなくてはならない検討が多すぎる。まず、とり急ぎ、日々進展している2次、3次クリープを緊急に止めなければならない。その対応は押え盛土しかない。

もともとの地山の山を掘削したので、上載荷重がなくなって岩盤が応力解放してゆるんできたのである。掘削前の地山の形まで緊急に盛土をすれば、地山のクリープはおさまるということになる。あと1カ月強の時間で、10万㎥オーダーの押え盛土を完成しなければならない。これだけの大土工をわずかな日数で完了するには、特大の土木機械（ダンプ、ブルドーザー）等を集結しなければならない。これらの大型機械を保有している会社は、日本ではV建設とW建設しかない。両社に協力してもらって、大型ダンプとブルを続々と集結させて、昼夜兼行の大型土工が始まった。

それを可能にしたのが、Xホテルの予約キャンセルである。川沿いのXホテルは、秋の紅葉シーズンを迎え、冬将軍の到来まで予約で超満員である。そのXホテルの川に面した窓の下を、大型重機が昼夜24時間音を立てて走りまわるのである。ホテルとしては、客からの苦情で、ホテルの下を24時間大型土木機械が動くことは絶対に困るという。当然といえば当然のことである。ホテル側との交渉の結果、この秋は全てキャンセルしてもらって、その分補償するしかなかった。

大土工機械を導入したが、狭い川の川原の中に設置した工事用道路により搬入するのである。また、盛土の進捗はなかなかはかどらない。その間も、大岩塊は、着実にXデーの何時に向けて2次、3次クリープは刻々と時を刻んでいる。おまけに、秋の非情の雨が降り出した。

このような、突貫の緊急工事に対しては、いかに両本社あげての体制をとるかが最重要であった。私は、土曜、日曜、昼夜関係なしで、S地建の河川部長KさんとX建設のT専務、Y建設のH副社長にTELし、今日の雨量の状況、岩盤の歪計の刻々の数値、盛土の進捗状況を報告してもらった。自宅と開発課でグラフと睨めっこの日々が続いた。両社のトップに、いつかかってくるかわからないTELに対し、常に張りつめた形で数字と睨めっこさせたのである。非情の雨が降れば、歪計は動きが大きくなる。本当にXデーの何時までに盛土が完了できるのか。2次クリープの動きを見ながら、冷々の毎日であった。いくら盛土を積んでも、なかなか歪計の値は止まる気配を見せない。

ところが、盛土が計画の半分くらい進んだあたりから、盛土の進行とともに確実に、目に見えて歪計の動きが小さくなってきた。押え盛土の効果が急速に表れてきたのである。もう、渓谷の山は、白い化粧をかぶりだしている。ああ、これでやっと最悪の事態は切り抜けられそうだとの思いが浮かんだ。

今回の対策体制は、異例中の異例である。通常は、現場における工事中の異常は、

第1段階　ゼネコンの技術者が気付き現場監督に相談して処置する。

第2段階　現場の所長（責任者）が役所の現場の責任者と相談して処置する。

第3段階　役所の現場の所長が土研等の技術的指導判断を仰いで、現場所長の責任で決断する。

第4段階　現場の所長が後で行政的バックアップを得るために地元整備局にも情報を入れておくこと（現場の技術的判断に局の判断を仰ぐことは基本的にない。行政的判断を伴うものは別だが）。

第5段階　現場の事故が行政の中心霞ヶ関まで上がってきて、霞ヶ関の責任者が陣頭指揮をとって急場をしのぐ。

それにしても、第1段階の時に適切な処置をとっていれば、恐らく増加工事費はほんのわずか（何千分の1）で済んだことは間違いない。大規模工事になればなる程、現場の責任者（所長）の技術的判断が重要になってくる。現在は、地元の意見を聞くということで、国家百年の計など何も考えない、無責任な、その場限りのムード的な意見を聞くのにキューキューとしていて、本筋の高度な技術的判断を磨くことを忘れているような気がする。

（4）金を稼ぐことと金を使うこと

私は超零細商工業者の息子として育ったので、金を稼ぐことの大変さは人一倍よく知っているつもりだ。楽して金は稼げない。人より多く働いてようやく人並みの金を稼げるものだと思っている。人より楽して人並みの金をいただくことに非常に罪悪感を感じる。たとえ、労働の対価として正当な報酬だとしても、どこかで周囲の人に悪い気がしてならない。金を稼ぐことは身体を動かし、ものを成し、実に大変な苦労がついてくる。その対価として給料等がもらえる。

一方、金を使うことは一瞬で、いとも簡単である。店屋に行き何かを買えば、一瞬にして金はなくなる。何年も前から欲しい、欲しいと思い買えずにいたものが、何年もかけて節約して金を貯めてようやく手に入

れた時の喜びは格別である。

他方、衝動買いで深く考えもせずについ出来心で買ってしまってから、後で、何という無駄使いをしてしまったかと後悔することも何度もあった。金を稼ぐことは長い苦役の対価であり実に大変だが、金を使うことは一瞬で、いとも簡単であると思っていた。

公務員には税金を徴収する国税局等の職務とその他の税金を使う立場の職務がある。国税等の仕事は一般の家計からすれば、金を稼ぐ立場の仕事で、直接税にしろ間接税にしろ実に難しい仕事であるということは家計を考えれば直ぐに理解できる。

役所の土木技術者は税金を使う方である。金を使う方は簡単なことに思えるかも知れないが、そうではない。大きな金を使うことは実に大変なことである。

私は税金を使う側の役所である建設省に約30年奉職した。一般の家計と違って税金を使う方の仕事は実に大変なことをいやと言う程思い知らされた。

私のアバウトな感じだが、使用しなければならない事業費が2倍になれば2倍以上の手間と苦労がついてくる。それを処理する職員も2倍以上必要になってくる。また、公務員の不祥事等マスコミを賑わす案件も事業費が2倍になれば2倍以上不祥事や問題も増える。職員が2倍になれば不祥事や問題も2倍以上増える。従って事業費の2乗に比例して問題が増えることになる。

まず国会で予算を承認してもらわなくてはならない。おびただしい積算根拠に基づかなければならない。金額に応じておびただしい関係者との協議と同意承認の印鑑の山を築かねばならない。

手続きはこと細かく決められている。執行後も会計検査院によるきびしい検査をクリアしなければならない。会計検査院の検査で不当事項で過大積算として国会報告され、処分を受けることとなる。

私は金を使うことの方がはるかに大変だということを教えていただいた。

岩盤変状対応五訓

一、弾性的変状から朔性的変状への移行時には必ず徴徴候がある

一、早期に対応すれば簡単な対策で変状は止まる

一、十分な対策をとったつもりでも思わぬ事変が生じるものである

一、対策も最後の追加・プラスアルファのダメ押しが重要

一、手遅れになればどんなことをしても止まらないカタストロフィーに至る!!

【二】全て原点に返って考えよ！神様の啓示・感性工学と〝お経〟に学ぶ

［1］天が与えてくれた・読書三昧の時間

（1）行政職から研究職へ

私はいろいろなことに対する好奇心も探究心も人一倍強く、コツコツ調べまとめることが好きなので、自分は研究者に向いていると自己分析していた。

子供のころ、箕面の昆虫館館長の生きざまを見て、こんな趣味のようなことを本職にしている人もいることを知り、あこがれても見たが、一方、両親が子供を育てるのに家業で苦労していたのを見て育ったので、趣味は趣味として、実業の道で生きて行くことが一番堅実な道と考え工学部を志望した。工学部の中でも土木を将来の職業にすることを選んだので、土木の実業でバリバリ仕事をすることだと考えた。

土木の社会は土木の仕事を計画し、事業化する役所サイドの仕事と、それを実際につくって見せる民間サイドの仕事に分かれることなどは大学に入るまで知らなかった。

自分は役所サイドの道を進んだのだが、役所サイドの仕事も行政職と研究職があるなどトント知らなかった。

私は研究者の道を選ぶのなら、理学部や文学部（社会学等）を選んだであろう。大学で工学部の道を選んだ時点で、大学に残って研究者になるなどということは頭から考えても見なかった。実学の工学部で研究者の道などは、何んとなく亜流の道のように思えていた。

実学の中でも民間業界でなく、官の道を選んで土木職の国家公務員となった。土木職の国家公務員主流の建設省に入省し、建設省の中でも、技術者として一番主流の河川技術者となった。したがって初心としては建設省の河川技術者として社会に役に立つ仕事をやることであった。すなわち、土木の行政職として社会に貢献することであった。

しかし、いよいよ大きな仕事がやれそうな立場の直前に行政職から研究職へ変われと辞令が出たのである。初心貫徹とはならず面白くない思いもあったが、自分の人事発令は自分には何も出来ない、他の人が決めることである。自分を評価するのは自分ではない。他人なのである。私は自分の意志とは無関係に建設省の研究職の道で生きて行かねばならなくなった。

私のような経歴の研究者もいても良いではないか。私のような経歴の者でなければ出来ない研究もあるに違いない。私は幸いにも全国各地の河川やダム現場で多くの技術指導をしてきた。河川やダム技術の実務にも長らく従事してきた。私でなければ出来ない研究があるにちがいない。私はこれまでの河川技術者が一顧だにしなかった地名の研究とか、ダム名とかダム湖名とかについても多くの情報を集めてきていた。

河川にまつわる民話、伝説や文化論にも興味があった。また、建設技術者が機能一辺倒、効率追求で多くのことを見失っていることについてもいろいろ論考を重ねてきた。公共事業の投資論、コスト・ベネフィットの行きづまりも感じていた。更に、土木部門にも土木史の研究とか、景観設計などもとり上げられるようになってきていたが、まだまだレベルが低いし、センスも悪いと痛感していた。

・いろいろ考えれば、誰もが本格的に追及してこなかったテーマが山ほどあるではないか。
・私のような経歴の者に取り組んでほしいと待ち構えていたような感じもある。
・一方、私の活躍を期待している竹林ファンが多くいることもひしひし感じている。それらの竹林ファンの人は私の今後の行く先についていろいろ心配してくれていた。
・一方、私共の先輩の人事例から考えても、私にも早期勧奨退職辞令があと数年で出そうなムードである。
・今回の行政職から研究職への人事異動は、竹林よ!! 何が何んでも早く博士論文をとれよ!! との神様のお告げであるようにも思えてきた。私はこれまで人様の博士論文の世話ばかりしてきているではないか、自分の名前の博士論文を早くまとめよ!!
・竹林は多方面にいろいろなことを研究しているのでいくらでもテーマがあるではないか。
・博士論文をたとえとっても何の役にも立たないかも知れない。また、反対に大いに役に立つかも知れない。いずれにしても博士論文というのは紙きれにすぎない。これからの永い人生に工学博士という肩書があってもお荷物になるものではない、等々多くの方からの進言があった。
・今回土研の部長職では、私が自分の博士論文をまとめるのに誰一人異論を唱える者はいない。役人は階級序列社会である。これまでの立場で博士論文でも書こうものならおまえごとき小僧が書くとは身の程をよくわきまえろ、と言わんばかりの白い眼で批判にさらされることになることは容易に想像できた。

藤田和夫先生に筑波の土研に来所いただき、特別講演をしていただいた、ニュートンの木を囲んで土研ダム部と地質の幹部一同と

（2）上司の博士論文のお手伝い

私はこれまで多くの人の博士論文にかかわり、段取りとかお手伝いをさせていただいてきた。10人くらいの博士論文に関わったとおもう。思い出すまま記すと、

「土砂浸食・流送過程の研究」「水環境暦の研究」「合理化施工の研究」「コンクリート骨材に関する研究」「ＲＣＤコンクリートの研究」「湖の水管理の研究」「岩盤のグラウチングの研究」「土木費用分担の研究」

大半はその方の論説を博士論文の形となるように筋書きと起承転結のシナリオを整理し、データを集めそれを誰かに手伝って貰ってまとめるという形が多かった。

①グラウチングの研究

私は真名川ダムの基礎岩盤グラウチングに関して統計学的手法を導入して解析する方法を日本で初めて取り入れた。その後、その方法は多くのダムの基礎処理解析に使われだした。真名川ダムの解析について技術論文としてとりまとめ上司のＨさんと連名で技術雑誌に投稿した。その後の他の多くのダムの統計事例が出てきたのでそれらについても比較研究を進めてきた。私としてはこのテーマでいつでも博士論文は出せるだけの種はあると考えていた。

そこへ大先輩のＫさんから「真名川ダムの上司のＨさんを今度工専の教授へ送り出すことにした。Ｈさんが真名川ダムのグラウチングで博士論文を取りたいと言っている。協力してやってほしい」と言われた。大学のＡ先生も論文審査は了解しているという。一連の論文は全て私が書いてきたものであるし、知恵も方法も全て私がやったと思っている。しかし、Ｋさんから周りを固められ持ってこられるとしかたがない。了解せざるを得なかった。

Ｈさんはその後、1～2年かけて考察を加えられたようであるが、新しい解析データーが加わったわけでないので、考察は前のもの以上のものは出ていないことだけは確かである。

Ｈさんは、無事博士号を頂き、Ｋさんと一緒に東京に出てこられ、私に感謝の場を設けてくれた。

②博士論文のこと（ダムに関するもの）

いままで、上司の多くの方の博士論文をお手伝いをさせてもらったものとして、今度は自分自身の博士論文を作らねばならぬこととなった。

私は、これまでダム技術一辺倒でやってきた者、現在は土研のダム部長。ダム技術に関し私の着想で独創性があり、起承転結が出来ていて博士論文としてまとまっているものはダムグラウチングの解析の研究があるが、これについては前述の経緯でかつての上司の博士論文になってしまった。その先の解析をすべくその後のグラウチングの実施データーを多く集積してきた。それをダム技術センターのロッカーに保管しておいた。ダム技術センターの幹部の方がしきりに何度も、あのデーターは使わせてもらったと感謝された。何のことだろうか？

二つ目として琵琶湖時代に洗堰の改築で世界的にも例のない低周波振動の実物大実験を実施した。この実験は私の発案で実施したもので、京都大学の中川博次先生の指導も得て沢山のデーターを取りそれなりの結果も出ていた。また、土研のダム水工研究室でそれを補う水理模型実験もあった。

これについて中川博次先生も良いのではということで取りまとめ始めた。7、8割がたは出来たと思っている。

そんなことで、中川先生には論文として赤字を入れていただいた段階

で足踏みをしてしまった。

3つ目として、ダムの堆砂理論である。これまでの多くの堆砂公式は地質条件や地形条件、ものによっては年降水量等の気象条件も加味したものもある。これらを多変量解析等により年堆砂率（集水面積当たりの年堆砂量）を各因子の指数乗で表わすものが大半であった。

私が注目したのは堆砂量が大洪水時、すなわち、降雨量により指数函数的に大量の堆砂が進む点に注目した堆砂量公式をつくって見た。降雨現象を変動としてとらえること、その降雨変動により大規模な堆砂が進むので、堆砂現象も変動としてとらえる方法論であり、これまでになかった画期的な着想である。水資源研究室の広瀬昌由君とペアで多くのダムの堆砂実積を竹林理論で分析したところ従来にない画期的な結果も出てきた。

これについても博士論文の体裁をととのえはじめて、京都大学の井上和也先生のご指導を仰ぎ、これも7、8割の到達度のところでダム部長から環境部長に変わってしまった。

4つ目は、土研のダム部の大先輩である柴田功さんが、「竹林早く博士論文をとれ」ということで色々考えてくれた。

私は宇奈月ダムの排砂技術にも色々技術指導した経緯があるので、宇奈月ダムの排砂設備の設計は本邦初の設備であり、その設計にあたっては大粒径の土石による排砂水路の磨耗実験を相当量データをとった結果が生かされていた。それをまとめれば良いのではということで、柴田さんから技術指導を受けて起承転結を考えたが、鉄鋼素材の磨耗理論の適用のところで暗礁に乗り上げてしまった。

もう一つあったのは、コンクリートの配合理論でダブルミキシングのSEC理論を発展させるものであったが、SECの伊東さんが切り開いたものの展開であり、多くの実験データを積み重ねたのであったが、余り乗り気がしなかった。

以上の経緯で、ダム部長のとき5つの博士論文のテーマを持ち、おのおの実験データを積み重ねで論文として技術雑誌に投稿してきた。3つも、4つも博士論文をを出すわけにもいかない。これら候補の中で一番私の独創性もあり、進んでいたのがダム堆砂であった。

役所というところは若くして博士論文をまとめると、あの人は研究所向きだとレッテルを張られ、行政官の道を閉ざされて、研究所へ送り込まれる。行政官の場合、退官する直前でなければ、周りからやっかみが入る。そのような雰囲気の中、私は土研のダム部には素晴らしい部下がいた。素晴らしい研究をしている。若くてもその人の独自性のある研究は出来るだけ早く博士論文にまとめよと指導してきた。

（3）遊び心の雑学が博士論文の種になった

土研のダム部はダム技術者仲間の社会であり、かつてからの旧知で、よく気心がわかっている者ばかりの社会である。私が開発課の時作ったダム基本設計会議があり、日本中のダムの技術についてほとんどの情報が入ってくる。各現場から技術的相談が持ち込まれ、指導が求められる。辛かった開発課の当時の冷たい目線に加え、まさに死ぬ思いの激務と持病との闘いから開放されて、嫌な思い出を一切忘れ、新しい職務に精一杯努めることとした。

しかし、土研という所は研究テーマと研究費は室長さんについていて、その上の部長は室長以下を指導することとなっている。室長から部長へ内部で上った人は、研究テーマをそのまま引きずって持つことができるが、私のように行政職からきた者にとってはそうも行かない。室長以下の研究を邪魔をせず研究費を必要としない研究をすることが求められているのである。そのようなことで現場から相談に来る技術的テーマを研究テーマとしてとりまとめることとなる。

一方、開発課の係長、補佐、ダム計画官当時から多くのダム現場に行き、色々なことを勉強させていただいたことを、遊び心・息抜きのつもりで、「ダム・ダム湖名称考」と題して月刊『ダム日本』に１９８６年６月から１９９４年１月まで７年半にわたり計35回連載させていただいた。

ダムがただ目的とするものの機能効用を発揮するにとどまらず、多くの文化をつくってきている多くの事例を学ぶことが出来た。その執筆にあたっては全国の府県や地方建設局の現場の方に現地調査や資料収集していただいた。それらがなければ「ダム・ダム湖名称考」は出来なかった。それを後日、編集しなおして、山海堂から出版したのが「湖水の文化史」シリーズ全五巻である。この労作を見てある先輩は、「これだけでもコンサルタントで飯を食っていけますよ」と言ってくれた。

しかし、こんな遊び心で雑学をとりまとめたものでなく、せっかく研究所の研究部長になったのだから、ぼちぼち博士論文でもとりまとめておかなくては、若年勧奨で役所を退職する運命の時がいずれ数年後にせまっている。第２の人生の不安もつのる。肩書きはあって邪魔になるものでもないとの先輩の進めもあり取り掛かることとした。

（4）地名への興味が募る

私は子供のころから地図を見るのが大好きだった。陸繋島やカルデラ等の地形コンターを眺めては面白い地形があるものだ、一度その地に行き、この目で見てみたいものだと憧れた。それにもまして、非常に面白い地名が記されている。ポンポン山だとか屯鶴峰（ドンズルボー）だとか蓬莱峡だとか、無性にその地のことを知りたくなった。山頂で足で叩けばポンポンと鳴ると書かれたものがある。本当かなぁ？　信じられない思いがしてくる。もっともっと知りたいとの思いが募る。

霞ヶ関で係長時代、全国各地のダムの技術的な課題を各県からヒアリングする機会を得た。各地のダムサイトの地図を広げながらダムの技術的・社会的な課題を説明してくれる。そのヒアリングの過程で面白い興味を引く地名が山ほど出てくる。脱線して、ところで、この山の名前、どう見てもお坊さんの名前のように思えるのだが、この山名の由来を調べて教えてくれないかと聞く。担当者はどうして、どうでも良いことに関心をもたれ聞くのだろうと怪訝な顔をされる。よく分からないので、県に帰って調べて報告してくれるという。私にとっては面白そうな全国各地の地名由来の情報が収集されてゆく。これは、本来の業務とは直接関係ないとしても、このダムの名前は、この人工湖の名前は、この橋の名前は、とその命名の由来を聞けば、県の担当者も知らないでは済ませられない。ダム、トンネル、橋梁等は土木施設の名前である。土木事業と密接に関係してくる。その名前一つで地元間で大変な問題になっている場合も多い。

新たに建設した土木施設の命名は、土木業務としても非常に重要な課題だと考えるようになった。全国のダム名、ダム湖名そしてダムによって建設されたトンネル名、橋梁名を徹底的に調べ出した。それをその後、「湖水の文化史」全五巻の形で出版した。本を社会に出せばいろいろ反響もあった。その本の中で群馬県富岡市の大塩湖の「いしぶみの丘」のことを詳しく紹介したところ、群馬県議会だったか富岡市議会で取り上げられたことがある。こんなに高い評価を受けているダム湖があるのではないか、もっと地域の誇りとしようではないか、というような趣旨であったと記憶している。

ここまでは、私としては、私の専門とする土木技術とは全く関係のない、単なる全くの遊び心で行ってきたものである。小学生の頃からの昆虫採集と同じ収集癖が高じたものでしかない。

（5）ダム名・ダム湖名の命名システムが博士論文となった

遊び心の地名研究が工学博士論文となり、更にそれが建設省退官後の仕事になろうとは夢にも思わなかった。その後、土研のダム部長から環境部長に変わり、建設省をクビになる日がすぐそこまで来ていると感じられるようになってきた。

第二の人生、どのような世界で何で生計を立てるか考えなくてはならなくなってきた。その折り、感性工学というビックリ驚天するような学問を打ち立てた長町三生先生のことを知った。よし、この感性工学の手法を土木分野に取り入れれば新しい分野が開かれると考えた。しかしその時点での考えは〝かたち〟のあるものづくりしか考えていなかった。

長町三生先生が、商品の名前の発音が持つヒビキ・イメージの感性評価を始められた。コンピューターによる発音イメージ分析だ。商品の命名よりも土木施設の命名の方が更にスケールが大きいと考えた。

美しい名前の法則もかたちの美しさの法則も、美の法則は同じであることに気がついた。そんなことで、風土に馴染む土木施設の命名も風土に馴染む土木施設の〝かたち〟の設計も同じ方法論で設計システムにのることが分かった。文理融合の風土工学の誕生である。

コラム　迷読のすすめ
─環境技術を求めて暗中三戦略─

私は建設省入省後、土木技術職の行政官として工事事務所、地方建設局、本省等で河川・道路・砂防やダム事業に従事してきたが、六年程前に土木研究所のダム部長として全国のダムの設計指導を命じられ、コンクリートや土石そして岩盤等の研究をすることとなった。

そして三年程前に今度は環境部長として環境の研究指導をしろということとなった。環境部の研究は、生物・生態関係の世界がどうしても最も大きなウェイトを占める。コンクリート・土石そして岩盤からエコロジーの世界へ１８０度の転回である。

環境は捉えどころがない大きなテーマであり、世の中、百家争鳴、省察型の基礎的学問分野から実学型の応用的学問分野まで、また物質重視型のハードな文明型から精神重視のソフトな文化型まで、今や環境を何らかの型でテーマとしない学問分野はない。

そのような大きな環境という山を登頂するには多くの登山ルートがあることも確かであるが、環境というキーワードのもとに出版されている多くの図書から先輩達の思索の後をたどり、捉えどころがない大きな環境という山の頂上を目指さなければならない。多くの図書をどのようにせめるか、乱読ではダメ、それなりに精読も必要である。そこで考えたのが読書三戦略である。

①天網恢恢疎にして漏らさず②四通八達のかまえ③急所一衝―である。すなわち、天網恢恢疎にして漏らさずとは、環境という非常に捉えどころがないテーマを解決へと至る道はどこにあるか解らない、環境というキーワードに挑んだ先人のアプローチのどこかに私に適した登山道が見つかるに違いない。環境というキーワードの本を全てを精読して、全容を知るには、天網恢恢疎にして漏らさずの方針の要領の良い乱読が必要である。

そして、四通八達の構えとは登坂ルート東西南北のどこが最も私にとって楽であり、またどの方向へ展開していけば良いか、どの方角の本をより深く読み大きな展開を図れるか考えなければならない。

急所一衝とは、私にとって一番間違いない登坂路が定まれば徹底的につっこんで精読しなければならないということである。本を読むということは知識欲をどのように満たしてくれるかということであり、本を読み知識欲を充足させてもらうにはその本の筆者が世に訴えたいことは何か見つけることである。情報過多な時代、自分の限られた時間に自分の求めているものを多くの山の中から探し出しメッセージを受け取らなければならない。

三戦略にもとづく読書10ステップ

第1ステップ【情報ネットを広げる】―天網を広げる―

有力な出版社をはじめ図書目録刊行会等から毎月出されている新刊図書案内のリーフレット類や街の書店のカウンターにおかれている新刊紹介誌、新聞広告、各種雑誌の書評欄はいつも注意して、わずかでも興味のあるタイトルの本はもらさないよう手帳にメモするよう心がける。

第2ステップ【書名とサブタイトル】―言からの類推―

本の書名及びサブタイトル名からどれだけ書かれている内容、著書の訴えたいメッセージを読みとるかは、簡単なようで実はなかなかやっかいな問題である。

名は体を表すというが、環境という捉えどころがないテーマについては実はそうでない場合が応々にしてあるということである。著者が専門としている部門からの環境のアプローチであり、その著者の環境の認識構造にもとづく書名やサブタイトル名となっている場合が実に多い。著者の経歴や主要著作をその次に見て、その著者のメッセージを読みとることが求められる。

第3ステップ【まえがき・あとがき】―メッセージの集約―

書名、サブタイトル名、著者経歴の次は、帯があれば帯にかかれている内容が極めて有用な情報である。一般的には帯がない場合も多い。まえがきは、著者がその書で訴えたい内容をかみくだいて書かれている。また、あとがきは著者がその書をなすにあたっての経緯や思いの度合い等がかかれている。まえがき、あとがきを読めばその書から著者のメッセージの大半は分かる。

第4ステップ【目次】―知のスケルトン―

まえがき、あとがきでこの本は私にとって何らかの知識欲を充足させてくれそうだと分かれば次は目次である。目次の章節だてを順次見ることにより、著者の訴えたい内容の論理構造ないし、思考の過程が把握される。本にもよるが、必ずしも一章から読まなくても自分の興味のあるところが分かるものである。

第5ステップ【図表と写真】—思考の綾・味付—

小説や文芸書と違い、環境関係のテーマの本は図表と写真がつきものである。本文を順次読まなくてもペラペラ頁をめくれば図表と写真がまず目に入る。図表と写真からその章節等の内容が相当くわしく読みとれる場合が多い。

第6ステップ【部分章節】—何事もまず第一歩—

以上のプロセスを踏んだ後、読みたい章節が決まり、その章節から読み出す。

第7ステップ【部分から他の章そして全体へ】—筆者の思考の追体験—

部分から他の章そして全体を読みたくなる書は相当少ない。

第8ステップ【参考文献・孫引き・芋蔓】—四通八達の構えから急所へ—

感銘を受けた書からは更につっこんで、深くそれに関連する内容を読んでみたくなる参考文献から孫引きで芋蔓式に調べる。

第9ステップ【読みたさ一念】—こだわりと執念—

本を孫引きすれば、直に、本屋ではもう絶版になっている本につきあたる。ここからが問題で、国会図書館で調べる。古本屋と仲良くなる。これが実にヤッカイなことである。

第10ステップ【あらまほしさは先達】—人から人、知から知—

感銘を受けた内容や書については、先達や同じようなことを考えている仲間に話をする。先達や仲間からいろいろな貴重な情報を教えてもらえる。

大層な戦略を考えては見たものの所詮、人間生身の体、時間の制限もあり、本の山の中、四苦八苦悪戦苦闘の連続である。

天網恢恢と念じたが、網はボロボロ。そういう中から絶対読まなければならない書（大魚）が抜けていく。四通八達に構えたはずが、あらぬ方向に進んで行き、つまり這這（ほうほう）の体で引き返さなければならないことの連続。急所一衝のつもりが大凡関係のない所で命中どころか迷中、迷いは深まるばかり。まさに迷中。

ままならないのが人の世、思うに任せぬのが世の常、読書の道も所詮同じ。戦略どおりにならないのが戦、古より、敵を知り己を知らば百戦あやうからず、という。能力不足の己を知らなさすぎた、反省しきり。戦に疲れ一休み、気休めで読み始めたあらぬ本の中からハッと気づく珠玉の言葉に出合って迷いが覚める。秋の夜、読書三昧、迷読のすすめ。

（財団法人 土木研究センター風土工学研究所長　工博）

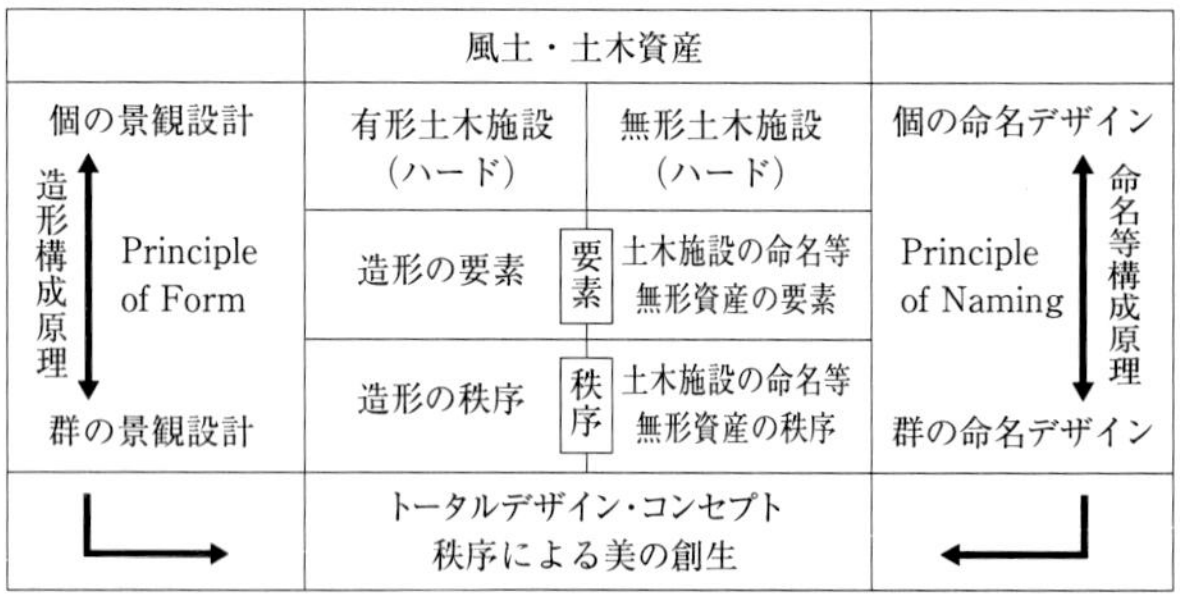

●有形と無形の秩序の美

［2］〝ものづくり〟の集大成の場が与えられる

鳴鹿大堰と紀ノ川大堰

長良川河口堰の喧騒の中で長良川河口堰は訴訟の対象となり、日進月歩の新しい技術を取り入れることが出来なくなった。

新しいより良い技術があれば、それに変更すれば反対派は、それ見たものか、自分達で設計の否を認めたではないかと騒ぐ。素人の裁判官を相手にそれを理解させようとすれば、それだけでくたびれ果ててしまう。

前向きな技術的にも社会的にも良いことは何も出来なくなる。長良川河口堰の訴訟は20～30年以上やっているので、長良川河口堰の設計論は日進月歩の技術革新の時代であって、工事を始めた時は既に20～30年古い技術論で設計されたもので工事をなされるという皮肉なことになる。

より良い社会資本を作りたいと思っている私共としては、これほどの屈辱はない。

長良川河口堰の技術的後進性に対する反省に立ち、次の堰の設計は斬新的な技術論を展開したいと考えていた。

長良川河口堰の次の堰としては紀ノ川河口堰と鳴鹿大堰であった。

私はかつて近畿地建に勤務した関係で、二つの堰は共に計画論や事業調整論では大変苦労した堰である。私は開発調整官の立場で両堰を現場で担当する和歌山工事の青山所長と福井工事の遠藤所長を呼んで、古い設計論で既に両堰の設計が完了し、本体着工準備が進められているが、新しい堰の技術を取り入れた斬新な設計に変える必要があると考えるので、両堰共、設計変更を検討して欲しいと本省の調整官の立場でお願いをした。

両所長とも事務所に持ち帰り、部下の副所長や担当課長等と相談して返事をするということになった。

確かに、両堰とも技術的な詳細設計は終わり、本体発注のための積算実務も相当進んでいる段階であった。事務所の担当者にしてみればこの2～3年つめてきた技術的実務的業務を白紙に戻し、また全く一からといっていい程、形の違う堰の設計と積算をすることになる。社会的要請で設計変更のための着工が1年遅れたということは言えない。これまで残業に残業を重ねてやってきた業務を白紙に戻し、これからやるのである。これからの1年の膨大な作業が待ち構えている。

和歌山工事の青山所長は河川系の所長である。事務所の担当課とも相談した結果、これまで積み重ねてきた膨大な作業を白紙に出来ない、これまでの設計で発注させて欲しいと報告に来た。現場の所長が工事の全責任をとるのである。その所長がそのような返答なら致し方ない。

福井工事の所長は道路系の所長である。河川の仕事は初めてであろう。宗近副所長や工務課長、設計課長等と相談したところ、大変な作業量が待ち構えているが、地元のためにもより良い斬新な設計で新しい技術論が導入されている堰をやってみようじゃないかと返事が来た。福井工事の担当者達は宗近副所長をはじめその多くが真名川会のメンバーであった。真名川会とは真名川ダムに従事してきたＯＢ会である。また、局の方も真名川会のメンバーであった渡辺昭さん等機械技術者のメンバーも全面的に協力するということになった。

私は遠藤所長、宗近副所長、渡辺課長補佐等の心意気に打たれた。

これだけの大プロジェクトの本体設計を一からやり直すことが一年間で出来るか不安を感じた。というのも、これまでの堰の常識であったウインチワイヤーロープ巻揚式の機械操作室が堰柱の上にある。頭デッカチな堰から、油圧シリンダー直結式による開閉システムの堰で堰柱の上の操作室等のないスッキリとした堰である。堰の革命である。油圧シリンダー直結式のゲートは小さいものではこれまで実績はあったが、これだけ大きなものの実績は日本にはない。

本邦初の技術論を相当導入しなければならない。どこかのものまねの設計ではない。どういう形で設計をつめて行くか考えた。

既存のコンサルタントの技術屋では間に合わない。相当なリーダーシップを持って先導していかなければ、ああでもない、こうでもないと言い出せばいつまで経っても設計は完成しないこととなる。そこで考えたのは私が技術検討会の委員長になって、強引にリードしていく以外にないということになった。検討委員会はダム技術センターに置いた。中川博次教授にも高所の立場から必要に応じ指導を受けようという形をとった。そのような体制で検討を進めて1年位で新しい設計変更で契約できるところまでもって行った。数々の本邦初の技術開発も行った。

現在の鳴鹿大堰の外壁は桜御影石を張ってあることから、相当金をかけた贅沢な設計だと、何も分からない人はよく言う。違うのである。昔のウインチワイヤーロープ巻揚式よりも今回の設計変更の方が有意な形で安価になっていなければならないことは当然であった。鳴鹿大堰はより新しい技術論を駆使しより安く、また素晴らしいものが完成した。

鳴鹿大堰を設計変更しようと決定した時は開発調整官の時であったが、実際に私が委員長として設計検討委員会をやったのは、私がダム部長に変わってからであったと思う。鳴鹿大堰で新しく技術開発したものとして

①大型シェルゲートに油圧シリンダー直結式の開閉システムを導入したこと、②水圧シリンダーによる昇降式魚道をつけたこと、③直結部分にダブルトラニオンピンをつけたこと、④左右油圧シリンダーの同調システ修理用ゲートの開閉装置として、ガントリークレーン方式を取り入れたこと等々

●鳴鹿大堰の事業化&風土工学デザイン１号

・鹿のイメージを図案化

・鳴鹿大堰の堰柱

・鳴鹿の舟橋

［3］全てを包括して〝まとめて〟見せよとの神の啓示（環境部長の頃）

ダム部長の2年目、土研の縦割り部制度の中に、新しく環境部をつくるという組織改革の嵐が吹いた。各部から環境に馴染む研究室を集めて環境部にしようということである。ダム部から水資源研究室、河川部から河川環境研究室、道路部から道路環境研究室、材料施工部から地質研究室、下水道部から緑化研究室を供出して、集めて環境部という寄り合い所帯ができた。

これまでのダム部等は河川局の開発課、河川部は河川局の治水課、道路部は道路局というように、霞ヶ関の組織と綿密な関係を有していたが、新しく生まれた環境部は横断的に付き合わなければならない。

私が土研のダム部へ異動した時、また2年で行政の方へ戻すという話になっていたようである。私のことを心配してくれているある先輩がそう言っていたので、3年目には行政のどこかの地建の部長に転出するものと思っていたが、相当な横槍が入って話は流れてしまったようである。そのようなことで、ダム部長を3年やることになった。

ダム部長の3年で土研をお役目ご苦労さんということで、今度こそ行政のどこかの組織に戻れるものとばかり内心思っていたところ、行政に戻ることはなく、土研の環境部長へ横辷りの人事異動となった。環境部は本省の各局とも調整をとらなければならないので、筆頭の部長だから文句があるかということであった。まさか私が環境部長に廻るなどとは思っても見なかった。

しかし、新しく出来た環境部の下の各研究室はもともと、霞ヶ関の道路部や治水課の行政からのニーズの研究をしている。環境部長の意見や指導を受ける気はさらさらない。そこで私は考えた。

環境部長として何をするのか考えた。どうせやっても1～2年間である。1～2年間でこれは竹林が環境部長の時やった業績であるというものを残さなければならない。まず、テンデバラバラな方向を向いている研究室長さんを私の部下にしなければならない。そのためには私が環境問題で一番高く深い見識を持っていることを示さなければ誰もついてこないと考えた。

私は道路環境（騒音や大気汚染）や緑化（都市緑化）等の研究は今回がはじめてで、ズブの素人である。環境のことを良く勉強して、各研究室長以上の高い見識を持つには、近道はない。本道でまずそれらの専門の本を通読する以外にないということである。各研究室から最初にカンナで薄く剥ぎ取るように予算を供出してもらって、建設省事業と関係のありそうな環境という名のキーワードの本を全て購入することにした。当時、天井までの大きなロッカー2つ分くらいの本をあつめた。そして、私の書くことをワープロで入力してくれる等、色々専属でまとめてくれる女性職員一人をつけてもらうことにした。環境のキーワードの本を次々猛烈に読破した。半年もたてば各研究室長の細部の研究テーマと手法は別としても、大局論・見識として各室長以上のものを得たと実感した。私は土研の環境部の研究レベルを示すこれぞ土研の環境部編集という本格的な本を1～2年で発刊して見せる事にした。

私が総論をまとめ、各論の大きな目次構成をつくって、細部の目次構成を各研究室長と調整とりながら、各研究室の最新の研究レベルを反映したものとすることにした。余り乗り気でない各研究室長や主任研究員クラスを強引に総動員してまとめてみせたのが『実務者のための建設環境技術』という本である。

もう10年以上前になる本であるが、いまだ輝いている本であると思っている。中でも私が執筆した総括的な総論の第Ⅰ部は良く出来ていると考えている。

私が色々な環境の本を読んでいる中で非常に気になった1～2行があった。それは日本学術会議会長等をつとめられた近藤次郎さんが書かれた「環境読本」というようなタイトルの本に1～2行、仏教の経典の中に環境論が書かれているということが書かれていた。

そういえば般若心経に眼鼻耳舌身意というのがある。なるほど、人体の環境を感知する受容器官のことである。そういえば確かにそうであると強く感動を受けた。この1～2行の感動から、それではお経の中にそれ以外も多くの環境論が書かれているに違いないと直感した。そういうことで環境のキーワードとなる本の次はお経の本をあつめることにした。啓蒙書として発刊されているお経の解説書をまず手当たり次第に読みはじめたが、なかなかそれらしきものにぶち当たらない。もう少し本格的に詳しい仏典に至らなければ手ごたえがない。仏典の詳しいものを読み漁っている内に手ごたえがあったのが、インド哲学の中村元先生が編纂されている大著、『仏教語大辞典』であった。この本に仏典の専門用語について専門的な解説がなされている。実に見事である。『仏教語大辞典』を座右の書として、大きなカバンに入れて持ち歩き、読み進んだ。仏教用語について基礎的素養も備わってきた。

次々に見事な環境論が展開されていることに気づきはじめた。

たとえば、有名な「色即是空、空即是色」という文句は、五蘊思想の「色」の概念や倶舎論の「空」の概念等がわかってくると、これは大変な環境哲学を論じていることが分かってくる。という具合で、次々仏典に書かれている環境体系に出合うたびに感激する毎日が続いた。そのようなことでまとめたのが『治山・治水』という砂防関係の雑誌に「東洋の知恵の環境学」と題して計10数回連載した。

この仏典から学ぶ環境論は環境哲学であり、環境科学というべきものである。新しい発見の連続であった。これを多くの人に読んでもらおうと、多くのベストセラーを出しておられる船井幸雄氏に紹介してもらった出版社がビジネス社であった。ビジネス社としては、これはベストセラーになる可能性があるので、価格は2000円以下にしなければならないと判断した。そのために大幅に文章量を削減しなければならなくなった。だから私としては相当意に沿わないものになった。

お経の環境学（土研の環境部長のつづき）

「東洋の知恵の環境学」がまとまった。私の全く独創である。このような仏教用語が科学的思考そのものであるということに気づいた人はこれまでいなかったのではないかと思う。そういう意味ではこれは竹林の発見とでも称しても良い。

また、起承転結の流れも出来ている。ワープロ入力や図を画くのに土研の小倉典子さん等に手伝ってもらったが、部下の研究員には一切手伝ってもらえない。さらにいえば土研の研究テーマに入っていないので、国費の研究費も一切使っていない。但し、コピー代とかお経の図書購入費を使わせていただいたことは確かである。そもそも、国の研究機関とは国の税金でもって、国に役立つ研究をすることが目的である。従って、国の研究機関に所属して研究成果を出せない人の方が税金の無駄遣いということになるのではないだろうか。

土研のダム部長当時、博士論文をまとめようと考えて中途半端（70

～80％でストップしている）になっているテーマが2～3あり、それを仕上げるにはダム部の方にもう少し手伝ってもらわなくてはならないが、しかし、もう組織上は私の部署の人ではない。大学の博士論文を審査する先生方は、もうそこまで来ているのに早く仕上げろという催促もあることも確かであるがそうもいかない。そのような時「東洋の知恵の環境学」は実に良くまとまっている。まさに博士論文そのもので、これ以上ふさわしいものはないのではと考えた。

しかし、博士論文にふさわしいから、博士論文になるのではない。審査する先生がいなければ博士論文にならないのである。誰が審査してくれるだろうか。この論文は果たして工学博士というものなのだろうか、私は工学部の大学院修士課程を修了しており工学修士なので、工学博士が一番とりやすいことは確かなのだが、はたして工学部関係の先生で、私のこのテーマを理解できる人がいるだろうか。どう考えてもいらっしゃらないと思われた。

ある先生を説得して、理解してもらったとしても主査と副査の先生で合計数名の先生に理解してもらわなくてはならない。仮にそれを数名の先生によくレクチャーして理解してもらったとしたところで、工学部全体の教授会での合否の判定会にかかる。これを工学博士論文として理解していただけるであろうか。どう考えても無理な話であった。工学博士を諦めたとして、他の博士もあるではないか。例えば東大等では学術博士等がある。それにはふさわしそうである。しかし、そちらの方面で審査してもらえる先生を探さなければならない。どのように探すのか、それが問題である。

そもそも博士論文とは、その大半殆どが大学の先生の下で、大学の先生のテーマの一つをその先生の指導の下でとりまとめて、その先生が審査し、教授会にかけて多くの先生の合否判定をもらうというシステムである。

私の「東洋の知恵の環境学」のような全く独創的なものは博士論文とならないということなのである。

コラム　「心の悩みと環境問題の構造」

私は建設省に奉職し、河川技術に係わる業務に長年従事してきた。建設省の琵琶湖工事事務所長の時、第一回の世界湖沼会議（１９８４年）が大津（滋賀県）で開催され、霞ヶ浦で開催された我が国で二回目の湖沼会議（１９９５年）の時は、建設省土木研究所の環境部長ということで湖沼の問題にドップリ浸かっていた。

もともとダム建設技術に係わる仕事が多かった。ダムは人工の湖沼をつくる仕事なので湖沼の環境問題とは縁が切れそうにない。土木研究所のダム部長から環境部長に変わった折、多様多面で錯綜（さくそう）し、混乱している環境問題を体系的に論じることが現時点で最も重要な課題であると考えた。環境技術に関する本を手当たり次第に読みあさった。錯綜している環境論をシステム化する知恵は東洋の知恵、就中（なかんずく）、仏教の経典にあることに気づいた。

仏教の教典は人の心の悩みはどのような構造をしているのか、理詰めの考察を深めてきている。仏教の教典も当初より精密な構造を突き止めているのではない。考察を深めるうちにより緻密（ちみつ）な構造を突き止めてきていることが理解できた。そして人の心の悩みの構造と地球の悩みである環境問題の構造は全くアナロジーであることに気が付いたのである。

そして仏教が自然とは何かの考察を進める過程は、ギリシャ哲学の考察の過程そのものと何ら変わらないことに気が付いたのである。

キリスト教やマホメット教は一神教であり、その唯一の神が全ての自然を作ったとされている。だからその神の存在を疑ってはならず、唯一の神の存在を信じなさいから始まるので百パーセント宗教ということになる。

仏教はそうではないのである。大自然を作った神などという概念はない。自然とは何かの考察から始まる。心の悩みはどのような構造をしているのかの哲学そのものなのである。確かに南無阿弥陀仏を唱えなさい、信じなさい、そうすれば救われるという所からは、宗教なのである。全ての宗教は信じなさいから始まる。しかし仏教には信じなさいの手前の部分がある。その思考プロセスは自然哲学そのものであるということに気が付いたのである。

そのことがあった後、『仏教語大辞典』は環境システムを構築するバイブルと化したのである。なるほど「自然とはみずからの自然と考えるか」「自然をおのずからの自然と見なすか」どちらかで違ってくる。環境事象をこのように把握するのか、目を啓（ひら）かれる日々となった。その考えをまとめたものが、「東洋の知恵の環境学」である。

環境のシステム化の次の課題が風土のシステム化である。環境と風土は全くアナロジーの概念であり、自分の四周の森羅万象に対し、心のやりとりを排除したアプローチが環境の概念であり、心のやりとりを付加したアプローチが風土の概念となり、捉えどころのない環境とか風土の概念がシステム化できる。そのようなことより体系づけたのが、「風土工学序説」である。

＊『佛教語大辞典』全三巻、『図説佛教語大辞典』は中村元著、東京書籍刊（１９８１年）

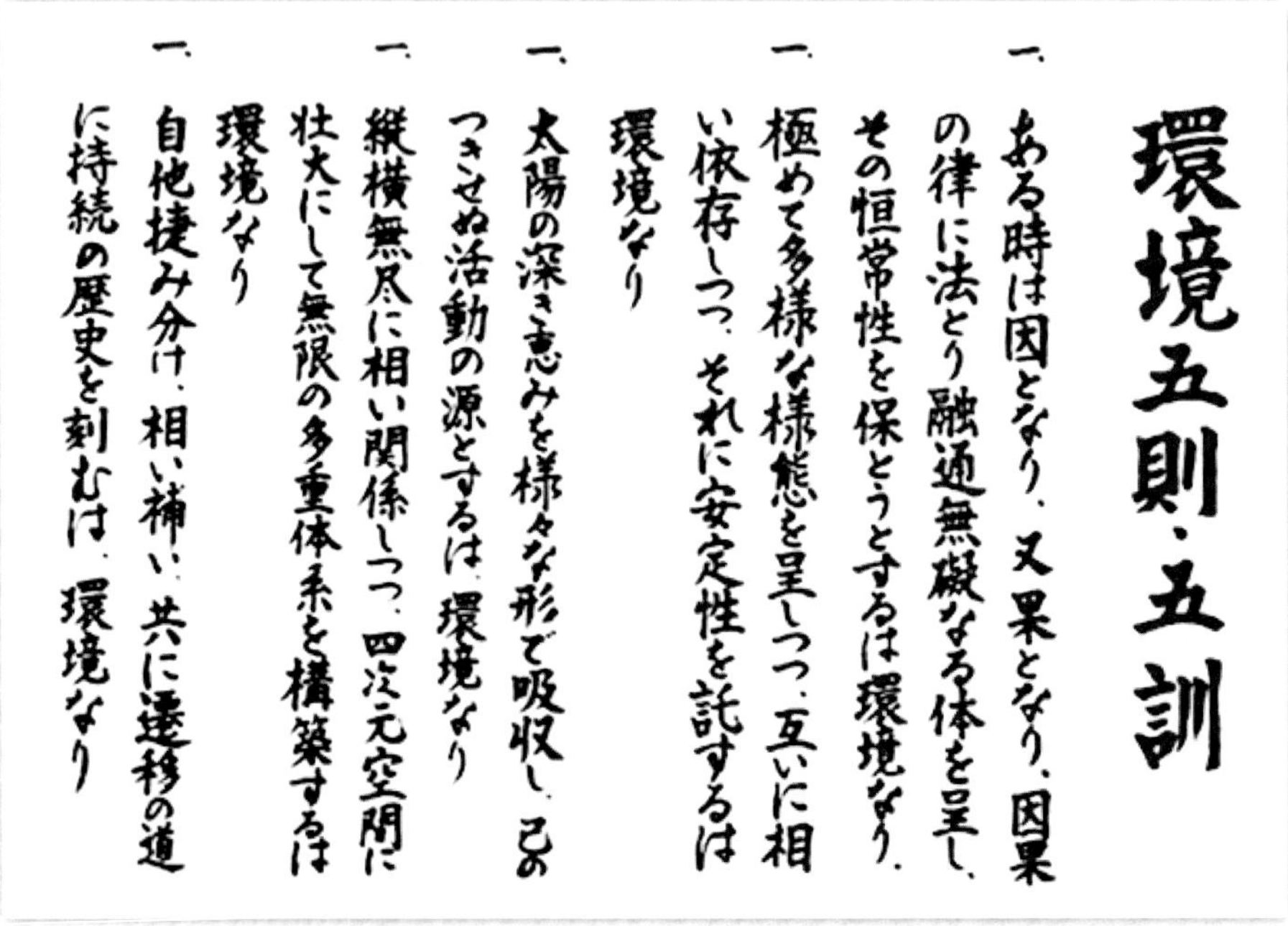
環境五則・五訓

一、ある時は因となり、又果となり、因果の律に法とり融通無礙なる体を呈し、その恒常性を保とうとするは環境なり。

一、極めて多様な様態を呈しつつ、互いに相い依存しつつ、それに安定性を託するは環境なり

一、太陽の深き恵みを様々な形で吸収し、己のつきせぬ活動の源とするは、環境なり

一、縦横無尽に相い関係しつつ、四次元空間に壮大にして無限の多重体系を構築するは環境なり

一、自他棲み分け、相い補い、共に遷移の道に持続の歴史を刻むは、環境なり

【三】風土工学誕生・「知」「敬」「馴」

［1］お経の環境学から風土工学へ

そのようなことを考えていたとき、ハタと考えた。「お経の環境学」は大局的にシステム的にものごとをよく整理し思考する過程なのである。その大局的にシステム的にものごとを整理する思考法を私がこれまでやってきた。全ての思考過程、知的作業は一つの大きな体系になっているのではないかと考えついた。それが風土工学なのである。

大きな枠組みからいけば、ニュートン、デカルトの科学の方法論は物質的なものと精神的なものとを切り離すことにより、論理展開が簡単明瞭になり発展してきた。物質的なものづくりが文明をつくり、物質的なものに精神的なものが加わったものづくりが文化をつくる。

自分のまわりの森羅万象を物質的な見方のみで見るアプローチを環境とすれば、精神的なものを切り離さず見るアプローチが風土となる。

土木工学が形あるものづくりのみを対象としてきたのにものに対し、風土工学は形あるものに形のないもの（例えば名前・意味・物語・イメージ等）も同時につくることを考える。

このように考えると私がこれまで遊び心にやってきた土木の名前研究（ダム・ダム湖名称考）の体系も風土工学の体系に取り組まれる。

土木の求めてきた機能に感性工学の手法のイメージも同時に設計対象とすることができる。

広島大学の長町三生先生がものづくりに統計心理学の方法を導入して感性工学の体系を構築された。そのやり方をそっくり、土木工学に感性工学の手法を取り入れれば、そっくりそのまま風土工学の体系が構築された。

私達はこれまで科学的な思考として「1＋1＝2」というデジタル展開の論理展開のみが正しいという暗示にとりつかれていたのではないだろうか。

そうではなく、代数学ではなく幾何学のアナログ展開の論理展開も正しいのである。アナログ展開すれば「1＋1＝3」でも「4」でも何にでもなる。ということが分かってくる。

これらの考え方を含むお経の環境学には、大局的に論理的にとりまとめる知恵が山ほどある。

環境部長の1年目の時は「実務者のための建設環境技術」と「東洋の知恵の環境学」をとりまとめるのにかかった。

その環境論に精神的な「こころ」を加味したものづくりの方法論として風土工学の体系に気がついたのが環境部長になって2年目に入った頃だろうか。

鳴鹿大堰でコンセプトのイメージを展開していき、形のデザインを決めていく手法は風土工学の形のデザインプロセスそのものではなかったか。

また、まわりの色彩を調査し、カラーデザインをコーディネートする手法。これは風土工学のカラーデザインプロセスそのものではなかったか。カラーデザイン研究所の小林重順先生がやってこられたプロセスは風土工学のカラーデザインプロセスそのものではないか。また、大戸川ダムや立野ダム等のイメージウエイト連想アンケートの事例研究を細々とやらせていただいたものは風土工学のデザインコンセプト想出プロセスそのものではなかったか。

それよりも一番感激したのはこれまで長年あそび心でやってきた「ダム・ダム湖名称考」のよい名前の付け方のプロセスは風土工学のソフトのデザインプロセスそのものなのであると分かった。

これらのテンデバラバラの検討を一つの美しい体系にするには、大きな枠組みのスケルトンが必要である。それは「東洋の知恵の環境学」すなわちお経から教えてもらったものである。

すなわち、環境や風土をどう分類するのが良いか、それは六大環境、六大風土であり、それをどう感受するのかが六感環境、六感風土である。物質的なものと精神的なものとの関係は五蘊の思想であり、「色受想行識」である。

また、環境や風土の構造と概念は何かと聞かれれば、それを英語でどう言うかと、英語の思考法ではと学者は考える。英語に翻訳しなければ学問でないという。呪縛にとりつかれているのである。

環境や風土等の概念は漢字の概念であり、それを考えるのに英語をもってくるのは愚の骨頂である。漢字の一字一字は壮大な物語であり、意味がある。また、大和言葉には裏と表と両面の意味がある。全ての物事には裏と表の両面がある。しかし英語の言葉には一面しかない。英語の思考法は片面しか見えないので誤った思考法につながる。

個々技術論として、一見バラバラなものでも、仏教の環境観と漢字及び大和言葉の意味概念をたどることにより、それらの根っこにある共通したものが見えてくる。バラバラなものがくっつく接着剤の役目、骨組みをつくる役目をしている。そのようなことで、風土工学の体系ができることが分かる。

体系の枠組みが出来たところで、環境部直属の島谷幸弘室長（河川環境）や田中隆室長（緑化）さらにはダム部の藤沢侃彦室長に聞いてもらうと、これは素晴らしい新しい風土工学の生誕だ、生誕というより全く新しいものをつくったので風土工学の構築が良いのでは等々の評価をしていただき、意を強くしてまとめはじめた。環境部長の2年目後半のことである。

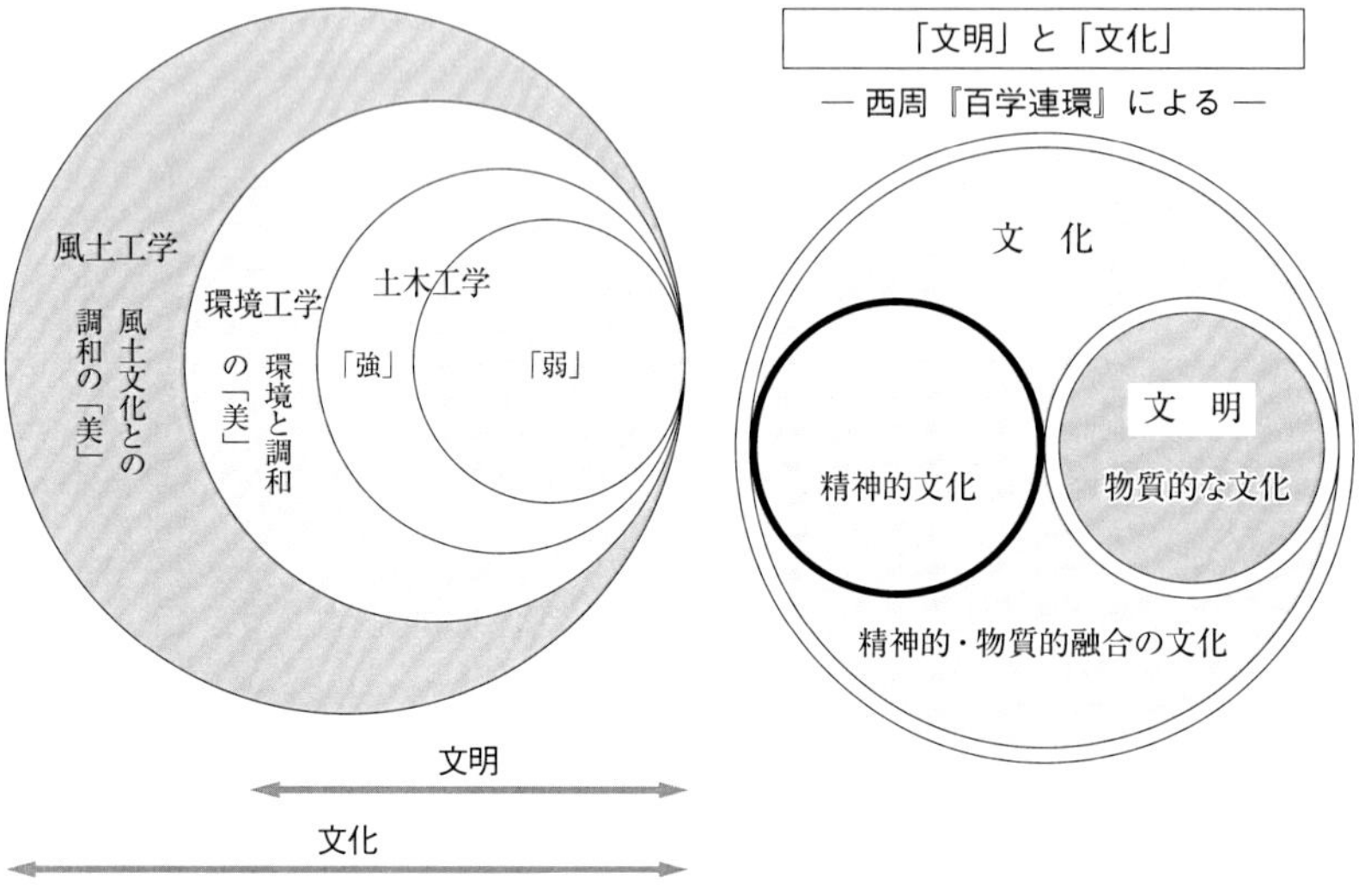

●「土木工学」「環境工学」「風土工学」

［2］チャンス到来と災難遭遇

好機（チャンス）到来に備えるには、日頃の知恵と素養感性を磨くことである。災難に備えるには災害の原因を良く知り、それに備えることである。すなわち防災の知恵が不可欠である。

好機と災難は裏と表の関係である。必ずやってくる死を災難と見るか、あの世の天国に行ける好機到来と見るかはその人の心のとらえようである。いつ交通事故という災難に遭遇するか分からない。それに備えるには日頃から気を付けることしかない。それでも遭遇する可能性があるので保険に入っておく。

いつ好機（チャンス）に巡り合っているか分からない。いつ自分の人生が大きく開ける人と巡り合うか分からない。日頃から感性を磨き、人々に感謝の気持ちで接していかなければ気付くことがない。

いつか分からないが我が身に押し寄せてくる常日頃にない出来事がある。そのうち我が身にとって好ましくない出来事は災難といい、それによって受けた被害を災害という。反対に我が身にとって好ましい結果へ導く可能性のあるものを好機・チャンスという。

人生をうまく付き合っていく方法は、好ましくない災難が押し寄せてきた時、それによる被害を最小限にする知恵を持つことである。また、好ましい結果を導く可能性のある好機を逃すことなく捉えて好ましい結果を最大限にすることである。

災難も好機も頻繁にやって来ないから常ならぬ非日常なのである。時間の流れの中で常ならぬ災難や好機は圧倒的に少ないのである。時間の流れの中で大部分はそれ以外の常なる時間なのである。常ならぬ災難時に被害を小さくし好機を捉えるには、時間の流れの中で圧倒的に大部分の時の過ごし方にかかっている。いずれ必ずやってくる災難に備える知恵を身に付けることである。

いずれ必ずやってくる好機を逃がすことなく捉える準備を万全にしておくことである。知恵を蓄積すれば災難も好機にすることが出来る。禍福は表裏一体なのである。禍転じて福となす。禍福は糾える縄の如し。

機能一辺倒で行き詰まった土木の起死回生の手法として風土工学が誕生した。

誕生はしたものの誰も認知してくれなければ水子となってしまう。頑迷固陋な権威主義の先生の多い土木の学会で、新しい風雲児のような風土工学を認めてくれる先生がおられるだろうか？　悩みは深刻である。

大体まとまったところで、感性工学の生みの親である長町三生先生に「東洋の知恵の環境学」と「風土工学」の二つの論文を送付して見てもらった。私としてはほぼ完成している「東洋の知恵の環境学」で博士論文にしたいと思っていると相談したところ、「風土工学」で博士論文を取ったほうが良い、そちらの方が先々広がり発展があるというアドバイスを得た。

次にこの風土工学という世の中の誰もが一切考えもつかなかった思考法の工学を博士論文として認めてくれて審査し、博士号を与えてくれる大学の先生がいるだろうか、どう考えても思い浮かばない。博士号というものは自分の出身大学でとるのが一番素直だという。よほど他の経緯があって仕方がないときには別であるが。

そのような時に思いついたのが土木計画学の奇才、佐佐木綱先生であった。佐佐木綱先生の授業は単位をいただいたような気がするがあまり覚えていない。

京都大学を定年で退官され、その当時近畿大学の特任教授をされていた佐佐木綱先生が、地域計画や都市計画において、地域の男性度、女性度の分析から陽が極まれば陰が求められ、陰が極まれば陽が求められるという陰陽思想とあわせた風土分析ということを京大教授のときから10年近くやってこられていた。

佐佐木綱先生の著作の中に、1カ所風土工学というキーワードも書かれていて、近大の研究室も風土工学研究室と称しておられた。佐佐木綱先生に私の論文を聞いてもらう以外にないと正面からあたってみた。

佐佐木綱先生に私の構築した風土工学の概要を説明して、どうしたら良いか相談にのってもらうことにした。京都駅八条口の都ホテルの一室で説明させていただいた。佐佐木先生は小1時間程聞いて、小躍りするほど喜んでくれた。自分が夢見て実現出来なかった風土工学を構築してくれたと喜びを隠さなかった。佐佐木綱先生は、「これは私が提唱した風土工学を体系付けた素晴らしい画期的な論文である。私が博士号を与えたいが、近大の今の立場では博士号を与えられない」佐佐木先生は京大名誉教授ながら、当時既に京大を定年で退職され、近畿大学の教授だった。佐佐木先生は退官したので博士号を授与する資格はもう既に無いとおっしゃった。

佐佐木先生は京大土木計画系の草分けの大先生であり、交通流理論等の第一人者であった先生は定年の何年か前から、交通流理論よりも、地域の男性度・女性度という風土分析論の方に興味が移られたようである。

佐佐木先生は、先生の流れを汲み講座を担う後任の先生である、飯田恭敬先生を挙げられ「この竹林の風土工学は私が出来なかったことをやってくれた大変な論文だ。私の夢を実現してくれた論文なので審査して博士号の面倒を見てやってほしい」と頼んでくださった。

そのようなことで飯田恭敬先生の研究室へ風土工学の論文の骨子を説明に伺った。

飯田先生は、「大先輩の佐佐木先生から大変な宿題を申し付かった。これは土木部門だけで処理するには荷が重い」ということで、京大の建築の宗本順三先生にもお願いしてくれた。私は飯田先生も宗本先生も初対面であった。

両先生の前で、私の風土工学の博士論文の骨子を1～2時間説明させていただいた。両先生は私の説明を聞いて、直ぐに、「博士論文はこれで出来ているので直ぐにとりまとめて、しかるべき形で論文の体裁を整えて提出するように」という。その際にいくつかの注文がついた。

論文のタイトル名は新しい画期的な論文であると思わせるようなものはダメで、重箱の隅をつついたような論文名でなければダメだという。私としてはこの論文の画期的なところは重箱の隅をつついたところではなく、これまでになかった考え方と枠組みで骨組みを構築したところに価値があると思っていたので、残念であるがいたしかたがない。論文名は飯田先生の指導で「風土工学の構築」というような大それたものではなく「風土資産を活かしたダム・堰及び水源地のデザイン計画に関する研究」というタイトル名にした。

このような経緯を経て、直ぐに工学部の事務局に論文を提出し、手続きをとりなさいということになった。ようやく風土工学の博士論文が世に出ることとなった。

このようなことになったのには背景がある。一つは、工学部の教授からなる博士論文審査会にかかる時、原子核や電気、機械、化学、等々学科の全ての教授が参加するという。それぞれ部門の専門学術用語名のつく論文なら、他の部門の人はさっぱり分からないので文句はつけられないという。また、論文をパラパラめくり、難しそうな数式やグラフ等が多くあれば他の部門の先生方はさっぱり分からないので、文句のつけようはない。

更に工学部の論文審査のルールとして、一論文ずつ他の部門の論文であっても、合格、不合格、白紙の三つの判定を出すという。一人でも不合格票が提出されれば論文は不合格となる。不合格票は教授名を明らかにし、不合格の理由を付して返すルールとなっている。

不合格のところを修正してもう一度出し直し、再度合格を目指す道は残されているという。それより何よりこの論文が博士論文としてふさわしいと審査して提案した先生にとっては、審査会でＮＯとなったのでは大変な失態となるし、恨みを買う形となりかねない。不合格が出されるということは基本的にないという。

しかし、白紙というのがある。不合格を出せば大変しこりが残るので、論文として認めたくないものに対しては白紙を出すという。白紙は何故かの理由を付けなくても良いという。白紙は実質的に不合格だとの意思表示であるという。

問題となる論文は（１）建設部門の意匠デザインや建築関係の論文は余り数式が出てこないので、白紙が出ることがあるという。（２）行政職の役人で地位の高い人の論文（これは土木部門に多いという）は白紙を出す先生が何人かいるという。役人の論文、特に役人から政治家になられる人の論文などは標的にされる可能性があるという。役人の論文を多く引き受けられた先生からよくこのことは聞かされた。（３）論文のタイトル名が誰もが興味を持つようなものなら、論文の中身を良く見て重箱の隅をつついて、堂々と不合格の理由をつけて反対票を投じられることがあるという。

風土工学の構築などといえば、他の部門の人でも何故風土が工学なのかという単純な疑問をすぐに持つことは自然な成り行きでである。

一度、不合格となれば、その不合格のところを修正して提出ということになるが、反対票を投じた人は意地になるので泥沼に落ち入るという。私の風土工学などは一番餌食になり易い危ない危険なタイトルなのである。私の経歴も殆どが行政職で研究所の研究歴が短いので余計に危ないという。

このような教授会の博士論文審査の背景があって飯田教授は重箱の隅をつついた論文タイトル名にしろというのは深慮の結果なのである。

尚、博士論文を認めるに当たり、世の中がしかるべき学術団体として認知している学会に審査付き論文として数編出していることが条件となっている。風土工学の内容を数編しかるべき学会に審査付論文として出さなくてはならない。私が所属している学術審議会の認知する学会としては、土木学会とダム工学会がある。

土木学会にはこれまでダム技術をやってきたことから、長年岩盤力学委員会の副委員長を務めてきたが、風土工学となれば土木学会の土木計画学の部門となる土木計画学シンポジウムや土木計画学研究発表会の場で数回発表してきた。その折、私が発表し、佐佐木綱先生がそれに対し質問され、五十嵐日出夫北大教授がその座長であったことがある。土木計画学シンポジウムは佐佐木先生も五十嵐先生もその部門の大御所であり、怖いものなしの研究会であった。その場で五十嵐先生は私と佐佐木綱先生の質疑のやりとり論争を「龍虎合いまみえる戦い」と面白おかしく例えられ、寸評された思い出がある。私と佐佐木いずれが龍でいずれが虎だったか忘れた。北大の五十嵐日出夫先生は私は全くそれまで存知あげなかった先生であるが、そのお陰で五十嵐日出夫先生は私の風土工学を大変高く評価していただいていることが分かった。

また、五十嵐日出夫先生は私の風土工学普及啓発の道は、日蓮上人の日蓮宗啓発の道にたとえて、「竹林の風土工学普及啓発の道は、日蓮さんと同じように、そこいら中から石つぶ手の迫害を受けることになるであろう。石つぶ手だけではなく島流しにも合うかも知れない。しかし日蓮と同じように石つぶ手の迫害を受けようが、挫けずに、信ずる道を邁進してほしい」と、いつもお会いするたびに激励してくださった。

その二人の大先生、佐佐木綱先生、五十嵐日出夫先生も亡くなられて既に久しい。

今も私の風土工学の普及啓発を墓の下から温かく見まもってくれておられることでしょう。

風土工学に関する審査付論文を提出させていただいたのはダム工学会である。また、廣瀬開発課長の命をうけてダム工学会は実質的に私が設立にこぎつけた学会である。ダム工学会はハードな構造系の論文が主な学会であるが水源地域を事例に上げた風土イメージの研究というようなタイトルで審査付き論文を提出させてもらった。

私はこれまで岩盤力学とか水理学部門で審査付論文はいくつか出させていただいたが、今回は全く別の部門ということでそれなりに新鮮な経験をさせていただいた。

それともう一つ、博士論文の記述に関し、引用文献と参考文献の記述である。普通の論文ならば、ここまでは他の人、その部門のほかの人が考えたことで、ここからが当人が考えた独自性だということが明確に分かるように引用文献と参考文献を、漏らさず書けという。

風土工学の構築に関しては基本的に先進の既存研究は長町先生の感性工学と佐佐木先生の風土分析ぐらいしかないのであって他は全て私がそこいら中に出した小論文ばかりという形になった。

飯田先生から論文審査のメンバーが告げられた主査が飯田恭敬先生で、窓口的には全て飯田恭敬先生がやっていただくこととなった。また、副査の先生としては川崎雅史先生と小林潔司先生、建築の宗本順三先生であった。

これらの4人の先生から一人一問ずつの大きなテーマが与えられ、それに対して考察したレポートを書いて提出しろということであった。その時点で副査の三人の先生は顔も知らない先生ばかりであった。

4人の先生からの出されたテーマに対する小論文の提出日に、正式な博士論文数部を工学部事務室に提出し、公聴会の日と教室が決められた。飯田・宗本両先生に説明したのが3月か4月頃だったと思う。そして正式な論文提出が7月頃。公聴会が8月頃だったと思う。小論文の提出は、その間であったと思う。正式論文提出まで3カ月程度しかなかったと思う。その間よくよく読めば、不都合な箇所が何箇所も見つかる。それもそのはずである。もともと何年にもわたり、テンデバラバラな思考でやってきたものを、急遽新しい考えで目次構成をして一つにまとめたものであるから致し方がない。特にそれも始めからダム・ダム湖名称考的な遊び心で書いた、論文になるようなテーマでないものばかりなのであるから、致し方がないことであった。

飯田先生に論文を説明し、その日に博士論文としてOKであと責任をもって面倒を見るとの話があった後、一つ重大な問題が残った。

私は土研のダム部長の時、ダムの堆砂理論で博士論文をまとめる際に京大の井上和也先生が指導と相談にのってくれた。そちらの方は7～8割方まとまったところで1～2年ほったらかしにしておいて、ある日突然、飯田先生のところで別テーマである「風土工学」でまとめるという。井上先生としては折角良いテーマで良い所までまとまっていたものをやめて、それも風土工学というわけの分からないものに乗り換えるということに疑問を持たれた。

井上先生にしてみれば風土工学という訳の分からないもので本当に博士論文になるのか心配であったようだ。工学としてオーソドックスなテーマでとれば良いのにという老婆心から心配していただいたのである。博士論文を審査するということは大学の先生としても相当そのことの研究もしなければならないし、神経もすり減らすという。私が博士論文の考察対象分野を変更する事に対し、礼儀を尽くせということであったと思う。

飯田先生に説明した日、すなわち公聴会の日程まで言われたのであるから、全て博士論文授与までのスケジュールのルールに完全に乗ってしまったのである。後ずさりは出来ないのである。そのようなことで、その夜、井上先生、飯田先生をまじえて、儀式の一杯の会を飯田先生が設定して下さったことを記憶している。

佐佐木綱先生の夢の実現（佐佐木先生と風土工学）

佐佐木先生は風土工学が構築されることは悲願であったと思う。先生の門人の研究者で先生の指導で風土分析や男性度、女性度分析等を研究テーマとしてもっておられる方が全国に何人もおられた。また、御自身もこれまでの効率一辺倒の土木の行き詰まりを強く感じられ、毎年、門下生をつれて熊野詣に行かれていたし、京都府の大江町の鬼の館に「日本鬼学会」を創設されてその会長を務めておられた。

佐佐木先生の近畿大学の研究室は風土工学研究室と称して、その研究室の学生には「大学で何をやってきたかと聞かれたら、風土工学などと言ったらダメだぞ。就職できなくなるぞ」と言っていると言っておられた。

その先生が私が風土工学で博士論文をとった後、風土工学で学会をつくろうと考えられた。京都は歴史の都市である。同志社大学の歴史の廣川勝美先生と組んで学会をつくろうとされた。風土工学会というあやしいフレーズでは、誰も集まってこないので、当面は世の中をカムフラージュするため歴史文化学会という名にすると言っておられた。

その立ち上げのために、「おうふう」という出版社から歴史文化学会立ち上げの記念の本を出したいので座談会をするので私にも出て来いという。

京都同志社の廣川先生の部屋で先生門下の神尾登喜子先生と立命館大学の巻上安爾先生、そして佐佐木先生と私の五人で「風土、歴史文化、地域づくり」の座談会をした。それが「景観十年　風景百年　風土千年」の本である。

そして阪南大学で歴史文化学会設立の記念大会を１９９７年11月に行うことになった。佐佐木先生の基調講演の他、松村博さんや私も講演をした。

佐佐木先生が号令をかけて、門下の土木計画の関係者が約１００人程度、そして歴史等文化系の人が約１００人くらい集まり、合計２００人くらいになったと思う。歴史文化学会は阪南大学で神尾登喜子さんが事務局をやっている時はよかったが、その後東京の早稲田大学歴史学の大橋先生の所に事務局が移り、しばらくしたら解散ということになった。佐佐木先生が亡くなられて一瞬に求心力がなくなったのではないだろうか。半分の会員が土木技術者なのであるから止むを得ないと思う。私は佐佐木先生に風土工学を世に広めるには歴史文化学会などと違い、長町三生先生の感性工学と協力体制を組もうと申し上げた。そのために佐佐木先生と長町先生と私で風土工学の本を出版しようと提案した。

佐佐木先生は感性工学を余り認知したくないようなムードであって、実現しなかった。佐佐木先生が感性工学を認知されていたら、風土工学の展開も相当違った方向に行ったと思う。私としては何故、頭の回転が速く読みの深い佐佐木先生が感性工学を認知したくなかったのか未だ良くわからない。先生は亡くなられてしまったので、今となっては知りようもない。

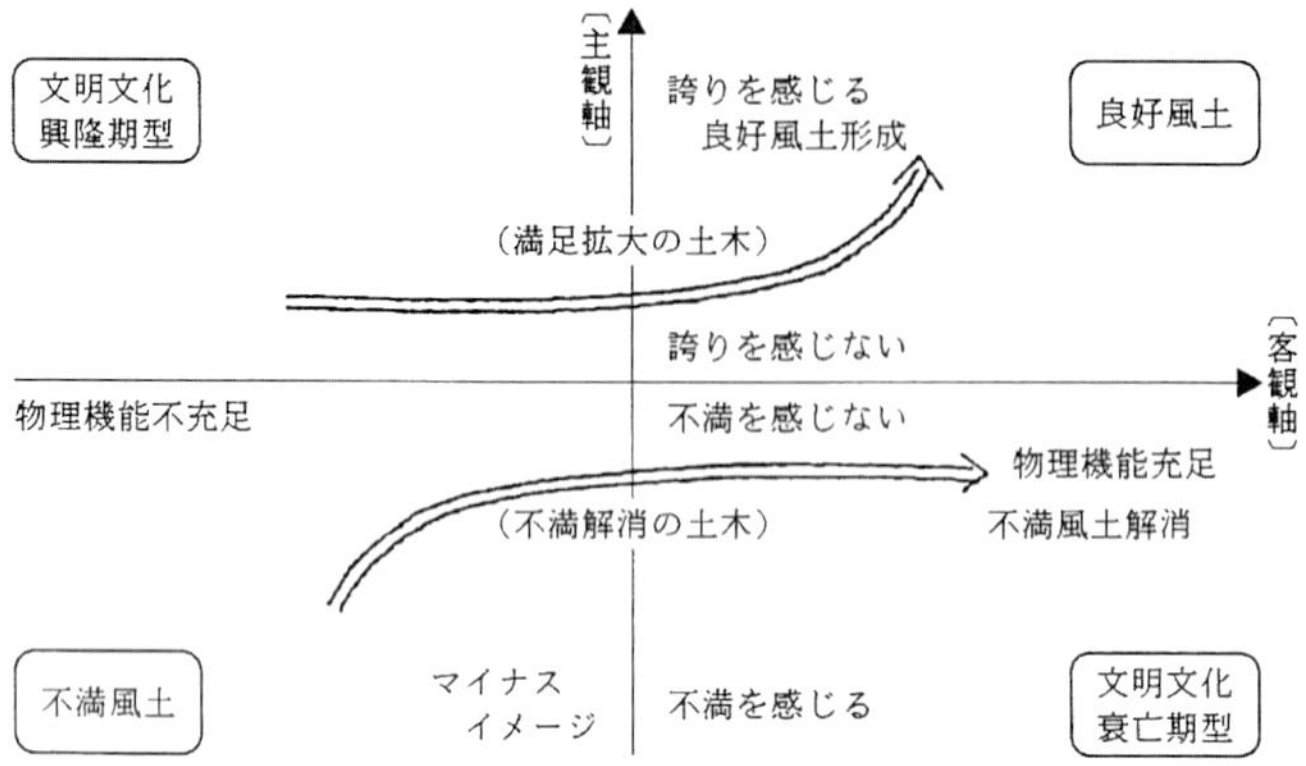

●満足拡大の土木

［3］美の法則の発見・名前も形も皆同じ

美しい形に潜んでいる美の法則の一つに黄金分割というものが知られている。美しい形の比には黄金比だけでなく白銀比というものや青銅比というものもある。また、日本の建築様式に取り入れられている1：2の比もある。

私は何故黄金比や白銀比それに日本間の比1：2が美しいのか、これら個別ではなく、美しいといわれているのも全てに共通する美の法則が潜んでいるにちがいないと考えた。

その答えは美なるものは無駄をつくらないということに気がついた。黄金比は何度折っても同じ比率である。その折る間には無駄な切れ端をつくらない。

日本の1：2もどのような空間にも同じ比率の組み合せで出来る。無駄な空間は一つもない。

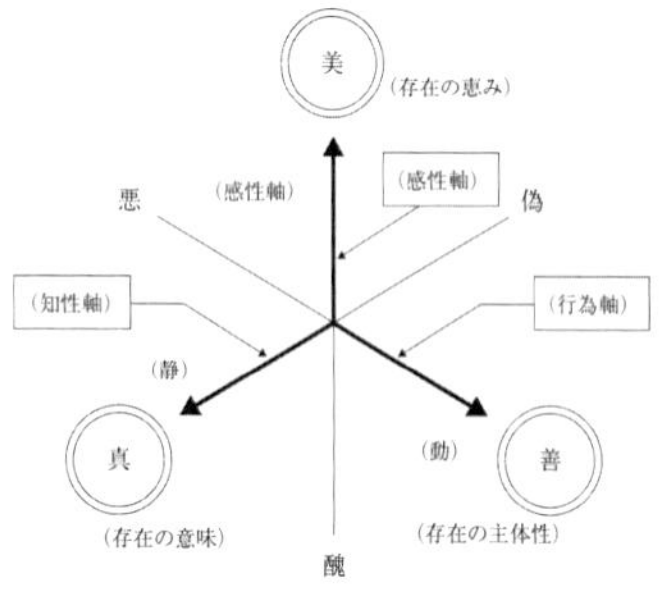

●真・善・美の構造

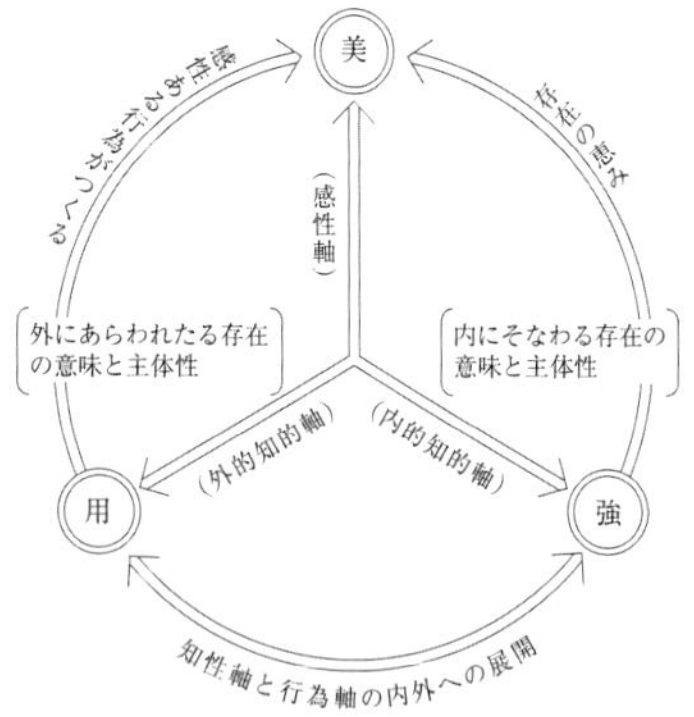

●用・強・美の構造

［4］風土工学の誕生

私の風土の美学

日本の風景は何故美しいのか。山の形、岩の形、川の流れ等々を見ると鋭角のものはない。どこもなだらかでゆるやかに変わる。

一方、人工の刃物やキリは鋭角である。鋭く尖っている。

大自然がつくった山や岩や川は皆、心にグサッと突き刺さらない。心が癒される。

大自然がつくる面はガラスや鏡のような反射面はつくらない。皆乱反射面である。

大自然はペンキで塗ったような表面はつくらない。

大自然は定規で引いたような直線はつくらない。

私は土木技術者である。いろいろダムや橋やトンネル等々の設計に関わってきた。

私は奇をてらうデザインが大きらいである。どのような設計が素直かといえば、大自然が永年つくってきた風土の中に美が存すると思っている。大自然の風土の中にはさまざまな美が存在している。

風土工学の夢思い

日本はかって貧しくても美しい誇り高い風土であった。

日本が近代化の嵐の中、西洋の合理主義を取り入れて機能一辺倒な社会を構築し、経済的に豊かな国家が形成されてきた。

その過程で美しい誇り高い風土は失われていった。日本の高速道路や河川整備、都市計画といった社会基盤・インフラ整備を担ってきたのが土木技術である。

土木技術においてあまりにも殺風景な機能一辺倒なインフラ整備への反省から、景観設計ということがいわれて久しい。

現在日本の土木における景観設計とは、見た目の良さを追求しようとするもので、建築家のもの真似、芸術家気取りの低次元のものとなっている。

「景観十年　風景百年　風土千年」という。「景観は損なわれる」という言葉があるようにいずれ損なわれてなくなってしまう運命のものが景観である。従って景観十年という。時の経過の中、景観が損なわれることなく残れば風景となるので風景百年という。更に時間の経過の中で、風景がその地の人々の心象にとけこんで行けば風土となる。したがって風土千年という。

何故いずれ損なわれる運命となる景観などという浅はかなものを目標にして追い求めるのか。土木施設は国家百年の計でつくるべきものである。土木施設の設計においては、風土千年に残るものを目指すべきではないか。

我々の先祖が営々と築いてきた美しい誇りうる風土の復活を目指そうではないか。

そのためにはどうするのか。それが風土工学なのである。

まず、その地の風土を徹底的に調査することである。風土資産（風土の宝）が六大風土（地圏・水圏・気圏・生類圏・歴史文化圏・生活活力圏）に眠っている。それらを掘り起こし、それらに脚光をあて活きかえらせ、それらに活躍してもらう設計をすることである。

六大風土にデザイン基調やデザイン素材、デザイン色彩のみでなく、風土の意味・物語が隠されている。隠れている風土の誇りをデザインする。それが風土工学なのである。

風土工学の方法論は普遍性があるが、その効果としての良好風土の形成は一瞬にしてできるものではなく、時間の経緯のもとで徐々に形成されていくものである。

私が風土工学理論を構築して、その普及啓発に鋭意取り組んで既に20年近い年になるが、今だに風土工学に対する認知度合いは決して高くはない。今後とも地道な普及啓発活動を続けていくこと以外に近道はなさそうだ。

ローマは一日にしてならず、良好風土の種を大切に育む必死の過程の末に徐々に形成されていくものなのである。

風土工学は土木工学の大革命

①設計とは積算のことなり。

会計検査があり税金の使途がチェックされる。積算基準がなければバラバラな予定価格になってしまう。その意味では基準が求められる。しかし基準化されればそれに従えば良い、創意工夫をしなくなる。

②土木はその地その地の一品料理。

土木構造物がつくられるその地の大地をよく調べなくてはならない。同じ大地は二つとない。

③日本の風土は千変万化である。特に大地の地質は変化がはげしい。

やって見たら想定とは違うという場合が多い。計画通りできないことが多い。何らかの意味で必ず設計変更がともなう。

設計変更すれば必ず工事量が増える。工事金額が増えれば議会承認が必要となる。

④初めから不確定要素を余裕として見込んでおけば余裕で実際にはしないつもりだが、数字をあげておくと不必要なものも施工されてしまう場合もある。

⑤少な目で出しておいて必要になったところだけを増やすのが一番安あがりである。しかし、予算制度や議会承認制度でそれが出来ない。

⑥現在のコストベネフィットの経済効率一辺倒は誤りである。コストは実際にかかって支出されてしまう経費である。

しかし、ベネフィットはなかなか計算が出来ない。人命は何よりも大切だと二言目に言われるが、人命を金銭に換算しなければ本当の意味の比較ができていないことになる。災害による精神的なダメージは金銭に評価されにくい。

要は、物質的なダメージ等直接的被害額以外はベネフィットとして評価しにくい。そちらの方がはるかに大きい。

⑦「災害は忘れたころにやってくる」と寺田寅彦先生は言われるが、忘れないうちに次から次へとやってくる日本は災害大国であり、災害の宿命を背負っている。

⑧日本の土木事業が用地取得や合意形成に工事以上の大変な時間と事業費がかかる。

⑨政権交代で要、不要を決定するような次元のものではない。国家百年の計で粛々と整備するものなのである。

⑩景観設計とかいう見た目のよさを追求するような浅はかなものではない。

⑪風土に調和する誇りうるものをつくる必要がある。

⑫土木技術者は風土について深い愛着を持たねばならない。その地の風土文化の設計者でもある。

⑬目的関数をコストベネフィットの経済効率から良好風土の形成に変え

る必要がある。（ベネフィットは便益計算しやすいごく一部のものだけになっている。）

⑭マスコミが展開する「コンクリートから人へ」「土木は環境破壊だ」と言う世論誘導で土木技術者は委縮してしまっている。夢と勇気を与える理論が求められている。

⑮土木は何故方向性を見失ってしまったのか。

　土木はそもそも、全ての工学全体をたばねて地域をつくる総合工学であるのに、橋は橋、トンネルはトンネル、治水は治水、利水は利水等々バラバラなものづくりの個別の最適化を求めるものにしてしまった。ソフトとハード、形あるものと形ないもの全てを同時に設計することが求められている。

⑯行きづまっている土木工学からの必然の改革として風土工学が生まれた。

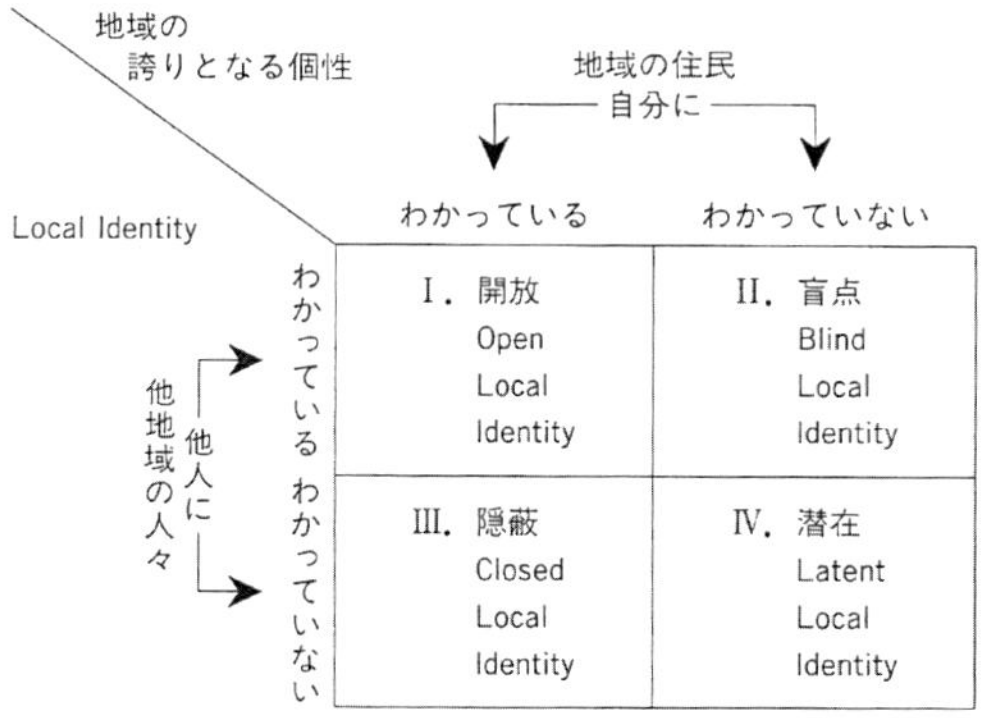

●ローカルアイデンティティ４つの窓

風土工学の思い

その地の過去が　作ってきた　風土
　それだけの　風土ではなく
未来への　夢が広がる
　風土にしたい。
その地の現在が　作っている　風土
　それだけの　風土ではなく
未来への　発展の種を　育む
　風土にしたい。
その地の人々を　育んできた　風土
　それだけの　風土ではなく
誇り得る個が　自他に　認知される
　風土にしたい。
時空を越え　一度しか　接し得ない　風土
自由なる形成に　向かわせてくれる
　風土なので
自他にとって　存在の意義を　育む
　風土にしたい。
森羅万象　総てにとって
　夢ある　明るい未来に　向けて
　かけがえの無い　風土なので
ただそれだけの
　風土だけには　したくない。

作　竹林征三

第三部　風土工学の普及啓発・苦悩の末の三つの研究所

【一】公務員卒業・稼業の道が閉ざされた

［1］私と地質・私と地すべり

（1）公務員生活最後のポスト・土研の地質官

土研の地質官というポストは、国家公務員試験の区分として地質職で合格した人の建設省で所属する最後のポストである。最高位のポストということである。国家公務員試験の地質職で採用された者の職場としては、かつての通産省の工業技術院の地質調査所か、建設省の土木研究所の地質研究室か、国土地理院が主な職場である。

土研の所長とか次長とかには土木技術者がなるので、建設省の土研に入った地質屋はなれなかった。従って、地質屋で優秀な方でも土研の地質化学部長が最後のポストだった。

芥川真知さんの時、土研の所長と次長につぐポストとして地質官というポストがつくられた。土研の所長、次長はラインであり指定職だが、地質官はスタッフで指定職ではない。地質官はずっと地質職の方が歴代つかれてきた。その間、地辷りの鬼といわれた砂防職の渡正亮さんが一代だけ地質官をされた。そのポストに土木職として初めて私に行けという。

要するに、その年次には地質職には人材がいなかったということと、土木職でも竹林なら地質に詳しいし、地質屋のことも面倒見てくれるであろうということである。しかし裏を返せば、私はこの地質官のポストを最期に役人としての地位を退く、退職勧告を宣告されたということである。

来年の4月1日になれば勤続30年となり退職金の計算も年金の計算もはね上がることになる。その手前の3月31日に退職させれば勤続年数も30年に一日不足するので退職金も年金も少なくてすむという計算になる。

（2）私と地質学

私が北野高校生の時、理科は工学部を志望する者は物理と化学が必須だった。もう一科目しか履修できない。生物は大好きだったが、生物は自分で本を読めば理解できると考えた。地学は天文学や地球物理学的な大きなスケールなので、生物のように手近ではないので地学を選んだ。その時の地学の先生が大阪市大から講師でこられた弘海原清先生だった。

建設省に入省後、ダム事業に多く携わり、土木研究所では地質関係の大先輩である芥川真知さん、今西誠也さん等、ダムサイトの地質の解釈を聞く機会も多くなった。特に岡本隆一さんには多くのダムサイトボーリングコアの見方を実地に教えていただいた。

私が真名川ダム現場や土研ダム計画官のあと近畿地建河川計画課長の時、近畿地方全域をカバーする土木事業に活用するための土木地質図を編纂しようと考えた。その動機は、各県毎の地質図はあったが、各県の境界山岳部では地質の解釈の違いから地質図が連続せず、広域的な地質構造の解釈が出来ないことの不便さを痛感したからである。

国土開発技術センターの桑原啓三さんに事務局をお願いし、近畿地方の大阪、京都二府、福井、滋賀、奈良、和歌山、三重、兵庫六県にまたがる、二畳よりも大きな地質図を編纂することとした。大阪市大の藤田和夫先生に委員長をお願いし、土研の地質官等も委員にお願いし、2～3年かけて編纂した。当時はおそらく、日本で最大の大きな図幅の地質図になったと思う。

私としては藤田先生の訓導は忘れられない思い出である。

藤田和夫先生は大学退官後、大阪の四ツ橋に活断層研究センターを創設され、旺盛な研究活動を続けておられた。最近社会を騒がせている原発の活断層問題をどのように見ておられるのかお聞きしたいとは思うが、藤田先生は相当な御高齢だと思うので叶わないかも知れない。

私は長年ダムサイトの調査とダム軸の設計にとり組んできた者として、活断層とは長年お付き合いさせていただいた。私に最初に活断層のことを御教授いただいたのは大阪市大の藤田和夫先生であった。藤田先生は地質学の大御所的な方で、地形学との間を埋めることにより第四紀の大地変動論を説き起こし、近畿地方から日本列島、さらにはアジア大陸の地形形成史を展開される、まさに壮大な大地創成・地形形成のロマンを語っていただけるスケールの大きな地質家である。その藤田先生が日本の活断層研究の草創者となられたということは、先生の研究の跡を辿れば当然の成り行きであろう。

「現在９００ｍ余の六甲山も大阪湾も全て第四紀以降の隆起沈降で出来たものだから、そこにある断層や亀裂等は全て第四紀断層となる。日本列島は砂山だ、日本列島は災害の宿命から逃れられないのだ」とよく言っておられた。

その折、弘海原清先生は土木や建築で多くの長尺ボーリングを実施している。それらのボーリングデータを収集すれば相当精度の高い地質構造が分かると提唱されていた。このような考え方のさきがけではなかったかと思う。

弘海原先生は阪神淡路地質のあと広く宏観現象を収集され、ラドン濃度の予兆現象の変化により地震予知する方法を提唱されておられた。また、藤田和夫先生から活断層に関する多くの知見を学ばせていただいた。

当時のダム設計にあたっては、断層や強度、風化等に着目した岩盤分類が中心であったが、ダム設計においては地質構造の解釈が不可欠だと痛感し、その後、全てのダムサイトにおいて地質構造の解釈を行ってもらうように指導することとなった。

ダムサイトの長尺ボーリングの解釈からダムサイトの地質形成の壮大な歴史ドラマが相当な確信をもって語られるようになるから不思議である。

ダムの本体設計するということは、その地の地質構造にうまくなじむようにダム規模・ダム軸を決めて築造することである。

ダムの設計の最も重要なことはダムサイトの地質構造を間違いなく把握することなのである。

実は、私の一つ上の兄、竹林亜夫は私が京大入学した時、北大理学部の地質学鉱物学の学生だった。

私が大学入学の解放感もある一年の夏休み、兄が北海道へ遊びに来ないかとの誘いもあり、北海道に行った。

兄は夏期の実習として寿都地方の地質図作りをしていた。寿都の民宿に泊まり、現地の沢や山道の露頭をロックハンマーとプラニメーターを使ってルート図をつくり地質図をつくることをやっていた。私も2～3日同行させてもらって地質調査をかじったことがなつかしい思い出である。

兄の北大地鉱の同級生だった一人が江川良武さんだ。

江川さんは北大の地質を出られ建設省に地質職として奉職された地質のプロである。江川さんは隣接する2枚の航測写真を並べて立体視することにより、地形の風化度合、変状、ゆるみ度合、断層の潜在等、過去のその地の地表の変状履歴を実に見事に読み解かれる。

天皇陛下の心臓手術をされた天野篤医師が「神の手」だと一躍有名になったが、私は江川さんは航測写真の立体視からその地の過去変状の歴史をものの見事に読み解かれる目はまさに「神の目」と称しても良いのではないかと思う。私は江川さんにお願いして何度も何度も手ほどきを受けたが、極く初歩的なところまでしかマスターできなかった。

その江川さんをはじめ、土研の歴代地質職の人達に協力を得て、活断層があるかどうかを徹底的に調査したことが懐かしく思い出される。当時の結果からは心配されるようなものはなかったのでホッとした。それと共に今後のダムでは徹底的に活断層について調査することにした。

江川さんは建設省昭和44年入省獅子の会の同期仲間である。江川さんは大学院の博士課程、私は修士課程の出なので、江川さんは2年先輩になる。江川さんが土研の地質官を最後に退官された。その江川さんの後任の地質官に私が就くなどとは辞令が出る直前まで知る由もなかった。地質官は地質職採用の重要なポストである。これまで地質職以外の者がなったことがないポストである。土木職の私が就くなどは驚天の人事だった。

（3）私と地辷り

ダム貯水池の周辺の地山はダム貯水池の水位が上昇すると地下水位も上昇することにより、地山のうち崩積土部分などは地辷りをおこしやすくなることがある。

初期湛水時には地辷りが懸念される所には地下水観測や傾斜計等を設置され、きめ細かく観測され、地辷りを防止する対策工が実施される。

土木研究所の砂防部には地辷り研究室があり、地辷りの専門家がおられた。私がダム技術に従事していた頃には地辷りの神様といわれた渡正亮さんや藤田寿雄さんがおられた。私は地辷りの対策のために両氏等と現地技術指導に全国各所の地辷り地を訪れて、地辷り対策の技術的ポイントを実地に体得する貴重な経験をすることが出来た。

日本列島は約70％が山地であり、人の居住に余り適さない傾斜面である。山地をつなぐ山岳部の道路は傾斜面を避けては通れない。山岳道路のルートは山側の斜面は切土し、もう一方の谷側の斜面は盛土とされる場合が多い。またはルートの区間で切土と盛土のトータルの収支をはかるため全面盛土、全面切土という所も出てくる。地辷り地形のところも横断しなければならない所も各所に出てくる。

地辷り地形の上部頭部に道路ルートがくれば切土することにより地辷りは安定化する。反対に上部頭部のところを盛土すれば、地辷りは不安定化して動き出すことになる。

また、地辷り地形の下部裾野部に道路ルートがくれば切土することにより地辷りは不安定化し動き出すこととなる。盛土すれば安定化する。

地辷り地形はほぼ同じ標高に連続して分布している場合が多い。

道路ルートを計画するときには斜面の傾斜面を航空写真の立体視等でよく検討すれば地辷り地形はほとんどが読み取れる。従ってルート法線を少し工夫すれば道路工事が即斜面安定化工事となる。

反対にそのような配慮をせずに道路ルートを計画すれば、道路工事により斜面はいたるところで不安定化して地辷りが起こりやすくなる。大変危険で維持管理に苦労する道路となってしまう。そのようなことより関係者を集めて私が委員長となってまとめたのが『自然に馴染む山岳道路』という本である。この本には山岳地帯のトンネル位置、橋梁位置の配慮等についても識見を満載してある。土木技術者の必読の書であると確信している地形改変箇所を少なくする方法でもある。

（4）地質官時代の2つの災害事故

私が地質官になった年、2月10日、北海道豊浜トンネル急崖崩壊事故で20人が死亡した。道路局をはじめとする建設省の幹部はマスコミに対しピリピリしていた。急崖崩壊原因究明と対策工法に検討する学識委員会が設置された。

桜井春輔（神戸大学教授）先生を委員長として外に地盤関係の京都大学の足立紀尚先生等が委員に選ばれた。私は土研の地質官として委員会に参加した。私はこれまで甲府で道路の崖崩落対策工の仕事もさせてもらったが、日頃感じることは、道路関係の土木技術者はダム技術者とは違い、地質現象をよく調査しようとする気運がなかった。事故が生じたらそのことに関しては地質もあとづけて調べるが、道路計画をする時そのルートはどこに通すべきかという検討の時、予め地質調査をよくしておけば相当大地に馴染むルート選定ができると思っている。これまでの道路計画では事前に地質調査を十分しておき、大地に馴染む道路ルートをよく検討しておくことの重要性についての意識がほとんどないということである。そのようなことがあったので、私は『自然に馴染む山岳道路』という本をまとめさせてもらった。

私はこの事故を契機として道路設計においても、ダムの地質までとはいかなくてもそれに近い地質調査をやるべきではないかと提案したが、建設省の幹部は内部の私などの意見など頭から一切聞く耳をもっていなかった。建設省内部の者が余計なことを言うなという態度であった。外部の先生方は私の意見をよく聞いてくれた。

建設省は役人社会の典型で、権力を持った者には屈せねばならない。私としては実に悔しい忘れられぬ思い出となった。建設省の体制を変えることは大変難しい。

12月6日　長野県小谷村の蒲原沢土石流で死者6人。当時の亀井静香建設大臣が急遽現地に直行し、現地で陣頭指揮をとることとなった。ついては大臣秘書、尾田栄章河川局長と地質の専門家として私の4人が建設省の専用ヘリコプター「あおぞら」で東京の専用ヘリポートから飛び立ち、約1時間で現地の小谷村の小学校か中学校の校庭に降りた。

土石流の危険性のある中で、何人が生存しているか確認されておらず、一刻を争う人命救助作戦が修羅場と化している現地で展開されている。亀井大臣はもと警察官僚である。実に見事な現地総指揮をとられた。現地の大混乱の中、マスコミの取材が現地指揮の妨害となる。亀井大臣はマスコミ陣に妨害となるからと怒鳴りつけて毅然として対応をとられたことが今でも印象に残る。

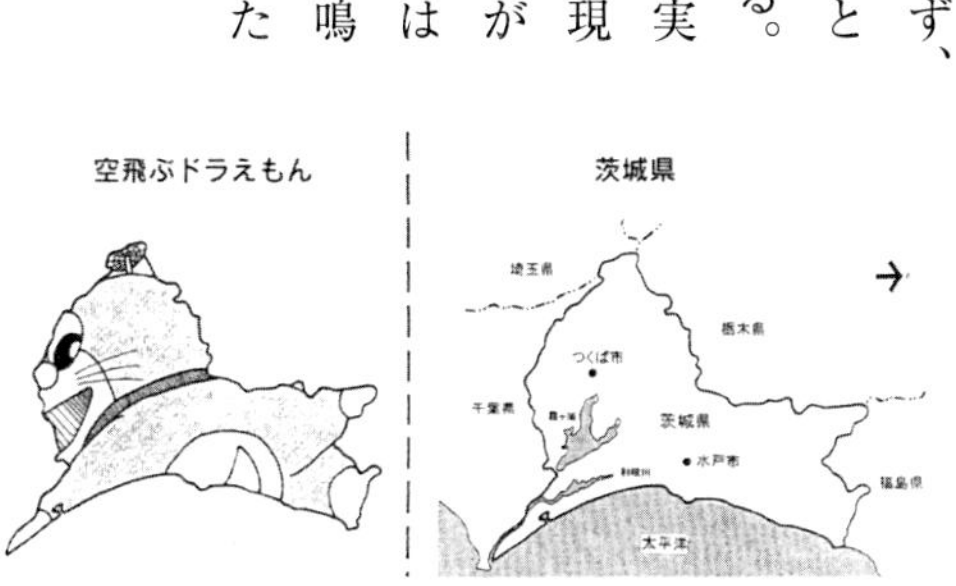

●（財）土木研究センター　風土工学研究所のあった茨城県は、風土工学的に見ると「空飛ぶドラえもん」の形に見える。

［2］公務員ボロ雑巾論

私は超零細商売人の息子として育った。自分の周りには国家公務員は一人もいない。

公務員として身近かで知っているのは小学校、中学校の教員位しか知らなかった。何も一切知らないと言える自分が、国家公務員試験上級職甲種（いわゆるキャリヤで往年の高等文官試験）として建設省に奉職し、約30年弱勤務させていただいた。

振り返って国家公務員とはどのような職業だったのか私自身の経験から感じたことを述べる。

①一般の国民の公務員を見る眼は、市役所や町役場の窓口での地方公務員のイメージで、ルール遵守第一のいわゆるお役所仕事という印象をもっているようであるが、国家公務員の本拠地である霞ヶ関の官庁街は、毎日深夜まで煌煌と明りがつき、まるで不夜城である。出勤簿もタイムレコーダーもないのに、上から下まで使命感を持って実によく働く。

公務員ボロ雑巾論という言葉がある。雑巾は使えばだんだん布の部分がすり減りボロボロになり最後は繊維のスジだけしか残らない。そうなれば雑巾としての役目も十分果たせなくなる。そのようなボロボロになった雑巾はもう役に立たないということでゴミ箱に捨てられる運命となる。

霞ヶ関の公務員はボロ雑巾とそっくりである。雑巾として役に立っている間は徹底的に使われ、役に立たなくなるとポイと捨てられる運命にある。霞ヶ関の公務員はボロ雑巾そのものだ。

②給料をもらいながら毎日が勉強させていただける極めて結構な恵まれた仕事である。

毎日毎日が旬な生きた重要課題が飛び込んでくる。

それに対して、現地の第一線の仕事をしている人・関係者が、本庁にいる公務員に理解してもらうためにレクチャしてくれる。理解できないことは、質問すれば、何でもどんどん詳しいことを教えてくれる。それも本当のことを一番よく熟知した人が直接教えてくれる。

普通なら大枚の授業料を積んで教えてもらわなくてはならないことを、反対に給料をもらいながら、それも一番詳しいその道の達人に対して、はなはだ横柄ともとられかねない態度にもかかわらず、である。

こんなことは普通一般の対等な社会では考えられないことである。それだけ、国家公務員に対する社会の期待が大きいということである。国家公務員上級職は大変なエリートなのである。まちがいなく社会からそう評価されているのである。

③また1～2年毎に次の職場につぎつぎ転勤する。それも軍隊の位が二等兵から一等兵へと進むごとく、また、小学生1年生から2年生、3年生…そして中学生そして高校生へと進級進学するように位が順次上がっていくのである。

余程の大失態でもしないかぎり降格人事はない。また長期病休とか私事都合での長期休職でもない限り昇級はとどまることはない。

小学生の高学年になれば中学受験、そして高校受験等々があった学生時代そっくりである。職階が上がれば給料も上がり、部下も増えて行き、職階にともなう権限も大きくなってゆく。超大企業でないかぎりこんなことはありえない。毎年毎年勉強しなければならないことが次々山とある。それを着実にこなして行くことが求められている。

いくら当人が大変な功績を上げようが、そもそも役人の社会では組織でやっているものであるから個人の功績となることはほとんどない。

当人の果たした役割が極めて大きいことがいくら明々白々であっても、個人の功績となることは基本的にはない。その職階には前任者も前前任者もいる。それらの人が何も処理できなかった、極めて大変な大難課題を当人の知恵と大変な労力でやられたことを関係した者全てが認めるところであっても、その当人の功績とはならない。

一つの起案書にも何十の印鑑が押してある。全て責任分散し、誰も責任を取らなくても良いシステムができている。みんなと同じくらいの成果を上げれば良い。ほどほどで良い。いわゆる護送船団方式である。「赤信号みんなで渡ればこわくない」ということである。

しかし、誰も責任をとらなければ組織全体のイメージが低下することにつながる。一番良い解決策は、特定の誰か一人に全ての責任を負いかぶせて、あいつ一人が悪いと関係者でシナリオを構築することである。

どのような人をギロチンにかけるか、突出してその件でよく働いていた者や、皆から嫌われていた者、協調性の少ない者や、際立った発言があった者などがターゲットとされる。

一人悪者を仕立てあげれば、他の全員そして組織全体も傷をうけなくて済む。いわゆるトカゲのシッポ切りである。

④公務員の仕事の大道

以上のことから公務員は1～2年たてば次の転勤が待っている。赴任して2～3カ月は、転勤してきたばかりでまだ良く分からないと言い訳できる。ひどい人は半年くらいたっても未だ言っている。

公務員の仕事で決断して行動に移さなければならない時は頻繁にやってくる。

行政とは、どんな案件でも100％皆が良いという案件はない。反対する者も賛成する者もいる。皆んなの要望を満たそうとすれば、どれだけ税金があっても出来ない。限られた予算で執行しなければならない。有能な公務員はどう判断するのか。80％の人が賛成しても20％の人が反対とさわぎ立てる。さわぎ立てる者に対してはそれらにも顔がきく有力者に抑えてもらう。そういうことが出来ない時は決断しない。何故できないかという釈明を論理的に整理しておく。こんな理由で難しいという釈明の種はいくらでもある。

ということで自分は何もしないで、釈明説明の大義名分をつけて次の後任者に引き継ぐことである。従って優等生の公務員は退職の時のきまり文句が「大過なく停年を迎えた」という挨拶状となる。

歴代営々と引き継がれたその任の難課題は何代も何代も解決せず時を刻む。

そこで、ある者が反対派20％を押し切って無理をして解決に当たったとする。その者はその任の歴代の者から嫌われて、のけ者となっていく。出る杭は打たれるということである。

80％のよくやったと評価する者は、内心は評価しても外に向かって行動は起こさない。一方、面白くないと思うものは、事ある毎にあらぬ悪いうわさを立てることとなる。

公務員の仕事の大道は出る杭は打たれるので、何もしないで論理的な釈明文をとうとうと述べることである。

⑤公務員の人事評価

公務員の仕事での業績については、余程の特別な場合を除き高く評価されることはほとんどない。

人命救助や殉職は間違いなく評価される。人命救助の機会は誰にでも平等にやってこないし、やってきてもド肝の座った強者でないと出来ない。評価されて当然である。殉職も自分の命をかけて職務を遂行したので評価されて当然で異論をはさむ余地はない。

しかし、本来業務の功績は誰に依るものであろうか。誰か一人の者の発案に対し多くの者が賛同し、関係する多くの場所場所の者が、知恵を出し合って実現する。どのような素晴らしい業績にも突出して大きな役割を果たした者がいるはずであるが、それらは大きな公務員の組織のチームワークで成し遂げたもので、特定の個人が評価されることは基本的にない。

一方、何か評判が悪いことが起こると誰か悪者の責任者を仕立て上げれば、他の関係者は皆責任をとらなくて良い。

民間の人事評価は、その社の利益に貢献した度合いで評価される。儲けという金銭で直ぐに評価される。そして民間の人事評価は加点主義である。

公務員の人事評価は加点がない。減点主義なのである。公務員の達人は「大過なく敵をつくらない者、上司の御機嫌をそこなわない者」ということになる。減点はないようにしなければならない。加点がなければ差がつかないから、釈明が論理的で説得性のあることである。

その意味でしゃべることが下手なものは駄目である。うまく要領を得た論理をしゃべらなければならない。相当利口な者でないとつとまらない。

次に敵をつくらないことである。どこで敵が出来、落とし穴がつくられているか分からない。組織の失敗は誰かが責任をとらされる。周りの者の失敗は、当人の大得点なのである。敵をつくらない方法は八方美人外交である。誰とでも歩調を合わせる事が上手でなければならない。周りのいやがることを言わないことである。そのためには、相当頭が良くなければつとまらない。

そして重要なことは上司からかわいがられて、なおかつ、あいつは出来る、有能だと思わせなければならない。

そのために重要なのが、相当手の込んだシナリオを構築しておいて少し他より抜きんでていると思われなければならない。

やはりバカでは出来ない。相当な利口者でなければ出来ない。

⑥公務員性悪説にもとづく人事異動

「風土が語る災害の宿命」をテーマに全国各地を訪ね歩くと、必ずその地の災害の宿命に対し立ち向かって戦ってきた先人の足跡を知る。

災害の宿命に立ち向かうべき職務の人は、国交省や都道府県庁の河川を始めとする防災の技術者集団ではないのだろうか。しかし、明治以降の災害の歴史を調べてもそのような人の名前がほとんどあがってこない。何故なのだろうか。

公務員の性悪説にもとづく人事異動の制度にあるように思えてならない。

市町村の防災担当の技術者は、重要な水防箇所は国や県の管理区間になっているので権限が及ばないし、予算もない。国や県の技術者の権限が大きい。

国の公務員は2～3年で転勤してしまう。宿命に立ち向かうには2～3年では何も出来ない。何故もう少し長く勤務させられないのか?

それは性悪説にもとづく。権限の大きいポストに長く居ると汚職が生起するからだという。国の出先事務所の担当者はトップの所長から課長クラス、係長クラス、一般職員に至るまで全て、ほぼ例外なく2～3年で職務を変える。将来、国家行政組織のトップになると見なされている超エリートから、将来そのようなことが考えられない人も含め全員同じ人事異動ルールである。

［3］公務員エスカレーター論

軍隊の社会は歴然とした階級社会であり、上官の命令は絶対である。下士官は従わなければならない。指揮権の順も明確である。そうしなければ軍隊の規律が保てないからである。平和な役人の社会は戦場を持つ軍隊社会ほどではないが、よく似ている。

同期入省組は入省以降、10数年くらいごろまでは、ほぼ同じように階級を昇って行く。それからは徐々に、重要なポストに就く者とそうでない者との差が誰が見ても分かるようになってくる。また入省年次の逆転の人事は行わない等、きめの細かい配慮がされる。決定的な差をつけられるのが、ある年次の者が要職に就けば、その年次より上の扱いの者は退職して行かねばならない。この公務員人事の仕組みは何も文書化されていないとは思うが、脈々と伝わっている組織の知恵である。

民主党政権になって、公務員の人事制度にも相当メスを入れられたが、このところは変わっていないと思われる。何故か非常に合理的な非の打ちようのないルールであるからである。

この序列は公務員退職後も何となく続くのである。あの世まで続くエスカレーターのような感じである。一年上はいつまでたっても一年上であり逆転することはない。かつての上司は、退職後何年たっても上司であり、OB会などでは当時をなつかしんで所長とか部長と呼ばれている。

私は純粋な民間の実社会を経験していないのでよく分からないが、民間では役人の社会ほどOB会は多くないようである。民間社会では退職すれば、かつての上司、部下の関係のつき合いも余りないように聞く。役人の社会では、このエスカレーターに乗っている2人の関係はどちらかが死亡して一人になるまで続く。反対に言えば、上司・部下の間柄はどちらかが亡くなるまで序列は変わらない。終身エスカレーターみたいなものだ。

役人の世界では、入省年次と役人としての最後の官職はどこまで昇進したかでその人物の評価は決まる。役人後の人生の処遇というか、天下り先が決まる。役人後の人生に対する逆転評価もない世界である退官の挨拶状に「大過なく、何十年の公務員生活をすごした」と書ければ、順風満帆の第2の人生が約束されている。役人時代の最も大切なことは、四方八方に目を配り、少しでも危ないことには近寄らず、危ないと思えることは決断せずに先延ばしにして、成果などをあげなくてもよい。まずは減点になるようなことは一切しないことを旨として、石橋を叩いて渡るというよりは、出来れば石橋を叩いて渡らない方が更に良い。周りの人から変な噂など立てられないようアンテナを高くして、上司の御機嫌を損なわないようコツコツ勤め上げることなのである。懸案の課題も周辺状況が熟してくれれば、熟した柿がいずれ落ちるように、永年の課題も解決する。その時に少し知恵を出せば簡単に解決する。

要は、役人生活とは、国民の税金でもって、国民のために役に立つことをあやまりなく行うことである。誤りは許されない。定められた方法で定められたレールを踏み外すことがないようにコトンコトン着実に進めること以外にないのである。

定められたレールから一度脱線したらどうなるのであろうか。脱線した車輌を元に戻して使う道はないのである。脱線して転覆した車輌はスクラップにして廃棄処分する以外にないのである。

［4］大過だらけの役人生活・七転八倒の日々

民間人ならば転職後の全く別世界で評価をされたり、新しい商売で大当たりをして大成功をする人の話もある。波瀾万丈の生涯というものに一番遠い生き方が役人生活である。学者や研究者ならば、発明・発見で一挙に名を挙げたり、特許で大儲けをしたりする者も現れる。土木技術の社会ではノーベル賞も無ければ科学技術の何々賞とか、文化部門の各種多様な何々賞とか、小説の芥川賞とか直木賞などという類のものとは一切縁のない社会なのである。土木の社会も役人の世界は特にそうである。

古稀を迎え、しみじみと人生を顧みるに、土木技術役人として、大過なく役人生活を勤めあげ、その後の約束された順風満帆の人生を「上の上」の優等生の生き方とすれば、私などは大過続きの役人生活、その後の七転八倒の日々の人生はまさに「下の下」のもっとも下手な劣等生の生き方、失敗と挫折の連続、反省ばかりの人生だったと思えてくる。

（1）役人生活約30年の生き方の反省

私は周りの人の目を一切気にしてこなかった。世のため、人のため、自分の信ずる社会のための仕事に没頭してきた。その結果、他の人なら到底出来なかったであろう数々の成果、業績も挙げることが出来た。

その反面、多くの失敗と挫折の連続であった。周りから、身内の部下からも変な噂を立てられたことが何度もある。

良いことをすれば、必ず分かってもらえる。人を貶める噂を立てる人の方がみじめな人だと私は下げすんできた。

一般公務員の王道、「大過なく」ではなく、大過だらけの公務員生活を閉じることとなった。

最短で公務員を退職せざるを得なくなるだけでなく、公務員後の人生も全て自分で切り開いて行かねばならなくなってしまった。

当然と言えば当然の結果ということである。

（2）七転八倒の悩み多き日々の始まり

早期退職後の生計をどうしてやっていくのか、子供は未だ小さい。家族を養って行かねばならぬ。どのようにして日々の生計（家計）を立てて行くのか。

勤続年数が少なかったので退職金も年金も少ない。到底これでは家族を養って行けない。

新しい職業の道をやり直すにしては年齢も50才の大台にのった。新しい職業の道を選ぶにはあまりにも遅すぎた。これまでやってきた土木技術以外の道はないように思われた。土木技術の道で生計を立てねばならない。広い土木の中でも私がやってきたのはダムである。しかし、当局（権力者）からは私にダム技術には近寄るな!!　ダム以外で食って行けとの強い命令である。

一体どのような道を歩めというのか、七転八倒の苦悩の日々がつづく。苦悩の日々、苦悩解決のためにやったことは、どこかに救いの道があるのではと渉猟の日々の末に、出合ったのが感性工学だった。機能一辺倒で人間味を見失っている土木には何か欠けている。それを教えてくれたのが感性工学であった。そうだ土木技術に感性工学を取り入れよう!!　心を入れない〝ものづくり〟に、心を入れる〝ものづくり〟の方法があることに気がついたのである。その次に出合ったのがお釈迦様の説く仏教だった。行き詰まり、方向を見い出せない土木に新しい道を拓くには、仏教の教えを取り入れる方法があることに気がついた。

バラバラのタコ壺の中に合理性を追求して進展をしてきた土木技術に欠けているものは、全体をまとめて見せる哲学であった。そう教えてくれているのが仏教だった。

(3) 七転八倒の苦悩の末に風土工学の誕生

七転八倒の苦悩の日々を経て、渉猟の末に出合ったのが感性工学であり、仏教哲学であった。

新しい風土工学が誕生したということで、新聞に何度もとり上げられ、その年の最優秀博士論文として前田工学賞や科学技術庁長官賞等の受賞と相次いで風土工学は土木関係の社会では相当広く周知されるところとなった。しかし、認知されたかに見えたが、東大教授等、大学の権威者が牛耳る土木学会では、権威者の率いる景観工学が学会の中で幅を利かせ、にわかに登場した風土工学など認める気運がない。風土工学を認めると、景観工学などという見た目の良さを追求することなど浅はかに見えてくるからみじめに感じたのであろう。

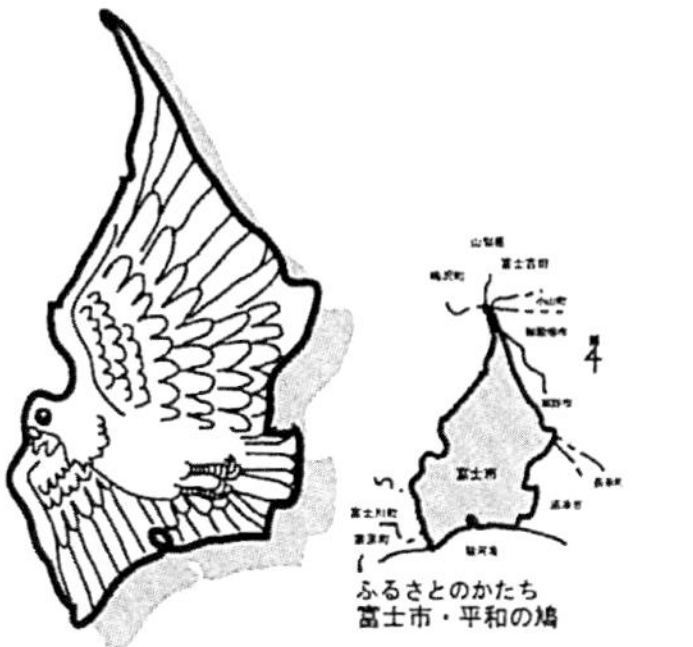

●静岡県富士市の形は、風土工学的に見ると、鳩の形に見える。

[5] 役人から大学教授への転身

大学教授と言えば、社会はその道の専門家として評価してくれている。大学教授と言われて10数年経つ。

私は文理融合の風土工学という全く新しい工学体系を構築して大学教授になった。文理融合の全く新しい学問分野なので、それを社会に認知してもらうためには、学問的実績を積まなければならない。そのためには学会という学者の研究会に所属して、自分の考えていることを研究論文としてまとめ、それに関心のある人に聞いてもらい評価を重ねて行かなければならない。

大学の研究者は何らかの学会に所属して、その学会をベースにして研究活動をしている。私の風土工学は全く新しい文理融合の学問であるので、よって立つ学会がない。

私はもともとは土木学会に所属していた。

大学時代は河川学・水理学教室に所属していた関係もあり、建設省の河川管理を職に選んだ。その意味で私の主たる研究のベースは河川工学である。河川工学の中でも特にダム建設に長く従事してきた関係で土木学会の岩盤力学委員会の副委員長もやった。

土研のダム部長から環境部長への辞令を平成6年4月に受けた時、もうこれで私の行政官への道は閉ざされたのだと直感した。建設省を退職する日まであと何年も残されていない。将来、何で生計をたてて行くことになるのか不安はつのる。

そのような折、いくつかの大学から非常勤講師に来ないかという話が飛び込んできた。土研の職は研究職なので本来の業務に支障の出ない範囲、土曜日等なら良いと許可が出た。そのようなことで最初に引き受けたのが平成7年度で東京工業大学大学院の非常勤講師だった。通年ではなく毎週土曜日の半期1コマか2コマ担当した。当時私がまとめていた「建設環境特論」と題して講義した初めての講義でもあり、その準備も含めて相当負担になった。

最近確認したところ、土木工学科か社会工学科か大学院の講義かが不明確になっている。

○東洋大学の非常勤講師

私が大学で教えることになった端緒は、建設省の大先輩で上林好之さん（早稲田大学出身でデレーケの研究をしていた）が、東洋大学の非常勤講師を長年していた。その上林さんから「自分は長年、講師をしてきたが、ボチボチくたびれたから辞めたいと思う。大学の方でそれなら誰か適当な後任を探して欲しいと言われたので、私の後任として推薦したいがどうか」という話であった。私は行政職から離れ土木研究所に籍を移していたので、将来何が起こるかも知れないので、報酬はスズメの涙程度だったが、引き受けることにした。場所は東武東上線で川越の先に東洋大学のキャンパスがある。工学部はそこにあった。毎週土曜日午前中に一コマか二コマの授業を平成8年から3年やった。「建設環境論」と新しく構築した「風土工学」を講義した。

当時はパワーポイントがなく、ＯＨＰのフィルムで行った。そんなことで実に多くのＯＨＰのフィルムをつくった。

○鳥取大学

平成9年、土研を退職し土研センターに行ってから、鳥取大学から非常勤講師の話がきた。「鳥取は遠くて行けない」と難色を示したら、「半年間でやる講義を2泊3日で風土工学と建設環境論を集中講義してほしい、そして最後には試験をして点数をつけてくれれば良い」ということになり、1回出張すれば終わるので引き受けた。

夜は工学部の土木の全教授が出席の歓迎会の一席をもってくれた。鳥取大学工学部土木工学科の同窓会の名簿には私の非常勤講師歴が今も残っている。

この他、新しく風土工学を構築したことで、いろいろな大学から講演依頼が来た。講演後、感想文を書いてもらった大学としては、岡山大学、山口大学等が記憶に残っている。徳島大学や愛媛大学でも講演したが講義の形とはならなかった。

○山口大学工学部

中川浩二先生と古川浩平先生から、講演を頼まれて1泊2日で講演をしに行った。学生のほか社会人も入っていた。

○岡山大学

河野伊一郎先生が環境理工学部の部長をされていた。河野先生からの要請で行った。最近調べてもらったら、書類上は非常勤講師の形になっていなかったようである。

このような多くの経験を積み上げて、いつ大学から教授で迎えられても、明日からでも講義の1コマ2コマ位は負担なくこなせる準備は出来た。

○ものづくり大学

建設省を退官し、土木研究センターに席を移したが2〜3年で次の職を探さなければならない。その時、富士常葉大学を作るので来ないかと徳山明先生から誘われて行く準備のため文部省の書類審査にかかっていた時、東洋大学の萩原先生から、埼玉県に全く新しい「ものづくり大学」という大学を作ることになったので、是非参画してほしいとの話が来た。富士の大学の話が進んでいる時であった。富士は通うのに遠い。ものづくり大学の話がもう半年早く来れば、埼玉の方が近いしこちらは工学系である。富士の環境防災学部は文理融合である。当然、ものづくり大学の方を選んだと思う。悔やまれたがいたしかたがない。半年の差が悔やまれる。

○山口大学大学院理工学研究科

富士常葉大学の教授ということで、約10年仕事をさせていただいた。富士常葉大学も近く去らなければならない。ＮＰＯ法人の理事長では社会が相手にしてくれないところがある。やはり、私立でも大学教授と言うことであれば、アポイントもとりやすい。やはりどこかの大学の先生の肩書があった方が良いと思っていた時、たまたま、土研の後輩の川崎秀明さんが山口大学に行っていた。川崎さんにお願いして山口大学の非常勤講師になった。関根雅彦先生が引き受けてくれた。

○富士常葉大学名誉教授

私はいずれ近いうちに、大学との縁（客員教授や非常勤講師等）はすべてなくなる時が来る。それ以降大学の名刺は使えないことになる。そうなれば、アポイント等をとるとき、民間人の肩書だけでは、なかなかアポイントが取りずらい。そこで考えたのが名誉教授の肩書である。名誉教授は一生使える。名誉教授の肩書はどのような人に与えられるか。どんなに素晴らしい学問的な功績があろうとも、名誉教授の肩書はもらえない。というのは、その人がどれだけ素晴らしい学問的功績があったと誰が認めるのかということである。細分化した現在の学者の世界では、客観的に評価できる人がいない。従って、大学教授職相当を20年（大学によって少し違いがあるようである）以上勤めた人としている大学が多いようである。私は富士常葉大学の教授は9年で停年を迎えた。その後、2年間は風土工学研究所が存続していたので、客員教授の肩書であった。大学附属の風土工学研究所は私が創設した属人的な研究所である。風土工学研究所は大学創設と同時に創設したので、11年間存続していたことになる。風土工学研究所の所長は当然私が務めた。名誉教授の要件に学長とか学部長とか図書館長等の役職をしていた期間は勤務年数をダブルカウントするという特例がある。風土工学研究所の所長も役職である。そうすると、私は、教授職が9年、客員教授が2年、それに風土工学研究所所長職が11年ということになる。合わせれば教授職トータル　22年ということになる。ということで富士常葉大学との縁が全て切れる時に、名誉教授の学位を与えてほしいと要求した。大学は創立10年を漸く過ぎたところであった。まだ誰も名誉教授はいない。初代学長の徳山明さんを名誉教授の第一号として、私に名誉教授第2号の称号をいただけることになった。富士常葉大学は私立の大学ではあるが、大学の名誉教授という肩書が一生使えることに意義があったのである。

○山口大学時間学研究所客員教授

山口大学大学院工学研究科非常勤講師を2年間勤めた。3年目はどうするかと考えた。

今後、風土工学の普及開発活動を続けるには、何かの肩書が必要であるが、既に富士常葉大学の名誉教授の肩書がある。それにこれまでの山口大学の非常勤講師の肩書は余り役に立たない。名誉教授の肩書がなければ、非常勤講師の肩書も意味があったかも知れないが、名誉教授の肩書であれば、非常勤講師など無い方が良いのではと考えた。非常勤講師として一年に1、2度大学で講義するのは負担ではないが、肩書は客員教授にならないか、関根先生に申し入れた。

24年になってから、関根先生から山口大学の時間学研究所で客員教授を募集している。応募してはという話があり、早速応募した。非常勤講師は余り過去の研究実績を問わなかったが、客員教授となれば、大学教授の審査と同じだけ詳細な研究実績の審査が必要であった。無事審査に合格して、客員教授となったが、時間学研究所の研究に着手しなければならなくなった。

景観・風景・風土

景観は　一刻のあだ花
　　近く散りゆく　はかなき定め
風景は　ふるさとの舞台
　　忘れがたき　懐かしい山川
風土は　人々を育む
　　大地に刻された　天の作品

景観は　風景の中に　佇んでいる
風景は　景観を温かく　見守ってくれている
風景は　風土の中で　育まれている
風土は　風景をつつみ　受け入れてくれている

［6］私は講演が大嫌いである

「風土工学」で日本初の博士号で一躍時の人に私は建設省の一介の土木役人で人生を終わることになっていた。国家公務員試験上級職甲種として建設省に毎年30人位採用される。そのうち3分の1位は役人として評価も得て、建設省の幹部（局長以上の指定職）となり、退官後はしかるべき世に言う天下りポストにも就け、一応成功者とされるだろう。指定職となれなかった者は、元土木役人の専門家としての知恵で民間人として自分の役割を果たしてゆかなければならない。私は退官の直前に誰も考えつかなかった独自の「風土工学」という学問を構築し、日本初の風土工学の博士号を得た結果、一躍時の人となり、建設省の元土木役人としては異端の人生を切り開いて行かなければならないことになってしまった。

平成8年（1996）の末に京都大学から風土工学の構築で博士号を授与されると、建設関係の新聞社等は競って風土工学に関する記事を載せたり、特集号を組むようになった。

常陽新聞1997年1月7日に「風土工学で初めての博士号、建設省土木研究所の竹林さん、地域の個性に光り、ユニークな着眼で評価」をかわきりにして、日刊建設工業新聞が「風土工学のすすめ」と題して1997年1月13日から6回にわたり特集号を組んだり、日刊工業新聞が1997年5月7日から5回にわたり「テクノ紀行・風土工学のすすめ」と題して特集号を組んだ。

また、日刊建設工業新聞が第2弾として、1997年2月20日から「次世紀へ〝所論・諸論〟」欄に16回にわたり「風土工学の視座」の特集号を組んだりしてくれた。

このようなこともあって「風土工学」の名称は一瞬にして土木建築分野では知れわたることとなった。ＮＨＫも朝のニュースでとり上げてくれたこともあり。

そのような中、私は１９９７年（平成9年）3月末で建設省を退官して、4月から給料をくれるところがなくなり、2～3年の期限を切られて急遽軒先を借りることとなったのが土木研究センターであった。

土木研究センターでは、軒先は貸してやるが風土工学の名前で自分たちの給料は稼いで来い、当然上納金は必要ということになった。

しかし、海のものとも山のものともわからない風土工学で仕事を出してくれるところなどない。まず、風土工学について講演活動をして、世の中に広めなければならなくなり「風土工学とは何か」等の題目で全国各地で講演活動をしてまわることとなった。私は風土工学の普及啓発活動で当初の3年間で計数百回全国各地で講演してきた。この数字を聞けば、人から講演のプロではないかと思われるかもしれないが、実は私は講演は下手で大嫌いなのである。

小学生の頃より、人前でしゃべるのが大の苦手なのである。大阪弁の訛りが強いし、早口である。また、喘息を患ってからは気管支が損傷したのであろうか、ガラガラでかすれ声で何を言っているのか聞こえにくいところがある。私は小学校時代から授業をまじめに聞かなかったことから、どのようにしゃべれば聞き手が理解しやすいかと考えるのが苦手であった。風土工学の普及啓発を始めた頃はＯＨＰが最盛期で、どのような講演活動にも分かりやすく答えられるようにＯＨＰフィルムを実に多く作成した。

［7］日蓮上人の石つぶて
―風土工学普及啓発活動―

風土工学研究所を開設したが、世間は風土工学には風当たりが強く冷たかった。

北大の五十嵐日出夫先生は、「これから風土工学の普及啓発活動で全国行脚の旅に出なければならないだろう。その行き先によっては石つぶての嵐を受けることもあろうが決してめげずに普及してほしい」と励ましてくれた。

五十嵐日出夫先生の予言のとおり、風土工学研究所設立当初の1～2年間は特に多く年に１００回程度全国各地で講演して回った。

その結果どうなったか。風土工学についての認知度は全国に急速に広まったが、その一方で、私が提唱・普及を目指しているものを面白くないと思っている人達からの拒否反応がより激しく、堅固なものとなっていったようだ。土木学会で景観委員会を構成している方々にとっては、景観設計などは低次元だとする風土工学は面白くないことは間違いない。土木学会など大学の先生がたからは風土工学は今だに無視されつづけている。また、役人社会においても、私と年次の近い一部の人達にとっては風土工学が脚光をあびることは面白くないようだった。

しかし、役人の社会でも、私と年次が離れている年上の人達や年下の人達からは素直に風土工学を評価していただけるようになってきた。

残念なことに、風土工学を面白く思わない方々が未だ多くおられ、その人達からのいやがらせが続いている。現在の世はその人達が社会の中心の役職についている。その人達からは、風土工学は村八分の状態がつづく。これは、日蓮上人の説法に対する「石つぶて」ということであろう。

【二】普及啓発・つくばに「風土工学研究所」を開設

［1］退官、身の振り方の苦悩（1997・3）

建設省を退官後、財団法人土木研究センターにお世話になり、そこで風土工学研究所長という肩書きを付けてもらった。そうすると、かつて建設省の所長時代の職場で秘書をやっていただいた女性から、「竹林さんはいいですね。建設省を退官しても、国のつくった財団法人に天下ってそこの研究所長さん。国から研究費をつけていただいて自由に好きなことが出来て」と羨ましそうに言われた。とんでもない誤解であった。

まず、国家公務員の役人の天下りについて世間の人は誤解しているようだ。国家公務員は指定職になれば給料も退職金も格段と上がり、なおかつ、第2の職場もしかるべきポストが用意されていて、給料も身分も保障されている。このようなケースでは天下りといえるのかもしれない。私の場合はまったくそのような甘いものではなかった。指定職でもなく、高い給料でもないものが財団法人へ行っても、給料はダウンし、経営者側の役員でもなく、働き蜂の部長待遇で、2年先には追い出せと当局から命ぜられている。役に立たなくなると使い捨てとなる運命のボロゾウキン以下である。

君はダムが専門だが、ダム以外の環境も強いからダム関係には行くなと言われて紹介されたのが、環境関係のコンサルタント、それも主流は理学部の生物職のコンサルタント。土木職の者はどちらかと言えば、サブのコンサルタント。役所で第2の人生の斡旋先をことわれば一切、役所は面倒を見てくれないことは山ほど聞かされている。

しかし、そもそも定年まで身分が保障されている国家公務員が、自己都合でなく、これから働き盛りという時、定年まで10年以上も早くクビになって、尚かつ、自分の特技を生かせる職場でなく、能力を生かせない所に命令的に斡旋される。自分の能力を生かせる職場は、やはり、工学ものづくりの職場である。役所からの斡旋を断わった先がみじめなことは、これまでの多くの先輩の事例からも非常によく知っている。しかし、その斡旋にのればあまりにも自分がみじめであった。意を決して、私の人事を担当された職場の上司の方々よりも、更に先輩で相談にのってくれそうな方に相談した。その方はその当時、外郭団体の理事長。また、その理事長は「君のような人が来てくれたらうれしい」と言ってくれたので、私は役所をクビになったらその外郭団体に行っても良いと考えていた。しかし、現職の立場の人が別の道を斡旋したものを、いくら先輩でも逆らえない。なぜその外郭団体の所へ行けないのかを聞いた。「来てほしいのは山々だが、現職には逆らえない」。その外郭団体がだめと分かり、土研センターの理事長が「来てくれたらうれしい」と言っていたので土研のOBが行く土研センターでも良いと考えた。一度民間に行けば、公の立場の発言や活躍することは一切閉ざされる。私のこれまでの職歴から、私の特技を生かす道は民間に行けば閉ざされる、出来るだけ公に近い立場の職につくべきだと考えた。

また、私の能力を評価し、私の第2の人生を心配してくれている先輩に相談にのってもらったら、「民間に行くな、出来るだけ公に近い職につけ」というアドバイスをいただいた。また、私学の大学で活躍されている先輩に相談にのってもらったら、「君は実学で面倒を見てもらえないなら、大学の先生になれ。君はそちらの方も向いている。是非共大学の先生になれ」とアドバイスしてくれた。

しかし、大学の先生の道も少子化の時代となりあまり話がない。いつそのような話があるか分からない。それまでどこかで仕事をしなければおまんまの食い上げになってしまう。

土研センターの理事長と理事をやっておられた二人の先輩は、土研OBでクビになれば行く所がなければ土研センターが引き受けることになるのでということであった。自分から動かなければそうなるということであった。

そういう背景のもとに、役人の大先輩から斡旋されたものを断る場合には順番があるとの忠告を受けた。まず、コンサルタント会社を直接斡旋された方の所へ行き、理学・環境関係のコンサルタントは私には向いていないこと、更に自分は将来、話があれば大学の先生になるのが良いと考えていること。その場合、一度民間に行けば大学への転進もやや難しくなる。できれば、建設省の外郭団体の方がうれしいのだが、と申し上げた。「君は大学への話は絶対にありえない。紹介してやったコンサルに行くべきだ、コンサルへ行きなさい」と、命令ではないが、命令に近い語調を強めて申された。しかし、私の一生の問題なので、そのコンサルタント会社には断っていただきたいと申し上げて部屋をあとにした。

次に局長のOさんの所へ行った。同じ趣旨のことを申し上げたら、「君はダム一本でやってきた人間、しかし、ダム関係者で来てもらったら非常に困ると、拒否反応がある人がいるので、ダム関係に斡旋する訳にはゆかない。君はダム以外でも環境など何でも食って行けるではないか。Sコンサルへ行けというTさんの言うようにしたら」とダメ押しされたのである。その足で、民間との窓口のOさんの所へ正式にS社のあっせんの話は断るよりなかった。

夢のある「ふるさと」に向けて

〝夢の実現に向けて〟夢のない人生はつまらない。
同じように、夢のない地域はつまらない。
このふるさとの風土に、どれだけ夢を生み出す人がいるか。
夢を見つけ出す人がいるか。
それがこの地の将来の明暗を分ける、大きな指標の一つである。
智慧と熱き思いは、夢を現実にする力を持っている。
智慧は夢の中で種子が生まれきて、熱き思いの中で大きく育まれる。
個の発想より夢は生まれ、群の想像にて夢の結実に向かう。
夢の実現に向けて、大切なことは熱き思いの過程であり、結果ではない。

［2］土研から土研センターへ（1997・3）

その後3月の中頃になって民間との窓口の方からの呼び出しで「土研センターに行って貰う。しかし、東京ではない。つくば勤務である。年限は2年、最大3年以内に自分でその後の行き先を決めて、土研センターを出ること。更に、条件としては、東京の外郭団体の場合は役所の給料より若干上がるが、君の場合は土研センターでつくばであるので給料は下げる」と言われた。

後で人から聞いたことだが、民間との窓口の方は土研センターの幹部に「2年たったら土研センターを何がなんでも追い出せ、そして一切面倒を見るな」と強く申しわたされたという。そのような経緯で土研センターのつくばに勤務することとなった。土研センターの理事長はその3月末でかわられた。また、専務のＴＡさんから「君は家から通えないのでつくばに宿舎を借りてあげる。そして、自宅との行き帰りのため車をあてがってやるので辛抱しろ」という話があった。カローラの中古くらいのものを探して来いという話だったので、あわてて、自宅の近くの中古車センターで言われた金額の範囲内でより古い型のマークⅡを買うことにした。その時の条件としてはどうせ2～3年なんだから2～3年たち、土研センターを去る時、その車はスクラップで君に払い下げてやるからという話であった。

その後、良い大学からの話もあったようだが、建設省本省の上の意向で全てつぶされたらしいという。私を呼ぼうとした大学の先生が人を介して私に教えてくれた。なるほど、あれだけ強く大学などの話は絶対ないので、命令に近い環境の理学部中心のコンサルへ行けと言ったのはそういうことだったのかと唇を噛んだ。

一方、土研センターのつくばの方では、1階が実験室、2階が執務室であったが、私のような存在が大きい者を置くスペースがないということで、1階の2つある実験室の使っている所に一室をあてがってくれた。そして、給料については、本省から言われたものは出すが、土研センターは独立採算制なので、自分の給料分は自分で稼げと言うことであった。これまでの税金まるがかえの国立の研究所と違い、民間の研究所であるので言われて見ればそれはあまりにも当然のことであった。

しからば、私の名刺に刷る肩書きはどうするのか。私はこれまで、ほとんどがダムの仕事をやってきたので、ダムの仕事では、仕事を出してくれる現場もあるであろうが、ダムの仕事はダム技術センターとかダム水源地環境センターの分野なので、そのような仕事はそちらの方とバッティングするので一切ダメであるという。他のセンター等が一切かかわりのない所で自分の給料分を稼いで来いという当局の御下命である。

私のこれまでの経歴から、ほとんどがダムであり、環境も2年位部長職もしたが、私に出来るのはダムの環境分野ということになる。ダムの環境分野は、ダム水源地環境センターなのでそれもダメということである。まさに八方ふさがりとはこのことか。

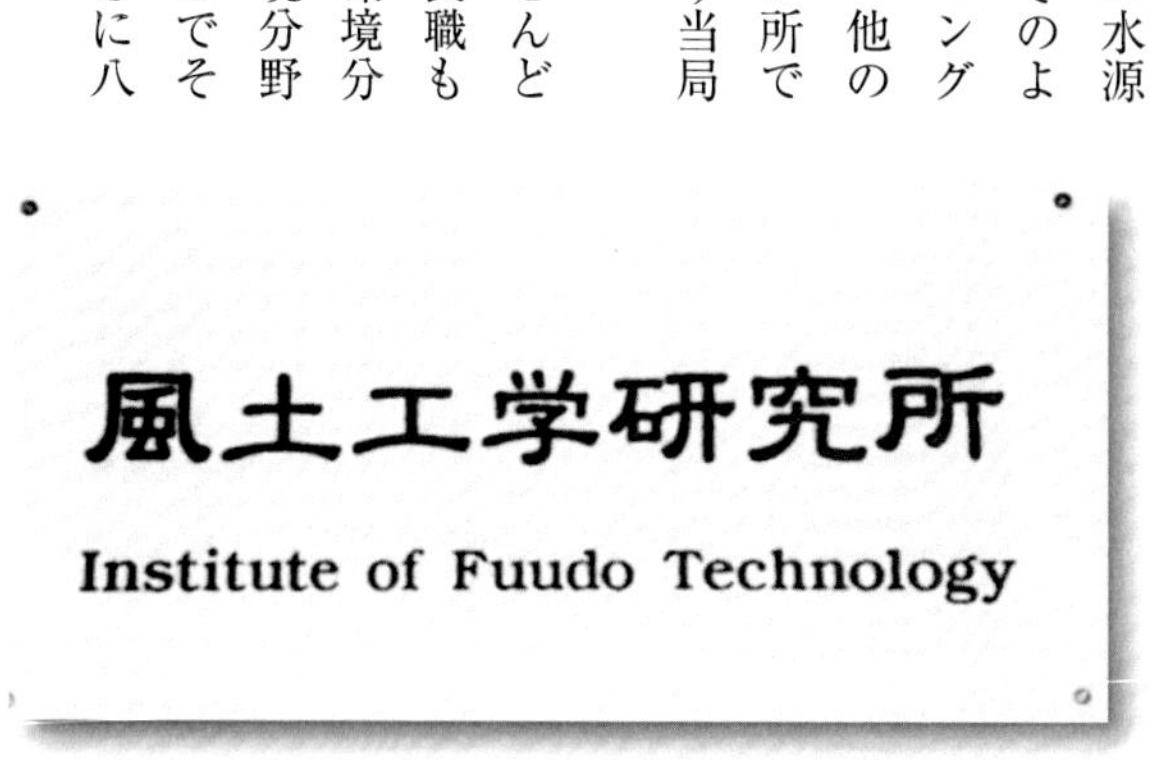

●（財）土木研究センター風土工学研究所の看板

水門の風土工学的研究委員会　平成 11 年 6 月 25 日　於：料亭那覇
中川博次先生顧問として竹林が会長となり「水門の風土工学的研究委員会」を結成して、
水門鉄工メーカー各社の中心的技術者との技術研鑽会をつくった。沖縄への視察旅行にて

土研センター風土工学研究所当時、風土工学現地勉強会を企画。所員と共に荒船湖にて

［3］風土工学研究所誕生

土研センターの専務は、「お前は退官する直前に風土工学という、訳のわからないことを言っていたではないか」と意味ありげの問いかけをした。風土工学という新しいジャンルで博士号をとったのは、4カ月程前の11月末のことである。年が明けて1月の初めに建設専門紙が大変珍しい部門で画期的な博士号をとったということで、数回に分けて大きく記事としてとり上げてくれた。世の中に風土工学などという訳のわからない分野が知れはじめ出したのがせいぜい3カ月前のことであった。こんな分野で仕事を出してくれる現場がある訳がない。大変不安であった。

したがって、もう少し社会に理解してもらえそうな名前として環境文化研究所長ではどうかとTA専務に話をしたら、「とんでもない。環境文化というようなそんな大それた名前はダメだ」という。しかし、お前が提唱している風土工学研究所長なら良いということになった。TA専務が環境文化・風土工学の概念をどう理解しておられるかという疑問は残ったが、そのような経緯で風土工学研究所長という肩書きをつけていただいた。私は肩書きはつけてもらっても、一人で仕事は一切できない。これまで、自慢にならない恥ずかしいことであるが、ワープロはしたことがない。ましてやパソコンなど手も触れずに仕事をしてきたもので、一人では一切何も出来ない。

ついでだが、電卓もほとんどたたいたことがない。ほとんどソロバンの時代の人間なのだ。しからば、土研時代から多くの論文を書いてきたではないかと言われる。私は土研という研究所に勤務はしたが、行った時は部長職という立場であり、直接自分で研究テーマを持たず、研究員の研究指導する立場であったので、自分が直接計算機を使うということはなかった。どのようにデータを集め、それをどのような集計手法か、解析方法で分析して、どう解釈するかということであった。また、多くの雑誌等にも多く投稿論文を書いて来たではないかと言われる。私のヘタな読めない字を読んでワープロを打ってくれる人がいたから出来たのである。

ダム部長当時は、雑誌「ダム日本」に「ダム・ダム湖名称考」と題するエンドレスの毎月号10～20頁程度のボリュームの連載をしていたが、その時手伝ってくれたのは、フィルダム研究室にいた福谷さんという女性の方だった。ワープロにない碑文の文字等をよく打ち出してしてくれた。福谷さんはその後、土研の他部の研究員と結婚された。頭も良く、気立ても良かった。素敵な奥さんになっておられると思う。

「知」「敬」「馴」の視座

～はが（我が）のをに（鬼）～

風土は輝いている
風土が泣いている
風土の心を知るほど
風土を敬愛することとなり
風土に馴じむものが生まれる

●その地の風土を知れば「知る」ほど、その地を「敬い」愛することになります。敬えばその地に「馴染む」地域づくりの土木ができます。「知」「敬」「馴」の地域づくりが風土工学の〝こころ〟なのです。

【三】多くの方々に支え導かれ　感謝・感謝

［1］発足当初の研究所に参集してくれた面々

その後、環境部長に移ってからは、河川環境研究室の小倉典子さんが私の仏教の環境論とか難しい論文を実に手際良く処理してくれた。私が地質官になって階が5階から3階に変わっても、引き続き小倉さんがワープロや難しい図面化等を手伝ってくれた。私の博士論文は小倉さんが手伝ってくれなければおそらく出来ていなかったと思われる。私が地質官を1年で退官することを察して小倉さんも土研から次の職場を探されて、3月頃から工業技術院に再就職先を決められた。私が土研をクビになってもつくばに勤務することが確定していたら小倉さんをそのまま引き続きお願い出来たのだが、私は1月から3月の中頃まで、どこへ行くのやらさっぱり決まらなかったので、小倉さんは工業技術院に就職していくこととなった。私が土研センターに行くことになり、また、つくば勤務ということが決まったのは3月の末頃であったので、到底間に合わなかった。

しかし、4月16日より土研センターのつくばに勤務することとなってから、既に工業技術院に行っていた小倉さんに、是非共土研センターに来て、私の手伝いをしてほしいとお願いしたところきてくれることとなった。

次に風土工学研究所という看板が出来て、私の居る机と椅子はつくってもらったが、自分の給料は自分で稼げという。当然の事と言えば当然の事である。しかし、条件が自分のこれまでやってきたダム技術や環境技術に関するものは一切ダメということであり、新しく構築した風土工学という分野で稼ぎ出せということであるが、この学問がビジネスになるかならないか全く見通しがない。絶体絶命の窮地に追い込まれた。

自分一人ではワープロもできない、電卓程度でコンピューターも使えない。それではビジネスにはならないということで、誰か私の風土工学を手伝ってくれる若い技術者の手助けが必要だった。そこで、風土工学の構築課程で実質的に手伝っていただいていた野村康彦さんに相談して来ていただいたのが、日建設計の鈴木義康さんである。もう一人は、どこから来ていただけそうかと悩んだ。私が開発課、土研時代から一番親代わり的にいつも相談に乗っていただいていたＩさんに相談したら、Ｉさんがもといた建設技術研究所が、新しい部門に若い人を派遣する余裕があるというので来ていただくこととなったのが下田謙二さんである。鈴木さんは野村康彦さんの下で風土工学の事例研究をこれまでやっていたので最適任であった。また、非常に明るく、冗談を言いながら新しい研究所のムードを明るく作ってくれた。

一方、下田謙二さんは東京学芸大学でデザインを専攻してきた人だという。土木出身ではない。一見小柄で、言葉数も少なく、ひ弱そうに見えたが、なかなか芯は強く頑張り屋であった。そのようなことで、私は鈴木さんあるいは下田さんを連れて、営業活動にまわることとなった。

当時、東北地建の局長に同期入省の青山俊樹さんが着任していた。青山局長は私の風土工学は間違いなく新しい素晴らしい技術論であると高く評価していただき、東北地建に風土工学の研究グループをつくるから実践事例研究の場として、ダムでは森吉山ダム、砂防では新庄、河川では北上川下流、道路では岩手工事を紹介していただいた。また、東北地建の担当者へ風土工学の理解の輪を広げるために講演会を企画していただいた。東北地建内の広い会議室で、講師は船井幸雄氏と私であった。そのようなことより、新庄の砂防では肘折地域が小ぢんまりとしているし、難題の流路工の計画もあるので良いのではないかということになり、下田さんが担当することとなった。

また、岩手工事では道の駅の構想がある所として雫石が良いのではないかということとなり、これも下田さんが担当することとなった。

北上川下流では鳴瀬川の三本木町が良いのではないかということで、これも下田さんが担当することとなった。東北地建だけではということで、沖縄の北部ダムに行けば川崎秀明さんが、沖縄で最大の羽地ダムの建設が動き出すのでということとなり、鈴木さんが担当することとなった。一方、建設省関係だけだと拡張性が見込めないということで、水公団の滝沢ダムの塩入さんに話をしたところ、滝沢ダムでもやろうということになり、鈴木さんが担当することとなった。実際の適用事例が与えられてもどのようにして風土工学を適用していくのか、これまでの経験がない。かくいう私自身も風土工学の博士論文をまとめる時の事例研究として、バラバラに部分部分を取り組んだ、九頭竜川の鳴鹿堰堤の他、九州の立野ダム、近畿の大戸川ダム等の事例しかない。幸いにも、鈴木さんがそれらの事例研究も野村さんの下で手伝ってくれていたので少し様子がわかっている。そのようなことで、新しいビジネスとして、風土工学として取り組むのは、初めてのことばかりであった。業務を出していただいている建設省の担当者によっては大変厳しい人が多く、岩手工事の担当者などは無理難題を次々言われて、下田さんはよく辛抱して耐えてやってくれたと思っている。

一方、熊谷組の有岡正樹さんが新しい研究所と言っても、誰も手伝ってくれなければ何も出来ないではないかということで、有岡さんの下におられた小林信一さんを派遣していただくこととなった。小林さんは既にダム水源地環境センターに数年出向されて連続の出向という形になった。小林さんは半年で本社の技術系の課長に戻られた。その時、有岡さんから半年で申し訳ないということで、その後任は責任をもって探すからということで鹿島建設の守武さんに相談されて、来てくれることになったのが小暮雄一さんであった。小暮雄一さんも東京学芸大学の下田さんと同じ先生に学んだデザイン関係出身ということであった。

設立当初、事務を一手にやっていただいたのが小倉典子さん一人であった。てんてこ舞いの忙しさであったと思う。その折、土研の企画課長であった安田成夫さんから、土研の臨時職員としてやっていただいていた中林尚子さんが任期切れになるということであったので、是非ということで来ていただくこととなった。

設立当初の一年目は、竹林、鈴木、下田、小林（後任は小暮）、小倉、中林の6人でやって行くこととなった。私一人なら一人分の給料分を働けということになるが、6人の世帯ともなれば6人分の仕事をとって6人の給料分を稼がなければならない。仕事は私をはじめ全員が初めてのようなものである。業務提案から見積書の作成、業務契約手続、管理者の届け、初回打合せ、中間打合せ、最終報告、完了検査という最小限の契約にともなう実務だけでもいろいろある。なによりも、風土工学理論で調査し、分析し、報告書をつくらなければならない。

［2］京大・土木の同級生からの支援の輪が広がる

熊谷組からまず最初に送り込んでいただいた小林信一さんは東北大学で地質を専攻された方だ。小林さんは半年で本社の課長ポストに帰ったことからも推測されるように、相当能力ある高い評価の人を我が組織の応援に出していただいたと感謝している。その小林さんが、その後本社に帰って一年も経たないうちに、熊谷組を退社して全国ランクで30～40位クラスのコンサルタントへ行ったと後から聞かされた。そのコンサルタントの社長とある飲み屋で意気投合して熊谷組を退社したという。このコンサルタントがそれから数カ月後に倒産した。小林さんも、仕方がなく、自宅のある仙台に帰り、仙台のコンサルタントに行かれた。その後小林さんに何回かお会いしたが、仙台では東京のような仕事に対する刺激がなくてとこぼしておられた。

鹿島建設から来た小暮さんも、社内事情から半年以上は無理ということであった。

小林さん、小暮さんといくら優秀な方でも半年ごとに替わられると当方の研究所としては仕事にならない、ということで、鹿島建設の次にお願いした間組には少なくとも2年以上来てくれる方をということで友野希成さんに頼んだところ、吹原康広さん（素晴らしい方だが、若くて故人になられた）が人選してくれて忍見武史さんが良いのではということで来てくれることとなった。忍見さんは任期がくれば更新していただいてまる十数年経つ。風土工学デザイン研究所の実質的な働き頭になってくれた。

［3］〝つくば〟の風土研・風土三人娘

2年目を迎えて小倉さんと中林さんの2人では大変な激務で、残業、残業でも追いつかなくなってきた。職員を公募することになった。1人のところに数十人の応募があったと思う。書類で10人程度にしぼり、鈴木さんが面接して、素晴らしいという高い評価であった滝本麻由さんが来てくれた。

土木研究センターの風土工学研究所時代　暑気払いで
小倉典子さん、滝本麻由さん

［4］ダム技術者仲間からの支援の輪が広がる

金居原ダム建設の御縁で

つくばの風土工学研究所の開設と同時に関西電力の金居原発電所の中村幾男さんから、是非とも風土工学理論を適用したいという有難い話が入ってきた。中村さんからは、発注依頼と共に、新しい研究所の資金繰りに苦労しているのではないかと前渡金として半額を入れてくれた。本当に感謝一杯で涙が出る思いであった。また、仕事と共にそれを実際にやる若い技術者もいないのではないか、関西電力の方で技術者の技術研鑽のため職員を派遣してやっても良いとの申し入れをうけた。その後、関電内部で相当人選したが、関電内部も人員削減があり、どうしても出せないので、子会社のニュージェックから出すということになり、2年目から来ていただくことになったのが亀井一彰さんである。亀井さんが2年の任期後、亀井さんの後任として増田尚弥さんが来てくれることとなった。

丁度、富士常葉大学の開校とあわせ、附属風土工学研究所が開設されることとなったので、増田尚弥さんには富士の方に来てもらうこととなった。増田さんが2年の任期を終えて、大阪の事務所に帰られたあとが高野敏さんである。高野さんはダムの現場に長年派遣されていたが、連続の出向という形となった。高野さんも任期が2年間であったが、連続の出向ということもあったのか、どうしても1年で帰りたいという本人の強い希望で1年で大阪へ帰られた。高野さんは本社へ帰られた頃、リストラの嵐の中であり希望退職された。

建築設計事務所から

一方、日建設計の方は鈴木義康さんが設立当初から2年きていただき軌道に乗ったところで大阪の本社に帰られて、その後任に来られたのが桜井厚さんである。桜井厚さんは鈴木さんより年次が上で野村さんの右腕的な存在だったと聞いている。当然2年任期だと思っていたところが1年で大阪の本社に帰らざるを得なくなったということであった。一番の働き盛りの年頃であるのでいたしかたないことであったと思う。

桜井厚さんの後、富士常葉大学附属研究所の開設の時期でもあり、大学の研究所向きな人材ということで、野村さんは京都大学で助手等の教員経歴もある若井郁次郎さんが良いのではと客員教授の肩書で来ていただいた。若井さんも2年間来ていただけるものと思っていたところ、1年でどうしても大阪に帰るということで帰られた。大阪に帰られた後、大阪産業大学の席が出来たということで大阪産業大学の教授に就任された。大阪産業大学に移られてからも、感性工学会の研究発表会にはときどき風土工学の研究発表をしていただいている。若井さんが1年で大阪に戻られた後任の年、新橋に新しくNPO法人として風土工学デザイン研究所を設立することとなったので、その事務局長に向く人ということで野村さんに人選してもらったところ、灘勝宏さんが適任ではないかということで灘さんに新橋に来ていただくこととなった。

東京の土木コンサルタントから

一方、つくばの風土研の設立当初から参加していただいた下田謙二さんが2年で東京の本社に帰られることとなった。その後任として建設技術研究所のつくば研究所に勤務されていた関口定男さんが風土研に来ていただくこととなった。関口さんが任期の2年を経て、また建設技術に復帰されるにあたり、後任がなかなか決まらなかった。

名古屋の土木コンサルタントから

その頃、名古屋のダイム技術サービスの磯貝洋尚さんからダイムとしも風土工学を次の重要なビジネス部門として考えているので、技術移転の一環として、しかるべき人を出すということでつくばに来ていただいたのが山里剛史さんである。山里さんは、つくばの風土工学研究所を閉所して、NPOの風土工学デザイン研究所に業務を全面的に引き継ぐ時期にあたり、非常に気苦労の多い仕事を、持ち前の四方への気配りと実行力で切り抜けてくれた。山里さんでなければこんなにうまく引き継ぎが完了できなかったと感謝している。

前田工学賞の受賞の御縁で

また、平成10年6月に、その年の土木、建築部門の博士論文の中で最優秀な博士論文に与えられる前田工学賞に私の風土工学の構築に関する博士論文が選ばれ、前田工学賞を受賞することとなった。授賞式で前田又兵衛さんから第5回前田工学賞と金一封（百万円）を授与していただいた。受賞祝賀会の席上、前田又兵衛さんから「あの竹林さんがこのような文化的な内容の論文を書かれるとは想像も出来なかった」と述べられた。私は前田又兵衛さんとは直接お話ししたのはこの時が初めてであったが、あるダム工事現場の重大事故に関して私が担当し処理したことで、私のことが相当強くインプットされておられたということであろう。

その祝賀会で前田又兵衛さんが風土工学にいたく感激されたので、私としては前田建設も文化的な品を高めるためにも、風土工学の技術を社

最優秀博士論文賞の授賞式

内に移入するためにも、人材を派遣してほしいということをお願いしたところ、3年目から派遣されたのが安田昭彦さんである。安田さんが2年の任期を終えて技術研究所に復帰された後にこられたのが長島ダムの現場から山本博司さんにつくばの風土工学研究所に来ていただくこととなった。山本博司さんは、つくばの風土工学研究所の閉所、そして、その業務の風土工学デザイン研究所への引継ぎの時に山里さんを手伝って無事おさめていただいた。本当に感謝している。山本さんの後任として高野正年さんは神田のNPOの風土工学デザイン研究所に来ていただくこととなった。高野正年さんが2年の任期を終えて鹿児島のダムの現場に帰られた後に神田に来ていただいたのが長友卓さんである。

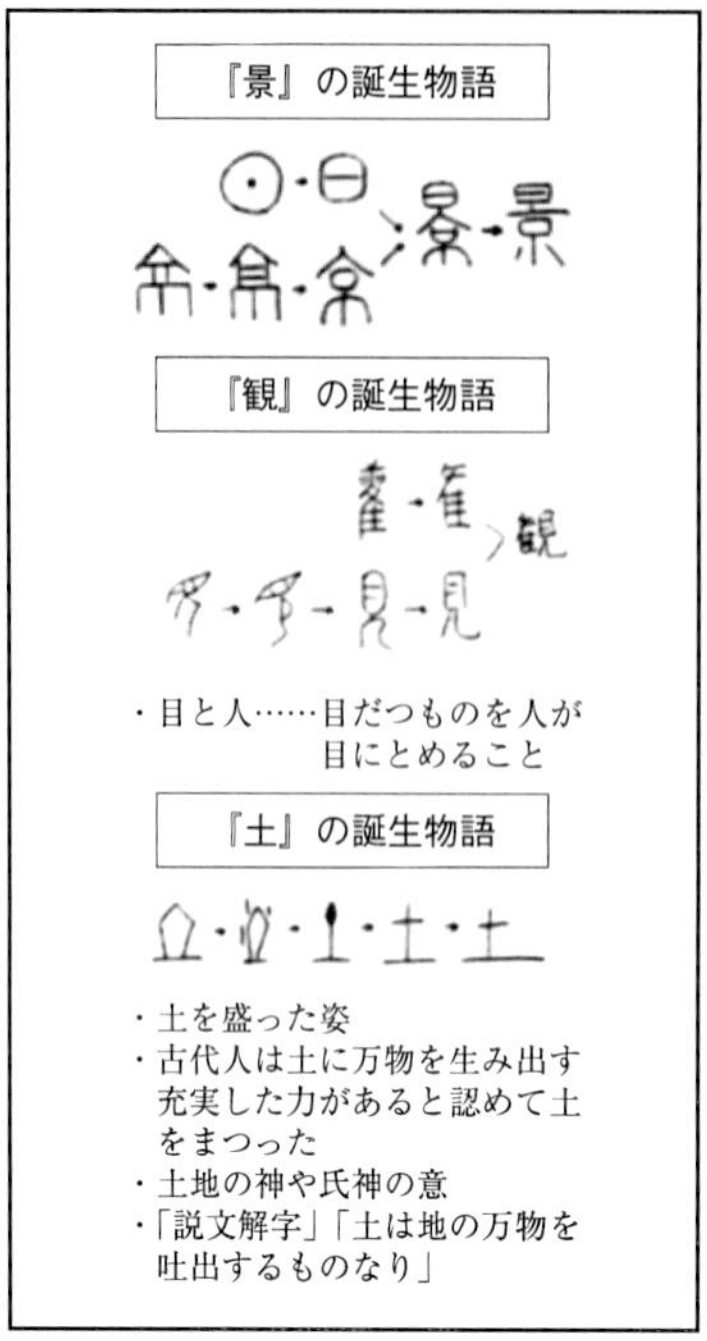

●「景」「観」「土」の誕生物語

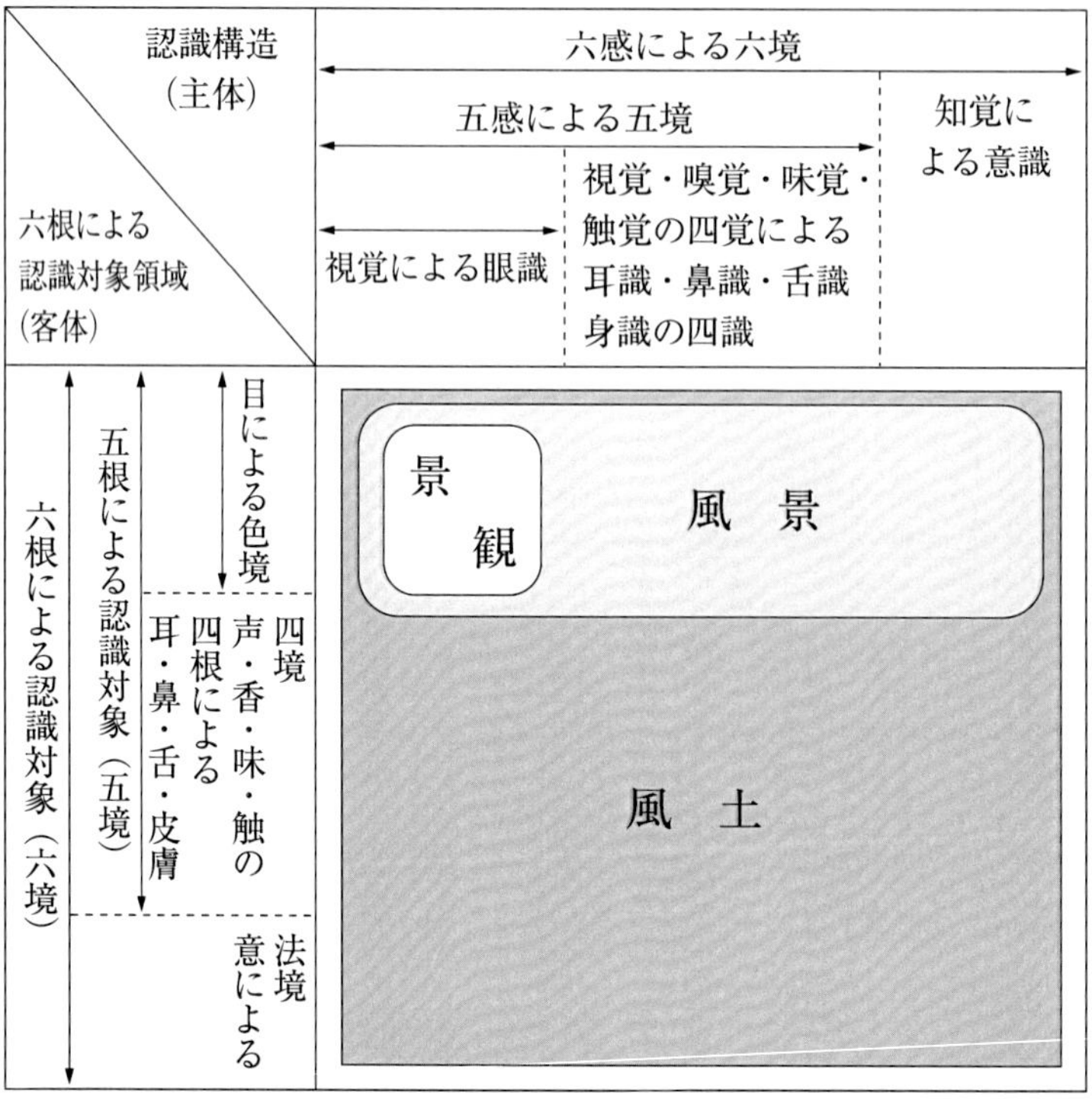

●「景観」「風景」「風土」の概念

【四】大学教授業と大学附属「風土工学研究所」開設

富士常葉大学附属風土工学研究所の開設

２０００年4月1日に富士常葉大学が開学した。それとあわせて附属の風土工学研究所が開設された。徳山明学長が、富士常葉大学に環境防災学部をつくるにあたり、河川やダム部門の専門として私に参画してほしいとの話があったからである。

私としては、いずれつくばの土研センターも2～3年で卒業しなければならないこととなっていたので、去る時には土研センターの風土研も閉じざるを得ない。土研センターの幹部の意向は、当初、本省の方から2～3年で追い出せという意向を受けていたが、思いのほか風土研は営業成績が良いし、竹林がいなくなっても、誰か後を継いでやってもらえるなら、風土研は置いておきたかったようだ。大学の風土工学研究所を立ち上げた時も、つくばの方はどうするのかという話があった。その際、土研センターの方からは、私が大学へ行っても継続の業務もあるので風土研はそのまま続けて欲しい、私の勤務は大学で拘束されている時間外でやってもらって良い。土研センター内の打ち合わせ部長会には、風土研の誰かを部長として出席させてくれれば良い、私の手当については、どうせ私立の教員の給与は低いだろうから、従来土研センターが支給していた分から大学からの給与分を差し引いた分を土研センターから補填するということとなった。

私としては、富士常葉大学に勤めるに当たり、つくばの風土工学研究所はいずれなくなるので、それに代わるものとして大学附属の風土工学研究所をつくってもらうことを条件とした。大学の方は独立採算を条件で研究所設置を認めてくれた。

大学風土研の開設一年目

大学の風土工学研究所の1年目は、大学当局から附属研究所をどのようにしていくかという何らかの方針も一切示されなかった。徳山明学長、大杉事務局長に、つくばの風土研と同じような運営のやり方、事務処理方法を提案しても、一切がちんぷんかんぷんで、何度会議を開いても何ら進展せず半年以上が過ぎていった。

その間も当方としては望月花さん、雨下千秋さん、江尻恵美さんの給料は毎月支払わなければならないし、日々、コピー代と活動費が出ていく。経理の方法も一切決まらない。私は、逐一相談してもはじまらないので、大学とは一切関わりなく、銀行通帳をつくり、やりくりしていかなければならなかった。研究室のロッカーや、パソコン、コピー機、ブラインドなどひとつずつ揃えなければならなかった。机やパソコン等開設当初は大学の備品を貸してくれていたが、大学の教職員が順次増えてくると返して欲しいと催促され、それらの備品がなくなれば業務に支障がでるので、順次自前で購入することになる。それらの経費は風土研で出すが、大学の備品となり、その財産権は大学のものとなる。郊外に研究所があるので研究所用に車を購入することにしたが、購入経費、維持管理経費等一切を風土研で負担するのに、購入手続きを静岡の大学本部でどうしたら良いものかわからず半年以上かかった。風土研の車は全ての経費は風土研持ちだが、車の所有権は大学となっていた。

富士の風土研の設立1年目は大学本部と静岡の学園本部との間で、物事の決まらない徒労の1年であった。しかし、附属の風土研を設立したからには、軌道に乗せねばならない。そのためには研究所経費を受託しなければならない。また、大学本部にも風土研の存在を認知してもらわなければならない。そこで6月に第1回風土工学シンポジウムを富士常葉大学の講堂で行った。その時、東京からも沢山来ていただき感謝感激のイベントとなった。また、大学の附属風土工学研究所なので、研究成果も順次出していかなければならない。そのようなこともあって、日建設計の野村康彦さん、作家の田村喜子さん、丸島アクアシステム社長の島岡司さん、そして西田鉄工社長の西田進一さんに客員教授になっていただいた。

先生方には、それぞれの立場で意欲的に研究成果を出していただいた。特に西田進一さんは熊本県内の土木産業を現地調査し、風土工学による考案を加えた労作をまとめられた。

富士の風土研の面々

大学の風土研は4月より若井郁次郎さん、増田尚弥さんと私の3人で本当に何もないところから始まった。大学当局は附属研究所の設置を認めるものの、何の援助もなく、風土工学の研究に対しても理解しようとしないのである。我々の船出は、大学当局との徒労のやりとりの繰り返しから始まったが、何も援助してくれなかった大杉事務局長から私にお願いがあるという。それは大学の事務を手伝っていた望月花さんを雇ってやって欲しいということだった。しかし、望月花さんは妊娠されておられ、お腹もやや目立ち始めた頃だった。2カ月くらいでお産のため辞められた。望月さんの代わりに事務をやっていただく女性を地元の求人紙に小さいコラム形式で載せたところ、40人くらいが応募をされた。書類選考で10人くらいにしぼって面接を行ったが、素晴らしい方が多く、事務をやっていただく雨下千秋さんと、大学で地理学をやられていた和田恵美さんの2人を採用した。雨下さんはその後結婚され、出産をひかえて辞められることとなった。約2年半ほどである。和田さんは富士宮市から通ってこられており、その後結婚されご主人の勤務関係で静岡に新居を建てられることとなったので、もう勤務は大変かなと思ったが、静岡市から富士まで通ってきてくれることとなった。和田さんは江尻さんと名前がかわったが、計5カ年強、風土研で私の授業のお手伝いから、風土調査の資料づくり等いろいろやっていただいた。特に記憶に残っているのは、日本感性工学会研究発表会で発表していただいたことである。

雨下さんが12月過ぎで退職されるということで、11月初めから公募し来てくれることとなったのが中村晃世さんである。中村さんの時も40人くらい応募があった。中村晃世さんが一番明るく、仕事への意欲も感じられたので中村さんを採用した。中村さんもご結婚されて中野さんに姓がかわられたが、本当に、当研究所のややこしい事務処理を責任をもって処理していただき、所内の雰囲気も明るくしていただいて本当にありがたい存在であった。

江尻さんが出産をひかえて辞められるにあたり、公募して来ていただくことになったのが大沼昌代さんである。大沼さんは静岡にある環境関係のコンサルタント会社で7年くらい業務に従事した経歴があった。しかも砂防関係の業務をしていたという。静岡大学の理学部卒で地球物理の卒業生でもあった。当研究所は富士山に関わる仕事も多いので、うってつけだということで業務を担当していただくこととなった。富士砂防の仕事を一人でとりまとめていただき、業務の工期近くには徹夜でとりまとめていただいた。本当に頭が下がる思いである。

また、若井さんが1年で大阪に帰られ、後任を探すのに一苦労であった。そこで飛島建設の貞包さんに相談した。貞包さんは、風土工学をマスターさせるには誰が良いかと人選して、来てくれたのが重金治彦さんである。重金さんは頭の良い方で、一つの事例を示し、これと同じようにやって欲しいと言えば、それだけで実に素晴らしい報告書をつくってくれた。また、富士学会の創設にあたっては事務局的業務も片手間でこなしてくれた。重金さんが2年で任期満了となり、つくばの風土研から山里剛史さんが富士に来ていただくことになり、重金さんと高野敏さんの2人が同時に辞められたあと、一人でカバーしていただいた。

山里さんが任期満了となった後で困っているところ、地元の世話役の中田さんが、加藤晴敏さんを紹介してくれた。加藤さんは東京の造園関係のコンサルタント会社に長年勤められていたが、富士にUターンし、造園関係のコンサルタント会社を自分で立ち上げられた方であった。そのような方ならと、山里さんのあとをお願いすることとした。加藤さんは、本当に一人で悩みながら孤軍奮闘され、残業続きで身体を壊されるのではないかと心配させられた。その後、加藤さんは、この仕事は荷が重いと考えられたようで、1年強の勤めで辞められた。大変ご苦労をおかけした。

加藤さんの後には、筑波大学卒業後、金融関係でバリバリ仕事をやってこられ、アメリカ留学の経験もあり、地元の介護関係のNPOを切り盛りされておられた竹村健二さんが来てくれることとなった。富士にある研究所なので富士の地元の方で風土工学を継承していただける方が出来ればと思い、加藤さん、竹村さんに期待したのだが、竹村さんはご両親の入院等でその介護で疲れた上、ご本人も体調を崩されてしまい、1年弱で限界を感じて辞められることとなった。富士の風土工学研究所は、業務以上に人材確保・育成の課題解決に難渋した苦労を思い出す。

富士学会のこと

重金さんにやっていただいていた富士学会の後任として、大学近くに住んでおられる金森直樹さんに来ていただくこととなった。県庁出身で地元の各種活動の世話役をやっておられる中田さんからの紹介であった。金森さんは富士学会事務局の仕事で眼を痛め、4カ月で辞められた。金森さんの後、公募したところ地元新聞社の記者出身でパソコン、ＩＴ関係に強い石川力さんにきていただいた。

石川さんは富士学会の事務局と早川の業務を担当していただいたが、ゴーイングマイウェイで仕事をされる方であった。ＩＴ関係でいつでもメシは食えるということであろうか、辞めると言われて急遽お手伝いいただくことになったのが藤本和弘さんであった。元日軽金研究所の部長職をやられた方で、年は私と変わらない。藤本さんには石川さんの後の業務を引き継いでいただいた。藤本さんは大変仕事熱心で責任感の強い方であり、仕事で面白くないことがあれば、上司である私が悪いということか、私の頭上に雷が落ち、罵倒されることも再三であった。

富士学会は、平成14年（２００２）11月16日東京都千代田区のパレスサイドビル毎日ホールで「日本のアイデンティティ富士を考える」というテーマで第1回シンポジウムを開催すると共に、「富士学会」設立総会が開かれ設立された。その事務局を富士常葉大学内に置くこととなった。地元静岡県内で富士学会設立に最も熱心であった杉山恵一先生や山田辰美先生は、事務局は自分たちの関係する環境防災研究所に置くべきだと主張されておられ、私もそれが良いのではと考えていた。しかし、環境防災研究所の職員は、杉山先生や山田先生から言われても、そんな雑務はやりたくない、学長から大学の重要な仕事だからということで命令されれば引き受けますということであった。そこで、杉山、山田、竹林の三名で環境防災研究所に富士学会の事務局を置くことを徳山学長に了解していただくようお願いし、業務命令を出してほしいと再三にわたり会議を持ちお願いした。しかし、徳山学長は最後まで頑として首を縦に振らなかった。学長は富士学会の顧問となることは了解したが、大学として応援したくはなかったようだ。時間のみ経過していくが結論は出ない。このままでは学会員の皆様に迷惑をおかけすることとなる。仕方がないので私の風土工学研究所で事務局を引き受けざるを得なくなった。

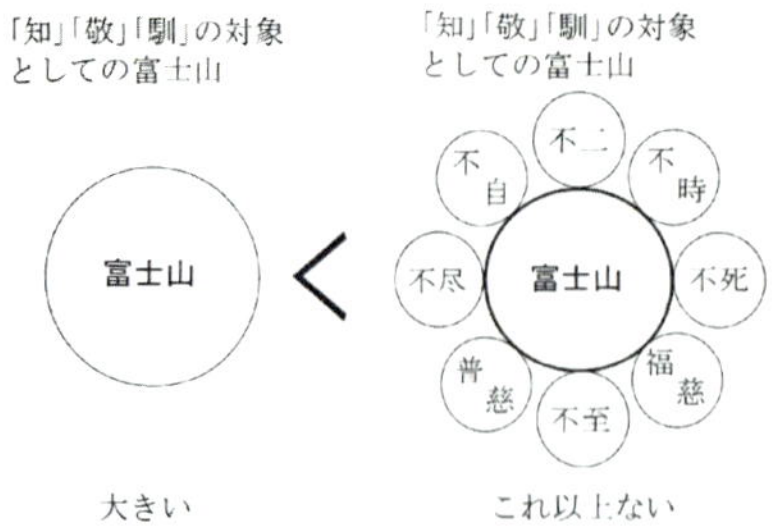

●「知」「敬」「馴」の富士

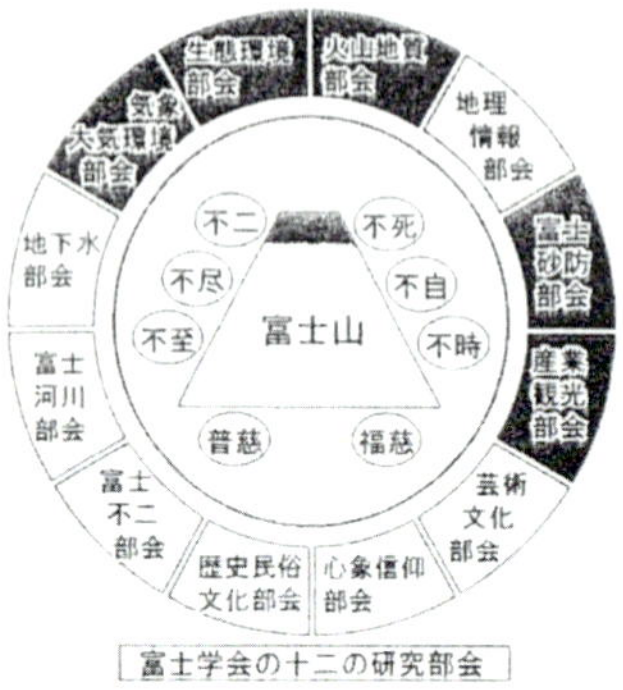

●富士山・富士学・富士学会

富士常葉大学時代、富士学会を創設した。その現地スタディツアー、雁堤の人柱神社で
後列左端が西川治・富士学会会長、前列真中、竹林副会長

【五】3つめの研究所・特定非営利活動法人「風土工学デザイン研究所」開設

風土工学デザイン研究所設立の1年前（2000年の選択）の迷い

土研センターの風土工学研究所が当初いわれていた2〜3年の期限が切れ、4年目より、富士常葉大学の教育が本務となり、つくばの土研センターの風土研がいつ無くなっても良いように富士常葉大学に附属風土工学研究所を設立した。

ところで富士とつくば、そして自宅は埼玉と3カ所の行き来をしなければならなくなった。自宅から富士の大学までは約180㎞、新幹線利用でも片道3時間から3時間半、それに新幹線の新富士駅から大学までタクシー便（2800円程度）である。車の場合、自宅と大学は高速道路利用で約2時間半から3時間かかる。一週間のうち、最低授業のある2日と出勤しなければならない業務は週4日という勤務条件である。一方、つくばの土研センターは、大学の勤務以外の日数ということで週2日ということになる。自宅とつくばとは電車通勤なら2時間半以上それも荒川沖からタクシーということになればタクシー代も片道　4000円位かかり、選択肢は車通勤しかない。車なら外環と常磐道経由で片道約80㎞で1時間半程度で行ける。どう考えても2カ所かけ持ちは時間的にも肉体的にも大変負担である。両研究所とも、私が実質的にきめ細かい采配をしなければ成り立たない。そのころ、つくばの風土研を土研センターはどのように見ていたかと言えば、存続させて、出来るだけ本部経費を供出させることのみしか興味がなかったようである。

土研センターの風土研は、執務場所は提供する（かつての実験室）。しかしそこでかかる人件費、事務費、パソコンやコピー等の経費等は全て独立採算で自前で、そして土研センター本部およびつくば研究所（2F）の経費をセンター管理費という形で毎年決める負担割合で供出せよということである。問題は誰から見ても明確にわかる高いセンター管理費の供出を求める一方、風土研に対する土研センターからの便宜（例えば電話回線等）はほとんどない他、他の研究部の女性はどんどん正職員化していく一方、風土研の女性はいつまでたっても臨時職員扱いであり、際だった不平等な扱いを受けていた。そのような、差別的なまま子扱いはされているとしても、土研センターは役所がつくった財団法人である。業務の受注に際しては、民間と違い非常に恵まれていた。時に、土研センターという大きな笠の下で、不平等なまま子扱いに耐えながら今後もやって行くという選択肢と、いずれ、土研センターから独立して東京に事務所をつくるという選択肢があった。土研センターから独立した組織で建設省から直接受託できる見込みは一切たっていなかったので、土研センターに留まって、まま子扱いに耐えて行かざるを得ないという状況下ではあった。しかし、通勤でつくばと富士の両立は肉体的にも大変な負担なので、致し方なく土研センターに留まり、つくばの研究所を東京に移転することにしようと考えた。

しかし、つくばの風土研は開設してから4年目である。各社から出向してくれている技術者達はつくば勤務も東京勤務も同じである。しかし、つくばの風土研のこの4年間を支えてくれた小倉、中林、滝本の3人の女性陣は、今となればツーカーで業務の内容が分かる。直接あって業務の指示をしなくても、電話1本で、また、FAX1枚で、手際よくつぎつぎ業務を処理してくれる。3人の女性に、通勤時間は長くなるが東京に通勤することが可能か、相談にのってもらった。3人とも、常磐線の駅まで来るまで何十分もかかる。それに駅前の駐車場を借りて、常磐線で上野まで来て、そこから更に何十分かかるとすれば片道で2時間半以上かかる。どうしても無理だという。今や私の片腕以上の存在と役割を担ってくれている3人を失することは非常につらい。 4年間で築いてきた組織とは3人の女性陣の役割が一番大きかった。もう一度つくばの3人の女性陣を育ててきたように東京でもそのような人を見つけていかなければ仕方がないと考えた。土研センターの幹部に、つくばの風土研を東京に移したいと相談したところ、それにかかる経費の一切は風土研負担で応援はしないが、それで良ければ勝手に移転しろという態度であった。土研センターの中での風土研の移転である。東京の場所も土研センターの本部の秋葉原からの利便性も考えなければならない。秋葉原周辺の貸事務所を不動産屋を通じて相当探していた。しかるべき良い物件もあったので、そこで今後つくばの風土研をどうしようかと何度も悩み迷っていた。

NPO設立を決断

そのような時にNPO法人法が成立して、いっそのこと東京にNPO法人として風土研を立ち上げたらどうかという案が野村康彦さん、忍見武史さんから持ち上がってきた。

NPO法人は大変幅の広い法人法であり、従来の財団法人や社団法人の部門も範疇に入る。ボランティア活動のみが脚光をあびているがそうではない。ちなみに、建設省関係では前の河川局長尾田栄章さんがつくっている「水のフォーラム」、また、砂防関係で保科幸二さんが理事長をつとめている「砂防広報センター」もNPO法人であった。まあ、先はどうなるかは別として、土研センター内の東京移転計画は白紙というより止めて、NPO法人風土工学デザイン研究所を立ち上げようということになった。1999年に会社を設立して経験のある水工工学研究所の中島宏さんをはじめ、いろいろな人のアドバイスを受けてNPO法人風土工学デザイン研究所設立認可に向けて動きはじめた。

NPO法人設立の意図

私はこれまで多くの組織の設立に関わってきた。一つは、財団法人ダム技術センターである。財団法人とは、社団法人とは、株式会社とは、ということの違いについてしみじみと考えさせられた。設立にあたっての資金の集め方、そして運用の仕方、業務の執行の仕方等々についてである。

業務を株式会社の論理で行うとそれは金儲けのためであり、儲けは株主に分配される。全て金の論理に帰結する。

しかし、同じような業務を財団等の法人の論理で行うとそれは金儲けではない。風土工学という内容からそれは財団設立趣意書の大義となり、その内容からその普及啓発の仕事は金儲けの論理で行うことはやはりどう考えてもなじまないと考えた。土研センターの内の風土工学研究所は、その趣旨にはマッチしていたが、センターにはいつまでもおれないということになればいずれ、財団法人的な組織の設立をしなければならないと考えた。

また、大学の附属の研究所は金儲けでなく、学問の研究のための大義のもとだからこれも一応は良いが、私がいつまでも大学におれるわけではない。私が定年で大学を去る時が来る。その時私の後継者が育っていその人が継いでくれれば良い。

しかし、現状からすると、大学の附属研究所の中ではこれまで6年間強の四苦八苦のやりくりからして後継者がうまく育つ環境下にはない。そうすれば、いずれ私が大学を去る時閉鎖しなくてはならない運命の日が来る。

それならば、いずれ早いうちに財団法人的な組織を作っておいておくことが望まれている。しかし、財団法人、社団法人等はこの数年間法人法見直しがかかっており、新しく認可される見通しがない。しからばどうするのかと思案していた時、阪神淡路の大地震が生起し、ボランティア活動等の重要性が課題となりできたのが、特定非営利活動法人法であった。

このような試行錯誤を経て風土工学についてもＮＰＯ法人にすることにした。

顧問の先生方

最初に主たる事務所の所在府県知事認可のＮＰＯ法人としての手続きに入った。

設立発起人としては、これまで風土工学に対し温かく支援していただいた先生方にお願いすることとした。

私にとっては、雲の上のような大変高名な先生方ばかりであった。断られる先生方もいらっしゃるのではないかと思ったが、お願いした先生方は皆、快く設立発起人に名前を連ねて頂いた。私としてはこれ以上ない幸せであった。本当にありがたいことであった。ところで、東京都知事への認可申請書類には各先生方の住民票の写しを添付しなければならない。各先生方に大変お手間を取らせ、役所で住民票をとってきていただき、送付していただいた。各先生には申し訳なく、恐縮のかぎりであった。その住民票の記述と一字一句違えば手続きは受理されず、何回かさし戻された。本当に役所仕事だとしみじみ思ったものである。全ての書類が完了して受理後何カ月か縦覧期間を経て設立認可を受けたのが２００１年の4月であった。設立手続きに入ってから半年くらいかかってしまった。

新しい組織は出来たが、それに見合う仕事はある訳がない。つくばの風土工学研究所の下請けとして出来る仕事を出してもらうという程度であった。そこで、ＮＰＯ法人風土工学デザイン研究所が出来てからその代表理事長には私がなるより、田村喜子さんにお願いしたほうがより多くの関係者に働きかける事が出来ると考えた。

私の経歴からは、道路関係の所長をしている人もいたが、河川・ダム・砂防等に人脈が強い。一方田村喜子さんは河川関係にも人脈が多いが、道の駅巡りやロマン鉄道等で道路や国鉄等に人脈が強いので、合い補完する関係であった。

そのようなことで、田村さんに理事長をお願いしたところ快く引き受けていただいた。その他、理事顧問をお願いしている高名な諸先生との関係についても述べておかなければならない。

沢田敏男先生は、農業土木、特にフィルダム設計の神様である。沢田先生が京大総長当時の事、私は河川局のかけ出しの課長補佐であった。建設省のダム技術の最高の会議、ダム技術会議のメンバーに参画してほしいと総長室にお願いに言ったのが初対面であった。その後、沢田先生の出身地である伊賀の青山町で沢田先生と私が出席して川上ダムの講演会を行ったこともあった。

高橋裕先生は、東京大学名誉教授で河川関係の日本を代表するリーダーであった。先生は私が琵琶湖でつくった3部作の文化性を高く評価していただいた。今でもなつかしい思い出である。

金子量重先生はアジア民族造形学の会長として、第4回風土工学シンポジウムで講演していただいたことで分かるように大変な論客である。私は先生の民族造形論に魅せられてしまった。先生と「職人と匠」の本を出させていただいた。

薗田稔先生は秩父神社の宮司さんで、京都大学名誉教授で神道学の第一人者である。私が先生を知るきっかけは、秩父神社の機関紙「ははその杜」に風土工学のことを高く評価されている論説を読み、ぜひ、先生に直接神道のことをいろいろ学びたいと思い秩父神社に参上した。そのようなことが御縁である。

中村和郎先生は、元東京大学教授で、地理学会会長で地理学の泰斗であった。私がダムの地質学をやっていた関係で、地質専門家にはいろいろ付き合いが多くある。地形学から活断層問題で博士号を取られた方が中村和郎先生の門下生で、その方から御紹介いただいた。それ以降、中村先生が駒澤大学教授の時、駒澤大学で風土工学の講演をさせていただいた。中村先生には現在富士学会の運営でも御指導いただいている。

谷川健一先生は谷川民俗学をうちたてられた民俗学・地名学の巨匠である。風土工学においても地名の保存は一番根幹的なものの一つである。そのようなことから谷川健一先生の地名研究に参加させていただき、多方面にわたる御指導をいただいている。

長町三生先生は感性工学を学問として構築された創始者である。長町三生先生が広島大学の教授の時、感性工学を土木部門の設計に取り入れようと思い、長町三生先生に直接お会いしてお願いし、いろいろ御指導いただいた。

長町三生先生の感性工学構築のアナロジー展開で風土工学を構築することが出来た。長町感性工学は風土工学の生みの親である。

五十嵐日出夫先生は、京都大学の故佐佐木綱先生らと共に土木計画学を創始された一人であった。風土工学も土木工学の一部門である。土木計画学部門に論文を発表させていただいた。五十嵐日出夫先生には風土工学を高く評価していただき、常々多方面からの御指導を賜わっている。

河野清先生は徳島大学のコンクリート工学の先生で、土木学会の副会長もなされ、土木材料学の第一人者である。混迷している土木を救うのは風土工学であると、風土工学の普及啓発に関して大所高所からいろいろ御指導いただいている。

服部真六先生は、中部地名研究会会長で地名の大切さ、そして地名由来を楽しく学ぶ方法論を説いておられ、先生は大変な教育者であり、先生のもとには多くのファンが集い、楽しく地名学の研究を進める御指導をなされている。

松村博先生は長らく大阪市に勤められた方で、大阪の橋研究の碩学である。先生は実は私とは小学校1年から大学院卒業まで全て同級生である。先生は小学校のころから本の虫といえるほどの読書家であった。私の方は悪ガキ大将で外で遊ぶ方が中心であった。その私が文化的な本にも興味をもつようになったのは、多分に松村さんからの感化である。

大谷弓子先生は、富山にある大谷美術学園の園長である。大谷美術学園は母上の大谷和子先生が創設されたもので、弓子先生は2代目の園長先生である。和子先生、弓子先生は子供の美術教育の真髄をつく教育を実践されてきておられる。風土工学研究所でつくった絵本の半分程度は大谷先生に作って頂いている。どれも大変素晴らしい出来で感謝している。

有岡正樹先生は熊谷組の土木部門で活躍された方で、都市土木や海外（オーストラリア）で活躍され、ＰＦＩを導入された先駆者である。現在、立命館大学の教授をされている。有岡さんは、私と同じ京大卒で土木の同級生である。私の風土工学をいつも支えていただいている方である。有岡さんは田村喜子先生と幼児の頃からのお知り合いであり、また、田村先生が京都インクライン物語で土木技術者をテーマとする小説を書き始めるにあたり、土木技術のことをいろいろ御教授された方でもある。

ＮＰＯ設立発足

諸先生方へ設立発起人になっていただきたいとのお願いが済むと、東京都への認可申請書類の作成を行い、縦覧期間を経て、２００1年4月初め設立認可書が届いた。風土工学デザイン研究所の1年目（２００1年）は、新橋の水工工学研究所の一隅に机を置かせてもらって間借りで発足した。細々と組織の維持だけの1年間であった。つくばの風土工学研究所からの下請けで出来る作業のみであったと思う。メンバーは日建シビルから来ていただいた灘勝宏さん一人であった。年は私より1つか2つ下で神戸大学を出た技術士である。何もないところから順次仕事をつくっていかなければならなかった。

ＮＰＯの経理

ＮＰＯの設立から2年間は扱う金額も少なく経理というようなものでなく、現金の出し入れも家計簿的なものであった。事務局の灘さんが貯金通帳と印鑑を持っていて、出納簿的に大学ノートにその日の支出をメモしていた。

複式簿記での記帳ではなかったので、後から見て何の勘定の出し入れかさっぱり分かりにくいものであった。灘さんが２００3年3月に満期となり日建シビルへ復帰されることとなった。これは日建シビルからの出向だから致し方がないが、何故か、鈴木弘美さんもそれより1～2カ月早く辞めて、どこかの省庁の外部団体に席が空いたのでそちらに移るという。同時にいなくなった。

残ったのは忍見さん一人である。あわてて、派遣会社から来ていただいたのが酒谷朋子さんである。酒谷朋子さんは古文書にも興味があり、風土工学でやっていることに相当感心を持ちよくやってくれた。あっちの雑務、こっちの雑務、それに経理の帳面付けもお願いすることとした。灘さんが日建シビルへ帰られたあと、誰かに経理をやってもらわなければならなかった。当時ＮＰＯには酒谷朋子さんしか女性はいなかった。しかし、銀行への出し入れなど酒谷さんはこれまで経理などやったことがないという。

常葉大学では、大した金額を動かしているわけでもないので、中野さんに研究所の経理をやっていただいていた。中野さんの記帳は、会計士の帳簿の記帳とは違うかもしれないが、とりあえず、中野さんの記帳の仕方を真似てやってくれれば良いということで、酒谷さんに、富士の大学まで来てもらって記帳の仕方を学んで貰った。大学が時間切れとなると、中野さんの自宅に泊めてもらって教えてもらった。

しかし、ＮＰＯの組織とはいえ、会計士に見てもらって間違いない会計処理をしておかなければならない。そこで経理経験のある人を探したところ、土研センターの吉岡さんがそろそろ土研センターを卒業するころだと思い当たった。それなら吉岡さんに来てもらったらということで電話したところ、吉岡さんはもう少し土研センターに拘束されているようであり、代わりに紹介してくれたのが北村正子さんであった。

ＮＰＯ、新橋から神田へ移転

このような手探り状態がまる1年続いた。たまたま、忍見武史さんの派遣契約が２００２年6月で切れるのを契機に、忍見さんにつくばの風土研から、ＮＰＯへの勤務ということでお願いしていた。ＮＰＯに忍見さんが新しく参加するということになれば、水工工学研究所の中で机をもう一つ置くスペースもなく、これ以上に間借りすることも出来なくなって、新しく事務所移転を考えなくてはならなくなった。新橋からどこへ移ろうかと、いろいろ考えた。重要なポイントは交通の便である。東京駅、羽田空港、それに私としては池袋等が便利であった。東京駅と池袋から地下鉄丸の内線沿線で調べることとした。他の線の利便性を考えると神田、神保町あたりが候補として絞られてきた。神田は大林組が沢山の物件を持っているということで本庄正史さんに相談したところ、私どもが出せる2倍以上の坪単価のものばかりであった。一番大切なのは家賃が安いことである。そのようなことでようやく決まったのが今の神田錦町１－２３の宗保第2ビルである。

このような経緯で風土工学デザイン研究所の2年目（２００２年）は、つくばの風土研にいた忍見さんがＮＰＯに移るのを機に新橋から神田へ事務所移転を果たした。これにともない、事務所の家賃等事務所経費もかかるようになり、つくばの土研センター風土研からの下請けのみではなく、建設省からの直接受注の実績をつくることに全力をあげた。幸いにも、つくばの風土研でこれまで実施してきた業務の継続案件はつくばの風土研で引き続き受注し、この年から新規案件については、関係機関にも十分御説明を尽くしてＮＰＯ風土工学デザイン研究所への随意契約という形がいくつかとれてきた。ＮＰＯ風土工学デザイン研究所への直接随意契約がうまくいかなければ、つくばの土研センターの風土工学研究所を閉鎖することが出来なくなる。上半期必死で全国を巡った。その結果、つくばの土研センター風土研でなければだめだというところが若干あっても、何とかやっていけるのではないかとの自信がついた。

特に心配したのは刈草リサイクルや水門ゲート関係等のハードの案件については、難しいのではないかと考えられた。それらの案件だけはつくばの土研センターで受注して、その下請けでやることが可能かどうか、土研センターの理事長、専務と直談判しなければならなかった。

土研センターつくば風土研閉所を決断、ＮＰＯへの業務全面引継ぎ

まず今年度一杯でつくばの風土研を閉所することの了解をとりつけなければならない。

２００２年8月、土研センター理事長と専務に閉所したい旨を申し述べた。つくばの風土研業務は全面的にＮＰＯ法人の風土工学デザイン研究所へ引き継ぐ文案を作って申し入れた。

土研センターにおける風土工学研究所と私の処遇は土研センター理事長と建設省官房技術審議官の間で取り決められていた。

私が土研センターのつくば勤務で年俸いくらかにする、そして2～3年で民間のどこかへ追い出せという建設省からの命令である。従って、3年過ぎ、4年目に富士常葉大学へ移った時、土研センターの風土工学研究所が存続し、私が兼務の形となった時もその処遇年俸とか勤務条件

は、その時の官房技術審議官に了解をとりつけなければならなかった。

従って、この度6年が過ぎ、7年目に土研センターの風土研を閉所するにあたっても建設省の官房技術審議官の了解が必要である。幸いにもその時の技術審議官は、開発課で一緒に仕事をした仲間でもある。

「まず、つくばの土研センターを閉所してその業務をＮＰＯの風土工学デザイン研究所へ全面的に移したい」と土研センター理事長と田村喜子理事長の覚え書き文案をつくって門松さんに説明して、土研センターとの仲介の労をお願いした。

門松技術審議官は土研センターの理事長・専務に話してくれたようであった。しかし、土研センター側からの明確な条件等がでてこないまま月日が過ぎていった。その後何度か専務や理事長の所へ協議に行った。最後に言われたことは、条件として今年度のセンター管理費を確保してくれれば、文句は言わないということであった。今年度のセンター管理費を決めるにあたり、風土研分担分は不当に高いので、そんなに供出できない旨を何度も言ってきたところであるが、不当に高いセンター管理費を供出せよとの要求はくずさなかった。

私としては、各地の流域委員会の影響を受けて今年度は受託額がガタ減りなので到底無理であると申し上げてきた。また、これまでの5年間、風土研は儲け頭といわれる程で、黒字決算に多大な貢献をしてきたと自負していた。土研センターの理事長と専務はそれが面白くないようだった。

そのまま平行線で月日が経っていく。年を越し、2～3カ月しか余裕がない。日刊建設工業新聞と山海堂の風土工学特集号に、つくばの風土研業務をＮＰＯの風土工学デザイン研究所に引き継ぐとの新聞記事が出た。

それに対して、土研センターの理事長と専務は態度を硬化された。それからは年度末の業務とりまとめにも忙しく、土研センターなどに行く時間的余裕もなかった。

一方、土研センターにいる山里さんと山本さん、久米さん、滝本さんには土研センター風土研の各種図書、報告書等々は全て、神田のＮＰＯと富士の風土研へ引っ越しする作業を着々と進めていただいた。つくばの土研センターの風土研には、私の土研時代の書類や図書が未整理のまま残された。なお、久米さんはその後の勤務先として土研を希望されていたので、土研のダム部で引き受けてくれることとなった。また、滝本さんは別途勤務先を確保したようであった。

土研センター本部として私の送別会は、富士常葉大学へ移る時もなかったが、今回、閉所にあたっての送別会をしてくれるムードではなかった。

しかし、土研センターのつくば研究所として本部の小林理事、中村理事も参加して竹林と山里、山本、久米、滝本の5氏の送別会を土浦で壮大に行なってくれた。

これも一重につくば研究所の吉岡さん等の心温かき配慮であったと感謝している。それにしても土研センターのつくば研究所は1階がいなくなって寂しくなった事と思う。

ＮＰＯの風土工学デザイン研究所は２０１６年現在で15年目になる。また、つくばの土研センターの風土工学研究所業務を全面的に引き継いで13年目にあたる。つくばの土研センターの風土工学研究所が6年間の業務を実施してきたので、今年は「風土工学20周年」にあたる。

ＮＰＯの女性職員について

鈴木弘美さんの後、酒谷朋子さんに来ていただき経理のこと、シンポジウムの段取り、私の風土資料の調査取りまとめ等々、実にテキパキとやっていただいた。また、四国の大洲へ契約事務で一人で出張してもらったり、実によくやっていただいた。

特に私の風土資料のとりまとめで休日出勤や残業もいつも笑顔でやってくれた。本当に助かっていた。そして絵本の創作や風土工学の話に大変興味をもっていただいていた。

それが1年半ほどたった7月末になって急に辞めたいと言い出して、私としては非常にショックであった。また、時を同じくして、経理の事務をやっていただいていた北村正子さんも「私も8月末でやめる」といいだされた。これまでどう考えても会計帳簿上は不完全な経理をまともな形にしてくれて大変ありがたいと喜んでいた矢先の話であった。

酒谷さんも北村さんも我が組織としては非常に得がたい人である。その二人が同時にいなくなるという。私はいまだにどうしてそうなったのかがしかと理解できないでいる。本当に困ってしまった事案だった。

時あたかも、熊谷組と飛島建設の合併問題で両社とも多くの職員のリストラを大幅に進めているところであったので、熊谷組の有岡さんにこの急場を切り抜ける良い人材がいないだろうかと相談にのってもらった。

すると経理の方は、熊谷組の現場で事務をやっていた三嶋真帆さん、そして、酒谷さんのあとは熊谷組の本社の広報で活躍していた山村河奈さんの2人を出すという。三嶋さんも山村さんも熊谷組からの出向という形をとりたいとのことであった。出向費は全額ＮＰＯ持ちという条件であった。

山村さんは田村喜子理事長も良く知っている間柄であり、また、熊谷組の中でも評判で、仕事が出来る人だという。私の同級生の田中雄作さんなどは、私の組織にはもったいない人物だという。

有岡さんからは、山村さんは田村理事長のファンでもあり、ＮＰＯで1～2年出向の形で風土工学のことを学び、面白くなれば風土工学の専業のスタッフとして使ってやって欲しいというふれ込みだった。私どもとしては、強力な助っ人を出してくれた有岡さんに感謝の気持ちでいっぱいであった。

まず、三嶋さんは、現場の事務で諸々のことはやってきたが、経理の帳簿付けは初めてで、大変苦労されていた。なかなか帳簿も合わず、無理があったのかも知れない。三嶋さんの3～4カ月あと、熊谷組の人材派遣会社から阿野友美さんにきていただくこととなり、当ＮＰＯの会計士の若杉さんも阿野さんは仕事も速いし、正確だと太鼓判をおしていただいた。このようなことで経理事務も発足5年目にして、ようやく軌道に乗ったということである。

【六】風土工学・十周年

［1］風土工学・現地調査の思い出

「風土工学」という学問体系が構築され世の中に出たのは平成9年1月のことである。風土工学の普及啓発と学理の研究を目的として、つくばの土木研究センター内に風土工学研究所を平成9年4月に設立してから早や10年がたつ。

物事を作って見せてこそ実学としての工学なのである。風土工学の研究のためには実事例をテーマとして研究を進めていくことが欠かせない。風土工学についても幸いにも実事例の研究の場を提供していただいた関係機関にまずもって深甚の感謝を申し上げなければならない。それと共に、設計コンサルタントや建設会社等から若くて優秀な人材を風土工学の研究のために風土工学研究所に出向派遣していただき、それらのかたがたと共に、風土工学の実務と研究に取り組ませていただいた。そのような風土工学の仲間がこの十年で何十人になる。全国各地の風土調査で、現地に赴き神社仏閣を訪れたり、石碑の碑文を調べたり、共に道標等を探しに現地を歩き回ったことが懐かしい。また、夕刻ともなれば、風土調査はＦｏｏｄｓ調査に通ずということで現地の居酒屋でその地の自然食材の料理を肴に一杯やりながら、その日一日の現地調査の反省も、また楽しいひと時であった。共に一日、二日と現地調査で行動を共にすればその人となりや、その人の人生観や生き方が良く分かってくる。風土工学の仲間から私自身、実に多くのことを学ばせていただいた。

一日の現地調査の結果を手際よくその日のうちに調査レポートのかたちにまとめ、もう一度調査に来なくていいようにすべてを済ます、野村康彦さん。現地の有識者や古老に実にうまく、いろいろなことをヒアリングする菅谷正明さん。レンタカーでナビを使い、はじめてのところを文献で書かれているところを無駄なく次々行き当てる忍見武史さん。図書館で実に見事に色々な文献を探してくる佐野秀延さん。関係機関の担当者からぼろくそに、次々無理難題を言われても、じっと辛抱しそれに応えようと必死にがんばってくれた下田謙二さん、鈴木義康さん。研究所で何日も徹夜で膨大な報告書をまとめていただいた増田尚弥さん。私の読めないメモ書きや原稿を、論文や報告書のかたちに仕上げてくれた小倉典子さん、中村晃世さん。その他、多くの風土工学の実務に携わったかたがた一人ひとりの御苦労に対し、この場を借りて深甚の感謝とお礼を申し上げなければなりません。ありがとうございました。

全国各地で色々な現地調査をしていると、同じような伝説や話等が他にもあったことに気づく。その時に頭に浮かぶのが、これはXさんがこのことをよく調べた。また、この話はYさんが現地の古老のヒアヤリングで掘り起こした貴重な話だと思い出す。このように、風土工学とはそれらの話がそれからそれへと次々に連想がつながっていくことが、風土工学の成果の質をワンオダー上げる一番大切なことではないかと考えている。これも風土工学の名のもとに10年の歳月をかけて色々な現地に赴き、多くの風土を見聞させていただき、また多くの人のお話を聞かせていただいた結果を積み重ねて可能になってきたものである。連想の輪が次々大きく広がってくるようになったものと考えている。

［2］風土工学・四つの感謝と二つのお願い

つくばの土木研究センター内の一室に風土工学研究所という、世の中の誰もが何をするところかと訝る奇妙な名前の研究所を平成9年4月に立ち上げて、早いもので、風土工学の研究所の活動も今年は15年目を迎える。十年一昔という。十五年の間、本当にいろいろのことがあった。本当につらかったこと、うれしかったこと、今となっては一つ一つが懐かしく思い出される。その時々は、くじけてはならない、負けてはならぬと必死であった。世の中に一切、風土工学という概念も考えもなかったので色々障壁があったことは仕方が無いことではある。十年前の風土工学研究所は言わば、何も知らない生まれたての赤ん坊のようなものである。研究所を人に喩えて「風土太郎君」と呼ぶ事にしよう。赤ん坊であった風土太郎君は今年15歳の少年にまで育った。

幸いにも風土太郎君は周りの多くの人々の深い愛情に支えられ、道を踏み外すことも無く素直に育ってくれたと思っている。10歳の風土太郎君とは小学四年生くらいである。三つ子の魂百までというから風土太郎君の生みの親として幼い時から常々四つの感謝を絶対に忘れてはならぬと言っている。一つ目は風土工学の考えに対し高所の立場から温かく御指導いただいた諸先生方に対する感謝。烏帽子親に対する感謝である。二つ目は地域づくりの実学である風土工学に実践の場を与えていただいた関係機関の皆様の深いご理解が無ければ風土太郎君の活動は成り立ちません。関係機関の皆様に対する感謝は、武道の稽古道場の道場主に対する感謝である。次に実践の場を与えていただいても、一人では武道の稽古は出来ない。三つ目は共に実践に取り組む風土太郎君の仲間がいなければ何事もならない。道場の仲間への感謝である。さらに風土太郎君の仲間を派遣していただいた親元の組織のご理解が無ければ実現しませんでした。四つ目は、すなわち世の中に対する感謝ということでしょうか。10歳の風土太郎君は、四つの感謝を胸にいだき、昨日も今日も一生懸命社会の期待に応えようと頑張っている。

風土工学の考えと手法はこれからの公共事業や地域づくりに益々重要になってきている。

景観十年風景百年風土千年といいますから、風土太郎君も千年は活躍して欲しいのですが、それは無理としても人並みに百年くらいは活躍してほしいものである。

生みの親としては、願望として早く独立して一人前の成人になってほしい。そして社会の期待に応えて、そのためにも皆様のこれまで以上のあたたかき御指導御支援を宜しくお願い申し上げなければなりません。

風土太郎君の一つ目のお願いは、現下の課題である。昨今、公共事業は悪、無駄なシンボル、経費節減のやり玉にされ、更にコスト縮減の嵐の中、風土工学の理念は賛同するも、今やらなくても良いものとされようとしている。

また、他に競争相手がいないものなのに、全て競争原理を導入しろとか、NPOには厳しい審査等等、風土太郎君が活躍しにくい社会に急激になって行っている。風土工学に対する深いご理解とご配慮を、切にお願い申し上げる以外にございません。

私は風土太郎君の生みの親ということとなる。私の思いは風土太郎君が私から完全に独立して社会で活躍してくれること。生みの親である私には風土太郎君が立派に成長して欲しいとの思いはあるのだが、生みの親の私には決定的な二つの力不足がある。

一つは文化面等知恵とセンスの不足である。これに関しては作家の田村喜子先生に理事長になっていただいたのをはじめ、諸先生に顧問になっていただいて、風土太郎君を支援する体制をつくっていただいた。もう一つの力不足は資本主義の世の中である。活動を行うにあたって先立つ資金が不足している。これに関しては、力不足なりにこの十年精一杯努力してきたところである。

しかし、生みの親は権力も権威もない身。まさしく上方贅六の身である。努力は人一倍おしまずに努力したが風土太郎君を立派に成長させるためにはやはり力不足はいなめない。

風土太郎君の二つ目のお願いは、風土工学の強力なスポンサーの出現のお願いである。風土太郎君を更に大成させるには、強力な後ろ盾の存在が必要である。

風土太郎君が、このまま力不足で生みの親のもとにいると大地の土に足がつかなくなり風太郎となってしまう。風太郎だけにはなってほしくない。

風土太郎君が大地に根ざし立派に成長し、大きな活躍をしていただくには、上方贅六のかけらが必要ではないか。贅はあった方が素直に大きく育つに違いない。

贅六とは「引」「閥」「禄」「学」「太刀」「身分」である、風土太郎君は、生みの親が上方出身であったことにも寄るかもしれない。これまで特別な「引」も、特別な「閥」も、特にそれらしき褒賞「禄」もなく、「学」として学会から評価されることもなく、功績をあげて帯刀「太刀」を許されるようなこともなく、功績により特別な「身分」をあたえられることもなくやってきた。

しかし、風土太郎君と仲間たちは誇りうる日本の国土づくりのために日夜頑張っている。これからの大きな活躍を期待するには、贅六のはしくれでもあった方が良いのに決まっている。

小学校高学年時代そして多感な中学生時代を迎えるのである。皆様から風土太郎君に贅六のはしくれでも与えてやっていただけたら、それに勝る喜びはございません。

風土工学の歌

1. 誇り・豊かさを目指す土木
立派な橋が出来ても
何故か、満足感に浸れない
それは、その地に注ぐ地域愛
入れ忘れたからです
今求められている風土工学

2. 悲願達成を目指す土木
長いトンネル　出来ても
何故か、感謝の心　届きません
それは、経済性を　頑なに
追い求めたからです
今求められているのが風土工学

3. 安全国土を　目指す土木
高い堤が出来ても
何故か、安心を覚えない
それは、どこかに潜む危険性
感じられるからです
今求められているのが風土工学

4. 利便な国土を目指す土木
立派な道が出来ても
何故か、人々絆　薄れます
それは、風土の心、を、どこかに
おき忘れたからです
今求められているのが風土工学

［3］風土工学10年・十人十色いろはカルタ

風土工学10年は、顧問等の先生方の高所からの温かい御指導と共に、風土工学の業務を通しての普及啓発・研究に取り組んでくれた多くの多士才才の個性豊かな方々の並々ならぬご奮闘の積み重ねの歴史であった。お一人お一人の御尊顔を思い浮かべながら、感謝の思いを込めて「風土工学十年・十人十色伊呂波歌留多」を作ってみた。

あ　アイデアで　風土の仕事　チャート出来（野村康彦さん）　風土工学がどのようにデザイン展開されるか。

い　意地悪な　担当官に　泣かされる（業務担当者全員）　風土工学を理解してくれない担当者が多い。

う　歌こころ　ここまで来たら　北海道（福沢恵介さん）　竹林作のオロロンラインの歌がレコード化された。

え　笑顔満つ　楽しく教える　絵のこころ（大谷弓子先生）　絵の描きかたの心を学ぶ。

お　大阪の　橋の文化の　町つくり（松村博さん）　八百八橋に歴史がある。

か　カンカイを　酒の肴に　議論沸く（岩井國臣先生）　土木に欠けているのは哲学ではないか。

き　きっちりと　確かな会計　経理うで（阿野友美さん、他）　小さな組織でも経理は大切。

く　苦節時に　励ましくれた　感謝恩（糸林芳彦、柴田功、藤沢侃彦、他）　失意のドン底、励ましてくれた。

け　研究会　窓口担当　気苦労す（長友卓さん、他）　少人数で会の段取りは大変である。

こ　コンクリート　風土の材料　馴染みよい（河野清先生）　コンクリートは悪者あつかいにされてしまった。

さ　蔡温の　風土文化が　よみがえる（川崎秀明さん）　蔡温の演劇化は素晴らしい。

し　社叢林　風土の誇り　村祭り（薗田稔先生）　神社が泣いている。神社を大切にしたい。

す　素晴らしい　高い評価の　鳴鹿堰（中川博次先生、渡辺昭さん）　鳴鹿堰は風土工学の金字塔。

せ　責任感　信頼つくり　こなす技（山里剛史さん、桜井厚さん、他）　業務の基本は信頼を勝ちとること。

そ　造形の　民族文化に　光あて（金子量重先生）　アジア民族造形と風土工学は同根である。

た　ダム技術　文化勲章　誇りなり（沢田敏男先生）　ダム技術者は社会からタタかれている。

ち　地名由来　楽しく教える　五七五（服部真六先生）　服部先生の地名研究は実に楽しい。

つ　つぎつぎと　仕事と話題　根性で（増田尚弥さん）　実に良く頑張ってくれた。頭が下がる。

て　手をつなぐ　理科と文科の　地理分野（中村和郎先生）　地理学には両面の素養が必要である。

と　特訓も　申し訳ない　情けない（大根義男先生）　ゴルフの大先生でもある。

な　長町・感性　風土工学　生みの親（長町三生先生）　感性工学の生みの親。

に 似ている絵　ふるさと・かたち　物語（下田謙二さん）　下田さんの絵心は天下一品である。

ぬ 主・河童　六郷満山　物語（金田信子さん）　国東半島で文化の掘り起し。

ね 粘り腰　仕事に情熱　実を結ぶ（忍見武史さん、他）　コツコツと風土調査の名人芸。

の 農分野　風土工学　展開す（速水洋志さん）　農林業の分野でも風土工学が。

は はしご酒　器用にこなす　仕事・株（重金治彦さん）　難仕事も次々器用にこなす知恵。

ひ B型で　職場明るく　笑顔満つ（伊藤裕子さん、尾崎真人さん、他）　仕事は楽しく、明るく。

ふ ふるさとの　日高見文化の　伝道師（細矢定雄さん）　郷土愛を学びたい。

へ 編集の　出来ばえ光る　センス技（尾崎直人さん）　見栄えとセンスが光る風土誌編集。

ほ 北海道　都市計画に　風土性（五十嵐日出夫先生）　五十嵐先生門下生に風土工学が広まる。

ま まあいいか　風土工学　支援もと（有岡正樹先生）　研究所の危機を何度も救ってくれた。

み 民俗学　地名保存を　訴える（谷川健一先生）　民俗学の権威の谷川先生との旅も忘れがたい。

む 難しい　和辻とベルクの　風土論（オギュスタン・ベルクさん）　風土工学は日本の風土で花開く。

め 名理事長　諸人集い「わ」ができる（田村喜子理事長）　研究所に残された遺徳は余りにも大きい。

も もう一説　古語連想で　地名解く（磯貝洋尚さん）　発想豊かで味わいがある。

や 山と川　河川文化の　名役者（高橋裕先生）　河川技術人物史に見る高橋河川工学。

ゆ ユーモアで　職場明るく　基礎つくる（鈴木義康さん）　研究所の発足時に支えてくれた。

よ よくやった　風土三姉妹　基礎ささえ（小倉典子・久米尚子・飯島麻由）　つくばの研究所を支えてくれた女性力。

ら ラジアルが　ひっくり返った　合理性（中川博次先生、小島さん）　逆転の発想より生まれた合理性。

り リュック背に　手作り弁当　徒歩出勤（若井郁次郎さん）　富士の研究所の創設時を支えてくれた。

る 留守がちも　密な連絡　安堵感（中野晃世さん、他）　富士の研究所を支えてくれた女性陣。

れ 連載が　風土工学　世に広め（高垣睦城、渡辺悦子、他）　新聞雑誌の連載が広めてくれた。

ろ 論より絵　ふるさと文化　再発見（須田清隆さん、ジオスケープ、クワン、他）　数々の風土資産マップと風土誌。

わ 忘れるな　博士論文　審査恩（飯田恭敬先生、宗本順三先生）　博士論文が風土工学の始まり。

ゐ 居並ぶは　高説・面々　シンポジウム（シンポジウムの講演者）　その道の一人者を集めた12回のシンポジウム。

ゑ 絵の如し　雫石あねっこ　道の駅（佐々木正志さん）　あねっこ物語がデザインコンセプト。

を 緒に付いた　ところで契約方式　嵐吹く（業務担当者全員）　建て前ばかりの中身のない社会になってしまった。

風土：風土研　十人十色の支援受け（全員）

風土研の歴史は多くの人と知恵と支援の議論がある。感謝しかない。

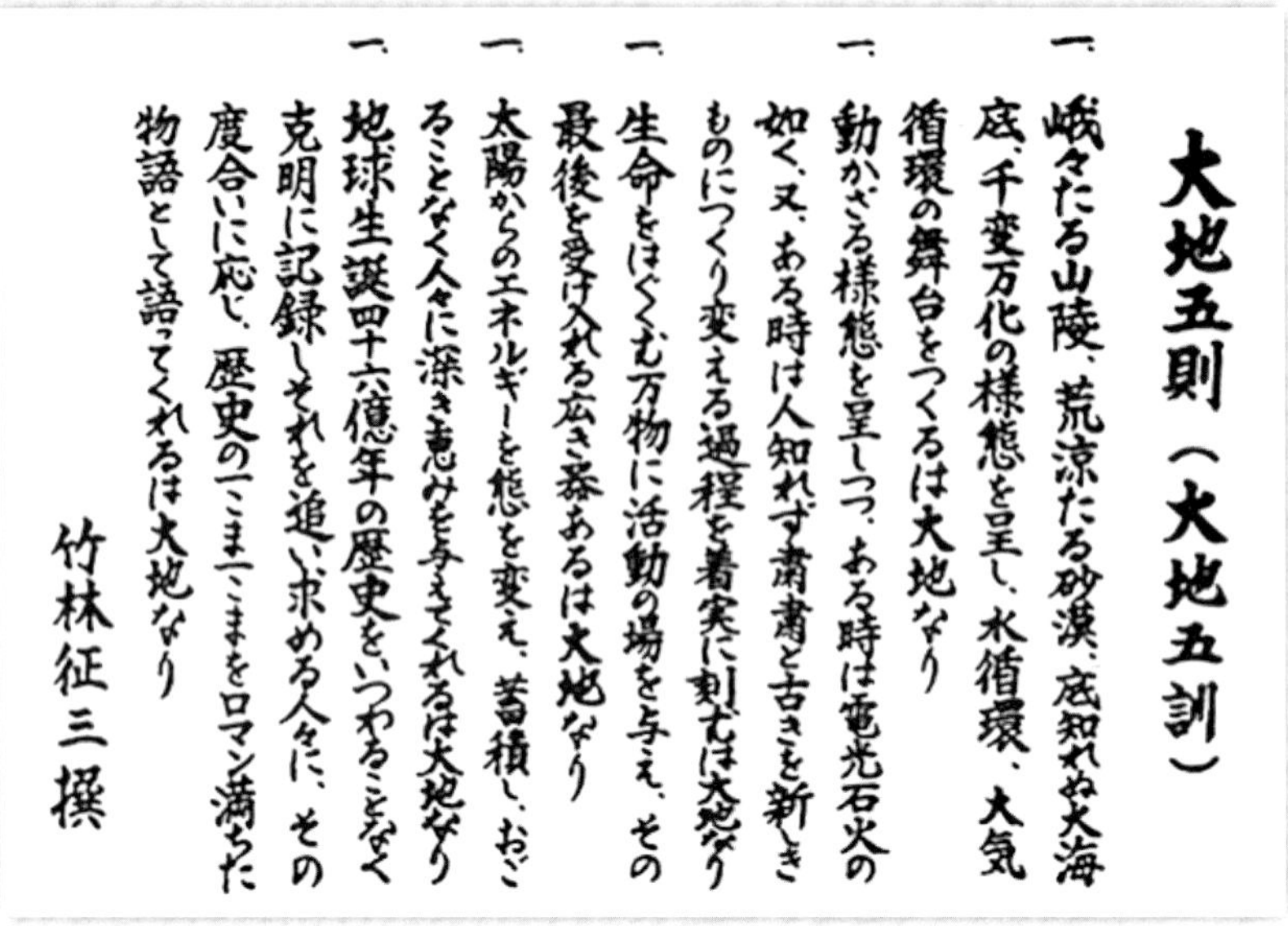

大地五則（大地五訓）

一、峨々たる山陵、荒涼たる砂漠、底知れぬ大海底、千変万化の様態を呈し、水循環、大気循環の舞台をつくるは大地なり

一、動かざる様態を呈しつつ、ある時は電光石火の如く、又、ある時は人知れず粛々と古きを新しきものにつくり変える過程を着実に刻むは大地なり

一、生命をはぐくむ万物に活動の場を与え、その最後を受け入れる広き器あるは大地なり

一、太陽からのエネルギーを態を変え、蓄積し、おごることなく人々に深き恵みを与えてくれるは大地なり

一、地球生誕四十六億年の歴史をいつわることなく克明に記録しそれを追い求める人々に、その度合いに応じ、歴史の一こま一こまをロマン満ちた物語として語ってくれるは大地なり

竹林征三撰

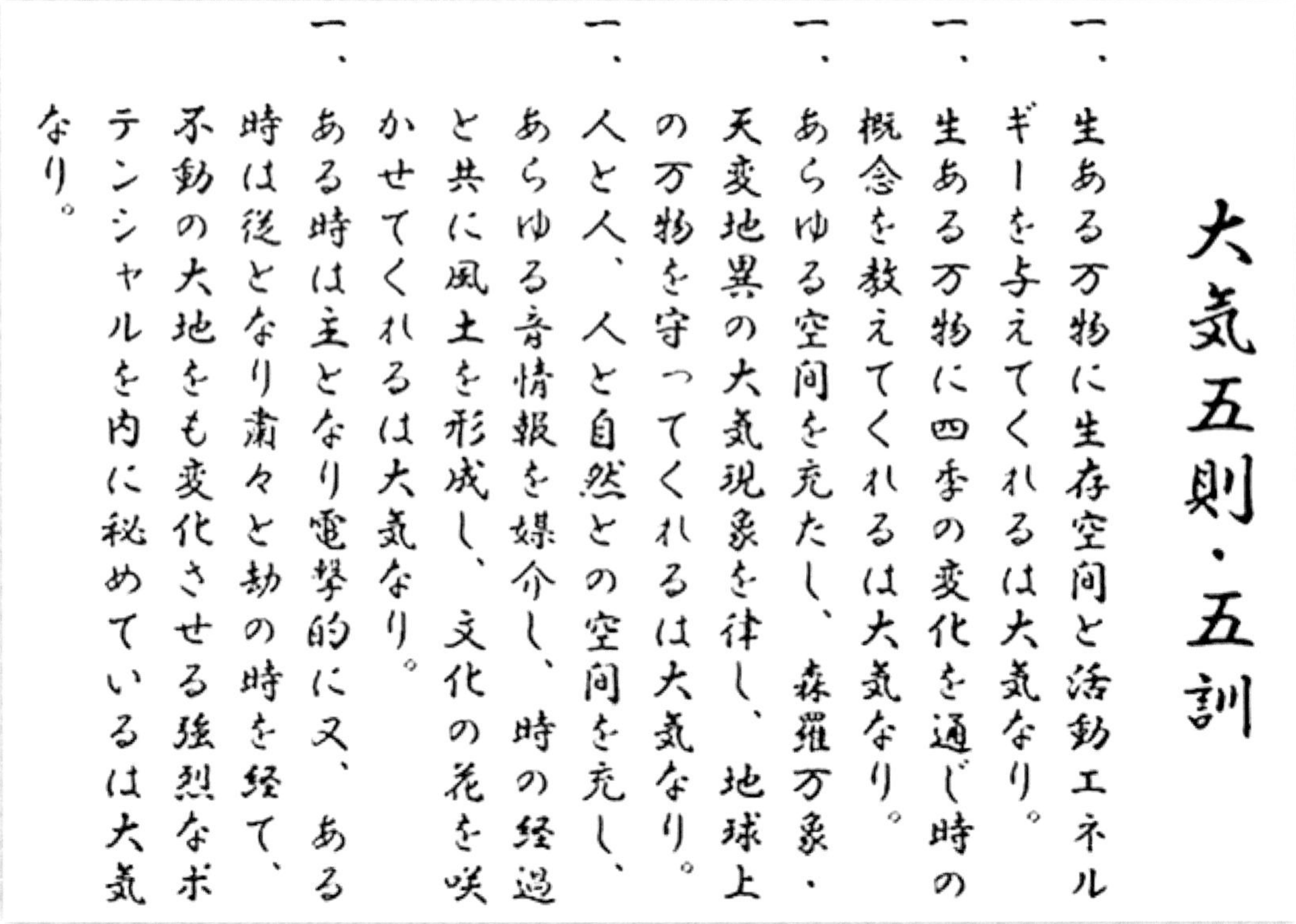

大気五則・五訓

一、生ある万物に生存空間と活動エネルギーを与えてくれるは大気なり。

一、生ある万物に四季の変化を通じ時の概念を教えてくれるは大気なり。

一、あらゆる空間を充たし、森羅万象・天変地異の大気現象を律し、地球上の万物を守ってくれるは大気なり。

一、人と人、人と自然との空間を充し、あらゆる音情報を媒介し、時の経過と共に風土を形成し、文化の花を咲かせてくれるは大気なり。

一、ある時は主となり電撃的に又、ある時は従となり粛々と動の時を経て、不動の大地をも変化させる強烈なポテンシャルを内に秘めているは大気なり。

【七】風土工学誕生に導き支えてくれた、その道の第一人者

特定非営利活動法人「風土工学デザイン研究所」の設立にあたり、設立発起人になっていただいた、その道の第一人者の諸先生を挙げなければならない。それらの先生方のうち、田村喜子先生、高橋裕先生、長町三生先生、五十嵐日出夫先生、岩井國臣先生、谷川健一先生との忘れられない思い出を記したい。それに、建築家の村松貞次郎、鈴木博之先生の導きについても忘れられない。

◎田村喜子先生との二人三脚

田村喜子先生との思い出は数え切れないほど多くある。２００１年から２０１２年までの11年間、風土工学デザイン研究所の理事長をお願いした方である。私は田村先生に風土工学がいかなる学問なのかについて説明したことがない。しかし、田村先生は一瞬にして風土工学がいかなる学問かを理解されていた。これまで多くの学者の先生がたにも風土工学について説明し、理解を深めてもらおうと何度も努力したが、なかなか理解してもらえなかった。おおよそ3分の1の学者には、「なるほどこれはスゴイ学問を構築された」と高く評価していただいたが、後の3分の2の学者の先生にとっては、理解するのに大変苦労がいるようである。特に権威を振りかざす先生には、なかなか理解しにくい学問のようだ。なるほどと理解すれば自分の権威がすたるとでも考えておられるのであろうか。それとも既存の学問フレームに雁字搦めで、柔軟な思考が出来ないのかもしれない。田村先生に風土工学デザイン研究所の理事長をお願いしたところ、風土工学は真に重要な学問だから、私でよければと二つ返事で引き受けてくれた。引き受けるにあたり、条件は一つであった。風土工学は竹林さんの知恵と独創で切り開いた工学体系なので、理事長は竹林さんがなるのが一番ふさわしい。しかし、「竹林さんは役人の延長線上にある財団の土木研究センターの風土工学研究所の所長とか、富士常葉大学の附属風土工学研究所長の立場もあるということなら、私はショート・リリーフというより、ワンポイント・リリーフということでお引き受けする」ということでお引き受けいただいた。ワンポイント・リリーフのつもりが、とうとう11年という長きにわたり理事長を務めていただき風土工学の普及啓発に多大の御貢献をいただいた。風土工学デザイン研究所がここまで来られたのも、田村先生の温かき大きな心での指導があってのことである。田村先生に対し深甚の敬服と感謝の気持ちで一杯である。

○全国ダム巡りの旅

私の小学1年生から大学・大学院卒業までの同級生の松村博さんが、土木の道に入ってから橋梁に強い興味を持たれその歴史を調査して『大阪の橋』を出版し、昭和63年度の第6回土木学会著作賞を受賞した。京大土木42年卒の会（志仁会）のメンバーが集まってそのお祝いの会をしようと言うことになった。その場に『京都インクライン物語』を出された、第一回土木学会著作賞を昭和58年に受賞された田村喜子先生も参加して共に祝っていただいた。何故に志仁会に田村喜子先生が参加してく

れることになったのか、志仁会のメンバーの有岡正樹さんが田村先生に声をかけて松村博さんの著作賞の祝賀会にゲストとして参加をお願いされたのである。田村先生と有岡さんの関係も古く、田村先生が小学校の時、国語の先生から作文を褒められたことがきっかけで作文を得意とするようになり、その後新聞記者を経て小説家の道を歩まれた。その国語の先生が有岡正樹さんのお父さんだった。田村先生は有岡先生のお宅にも良く出入りされ、正樹さんの幼少のころの事を良く覚えておられ「正樹ちゃん」と呼んでおられた。

田村先生が最初に土木をテーマとして書かれた本は「京都インクライン物語」である。その後、先生は田辺朔郎を生涯の恋人として、「北海道ロマン鉄道」等々を世に出される他、次々と土木技術者の男の心意気をテーマとした本を出されていった。土木屋の応援団長だと自称されている程、土木技術者のことを深く取り組まれた。

先生が永遠の恋人と称していた田辺朔郎の偉業・琵琶湖疏水のいろいろな技術資料を土木屋の立場から収集され『京都インクライン物語』の技術的内容を支えられたのが有岡正樹さんである。

京都インクライン物語を機に、田村先生は土木技術者の心意気を男のロマンとして小説にする事を生涯のテーマとされるようになった。祝賀会の場で、私は田村喜子先生に初めてお会いし、地味な土木屋の生きざまを男のロマンと捉えられる田村喜子先生の人徳に強く感動をうけた。このようなことで有岡さんを通じて田村先生と親しくさせていただくこととなった。当時の私は河川局開発課の専門官の立場だったと思う。これだけ土木屋の心を理解し、その心意気を評価していただける方にお会い出来て、こんな嬉しく思ったことはない。

当時からダム建設は地元の同意をとりつけるのに苦労していた。その地の安全の確保、将来の発展のため、地元の人々の理解を得るためさんざん苦労している土木屋の真の心意気を田村先生に伝えたいと考えた。そしてその場で思いついたのが、ダム技術者のロマンであった。ダムはその当時から山間の集落を水没させることから、ダム建設反対の書物が多く出版されていた。その一つが蜂の巣城物語『砦に拠る』であった。ダム建設反対運動の室原さんは英雄化されているが、建設現場の所長達は、国土保全のために情熱を持って業務にあたっておられる。こちらの人達には国の為、多くの人の為、わが身を粉にして業務に遂行される男のロマンがある。当時、現場の所長をされた野島虎治（故人）さん、副島健さんが御健在であった。「この両人の男のロマンを聞いていただきたい。またそれらの舞台になった松原・下筌ダムの現地も見ていただきたい。その他、全国各地のダム現場にはその地のダム建設に命をかけているダム技術者がいる。全国のいろいろなダムの現場を見ていただきたい、そして過酷な山奥のダム現場で国の為に命をかけて黙々と建設にあたっている人がいる。それらの男のロマン・ダム技術者の心意気を聞いていただきたい」とお願いした。先生は願ってもないことと了承して下さった。

私は翌日から早速、松原下筌ダムの次は〇〇ダム等、田村先生の全国ダム巡りの視察スケジュールを組んだ。どのダムが適当か、ダム現場では誰の話を聞いていただこうかいろいろ思索をめぐらした。私が田村先生に随行して、それぞれのダム現場でダム技術の心意気やダム技術の秘話をいろいろお話をしたいと考えたが、当時の私は、開発課の専門官の立場で、出張に行ける日程がなかなかとれない。同じ課の上総周平さん達に日程をさいてもらい、随行をお願いして始まったのが田村喜子先生の全国ダム巡りの旅であった。私が同行できたのは近畿の大滝ダム現場である。

田中雄作さんが現場の所長をやっていた時である。上総周平さんや有岡正樹さんも一緒に行ったと思う。

しかし、この全国ダム巡りは途中でとんでもない展開となった。ダム視察の後、その日の宿泊地は山間の温泉が良かろうと行程が組まれた。その温泉の泉質は相当濃度が濃く、かつ合わなかったと見え、田村先生は全身にひどい皮膚炎を起こされてしまった。帰京後、皮膚炎の治療のために病院で治療を受けるがなかなか良くならず、皮膚炎に効果があるというもの、例えば金箔入りの風呂が良いと言われれば、入られたり、いろいろの事を試されたが、皮膚炎との戦いは、本当に大変につらそうであった。結果的には完治するまで一年以上かかられた。

私はこれまで温泉でここまでひどい炎症を起こされることがあるということを全く知らなかった。田村先生は会う人、一人ひとりに対し非常にきめ細かい配慮をなされる。それに現地へ行けば、行く先々の風土に温かい視線で接しられる、大変きめ細やかな感性の持ち主である。田村先生は微妙な風土を鋭敏な皮膚（身体全体）で感受される。先生の皮膚の感受機能は人一倍研ぎ澄まされて繊細なのである。先生の肌はきめ細かい・やわ肌なのである。温泉の泉質は余りにも強烈で、先生のやわ肌には強過ぎたのであろう。ダム巡りの現地視察を企画したものとしては、先生に思いもかけずこれほどまでの苦痛な目に合わせる結果になるとは想いも至らなかった。

全国ダムめぐりの旅は一時中断の形となり、その後田村先生とお会いする度に、皮膚炎の治療で苦労されている話を聞く結果となり、本当に申し訳ない思いであった。

当初、田村先生とは、ダム現場で取材したダム技術者の心粋を書きとどめていただき、ある程度まとまれば本として出版する話になっていた。このような経緯で田村喜子著『全国ダム巡り』の本は幻と消えてしまった。

当時田村先生は足場の悪い危険なところは別として、横坑にも入られて、「ダム技術の心は岩着にあり」とか「ダム技術者はワン・ノブ・ゼム」という言葉に深く感銘を受けられたようである。第11回風土工学シンポジウムの主催者挨拶で『取材の段階で今も私の心の中に本当に輝いている言葉があります。ある方が、これは僕が作ったのです。「ワンノムゼム」ですとおっしゃいました。土木の仕事は、大勢の方が心と力を合わせて出来ることですが、携わった方一人一人が「これは僕が作ったのだ」と誇りをお持ちになっている。それから、もう一つの言葉は「ダム技術者は、岩着にかかっている時が、一番幸せなんです」とおっしゃっていました。私はその時初めて岩着という言葉を聞きました。水中・地中等の深い所にある基盤岩に構造物の基礎を定着させることです。これがしっかり出来ていれば、上の構造物は大丈夫。構造物が完成した時、岩着部分は誰の目にも触れることはありませんが、それに責任と情熱を感じて作るというお話を伺った時、バロメーターが上がったのを覚えています』と述べておられた。全国ダム巡りの旅でダム技術者の心をしっかり捉えられたのである。

田村先生の建設省との付き合いの始まりは、私の企画したダム関係全国ダム巡りの旅から始まったと思う。その後、「道の駅めぐり」等で道路局、「北海道ロマン鉄道」で北海道開発局、「関門トンネル物語」で国鉄等々の方が河川畑より付き合いが密なようである。道路局の人や開発局の人は田村喜子先生を母親のように慕っておられた。土木は環境破壊、無駄な公共事業論等々まるで土木は悪の産業のようにマスコミと小泉政権が仕立て上げている時代である。そのような時代、田村先生のように将来によりよき国土を残すために直っ当に生きる土木技術者の心を理解してくれる方がおられる。建設省（国土交通省）の各種審議会や各種委員への要請が急に次々飛び込んできて、土木技術者の応援団長としての八面六臂の活躍が始まった。

田村先生の土木を見る温かい目線が田村喜子ファンをつぎつぎ生んでいる。田村喜子先生のファンは北海道から沖縄までいたるところで増えてくる。

多くの大変高名なその道の第1人者を発起人にお願いして、NPO法人の設立許可が下りたが、実際に業務をはじめようとすると、富士の大学附属研究所の代表は竹林、そしてNPOの代表も竹林と同一人物では、対外的にも同一のものと誤解されかねない。NPO法人は大変な第一人者の方々が発起人として設立した大義のもとの法人であり、発起人の一人に竹林が名をつらねていることは確かであるが、大学の研究所と一線を画することが重要であった。

大学の附属風土工学研究所は学問として風土工学理論を更にみがきをかけるための研究する組織である。NPO法人は風土工学の考え方を世に広く普及啓発させること、そして更に実際の地域づくりに貢献することを目指すものである。風土工学理論の考え方は同一であるが、目指すところ、活動方針が全く異なる。そのようなことならば、大学の風土研の代表は竹林に代わる者がいないので、仕方がないが、NPO法人の代表は、発起人のうち、しかるべき人にお願いすることが一番素直であった。

発起人の中で、土木事業に広く御理解の深い方として土木屋の応援団長を自称されている田村喜子先生が最適任ではないかという当然の帰結となった。田村喜子先生にその旨のことをお話して代表就任をお願いしたところ、風土工学の考えと思いは良く分るが、理論的なところが良く分らない。風土工学ではなく風土学なら分かるとおっしゃる。「田村先生以外に適任者はいないので是非共お願いしたと思います」と申し上げたところ「ワンポイントリリーフよ」ということでお引き受け頂いた。私が大学附属の風土工学研究所長をやっている間はお願いし続けなければならない。ワンポイントリリーフがロングリリーフとなり、いずれ完投完封型となっていただくことが、関係者一同の一致した願いであった。

○田村先生の遺徳

追悼の辞

風土工学デザイン研究所・前理事長田村喜子先生のご逝去を悼み、生前の当研究所の発展に尽くされたご功績に対し、改めて深甚の御礼を申し上げます。

田村喜子先生は創設間もない平成12年（2001）6月から平成23年（2011）9月まで11年余の長きにわたり理事長を引き受けていただき、高所から、我々・会員および所員を御指導いただきました。

当研究所は設立したとは言え、何もないゼロの状態からのスタートでした。その組織が北海道から沖縄まで全国各地からの要請にこたえて、その地の風土を活かした、誇りうる地域づくりに何らかの貢献させていただくことが出来たのも「私は土木技術者の応援団長よ」と「コンクリートから人へ」というキャッチフレーズで、「無駄な土木」という世の風潮で落ち込んでいる土木技術者を励ましていただいた田村喜子先生の温かい人柄・御人徳のお陰であると深く感謝申し上げます。

田村先生が私共の風土工学デザイン研究所に果たされた功績は多大

であり、挙げればきりがないのですが、私にとっては以下の6つの遺徳は忘れてはならないと思っております。

〔1〕田村先生は敵をつくらず、接する方が皆、田村先生の人徳に惹かれて、田村ファミリーになってしまいます。田村先生には、人を惹き付ける不思議な魅力といいますか魔力といいますか、そんな力があります。私はなかなか他人に自分の本意が伝わらず、理解してもらえない結果、心ならずも敵を作ってしまうところがあります。しかし、風土工学デザイン研究所としては、田村先生が理事長の座についていただいているお蔭で、いつのまにか敵がいなくなっていることです。

〔2〕田村先生には、わが組織のために、本職の作家の智恵を幾つも授けていただきました。たとえば、小説『野洲川物語』を執筆していただきました。絵本『鬼かけっこ物語』につきましては、私がつくった物語の骨組が、田村先生の手によって素晴らしい物語に変身し、創作民話の公募で、最優秀賞をいただくことができました。言葉の重要性、言い回しの重要性、一語一語推敲を重ねて文章を書くという物書きの心を、実体験させていただきました。風土工学デザイン研究所の核は「風土文化」であり、文章がすべての基本です。

〔3〕田村先生には、風土を見つめる視点を教えていただきました。「風土工学だより」の巻頭言で連載された「心の風土記」を読んだ方は、すぐにご理解いただけると存じます。田村先生は、京都のど真ん中で育ってこられました。京都の奥深い風土文化を見極める感性をお持ちで、田村先生は、「京都の風土文化が服を着て歩いている方」です。私は全国各地の田舎を、田村先生の風土を見極める感性で見つめれば何かが見えてくるに違いないと、七転八倒しているところです。

〔4〕田村先生の随行をさせていただき、全国各地、色々なところに行かせていただきました。思い出すものとしては、利尻、礼文、天売、焼尻、奥尻島等、二度と行けそうにないところがあります。全国どこへ行っても、行くところ行くところで大歓迎を受け、いずれも楽しい思い出となって胸に残っております。

〔5〕田村先生は、風土工学デザイン研究所の歴史を作ってくれました。11年の間に10回の風土工学シンポジウムをはじめ、多くの企画を成功裏に終えることができたことは、田村先生のお力添えがなかったら、到底実現し得なかったと思います。風土文化の達人は、土木といえば風土文化を理解しない輩だという先入観を持たれることがあったように思うのですが、田村先生とお話されると、一瞬にして偏見がなくなるのです。

〔6〕田村先生の交流の広さと人徳で、先生の周りには多くの有徳の士が集まっておられます。それらの多くの方と知り合いになれたことは、何にも代えがたい、風土工学デザイン研究所にとっても、私個人にとっても、大切な財産でございます。

〔7〕田村先生が当研究所に残してくださったもので、忘れてはならないものに入口にかかる表札があります。先生はこの表札を揮毫した当時を振り返り『理事長としての最初の仕事は、徳山ダム建設現場から製材して送られてきた、私の身長ほどもある板に「特定非営利活動法人風土工学デザイン研究所」と墨筆することだった。たっぷりと墨汁を含ませた筆を手にしたとき、テレビのニュースで見た光景がダブった。建設省が国土交通省と改名して、扇千景大臣が正面玄関に取り付ける大きな表札を墨書している光景だ。巧拙は別として、年の功なら大臣にひけは取らないと腹を据わらせた。実をいうと、筆の運びで2カ所ほど失敗したが、板は1枚しかなくて、書き直しは許されなかった。拙筆の表札はいまも事務所の入り口の扉に幅を利かせていて、見るたびに冷や汗を

かいている』と述べておられた。

表の看板の裏には見えない研究所への思いが秘められています。

現在、「コンクリートから人へ」をスローガンとする民主党政権に代わり、わが組織もこれまでにない苦境のど真ん中にあります。田村先生の看板でこれまで育てていただいた当研究所を、潰すわけにはまいりません。

私としては、田村先生の当研究所に残してくださった、目に見えない数々の財産を大切に守っていきたいと存じますが、現下の厳しい発注状況の中で大変でございます。

田村喜子先生が当研究所に注いでいただいた熱い思いを忘れることなく胸に抱き、今後とも社会に貢献してまいりたいと存じます。

田村喜子先生本当に有難うございました。合掌。

◎高橋裕先生のこと

高橋先生は古くより、岡山の柳井原堰や大戸川ダムの信楽町等の地元反対派の主催する会などにもよく参加され、建設省批判もしておられたので、私としてあまり、好ましい印象を持っていなかった。

高橋裕先生は東大の河川工学の旗頭である。

私が席を置いた岩佐義朗先生は京大の河川工学の旗頭であった。両巨頭の学問に対する姿勢はあらゆる面で正反対であった。

高橋裕先生は土木史的観点より、河川工学を見つめてこられたのに対し、岩佐義朗先生は数学的解析により河川工学を見つめてこられた。

高橋裕先生は建設省サイドにいつも批判的な姿勢をとってこられたのに対し、岩佐義朗先生はどちらかと言えば、建設省サイド、体制側をバックアップする姿勢をとってこられた。私の大学での指導教官は岩佐義朗先生であり、なおかつ建設省に入省したものである。卒業後も困ったことがあると岩佐先生に相談にのってもらい指導を受けてきた。岩佐先生は実に頼もしい大先生であった。

一方、高橋裕先生の地元でのいろいろな発言を反対派に利用され、事業は難航するところがあったので実に困ったことだと常々思っていた。

その高橋先生が、編集発刊している雑誌「にほんのかわ」の巻頭言で、私が琵琶湖工事時代に出した3部作「琵琶湖と瀬田川」「はげ山を緑に」「湖国の水のみち」の小冊子をとりあげておられ、大変素晴らしい文化知的レベルの高い小冊子だと、べたほめしておられた。

高橋先生は日本の河川工学の第一人者である。その先生から大変な評価を得たのである。私の考えている方向に近いことを考えておられることが分かった。

その後、私は河川局に移り、水資源審議会か、水源地域対策懇談会の委員をしておられた高橋裕先生に直接いろいろ御指導を受けることが多くなった。

そして私が風土工学で学位をとり、風土工学デザイン研究所の設立発起人をお願いした所、竹林の風土工学には何んでも応援してあげると言っていただいた。感激の至りであった。

また、私が建設省を退職して行く先がなかった折、高橋先生は竹林は学者の道が向いているからどこか良い大学はないか、あたって見てあげると言っていただいた。大学はやはり、東京の大学、それも南関東が良いということで相当あたってくださったようだ。

たまたま、その折は適当なところがなく、決まらなかったが、静岡の富士常葉大学の話が入ってきてその話を進めることとなった時、常葉学

日本水大賞受賞感謝御礼の会。絵本製作に関係した方々が集まっていただいた。
高橋裕先生の日本国際賞の受賞祝賀会もかねて

園の理事長の木宮和彦さんは高橋先生と静岡高校の同級生であったことから非常に喜んでくれた。そして、竹林が行くなら富士常葉大学のことも、何でもあったら言ってくれたら応援するよと言っていただいた。

風土工学デザイン研究所設立にあたっても、設立発起人に名前を連ねていただいた後も風土工学デザイン研究所主催のシンポジウムや総会・理事会にも毎回出席していただき、貴重な御指導をいただいてきた。

高橋先生は風土工学デザイン研究所の理事長であった田村喜子先生が一番尊敬し、ウマがあった土木の先生でもあった。

そんなことで、高橋裕先生には筆舌につくせない御恩をいただいた。

◎長町三生先生に導かれて
——長町三生先生の叙勲に寄せて——

この度、長町三生先生の瑞宝中綬章の叙勲、誠におめでとうございます。

私は土木技術者であります。大学では水理学・河川工学を卒業・修士論文のテーマにしてきました。大学卒業後、これまでやってきたことが活かせる場として建設省に入省し、河川事業とりわけダムの計画・設計に従事してきました。役人として出世を夢見て入省し、私としては転勤のあるごとに与えられた職場でその都度、一生懸命に国のために働かせて頂いたつもりですが、不用な人材として30年弱という最短で馘首にされてしまいました。首になる2年くらい前になると、建設省の組織が私を早く首にしたがっていることが、事あるごとに感じられる様になってきました。

私としては、第二の人生で飯を食べていける道を考えておかなければなりません。これまで何人もの博士論文のお手伝いをしてきたが、己の博士号もぼちぼち取っておく方が良いだろうと考えました。博士号は今後何に役立つか分からない。今後世の中を渡るのに、荷物になるものではない。これまでのダム設計技術の延長線上のテーマで何人かの母校の先生から博士論文の面倒を見てやるから早く出すようにと言われました。私は、これまでの延長線上のテーマでは既にいくつも論文を纏めてきたので、新鮮味がなく余り興味を覚えませんでした。他人には真似の出来ない、これが竹林の博士論文だと言われるものにしたい。しかし、私には退職まで1年ほどしか時間がない。そのような思いで葛藤していました。

その様な時に長町先生という「感性を工学にする」という誠に刺激的な研究をされている偉大な方が居られる事を知りました。今から20年程前でしょうか。日刊工業新聞の2面一杯に若者の感性に合う商品開発づくりのテクノロジーというような見出しでした。ヒューマン・インターフェイスのテクノロジーの例としてワコールのブラジャーの寄せて少し上げる話が載っていました。その記事を読んで受けた私の衝撃は目から鱗と言うよりは、頭のテッペンをハンマーで叩かれ、目から火花が散ったという感じでした。感性に合う商品づくりのテクノロジーの主は長町先生でした。

当時は情緒工学とか魅力工学だとか言っておられました。感性工学というものがあることを知り、ビックリ致しました。何故感性というあやふやなものが工学になるのか不思議でした。私は即刻長町先生の感性工学の本を買い求めてむさぼるように読み、なるほどと改めて感激を致しました。土木の設計にも感性工学の手法を導入することが求められていることを直感的に察しました。そしてその当時、私は鉄構メーカーの主任技術者たちを集めて水門ゲートの技術開発の研究会を主宰しており、そのメンバーに早速感性工学という方法があることを報告しました。鉄と言う硬いものの設計をやっている、私ども頭の固い者としては、この感性工学という頭の柔らかい方法を学ばなければならないという話をしました。メンバーから早速、長町先生に直接手解きを受けたいという話になり、言い出した張本人の私が長町先生にお願いに行くことになりました。

長町先生は広島大学の情報処理工学科の教授をしておられた。建設省の数年先輩の方が広島大学の土木の教授をしていたので、その方を介して長町先生にお会いすることになりました。

私は、こんな画期的な工学体系を世界で初めて構築された大先生は恐らく大変威厳のある、私のような小人が近寄りにくいムードをもっているに違いないと想像していました。ところがお会いしてみると、大変優しいおじさんでした。私のような初対面で不躾なお願いをする者に対しては、勿体をつけられると考えていました。ところが、笑顔で二つ返事で引き受けて頂きました。2年間位でしょうか、研究会に来ていただき感性工学の導入の実践的な手ほどきをして頂きました。このことが私の第二の人生に画期的な扉を開けてくれたのです。

私はその次に長町先生の感性工学を土木工学の分野に導入しようと考え、また長町先生の本と改めて格闘の日々を送りました。長町先生の本には多くの図表が出てきます。その図表の〝感性〟と書かれているところを〝風土文化〟と置き換え、〝ものづくり〟と書かれているところを〝地域づくり〟と置き換えて行けば、自ずから風土工学が誕生しました。

長町先生の感性工学の手法と哲学は非常に普遍性のあるものでしたので、これを土木の計画論にアナロジー展開で発展的に取り入れたのが私の風土工学の構築です。

長町先生の感性工学がなければ私の風土工学など陰も形も有りません。

長町先生は感性工学の延長線上で風土工学が誕生したことを非常に喜んでいただき、感性工学と風土工学は双子の兄弟の工学だと評価していただきました。

私は土木技術者として異色の二つのドクター論文に向けた論文を纏めました。一つは「仏教の環境学」であり、もう一つは「風土工学の構築」でありました。私としては共にこれまでにない視点からの斬新で画期的な他の人には書けない論文だと自負しておりました。このうち、どちらを博士論文として提出すべきか悩んでおりました。長町先生に両論文の原稿を送付してどうしたら良いかご指導を賜りました。長町先生から、両論文とも非常に独創的で博士論文としても価値高いと評価していただきました。しかし、どちらか一方ということならば、風土工学の方がこれからの展開が広いのでそちらにしなさいとご指導を頂きました。私はこのような本邦初出の風土工学など理解してくれる人はそんなにいないであろう、是非とも長町先生のところで博士号を頂きたいとお願いしました。ところが長町先生からは、論文の提出は出身の母校に提出するのが筋であるとのご指示がありました。京都大学で引き受けてくれる先生がいなければいつでも長町先生が引き受けてやると温かい心強いお話を受けました。これまで全くなかった新しい風土工学など評価してくれるかどうか分かりませんでした。そのような時でしたので、私にとっては、長町先生はまさに地獄に仏様、救いの神様のような方ということであります。

だが結局は京都大学の土木工学科の先生が引き受けてくださることになりました。

その後今日まで、15年ほど風土工学思想の普及啓発を仕事とさせて頂いております。これも一重に長町先生の大変なご功績の余徳をあずかっての仕事をさせて頂いた様な感じでおります。長町先生には一生、足を向けて眠れません。

長町先生がこの度叙勲の栄誉に浴されたことは、その裾野にいる私共として誠に嬉しくこれ以上ない喜びでございます。長町先生におかれましては、今後とも、健康に留意され、一人でも多くの後進のご指導をされ、堂々たる長町山脈を築かれるよう宜しくお願い申し上げる次第です。

◎五十嵐日出夫先生のこと

五十嵐日出夫先生は人を褒め上げて、弟子を育てることの天才的な教育者ではないだろうか。

先生の門下生から多くの俊英が世に送り出されたことを見れば分かる。先生は珠玉のワンフレーズの言葉で人を良き方向に導びかれた。

先生の重みと香りのあるワンフレーズは全く違う。多くの人は未来への明るい展望が開けるのである。

私の風土工学が世に出て、多くの土木の権威筋から「風土工学は土木ではない」と石つぶてを投げつけられるような感じであった。長町三生先生の感性工学も草創期の石つぶても相当だったと聞く。

恩師・佐佐木綱先生は「風土工学は世の中に受け入れられない」ということが前提であったように思える。私の風土工学は土木部門の権威者から認知されなければ土木分野で一つのジャンルとして定着しないのである。広い現在の四土木工学分野の中で、風土工学を位置づけようとすれば土木計画学の部門に入らざるを得ない。

土木計画分野では京大の佐佐木先生と共に、北大の五十嵐先生は大権威者であった。私にとっては雲のまた上の存在である。

その五十嵐先生が、風土工学を構築し学会で発表するまで私のことを一切知る由もない。一回り以上、若輩の私を面と向かって〃先生〃〃先生〃と呼ばれる。そして、ことあるごとに歯が浮くどころではない賛意を与えてくださったのだ。

私は風土工学研究所を創設したものの多くの先輩、同輩、後輩の個人的な多くの賛意は得たものの、組織的な支援体制のない状態であり、独立した研究所を維持していくことに対する自信が持てないでいた。私にとって雲のまた上の学会の大権威者の五十嵐日出夫先生から、温かき人徳あふれるお手紙を何通もいただいている。

私の整理の悪さから、全ては見つからなかったが、いくつか出てきたので、奥様のお許しを得てご紹介したい。

・平成９年（１９９７）12月30日付

佐佐木綱先生と一緒に立ち上げた歴史文化学会の記念講演会と「景観十年 風景百年 風土千年」の本を送付したことの礼状。

「歴史文化学会大会の成功をお祝い申し上げます。先週同学会記念講演会記録及び風土工学についての最近の話題（その１）（その２）そして竹林征三先生他御四方の対談集『景観十年 風景百年 風土千年』と題する大層興味深いご本を頂戴いたしました。いよいよ本格的な竹林教の布教が開始されたことを感じました。御恵贈に感謝致しお礼と致します。」

・平成10年（１９９８）９月27日付

国土開発技術研究センターの廣瀬利雄理事長が私の紹介もあって加藤尚武先生、桑子敏雄先生等と「社会資本整備のあり方——人文・社会学の視点から——」と題したシンポジウムを東京で開催することについてお誘いした時の返事である。

「北海道拓殖銀行の破産と建設業界の低迷で、札幌は冷え切った夏から凍結の冬へ向かっていて、業界とは縁が薄い私までもが何か意気が消沈していましたところ、竹林先生から素晴らしいお手紙を頂戴いたしました。『社会資本整備のあり方——人文・社会学の視点から——』と題するシンポジウムを開催するから出て来い、と言う有難いお誘いです。

早速かかりつけの医者に相談しましたところ、最近は血圧も安定しているようだから、参加してもよかろうとのことでした。

とても嬉しく主催者の（財）国土開発技術センターへ参加申し込みを致した次第です。

竹林先生が常におっしゃっていらしたように、社会資本整備の問題は、工学、あるいは経済学というような唯一の方向から考えるだけでは解決せず、かえって問題を悪化させることすらあるのだ、と私も思っています。

それに社会の評価は結局、科学技術、社会科学、環境学、人文学（ｈｕｍａｎｉｔｉｅｓとしての）、哲学などの参加なしでは不可能なことです。

今回開催のシンポジウムの案内書を読むと、このシンポジウムは、まさにこのような観点から実施されるわけで、竹林先生及びご関係の皆さんに満腔からの敬意を表します。

もう一カ月も以前のことですが、竹林先生の御著書『東洋の知恵の環境学——環境と風土を考える新しい視点——』を読んで感銘を受け、私の親しくしている会社の重役連中と一緒にやっている輪読会（仁得会：

私が主宰で、一カ月に一回の会合を持っています）で、この御本を読むことにしました。

近頃、本屋に立ち寄りますと、頻繁に竹林先生の新著と出会うようで、嬉しい限りです。

竹林先生の御著書が売れるようになれば、土木工学も改善され、土木技術者が世間一般から尊敬されるようになることでしょう。

それにつけても竹林先生には、尚一層のご活躍を願わねばなりません。

今回の素晴らしいシンポジウムへのお誘いを頂戴して、この感じを深くしました。

竹林先生の御健勝と一層の御隆昌を祈念して、以上お招きへのお礼と致します。」

・平成11年（1999）元旦

年賀状の添え書き

「時代はまさに竹林先生の時代になりました」

・平成11年（1999）5月4日付

土研センター風土工学研究所が出来て3年目の春、これまでの2年間の新聞記事で見る活動報告をとりまとめて送付したときの返事である。

〝竹林先生！驚きました。一昨日、「風土工学研究所この一年（その2）――新聞記事に見る――平成10年度――平成11年4月　財団法人土木研究センター　風土工学研究所」及び「同（その1）」、「風土工学・意味空間の設計」、「地域づくりの構造と風土工学の構築に関する研究」、「『用』『強』『美』の構造とデザインものづくりの技『意匠』」、「ローカルアイデンティティ風土工学四窓分析に関する研究」、「名護と名古屋を結ぶ萬国津梁の鐘」、「湖水誕生物語捜索の意義」、「感性評価に基づく水門の景観設計に関する研究」、「鳴鹿大堰の風土工学デザイン展開」、「横川ダムと『風土工学』――風土工学の視座――」、「奥秩父・中津川渓谷の風土特性と地域おこし、及び奥秩父・中津川渓谷景勝地マップ」、「蔡温あけみお物語――あけみお名護・羽地のローカルアイデンティティを考える」、「絵本　蔡温あけみお物語」、「絵本雷電坊物語――秩父の大雨編――」、「絵本雷電坊物語――甲武信カ岳編――」を頂戴して、膨大な業績量と内容の豊かさ、それに加える文科系・理科系の学問の両方に誇る独創性に圧倒される思いが致しました。

まだ残念ながら一部を読んだだけで、全部を読んだわけではありませんが、竹林先生のお力の強大さに驚いた次第です。

6月2日開催の風土工学センクー座談会には、何を置いても参加させていただきます。当日の参加を楽しみに鶴首しています。竹林先生のご健勝と一層の御隆昌を記念して、以上取り敢えずのお礼に代えさせて頂きます。〃

・平成10年（1998）元旦

年賀状の添え書き

「竹林先生の学問には、次々と従者が出て来ましたネ。よろこばしいことです。先生の御健康と一層の御隆昌を祈念してやみません。」

・平成13年（2001）1月

寒中見舞

「今年もよろしく御指導下さい。竹林先生の将来を見透すお力と発想そして果敢な実行力に敬服します。」

・平成14年（2002）元旦

年賀状の添え書き

「竹林先生の起こした風が今や雲を呼んで制圧せんとしております。うれしいことです。」

・平成16年（２００４）４月25日付

五十嵐日出夫先生から「風土工学だより」第11号読後のおたよりを頂きました。

「『風土工学だより』第11号拝受しました。理事長田村喜子先生の『心の風土記』毎回なつかしくかつ楽しく読ませて頂いております。私は田村先生と同世代で同じような体験をしているからです。

また竹林先生の論文、空間的にも時間的にも気宇が壮大でとても面白いです。風土工学とはこのようなものなのですね。諸先生のご活躍とご健勝を祈ってやみません。」

五十嵐先生のような大先生からの一言の励ましが、風土工学の普及啓発に従事している者にとって、どれだけ元気づけられるか、計り知れないものがあります。

・平成16年（２００４）６月７日付

「続ダムのはなし」と「水門工学」の本を送付した時の礼状。

「またまた学問・技術の世界にヒットを飛ばしましたね。『続ダムのはなし』及び『水門工学』を頂戴致しました。水門と言えば関東地建京浜工事事務所長高野務さん（当時）が委員のお一人として編集された『河川工学便覧』の資料を集められたときお手伝いしたことを思い出します。

しかし、この竹林先生のような本が無く、苦労したことを覚えています。本当に良いご本を出版なさいました。深く敬意を表すと共に以上簡単ながら御礼に変えさせて頂きます。」

・平成18年（２００６）９月20日送付

「風土工学の視座」の本を送付したことの礼状

「秋天透明　竹林先生の御近著『風土工学の視座』を頂戴致しました。ありがとうございます。大層な重量がある御高著に圧倒されております。特に〝第5章　美なるものを求めて〟は、目下勤務先のセンターでシーニック・バイウェイを手がけていることから、その本質を示唆するものとして、強い感銘を受けた次第です。竹林先生の一層のご健勝を念じております。」

平成18年9月23日　風土工学10周年の感謝祝賀会には是非とも出席したい、との返事をいただいていたが、体調がすぐれない時は欠席させていただくと言っておられた。

一週間位前にどうしても出席できそうも無いとの返事をいただいたので、相当体調がすぐれないのだなあと心配していたところの訃報を受け、悲しみに包まれました。

それにしても1年前、第7回シンポジウムを北大で開催させていただいたことを、懐かしく思い出します。

◎岩井國臣先生のこと

岩井國臣先生は、建設省で7～8年先輩にあたる。岩井先生は河川局長から参議院議員になられた。大先輩である。同じ河川関係の仕事だが経歴を比べると、まず位が違う。岩井先生は河川局長になられた。軍隊の位で言えば、大将と私達はせいぜい下士官ぐらいの違いがある。

また、岩井先生は河川の中でも計画畑、治水畑を歩まれた。私は開発畑を歩んできた。ということで、岩井先生とは現役時代直接同じ職場で上下関係になったとか、また職場は違っても同じ事業を本省～局～事務所等での関係で少しは会議をもったことがあったと思う。それほど身分位が違っていた。岩井先生が中国地建の局長の時、本省の開発課に顔を出され、私（当時おそらく課長補佐か専門官）どものテーブルでカンカイをシャブリ一杯やりながら、業務の話題で花が咲いた。岩井先生はカンカイの皮をライターであぶってうまいうまいと言って酒の肴にしたことを覚えている。私が食べるのは当然皮などでなく身のある所である。その岩井先生が何かの時ゴルフを上達しなくてはという話になって、私はゴルフはてんで上達しないが、ゴルフの大先生がいるので紹介しますよといって、ゴルフの大先生大根義男先生に岩井先生が弟子入りしたいと言っていることをお話しすると、特訓してあげるから名古屋に岩井先生と一緒に来いという話になった。

名古屋のゴルフ場に2泊3日の泊りがけで行くことになった。

夜、さんざん話が盛り上がり酒を飲む。その後、ゴルフ場の宿泊施設大広間で布団を並べて寝ることとなった。私事であるが大酒を飲みすぎて寝ると大イビキをかくようである。相当なもので回りの人はイビキのすごさで眠れないようである。幸いにも私自身はそのイビキを聞いたことがないので、よく眠れて明朝はスッキリなのであるが、まわりの人は睡眠不足となり、体調がすぐれないようである。

よーいドンで床につくと私は大イビキをかきだした。大根先生が夜中起きられた時、岩井先生はイビキのすごさで寝られず、柱にもたれて煙草を吸っておられたという。

大根先生は岩井先生に、「竹林を叩き起こして布団に丸めて廊下にでも出しましょうか」と岩井先生に言った。岩井先生はそんなかわいそうなことが出来るかと言われたという。

翌朝大根先生から聞かされた話である。

翌朝5時、日の出と共に起床したものから順次練習場で特訓がはじまる。

岩井先生も早く起きられて特訓に参加。睡眠不足で相当体調が悪かったに違いないが、そのような様子を一切見せなかった。本当に偉い人は違うものだ。頭が下がる。

私と岩井先生との関係はこのような話ではあるが、仕事上の関係はほとんどなかった。その岩井先生が色々な論説やホームページ等に、これからは風土工学であると書かれていた。私が岩井先生に風土工学の話をしたことの記憶は一切ない。岩井先生の書かれたものを読むと、私の書いた「風土工学序説」等を相当深く読んでおられることが分かる。そのようなことでNPOの設立発起人に名を連ねていただくことになった。

私がNPO法人設立後、技監であった青山俊樹さんにNPO法人の概要を説明した時、発起人のメンバーを見て、岩井先生は政治家ではないか、他のメンバーは大変な各部門の第一人者で申し分ないが、この法人は政治家を使って事をしようとするように思われる可能性があると忠告していただいた。

私が政治的に活動するため、政治家にお願いして発起人となってもらったのではないことを説明させていただいた。その後、岩井先生は国土交通省の副大臣に就任された。秘書の尾林さんからTELがあり、公職の人がある特定の法人の理事に名を連ねていることは都合が悪いということで、NPO法人の理事から引いていただくこととなった。

◎谷川健一先生を偲ぶ

○谷川健一先生との出会い

風土工学研究所の立ち上げに際し、10人位の方に設立発起人をお願いしなければならなかった。どうせ設立するのである。誰もがびっくりする位格調高い組織にしなければならない。そのためにはそれにふさわしい先生に、設立発起人をお願いすることが重要だ。そこで、風土と馴染む地域づくりには地名の研究が欠かせないことから、お願いするには、地名研究の第一人者・谷川健一先生を置いて他にいないと考えた。谷川健一先生に風土工学の全体像と地名研究の私の思いをお話しさせていただいた。谷川先生の最初の言葉は、「風土工学の考え方には共鳴するが、工学のところは良く分からない。しかし、風土工学の普及と啓発には私も最大限お手伝いする」ということであった。そして、設立発起人を二つ返事で引き受けていただいた。その折りに、谷川健一先生は次のように述べておられた。

「谷川健一（日本地名研究所長）『地名を守る会』をつくったのが、川崎に日本地名研究所をつくる3年前、これは全国的に共鳴する方々と連携しながらやった。そのときはもうすでに住居表示法が施工されて18年すぎていた。こういう運動というのはいつも、もう遅すぎるというところから始まる。そのことを痛感した。もうちょっと早くやっていればよかったという感じがしたが、遅すぎるというところまでこないと、人間はなかなか気づかない。そういうことを感じたが、今回の風土工学の立ち上げも、たぶん同じような気持ちで、竹林先生はおやりになったんじゃないだろうかとおもう。もう遅すぎる、もうちょっと早くこれをやっておけばよかったという思いが、きっと竹林先生の胸の中には去来しているだろうと思うが、しかし、こういうことは遅すぎるという、ある程度後悔の念を踏まえないとできないことだ。これに限らず、人生のすべてのことが遅すぎるというところから始まっていく。しかし、それは逆に考えると、この風土工学デザイン研究所の設立というのは、日本の現状から見ると、21世紀を見通した早い動きのようにも、私には受け取れ

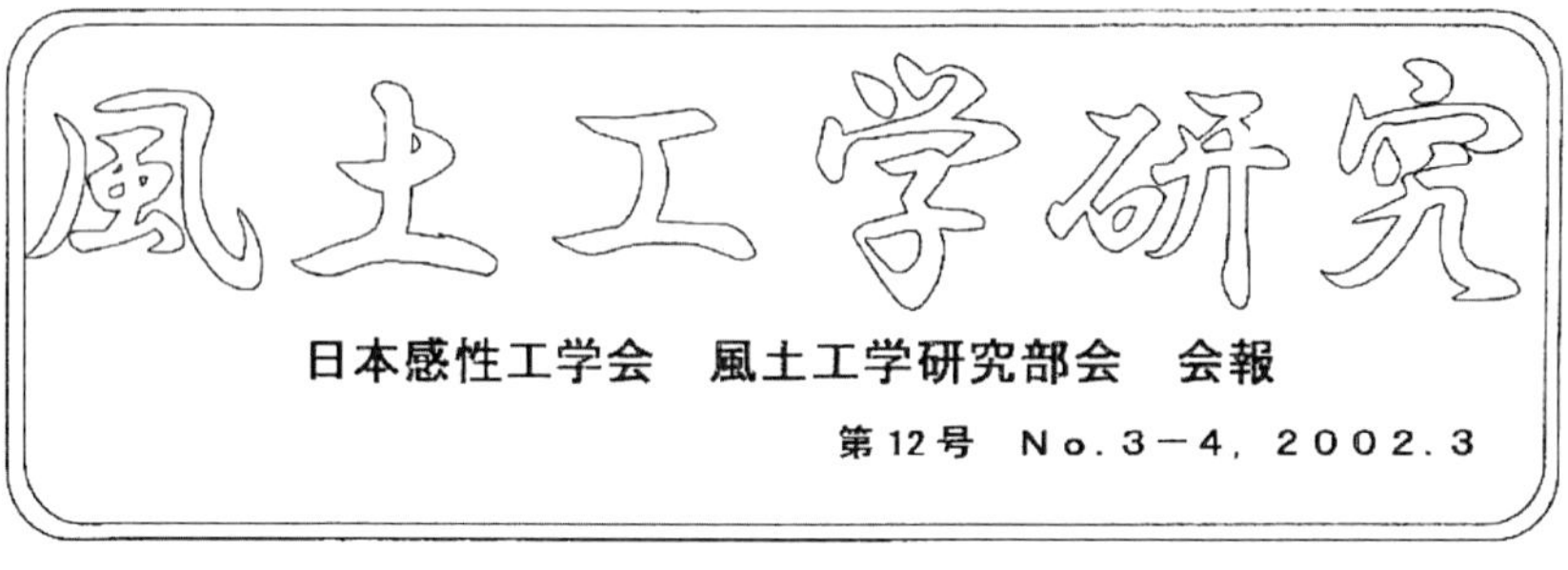

る。」（風土工学研究　第8号より）

風土工学デザイン研究所の発展には、いつも心あたたかいメッセージを送り続けてくださった。

○谷川健一先生の風土工学への支援

風土工学研究所を立ち上げてから、いろいろな活動を企画した。その都度谷川先生にいろいろなことをお願いしたのだが、いつも二つ返事で引き受けていただいた。断られたことは一度もなかった。また、その頃は既に谷川先生は80才位だったと思われるが、私には年も年だし無理は出来ないとおっしゃいながらも、いつも最後までお付き合いいただき、その後の懇親会なども相当な量のお酒を召され、百合ヶ丘の御自宅までタクシーで送ったことが何度もあった。私のような二回りも年下の若輩に心ゆるしてお付き合いしていただいたのだと、ありがたく、もったいなく、感謝しかございません。

先生が風土工学研究所の諸活動に御支援いただいた件数はあまりにも多く、全て数えあげられないが、その内、何分の一かは『風土工学研究』『風土工学だより』等の印刷物に残っている。そのいくつかを拾い上げてみたい。

○『風土工学研究』7号　2000年10月
新名誉顧問のご紹介「谷川健一」

○『風土工学研究』8号　2001年1月
谷川健一『地名と風土工学』

○第2回風土工学シンポジウム　2001年11月2日
谷川健一『地名と風土工学』と題して講演

○第3回風土工学シンポジウム　2002年6月14日
谷川健一『地名と地域づくり』と題して講演

○第3回風土工学シンポジウムと
FIFAワールドカップサッカー観戦　2002年6月14日

中央大学駿河台記念館で第3回風土工学シンポジウムを開催した。その日は、2002年FIFAワールドカップ（日本と韓国の両国同時開催）で2002年5月31日から6月30日まで開催中であった。6月14日は日本とチュニジアの試合で、大阪の長居スタジアムで観客45千人以上の試合の真最中とぶちあたった48分に森島寛晃、75分に中田英寿がゴールを決めて、日本が2－1でチュニジアを下し勝利し、ベスト16に入り決勝トーナメント進出を決めた試合だ。日本中がテレビ観戦で盛りあがった時だった。谷川先生はシンポジウムも大切だが、一時中断して皆で応援しようとなった。私どもの研究所のスタッフは、急に会場の大きなスクリーンにサッカーの試合が映るようにするため、相当な工夫が必要だったみたいだった。多くの聴講者からも何の異論もなく日本を応援してその勝利を見届けた後、心おだやかな気持ちで風土工学のシンポジウムを聞いていただくことが出来た。

○富士学会設立に向けての構想会議　2002年1月
静岡県三島市駅前のホテルにて、谷川健一先生、西川治先生、杉山恵一先生、それに私、竹林征三だった。富士学会の設立の骨子を話し合った。

○第1回富士学会大会　2002年11月16日　毎日ホール
富士学会設立キックオフシンポジウム　8人の基調講演
谷川健一・石川純一郎「民俗学から見た富士」講演
竹林征三「風土不二——富士に学ぶ——」と題して講演

○第9回風土工学シンポジウム
２００６年５月20日　熊本市役所１４Ｆ大ホール
『加藤清正の築城と治水　――その風土と地名――』
その基調講演で谷川健一先生は
『開拓と地名　――安曇氏と秦氏――』
竹林征三は『治水の神様の系譜　――信玄・清正・兵庫――』
○風土工学10周年によせて　２００６年９月
谷川健一『風土の心と美を求めて』　風土工学だより22号に収録
○『風土工学だより』33号
谷川健一『災害と地名』
竹林征三『災害の記憶と教訓――地名と伝説――』
○「ふるさと富士シンポジウム」　２００６年11月18日～19日
会場　滋賀県野洲市文化小劇場
富士学会副理事長竹林征三より「全国ふるさと富士」サミットの意義
富士学会顧問、地名研究所所長谷川健一「俵藤太ムカデ退治伝説の歴史的背景と意義」

○谷川健一先生が風土工学に刻された遺徳に感謝

風土工学研究所は設立はしたものの、風土工学などという得体のしれないものを社会は一切知らない。土木の社会は、社会の中でも非常に保守的な世界である。そのようなことにより、風土工学について理解を深めていただこうと考え、年一回その道の第一人者の方にお願いして、風土工学シンポジウムを東京等で開催してきた。設立後12回開催した。その後、一応の成果も出たし、また社会的公共事業批判の嵐の中で、風土工学デザイン研究所の活動も縮小せざるを得なかったので、風土工学シ

谷川健一先生と宮古島風土調査の旅。
谷川先生と共にビールのラッパ飲み　2000年11月9日

ンポジウムは一度中断することとした。

これまで10回のシンポジウムで私は風土工学の基調講演をした他、風土工学デザイン研究所の理事長の田村喜子先生に主催者挨拶をしていただいた。ここまでが主催者として仕方がないとして、他の講演依頼の先生で複数回出席していただいた常連は、高橋裕先生の5回、谷川健一先生の3回、岩井國臣先生の2回というところである。これらの諸先生は風土工学の最大の応援団長ということである。本当にありがたいことであった。

日本感性工学会風土工学研究部会の会報（ニュースレター）の題字は当初白抜きであったが、谷川健一先生は、白抜きでは力強さが足りない、黒字の楷書体で太く書くように御指導いただいた。その後、谷川健一先生の御指導に基づく太ゴジック文字になっている。「風土工学研究」部会報は平成12年7月に第1号を出して現在第73号(平成26年4月)に至っている。平成14年3月の第12号までは白ヌキのタイトルであった。平成14年7月の第13号から黒太字の力強いタイトルに変わった。このタイトルを見る度に、谷川健一先生の風土工学に対するきめ細かな心温かい御指導を思い起こしている。

◎村松貞次郎先生と鈴木博之先生のこと
―「ゲニウス・ロキ」の思想・建築史家・鈴木博之氏の死を悼む―

鈴木博之先生が2月3日に死去された報に接し、深い悲しみに包まれています。

私は河川・ダム技術を研究していたもので、建築家とはお付き合いがほとんどなかった。たまたま、文化庁が近代土木遺産の研究会を企画された。そのメンバーに私も加えていただいた事が建築家との御付き合いの始まりである。

座長は建築史の村松貞次郎先生であった。私が「風土工学の構築」で博士論文を書き、風土工学の初めての著作『風土工学序説』を書いたとき、その巻頭言を村松貞次郎先生にお願いしたところ、「正直申して、芸術だ、デザインだ、と昔から言ってきた建築の方が、機能一点張りの土木よりはるかに先行しているという優越感が、この風土工学によって覆されたという、残念な気がしないでもない。しかし、それは内輪のつまらぬ感情。土木や建築など、広い意味での風土や環境にかかわる仕事をしている人たちにとって、これはえらく勇気を鼓舞してくれる近来稀な学説だ、と喜びかつ確信して広く江湖に推薦する」と非常に高く評価していただき感激した。風土工学の理論は土木と建築との区分けがないので、土木の人より建築の人の方が評価していただけるのだと思った。その村松先生がその後亡くなられて、また建築関係の方との縁が無くなってしまった。

そのような時に東京大学新聞（1998・4・21）に「東大教官が新入生に贈る本」という特集を組んでいた。その中に拙著「風土工学序説」を表紙の写真入りで是非とも読むようにと紹介しておられる先生がいた。鈴木博之先生だった。そのようなことがあって是非とも鈴木博之先生のご指導を仰ぎたいと考え、私の研究所で鈴木博之先生を囲む座談会を持った。その時、鈴木先生から「ゲニウス・ロキ」という概念を教えていただき感動した。ゲニウス・ロキとは場所の持っている可能性、あるいは場所の持っている可能性を見る力、あるいは引き出す力という。先生はそれを地霊（土地の精霊）と訳しておられた。これは私の風土工学の考えとピッタリ符合する。土木の世界に広めたいと考え土木の雑誌『土木施工』に「地域デザインを描く風土工学」特集号を2003年4月号に組んでいただき鈴木先生との座談会の内容を紹介した。それだけでなく、鈴木先生のお話を直接生で聞いてもらおうと考えシンポジウムを企画した。

第4回風土工学シンポジウムでテーマを「ものづくりと風土工学」とし、建築史の鈴木博之先生、感性工学創始者の長町三生先生、民族造形学の金子量重先生、橋梁工学の松村博先生と風土工学の私がパネラーとなった。それに、土木技術者をテーマにした小説家・田村喜子先生の参加を得て2003年6月20日に中央大学駿河台記念館で行った。その時の鈴木先生の「風土と建築学」と題する講演録は「風土工学だより」第9号（ページ37～45）に残されている。

風土工学にとって大変なバックボーンとなる「ゲニウス・ロキ」の思想。鈴木博之先生を亡くしたことの大きさを改めて感じ、悲しみに暮れている。

村松貞次郎先生、鈴木博之先生、安らかにお眠りください。ご冥福をお祈りします。合掌。2月　　竹林征三

［補遺］風土工学では民話・伝説・小さき地名等々を〝風土の宝〟（風土資産）と称し、それらの認識の連鎖構造をアンケートにより分析することが出来、それからデザインコンセプト〝風土の心〟を導き、デザイン展開して行こうというものです。〝風土の心〟は鈴木博之先生の〝地霊〟と全く同じ概念であろうと思慮しています。

鬼五訓

一、闇に潜み　超越的な力の象徴
　　大自然の本質的なはたらき　力の発現
　　　　力つよきもの
　　　　　それが鬼なり

二、何ものにも　従わなかった　荒ぶるもの
　　善悪を越えた　すさまじき風貌の
　　　　おそろしきもの
　　　　　それが鬼なり

三、多くの民の権威への　反逆として託した
　　夢の存在　人間のよわき心のささえ
　　　　こころやさしきもの
　　　　　それが鬼なり

四、森羅万象にやどる　神仏の化身
　　そこに　人間の真実の心がやどる
　　　　美しきもの
　　　　　それが鬼なり

五、時空間の間を　千変万化にて　自由自在に
　　往来し　人々との間に繰り広げる
　　　　ロマン一杯の物語
　　　　　それが鬼なり

【八】仕事の心を教えていただいた人生の達人・諸先輩

風土工学デザイン研究所の設立発起人には名前が出てこないが、仕事の心を教えていただいた人生の達人・諸先輩に対する恩義は計り知れない。改めて敬意を表したい。

◎大根義男先生の訃報に接し

私にとって大切なダム技術者の大先輩である大根義男先生が、平成24年9月5日逝去された。

9月8日（土）名古屋市の八事山興生寺光明殿で告別式が数百人の関係者が参列のもとに盛大に執り行われた。大根先生の人徳の大きさが偲ばれる葬儀であった。

大根先生といつごろからお付き合いが始まったかは私は定かに覚えていない。私がダム技術のことを勉強しだした昭和45年ころにはダム技術の専門書は数えるほどしかなかった。その一つが大根先生の大著「フィルダムの設計と施工」であったので、ダム技術者の大先達に大根義男あり、ということは早くから存じ上げていた。大根先生は愛知用水公団から愛知工業大学に移られた経歴であるので、どちらかと言えば農林省系のダムの専門家である。私は建設省系のダム技術者の中で育ったので接点は多くなかった。全国の大学教授の中で、ダムを専門とされていた先生は殆どいなかった。大根先生はダム一筋で、ダムにかける情熱は相当なものであった。私は大根先生の10年くらい後進だが、近いうちに大根先生を凌ぐダム技術者になって見せるとの思いでダム技術の研鑽に取り組んでいたので、ダム技術にかける情熱は人後に落ちないという気概であった。そんなことで年齢もルーツも違い、同じ職場や会議でご一緒させていただいたことは一度もなかったと思うが、ダム技術にかける夢と情熱を媒介・同じくする者として、いつごろからか、本音で隠し事なく、ツーカーで心が通じ合う間柄になっていた。大根先生にとって、私は可愛い弟分、私にとっては何でも相談に乗ってくれる頼もしい兄貴分という感じの親密なお付き合いをさせていただいた。

私が土木研究所に異動になり、あと1～2年で建設省を退官することになりそうな時に、私の将来を心配し、今後の身の振り方を、いろいろ親身になって考えていただいた。「竹さんよ、早くダムでドクターを取っとけよ！」「京大の先生が面倒見ないのなら、大根がいつでも出してやる！」。

諸々のことがあって、私はダムでなく風土工学という誰も考えもつかない新しい分野で博士号を取ることになり、京大で公聴会をした時も、名古屋から駆け付けてくれて、自分のことのように一番喜んでくれたのは大根先生であった。

私が建設省を退官後行くところは全て閉ざされていた。

「竹さんよ、数年間ダムのことを忘れて、死んだ振りをするしかない！」「竹さんに活躍されたら困る連中が沢山いるので、死にもの狂いで竹さんを潰しにかかっている！」「その間、ゴルフをして遊べよ！竹さんは余りにもゴルフが下手なので、これでは付き合いもできない！俺が徹底的にゴルフを教えてやるから！」。

しかし、私はその時既に50歳を過ぎていた。今が人生で最も活躍しなければならない時である。この数年死んだ振りしていたら、復活などできずにそのまま本当に死んでしまう。それに何より数年というが、何年かかるか分からない。

「竹さんよ、大学の先生になった方が良いかもしれない！　竹さんは大学の先生に向いているかもしれない！」と大根先生は勧めてくれた。

建設省の第二の人生を斡旋する立場の人に、私の天下り先がないのなら、どこか大学へ斡旋してほしい、とお願いした。しかし、当局の人から、私には大学への道は一切ないと断言されてしまった。

後から分かったことだが、大学から竹林に来てくれないかとの話は当局に何件かあったものの、すべて当局が話を潰していた。

こうなれば、自分の第二の人生は自分で切り開くしかない。その折に、ダムの地質でお世話になった徳山明先生から、富士常葉大学を作るから来てくれないかという話があったので、建設省とは一切関係のないところで、私の第二の職場の話が動き出した。その時も一番喜んでくれたのが大根先生であった。

世の中、私を潰すのに必死に動く人もいる。一方で、自分のことのように、私の将来を考えてくれる人もいる。渡る世間は鬼ばかりではなく仏もいる。捨てる神があれば、拾う神がいる。大根先生には、云い尽くせないくらいのいろいろ深い恩義を受けた。

大根先生のご冥福をお祈りいたします。

◎西川治先生のこと

安田喜憲先生とオギュスタン・ベルク先生と竹林の三人が講演する地理学連合会の大シンポジウムの後、桜ヶ丘の飲み屋の二階で打ち上げ会

沢田敏男先生とゴルフの会。
前列真中、沢田先生、左端が竹林、後列右から２人目が大根義男先生

があった。その席で日本の地理学会の大御所西川治先生と、富士山の研究について話題が盛り上がった。

その席で西川治先生を会長として富士学会を創設しようと話がまとまった。富士山学会ではない富士学会なのである。

富士山学会は甲駿県境の富士山をテーマにする総合的な文理融合の学会であるが、それらより広い、日本の全ての「見立て富士」も含め、まさに文理なんでもありの横断的な富士学会の創設の構想がその時決まった。

西川治先生が会長、竹林が副会長等の主要メンバー構成も決まった。2012年に創設10周年を迎えた。

◎柳沢宏さんの教え

私が和歌山県庁に入って初任地の和歌山土木事務所を経て砂防利水課に移った。その時の利水係長が柳沢宏さんだった。柳沢さんはその後広川ダム建設事務所長にすぐ異動された。私は利水係に配属されダム担当で広川ダムの本体発注に向けて急いで技術論をつめ積算を進める業務だった。そんなことで柳沢さんに直接薫陶を受けることが非常に多かった。柳沢さんは大阪の有名な帽子店の息子さんで阪大土木の草創のころの卒業生だ。

柳沢さんの親父さんは父の神戸高商の数年先輩で、柳沢さんの親父さんに大変お世話になったと聞いている。私も柳沢さんにいろいろ大変お世話になり、父子2代にわたって柳沢親子にお世話になったことになる。

柳沢さんは大変な酒豪で気宇壮大な気質の親分肌の方だった。広川ダ

和歌山県のダム屋の大先輩と群馬の軽井沢のゴルフ場にて。
前列左から柳沢宏、磯久禮志、中元正則、大先輩。後列左端が竹林

ムの所長の後、石川県の河川開発課長を経て河川課長、土木部長となられ、その後群馬県の土木部長を経て群馬県の出納長になられた。

出納長の時、酒豪がたたって内臓のガンで亡くなられた。大の医者嫌いで医者にかからず、死ぬまで酒をあびてなくなられた豪傑であった。

その柳沢さんが私のことを非常に嘱望され、公務員の処世術をことあるごとに教えてくださった。夕刻から朝まで雨戸を締め切って飲み明かしたことも何度かあった。

よく言っておられたことは、『人間は「大きな海で泳げ」（大きな組織で仕事をしろ）そうでなければ大物になれない。世の中正しいことが通る所ではない。勝った者が正しいのだ、敗ければ賊軍となる。役人となったら何が何んでも出世しなければ始まらない。出世し自分の天下になったら正論を言え』。

柳沢さんは大阪商人の気質と気概があった。

私が和歌山県庁から河川局に移ったこともあり、石川県庁や群馬県庁当時の柳沢先輩とはずっと自分の息子のような感じで御指導をたまわった。

河川局の開発課では藤城武司さんと長谷川重善さんが私の親分だった。共に柳沢さん以上の大物で大酒豪であった。私のことを殊の外かわいがってくださり、役人業をいろいろお教えいただいた。藤城さんは関東地建の河川部長、長谷川重善さんは関東地建の河川調査官の時相ついで亡くなられた。私のことを自分の息子のようにかわいがってくれた大物の親分は何故か皆若くして亡くなられてしまった。もう少し長く存命ならば、日本の河川の行政も相当、現在とは違っていただろうと思える。

◎糸林芳彦さんのこと

何も知らない若造の私にダム行政やダム施工等の実務を業務を通じて教えていただいたのが、糸林芳彦さんである。

当時、私は和歌山県庁から建設省河川局（当時）開発課の補助技術係長に替わったばかりの時で、直接の上司が課長補佐の糸林芳彦さんだった。

糸林さんは大変な苦労人で百戦錬磨と修羅場をくぐりぬけてこられた方で、私が間違った判断をしチョンボすれば、後で上手にリカバリーしてくれ、大事に至らないよう手はずをつけてくれた。そして、毎日各県の担当者と仕事の打ち合わせの後、一杯の場があった。夜の一杯の場で本当の話をよく聞かせてくれた。夜の一杯の場は1つや2つは毎日であった。それを終えて帰るのであるが、私は独身であり、帰っても誰も待っていてくれる人もいない宿舎であった。糸林さんは、お子さんがいないこともあったのかも知れないが、一杯の後、糸林さんのお宅で泊めてもらうことが多かった。一年のうち半分くらいは糸林さんの家に泊めてもらっていた。朝、糸林さん宅から一緒に出勤することが多かった。糸林さんの奥さんが「若い人と一緒に深酒ばかりして身体によくないよ、いい年をして、年を考えなさい」とよくおっしゃっていたことが思い出される。

私の役人生活の諸々のことはその大半が糸林さんからマンツーマンで教えてもらったといっても過言でない。

糸林さんからダム技術のこと、国会対応のこと、政治家のこと、地元の首長との付き合い方等々、多岐にわたりその場その場でＯＪＴよろしく実の事案の処理を通じて教えていただいた。私の人生の血となり肉となったというより、ダム技術者としての心意気を心底教えていただいた。

◎柴田功さんのこと

ダムの設計論のことを徹底的に教えてくれたのが、当時建設省土木研究所のダム構造室長の柴田功さんだった。

柴田さんはダムの設計論、なかんずくダム基礎岩盤をどのように評価し、それを設計論に展開される技は見事であった。福井県の真名川ダム当時、ダム基礎グラウチングで日本最初の博士論文をまとめることが出来たのも　柴田さんの指導があってのことであった。真名川ダム下流右岸の岩盤緊張なども柴田さんと水野光章さんの技術指導があって成し遂げられた。

柴田さんは群馬県霧積ダムのダム基礎ダウエリング工法の設計のみならず、最大のドラスティックな設計は、富山県宇奈月ダムの堤体左岸基礎設計であった。

柴田さんの知恵がなかったら恐らく大変な事態になっていただろうと考えられる。

ダム基礎設計に関しては鬼の柴田といわれた。当時、柴田さんの上におられたダム部長の性格にもよるのだろうと思われるが、部長の下の者は、どれだけ優秀な技術論があっても博士論文は書けなかったようだ。柴田さんだけではない、永山功さんも人の博士論文は多く書いていたが、本人はとうとうとれずじまいになっている。

その柴田さんが自分の博士論文も書けないでいるのに、竹林は宇奈月ダムの排砂設備の設計では一番苦労したので、排砂設備の摩耗設計をテーマに博士論文をまとめてはと言ってくれた。

土研のダム構造の室長柴田功さんと北アルプス立山越え

そして柴田さんの弟子として竹林の博士論文を心配してくれて、いろいろ知恵を出していただいた。

自分の部下を使って自分の博士論文を作成する上司ばかりの世界にあって、自分は上司のダム部長の抵抗でとれないでいるにもかかわらず、部下の竹林の博士論文に知恵をさずけれくれるという、こんな人が他にいるのであろうか。結果的には風土工学という全く別の部門で博士論文がまとまったので、排砂摩耗設計の博士論文は実現しなかったのであるが、本当にダム部長の部下に対する冷めたい仕打ちと、全く逆の部下に対する温かい思いやりは忘れることができない。

私は何て、素晴らしい先輩達に取り囲まれているものかと思わずにはいられなかった。

◎山口甚郎さんのこと

山口甚郎さんは京大土木の8年先輩で建設省入省以来、河川畑を歩まれ、最後は関東地建の局長、国土地理院長等の要職を歴任された方である。役人の世界では8年も年次が上の方は位が違う雲の上の存在である。私も山口さんの数代後の職を何度か務めさせて頂いた。山口さんが初代の課長を務めた真名川ダムの課長、近畿地建の河川計画課長（山口さんが7代、私は11代）、河川局の開発課の課長補佐、専門官、等である。また、直接の上司としてお仕えしたのは山口さんが糸林芳彦さんの後任となる補助事業担当の課長補佐で、私はその係長。また山口さんが近畿地建の河川部長で、私が琵琶湖の所長という立場であった。

山口さんは着実に難問をこなし高い評価を得てこられた能吏中の能吏である。一方私は詰めが甘く失敗が多く、上司としては傷口の小さい内にリカバリーしていただいた。私が行政職としていろいろな仕事をやらせていただのは、山口さんのご指導のお蔭であると感謝している。

その後も、人生の岐路の時には、温かくアドバイスしていただいた事は忘れられない。

◎安田喜憲先生のこと

平成5～6年頃、九頭竜川の流域のビジョン作成委員会が形成された。委員には京大文化人類学者の米山俊直先生や日文研の安田喜憲先生など関西の錚々たる先生が名前をつらねた。その中に現職から竹林が一人入った。ダム部長の立場か環境部長の立場であったと思う。

一番元気の良かった先生が安田喜憲先生で、初めてのおつき合いであった。

その後、２００２年3月29日地理学関連学会連合会主催の第1回公開シンポジウムが東京の日本大学文理学部百年記念館国際会議場であった。混迷する地理部門に新風を吹かそうという画期的なシンポジウムであった。シンポジウムの講師は風土論のオギュスタン・ベルクさんと日文研の安田喜憲さん、風土工学を構築したばかりの私の三人であった。

私は「地域学と風土工学」と題して講演した。これが安田喜憲先生との2度目の出会いであった。

こんなことがあって日文研の安田喜憲先生を中心とする「日本文明と環境と経済」をテーマとする研究会がはじまり、そのメンバーの一人として私も加えていただけることになった。

その後、安田喜憲先生のこの研究会は10年以上もつづく大研究会となった。各方面の一級の研究者とおつき合いさせていただける機会をつくっていただいた。

安田喜憲先生には一生足を向けて寝られない恩義をうけることとなった。

◎砂田憲吾先生退官の祝辞

私が建設省の甲府工事事務所長を拝命したのは26年も前、4分の1世紀も前で、たった1年半の短い期間であったが、私にとって山梨の地は第二のふるさとになった。

私が甲府に赴任する時、周囲から聞かされた山梨は、閉鎖的でよそ者はいじめられて苦労するぞと脅された。そうか、私はこれから、恐ろしい〝いじめの鬼〟の里に送り込まれるのだ！　私は山梨には地理感もないし、一人の知人もいない。4月に赴任する中央線で、笹子トンネルを抜けると、列車の窓からは桃の花がピンクの花園を演出していた。桃源郷というイメージそのものに思えた。お会いする人は良い人ばかりで、恐ろしい鬼どころかやさしい人ばかりで、1カ月もすれば、赴任する前にすり込まれた鬼の住む里のイメージは180度変わった。山梨はこの世、現世の桃源郷そのものであった。

大阪は商人の町であり、国の役人は大嫌いである。役人はもともと信用されていない。どれだけ地域のために良いことをしようとしても、あまり信用しないし、誰もなかなかついてこない。

しかし、山梨は違う。山梨に役に立つ役人か、役に立たない役人かを直ぐに判別する。役人が地元のことを親身になって一生懸命考えれば、地元の方はすぐに理解してくれる。反対ならすぐに肘鉄をくらわす。

山梨には3つの〝不可能話〟というものがる。（甲府工事のところで記した）その筆頭が出来ない話は禹の瀬の開削であった。

私は地元の悲願中の悲願である禹の瀬の開削を解決したいと思った。そこで、当時まだ助教授だった砂田先生に良い知恵はないか相談に乗ってもらった。砂田先生は実に巧妙な水理実験で、禹の瀬の開削をしても下流の被害は大きくならないこと、甲府盆地の浸水被害の軽減は絶大であることを明確にされた。文句のつけようのない説得力のあるものだったので、誰も禹の瀬の開削に異を唱えることが出来なかった。そのようなことで、降って湧いたように禹の瀬の開削に予算がつき、甲府の悲願中の悲願が実現することになった。

禹の瀬開削の最大の功積者は間違いなく砂田先生である。禹の瀬の入口に砂田先生の銅像でも建てたらどうだろうか。銅像を建立するにはまだ少し早ければ、頌徳記念碑でも建てたらどうだろうか。

山梨は官と学が一番良い形で協力体制が出来ている。私は、荻原先生、砂田先生、竹内先生、花岡先生等の諸先生には本当にいろいろな面で大変なお知恵を出していただいた。

役所も国立大学も共に国民の税金で日本の国を良くするための仕事をするところである。

一番可哀想なのが私の育った淀川だ。役人は真に安全な河川にするための本来の目標を忘れてマスコミから叩かれることを恐れて萎縮している。それに輪をかけたのが某有名大学の一部の勘違いをしている先生である。役所のやることにケチをつければマスコミがチヤホヤする。マスコミにもてはやされれば、自分が偉くなったと勘違いしてしまう。

官と学が結果的には地域を悪くする方向に相互に役割分担している構図になっている。不幸なのは関西の住民だ。そのような社会の風潮の延長線上に、橋下知事・市長をマスコミはまつり上げている。大阪の人は本当に気の毒としか言いようがない。

山梨は官と学が役割分担をして地域を良くするために知恵を出し合っている。

そのような基盤をつくったのは、荻原先生や砂田先生のお蔭だと本当に感謝申し上げる。私は海なし県山梨県の甲府と、滋賀県の大津で建設省の地方建設局での所長業をやらせてもらった。山梨と滋賀はよく似ている。共通点がある。

砂田先生はこれまで山梨大学の教授だったので、山梨の大地に太い鉄の鎖でつながれていた。砂田先生はまだまだ若く、現在油がのっている。鎖からとかれて、日本全国、いや世界を股にかけて大活躍していただくのはこれからだろう。

砂田先生も、土木学会の水理委員会の委員長をなされた。これから束ねる仕事は年をとった方が向いている。

◎船井幸雄先生を偲ぶ

―船井幸雄先生の遺徳に感謝―

船井幸雄先生が1月19日に死去された事が新聞で報じられ、深い悲しみに包まれています。

船井先生は船井総研という経営コンサルタントを創設され、一方で400冊以上の多くの人生哲学等の書を出され実に多くの読者層を作られた智の巨人というべき方です。

私が船井先生と御付き合いさせていただく端緒は、同期の青山俊樹さんが東北地建の局長をされていた1997年ごろに、東北地建の大会議室で船井先生と私の二人を講師とする講演会を開催していただいた。その時以降、いろいろな局面で温かい親身なご指導をいただいてきました。

船井先生は柔和な優しい面立ちで相談に乗っていただける知恵の権現の好々爺という感じの方でした。説かれることはプラス思考の性善説の数々の人生哲学で、多くの読者層がおられ、大型書店では船井幸雄コーナーまで作られていた。船井先生の発信する情報を読みたいという方を対象に〝ザ・フナイ〟というタイトルの月刊誌を創刊された。

船井先生は私の風土工学等には、事あるごとにＰＲ等支援の場を作っていただいた。

〝ザ・フナイ〟の1997年10月号第31号で「生き方の座標軸――共生社会の先駆者たち――」という特集号を組まれて9人の先駆者のひとりに私を取り上げていただいた。

また、〝ザ・フナイ〟の2009年5月号では「良い環境づくりに努力する人々」と題する特集を組まれ、5人の中の一人として私を取り上げていただいた。

私の「東洋の知恵の環境学」の原稿も読まれて、これはベストセラーになる要素・知恵の書である、是非ともビジネス社から出版するようにと紹介していただいた。

船井先生のホームページで「船井幸雄の今一番知らせたいこと」として「日本人はどうして富士が好きなのか」（2006年11月21日）に、「私の知人で、大学教授の竹林征三さんは、土木工学の権威です。『ダムの神様』とも言われていますが、京大の後輩にもなる人で、親しく付き合っています。彼が最近､近著を送ってきました。『風土工学の視座』（技報堂出版刊）です。その21ページと22ページに『富士学の思い』という文がありました。工学博士の彼らしい文章です。私の家内は、こんなむずかしい本は読みそうにありませんが、このホームページの私の文は読んでくれています。ワイフに読ませたいだけでなく、日本人の富士好きの人に読んでほしく、少し長いのですが紹介します」という形で私の富士山論を詳細に紹介してくださいました。

２０１１年９月６日に「日日是好日」～熱海だより～に「自然災害の多い日本」と題して「さて『環境防災学』という言葉を御存知でしょうか。『環境』と『防災』、それぞれ独立したもののように思える言葉ですが、この二つの分野を一つの体系として考えることの大切さを提唱されている方がいます。竹林征三という方です。」と私の『環境防災学論』を高く評価していただいた。私にとってはかけがえのないアドバイザーであり、応援団長の一人でありました。

ご冥福をお祈りします。合掌。２月12日　竹林征三

『環境防災』五訓

一、最大の環境破壊は大（自然）災害なり

一、災害を防ぐ防災・減ずる減災は
環境保全の根幹なり

一、環境とは居住空間の四周に
災害を防ぐ壁・濠を
巡らせることなり

一、日本列島は九難の災害の
宿命を背負っている

一、災害は人為・三毒により
更に更に拡大してゆく
（風土には夥しい災害の
宿命が刻されている。）

風土工学がめざすもの

人々が暮らす町には、素晴らしい風土資産が眠っています。地域を愛する心を持って掘り起こせば宝の山なのです。地域を光らせるのが、感性と風土文化です。研ぎ澄まされた感性で見つめ直し、眠っていた風土文化を耕すのです。風土資産の要は、土木施設です。ゆえに土木事業は、地域おこしの最大の好機なのです。風土工学とは、地域の誇りを土木施設にデザインすることにほかなりません。

名前は文化です。名前には、命名者の意図が織り込まれています。名前は最小最短のポエムであって、夕べに口ずさむ尊厳のメッセージなのです。名前を使うことにより、命名者の意図が広く伝達されます。また、古い名前には歴史に耐えてきた風格があります。地域の名である地名にも、計り知れない資産価値があるのです。

土木事業とは、地図に残る仕事というよりも、地図に名をつける仕事です。的を射たふさわしい名前を付けることは、なかなか難しい作業です。統一したコンセプトで命名すれば、その効果は百倍です。土木施設のネーミングデザイン――それがソフト面での風土工学なのです。

人間は名前によって連続体である世界に切れ目を入れ、対象を区切り、相互に分離することを通じ、物事を生成させます。そして、それぞれの名前を組織化することによって、事象を了解します。ある物事についての名前を得ることは、その存在についての認識の獲得、それ自体を意味するのです。

名付けるとは、物事を創造、または生成させる行為そのものです。大自然が永年かけてつくった風土の景観には、深い趣が隠されています。地域の持つ素晴らしい風土資産の発掘と評価――それが風土工学のめざす、文化復興の方法なのです。

【九】友として共に悩み支えてくれた人達

風土工学デザイン研究所の設立発起人の松村博さんや有岡正樹さんは、大学の同級生である。私の風土工学はその他実に多くの友に支えられて今日がある。今回はそのうち松村博さん、謝章文さん、野村康彦さん、渡辺昭さん、川崎秀明、忍見武史の5人について記す。その他の方は自叙伝パートⅡで記すことにしたい。

◎松村博さんは友であり師である

私は松村博さんとは小学1年生から京大土木の大学院修了まで実に19年間も同級生であった。それも小学1年から6年間はクラス替えが一度もなかったので30数人の小さいクラスで机を並べた。机を並べたとはいえ、私はクラスで一番背が低く、大人（先生）なぶりをする問題児だったので、先生に一番近い最前列、松村博さんは一番背が高く超利発な優等生なので一番後列であった。小学入学時の全生徒の面接で生年月日を問われた。皆は昭和18年とか昭和19年とか答えたが松村さんは唯一、1944年何月生と答えたという。先生もビックリしたと言っておられた。

松村さんが社会人としての職業としては土木の情熱をよく語っていたので、医学部志望の私も土木に行くことになった。

高麗尺を基準にして築造されたのではないかという仮設を立て、いろいろ検証されていた。私は感心するばかりであった。内藤湖南や白鳥

松村博さんの「大阪の橋」の土木学会著作賞受賞の祝賀会を志仁会の同期生と共に
新宿の住友ビルにて、前列左から２人目が竹林、真中は田村喜子先生、その右が松村博さん

庫吉の邪馬台国論争の話などもよく聞かせてくれた。私が歴史や考古学に興味を持ちだしたのは松村さんが私に情熱を持って話をしてくれた結果である。大和路の山の辺道とか色々の所によく行った。懐かしい思い出であった。

松村さんは私の最も深い親友であると共に、私の人生に最も影響を与えた師でもある。

風土工学デザイン研究所を設立するには何人かの発起人が必要だったが、私が最初にお願いしたのは松村さんでした。

◎謝章文君のこと

北野高校の時、謝章文君は生物クラブだった。私や松村博君は化学クラブだったので、特につき合いはなかった。

大学入学後、謝章文君は電気工学科、私は土木工学科だったが、教養部時代の2年間は共にロシア語クラスで同じだった。第2外国語でロシア語を選択したのは、工学部の大世帯といえども全員で10人程度しかいなかった。土木工学科の人間は、ほとんどが履修科目としてドイツ語を選んでいた。土木でロシア語を選択したのは私の他、柏谷君、井原君くらいだった。電気では謝君と関電に行った今井君、金属の水野君等変わり者ばかりだった。

第2外国語は必須なので落とす訳にはいかないのだが、半分以上の人間は良くサボって授業はほとんど出ていなかった。反対に毎回出席したのは数人なので休めなくなった。そのメンバーが私や謝君だった。

大学1年の大学祭の時、クラブ単位で屋台を出したりしていた。私や謝君はクラブには所属していなかったが屋台を出すことにした。

屋台と言えば、例えばオデン屋を出すのであれば、オデンの具を仕入れてきて料理をしてつくって何円かで売るということである。労多くして余りもうけはなかった。大学祭の屋台とはそもそもそんなものだ。

謝君は頭がよかった。祇園の夜店で屋台の綿菓子屋に話をつけてくれ、大学祭の時に私どもの下で綿菓子屋が入って綿菓子を売った。よく売れた。私どもは綿菓子屋に場所を提供して、綿菓子1つに何円かのピンハネをした。

綿菓子屋の機械も人件費も材料費も全て綿菓子屋が負担して、私共はもうけの半分くらいを何もせずにピンハネした形である。

◎野村康彦さんのこと

野村康彦さんは京大土木工学科卒、私の3年後輩で、土木計画学部門のテーマでいろいろ研究されていた。野村さんは京大土木だけでなく、北野高校での私の後輩でもある。大学卒業後、建築関係の設計事務所の日建設計に勤められて、土木計画部門の一番の知恵者だった。その野村さんが私に、ダムや水源地問題に土木計画学の手法をいろいろ試験的に導入して見ては、という提案をいただくことがなかったら、風土工学的なアプローチなど考えなかったと思う。その意味で野村さんは、風土工学的な取り組みのきっかけをつくった人ということが出来る。

◎渡辺昭さんのこと

近畿地方建設局（当時）の機械職の技術者で、近畿地建が取り組む事業のうち、機械関係の部門について次々解決すべきアイデアを出していただいた。渡辺さんを中心とする機械技術者のグループが、積極的に意欲的に新技術導入にあたっていただいた。渡辺さんたちの知恵の結集がなければ、風土工学手法を導入した鳴鹿大堰の画期的なデザイン展開などは実現していなかったものと思う。

◎川崎秀明さんのこと

川崎さんは建設省のダム技術屋として何年も後輩にあたる。川崎さんが沖縄の北部ダムの所長当時に、私が羽地ダムの設計に風土工学を導入してはどうかと提案した。川崎さんは風土工学理論を勉強するとともに、沖縄・琉球の風土文化を調査されて、羽地ダムで風土工学デザインを次々展開された。マタキナ大橋や管理棟、ダム天端高欄等の設計等のほか、風土工学理論により創作された『蔡温あけみお物語』を演劇化することを考えられて、羽地ダムの竣工式（平成16年8月15日）に名護市民会館大ホールで地域の方々を役者とする琉球史劇『羽地大川・水は命』を公演された。大変好評であった。川崎さんの卓抜な知恵の結晶である。

◎忍見武史さんのこと

私の京大土木工学科同級生の友野希成さんが、「我が社（間組）のエースを竹林の新しくつくった研究所に派遣して風土工学を勉強させる」と言って送り込んできてくれたのが忍見武史さんだ。

忍見さんは東工大の建築学科の修士を出た一級建築士である。私が設立した3つの風土工学研究所（つくば、富士、神田）にこれまで、いろいろの会社から多くの人材が風土工学を体得するために来ていただいた。短い方で半年、ほとんどの方は1～2年で風土工学の研究を終えて元の会社に帰られた。忍見さんも何度か元の会社に戻られる機会もあったが、更に風土工学を究めるために研究所に継続して勤務していただいている。既に風土工学研究所10数年の最大のベテランで、風土工学デザイン研究所が今あるのは忍見さんの功績であると言える。

風土は泣いている

人に個性があるように、地域にも個性がある。人にプライドがあるように、地域にもプライドがある。しかし、地域の個性は、しばしば隠れている場合が多い。また、地域のプライドは、しばしば傷つけられて泣いている。

感性を磨き、地域の歴史や風土・文化などをよく知れば、隠れているものが見えてくるし、プライドの悲痛な叫びが聞こえてくる。感性を磨けば磨くほど、地域の歴史や風土・文化を知れば知るほど、その度合に応じて地域の個性がより輝いていることがわかるから不思議である。

第四部　風土工学の芽生え・ルーツを訪ねる

【一】我が生い立ちの記

これまで、風土工学誕生にいたる軌跡をたどらせていただいた。すでに記したように、そのルーツは子供時代にある。順序が逆になったが、私自身を皆様に知って頂くために、不肖ながら私の半生をここから記させてもらう。竹林征三は竹林勝吉と聞子の間に生まれた。6人兄弟姉妹の3番目である。

［1］両親のこと

（1）父親のこと

父親（竹林勝吉）は金沢で茶業をやっていた竹林与吉と利志ゑの長男である。弟が2人いた。次男（勇二）は仙川のおじさんと呼んでいた。京城（帝国）大学の文学部を出て長年東京で高校の国語の教師をしていた。末子三男（幸弘）は真砂町のおじさんと呼んでいた。大阪府立大学の電気科を出て、父親と一緒に長年商売をしていた。

祖父（与吉）は、金沢の茶業をたたんで新天地として朝鮮の京城に移った。京城ではいろいろ世話役をやっており名士だった。父親は秀才の誉れが高く、商学部が最ももてはやされた当時、三高商（現在の一橋大学、神戸大学、大阪市大）の一つ神戸高商（現神戸大学）を出て京城で三星電気という名の電気工事商を創業し、盗難報知器（現在のＳＥＣＯＭみたいに塀のまわりに電線をめぐらし、進入すればブザーが鳴るシステム）等を開発し商品化し、鴨緑江から内地までを営業域として、幅広く商売していたようだ。

当時は松下幸之助の松下電気と肩を並べるほどの存在だったようだ。松下が二股ソケットを発明したことで差がついたと言っていた。

そのころに母親と結婚した。その後、戦局が激しくなってきたので、全てを現地に残し、一家一族郎等を引き連れて、昭和16年には大阪の中津に拠点を移したようだ。姉と兄は大阪の中津で生まれた。その後、本土空襲も始まった。その折、一時疎開先の西宮市、甲陽園で私は三番目の子として生まれた。

父親が終戦後も電気商を大阪で継続していたら、相当な先駆けの企業になっていたのかも知れない。しかし、大阪の町は焼野原で、バラックからの復興は、住む建物どころか、まず食うこと、食糧確保だと考え、カルカッタ貿易商会という名前の会社をおこし、香辛料を輸入し加工する食品関係の商売にウエイトを移していったと言っていた。父親は大変なアイデアマンで、次々と新しい発想の基で商品化し、それを商売にするという才能にたけていた。同級生には作曲家の古賀政男さん等有名人が何人もいたようだ。思想的には大学時代江田三郎（社会党の国会議員）等とも付き合いがあったようで体制側というより、どちらかと言えば体制批判派であったようだ。

一方、当時「世界」などの雑誌や「世界の歴史」等中央公論社の新企画の大作のシリーズなどが出れば、面白い、面白いと言って読み、感激したところ等を小学生の私などにも聞かせてくれるところもあった。文学青年的な一面もあったようである。

（2）母親のこと

母親（奥山聞子）の生まれた家は東京で、薪炭業（コークス）で大成功をおさめた奥山新吉の末子のお嬢さん育ちだったようだ。当時女性が高等教育を受けることは、大変珍しがられた時代であるが、日本女子大学を卒業している。

大変な努力家でコツコツまめに仕事をこなすタイプで、辛抱強いタイプであった。家では、家内起業的商売をやっていて、父親はアイデアマンで次々に何かを考えては商品化して販売していた。母親もその商品作りでこまめに遅くまで良く働いていた。朝早くから夜遅くまで近所の女子作業員とともに、作業員が来る前から皆帰った後まで、率先して働いていた。私は母親のそんな仕事振りを見て育ったので、稼業の手伝いは一切苦にならなかった。刺激の少ない学校の授業と違って、手伝えば手伝っただけ結果が出来てくる。母親が喜んでくれるのでやりがいもあった。小学校低学年から母親の手伝いを兄弟の中で私が一番良くしていたという自負がある。

・私は日本人として生まれて幸せです。
・母国語は日本語で良かった。
・日本人であることに強い誇りを持っている。

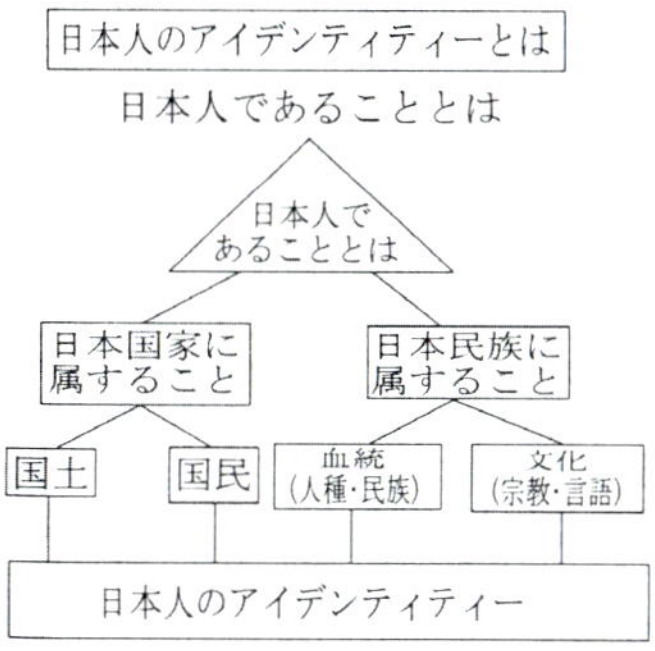

●日本人のアイデンティティー

北摂の箕面山に竹林家の墓を建立した。
母聞子と娘真弓と共に。（竹林家の墓は金沢にあったが移設建立した）

［2］家業の手伝い

（1）家の稼業の手伝い

○珪藻土でつくった保温ガスコンロ

能登地方に珪藻土の産地がある。珪藻土は保温性に優れている。珪藻土でつくった釜の中にガスバーナーを付けると熱費効率、保温効率の優れたガスコンロが出来る。

それは父親のアイデアであった。それを「ガスペット」という商品名をつけて売り出した。今の世なら省エネ商品である。珪藻土を釜状に現地で形成したものが、貨車で多量に我が家の工場まで送られてくる。これは重いし、落とせば壊れる。母親等女手には負担があるので、小学生で力も弱かったが、私はゴンタ坊主である。「任せてくれ」とよく工場内に積み上げ、出し入れを手伝った。珪藻土のままでは台所で無粋なので、表面に美しい化粧塗りの加工を施す。これは手仕事であり、よく手伝っていた。

○カレー粉や香辛料の製造

東南アジアから20～30種類の香辛料をドンゴロスの袋で輸入し、工場にある製粉機で粉砕し、カレー粉を調合し「パゴダカレー」の商標で販売していた。

甲子園球場の名物カレーとして人気があった。

○かき氷のミゾレ、レモン、イチゴ等香料を加工して氷屋等に卸していた。

かき氷は炎天下の気候が続けば飛ぶように売れる。少しくらいの暑さでは売れない。微妙である。夏期だけの商品なので製造も配達もスピードが要求された。夏休みなど目の回る忙しさであった。

その他色々な食料品を加工し商品化していた。

（2）父親の稼業の手伝いから母親の稼業の手伝いへ

父親の方は、関西を中心に商売し、叔父のほうは東京を中心に商売をしていた。東京の叔父さんの所に祖父母を預かってもらっていた関係もあって、金が儲かればセッセと東京へ送金していた。父親は大変親孝行であった。大阪の家のほうは、母はマメマメしく働けど家計は決して楽になってこなかった。父親は人間的に悪い人ではなかったが、家族として困ったことが二つあった。

一つは、いつでも儲かるものと思っているのか、将来への貯金等経済的計画性が乏しかったこと。もう一つは、愛人がいて、そちらの方で寝泊りが多く、我が家に帰ってくる日は少なかった。父親は愛人の方に入りびたりとなり、我が家には意を注がなくなっていた。父親は明治の男であり、愛人を囲うことを男の甲斐性だと考えていたようだ。

一方、母親は、女手一つで、せっせと箪笥貯金にも励んでいた。それは、私の下には妹も弟もいるし、一番下の子供を大学まで卒業させなければとの思いからである。さらに、父親は頼れないので、自身自分が手に職をつけて自活しなければと、子供をおんぶしながら美容師の学校に通い、資格をとったようだ。しかし、この資格は活かされることはなかった。

母親は近所のおばさんたちに内職の形で仕事を出したり、女子作業員に手伝ってもらって、父親の切り開いた商品作りと得意先への卸を、父親なしでも徐々に出来るようになっていた。徐々ではあるが、実質的に母親が家計を支えているという感じになっていた。

私は母親の苦労が手に取るように分かった。今何を手伝って欲しいのか、何を困っているのか良くわかった。それで、小学生の後半から中学生にかけて、母親を助けるために本当によく手伝ったと思う。

悪ふざけや遊びも小学生の4年生くらいで卒業し、小学生の5、6年ごろから中学生のころは、学校から帰ると作業場に顔を出し、日曜日や夏休み等も母親の稼業の手伝いに精を出していた。

（3）年の暮れの餅搗き（小学生の頃）

小学生の3～4年の頃、母親が石臼と杵を買った。正月には搗きたてのおいしい餅を家族で食べようというのである。母親の育った家・奥山商店では正月とか何かのお祝いの時は餅を搗いてあんころ餅や豆餅、供え餅、板餅等をつくって従業員全員で食べる習慣があったのだという。

誰が搗くのか。男手は兄と私しかいない。小学生の3～4年の年頃の子供ながら杵を搗くことは出来たが、やはり杵は重かった。杵を上手く搗くにはあまりにも力不足であった。しかし、腕白盛りの私はそんな弱音を一切吐けない。一生懸命搗いても、最初の頃は飯の粒が残る餅しか出来なかった。2年目くらいからは上手に餅搗きが出来るようになった。

母親は家族全員に温かい搗きたてのおいしい餅を食べさせたかったのだ。私は、子供心にその気持ちがひしひし伝わってきた。勢い精一杯頑張って餅を搗いたことが懐かしい思い出となっている。

［3］自分のことより家のこと

（1）母親の稼業の手伝いと学業

高校生になって、日本育英会の特別奨学金（月3000円？だったと思う）をもらえたし、また、自分の勉強机の横に近所の子供を座らせ、勉強を見る形で家庭教師をはじめて、自分の学資は自分で稼ぐようになった。

私の下の妹や弟はまだ小学生であり、母親が家計をやり繰りしていた。私は母親を楽にさせたかった。

高校生の時、母親にこの家をアパートに建て替え、家賃収入で家計を賄う形にすれば、家計の苦労は少なくなると進言した。近くの紺家建設という会社の社長に兄と私が相談したら、母親のヘソクリでは十分ではなかったが、アパートに建て替えることが出来そうだということになった。不足する金はアパート収入から何年か分割で返済していけば何とかなりそうだと決断した。建設会社の社長は高校生の兄と私を信頼してくれたのだ。家は、父親の名義だった。土地は白川という地元の大地主のものであった。大地主にも了解をとりつけた。古い大きな工場風の家をこわし、居住兼用のアパートの建設に取り掛かることとした。居住用のところに住みながら、工場部分を壊し、アパート部分を建設し、その部分が完成すればそちらに移り、居住用部分を壊し、その部分に自分達の家族の居住部を建設するという段取りである。仮住まいの転居費用を節約したのである。父親が1カ月ぶりに帰って来たとき、かつての工場風の家は潰されていて、アパートが建設中であった。私は父親に家計のことは期待していないと申し渡した。父親は私に負けてスゴスゴと帰っていった。そんな中、姉は大阪学芸大学に入り、自分のことは自分でやり繰りするようになっていた。兄は我が家のことから逃げたかったのか、北海道大学を志望し、合格したので、殆ど大阪には帰ってこなくなった。

私は母親を支えなくてはならない。家から通える大学を選ばなくてはならなかった。友達が何人も東大に志望するのを横目で見ながら「あいつらは権力志向だから。自分は権力志向は嫌いだ」と言い聞かせ、京都大学を志望することとした。

母親のアパート経営は以前の商売から比べれば月とスッポンくらいの差があり楽であった。しかし母親は妹や弟の学費やこれからの老後のことも考え、従来の商品作りを内職的に続けた。

私の大学生活は工学部であり、サボれない授業も多いし、家庭教師で稼がなくてはならないので、多くの友達がクラブ活動等で学生生活をエンジョイしているのを横目で見ながら、友達と同じような学生生活を送る気にはなれなかった。

大学院を卒業して、国家公務員の初任給が三万八百四十八円だった。大学を卒業してもらった初任給の俸給が、学生時代の家庭教師のアルバイトの手取りよりずっと少なかったことを憶えている。

私の大学生時代は自分の生活費のやり繰りではなく、母親のアパート業や商売の継続のやりくり、さらに妹や弟の学資の面倒等を見ることになっていた。母親は家計のことをはじめ、困ったことは全て私に頼るようになっていた。

姉は大学を卒業すると同時に同級生の男と学生結婚し、兄は北大へ行ったきり帰ってこない。必然的にそうならざるを得なかったのである。

（2）就職と家の移転

大学院生の頃、ある難題が飛び込んできた。ようやく建てたアパートで家計も安定し、母親も楽な生活が送れるようになってきていた。そんな時、国鉄の山陽新幹線のルートが我が家の敷地を通る計画であることを知った。

国家公務員の上級職甲種の試験も一桁の順位で合格し、大学院を修了し、いよいよ建設省の採用面接が霞ヶ関であるという時であった。成績順で呼ばれ、面接官にどのような仕事につきたいか、どの地方の勤務を希望するかを聞かれた。

私は大学で水関係をやって来たし、河川の仕事は大自然が相手なので河川関係の仕事を希望すると話した。「建設省に入省時の面接の基本は『職種は何でも良い。そして勤務地は国の仕事なので、どこでも良い。北海道から沖縄どこへでも行きます』と答えろ」と先輩からの忠告は承知していた。しかし、知ってはいたが、成績も非常に良かったと自負していたので、少しは希望を聞いてくれるのではないかという甘い思いもあった。

さらに問題は勤務地についてである。家が国鉄新幹線にかかる。国鉄との用地交渉も近々に始まるという思いが頭をよぎった。私は入省早々、相当不利益を被ることを覚悟で、志望地は近畿地方で、出来れば大阪から通えるところを希望すると言ってしまった。建設省の面接官にとってみれば、近畿地方とか大阪から通えるところなどという希望を出すくらいなら、国に勤めず、府県にでも行けということになろう。

建設省から意外な通知が届いた。建設省採用後、同日付で和歌山県庁に出向を命ずというものであった。私共の入省以前には、入省直後に県へ出向させるという人事は例がなかった。私は面接でのあの希望勤務地発言が失敗を招いたと思った。しかし、入省後よくよく調べてみたら、私共の入省時より10名程度は府県へ最初に出向させる事としたらしい。そこで府県への出向の10人を調べてみたら、全て府県の本庁勤務だった。私だけが府県でも出先の土木事務所勤務であった。

私は面接の時に希望を出したのが悪かったとしみじみ失敗したと悔やんだ。大学の研究室の後輩と先輩が夏休みに私を慰めようと紀伊半島一周のドライブに誘ってくれた。

和歌山県庁勤務が2年過ぎた段階で、私と同期入省で府県勤務の他の9名は3年目に建設省に復帰した。私一人だけ県庁勤務3年目を迎えることとなった。

私は深刻に悩んだ。私の面接時の希望で、ずっと県勤務ということにされたに違いないと考えて悩んだ。しかし、4年目に本省に復帰させてもらうまで、やはりいつもどこかで悔やんでいた。

和歌山県では和歌の浦にある独身寮若潮寮に入ったが、いざという時、朝5時前に家を出て難波始発の急行電車に乗れば大阪からでも8時半には和歌山県庁に着く、通勤できるギリギリのところであった。

さて、国鉄との用地交渉が始まった。毎週土日は家に帰って、国鉄の用地屋と交渉を始めた。母親は一切を私に任せていた。私は和歌山土木事務所で用地を買う立場で地主と単価交渉も重ねてきた経験もある。山陽新幹線という国策の大事業であった。用地単価も適正に評価されたものだと思う。国鉄の用地屋は交渉相手の私の職場も当然調べて知っている。私にとっては用地交渉で高く買ってもらうことも大切だが、アパートという母親の家計収入のもとが無くなる事がもっと問題である。新しい居住の住宅を探さなければならない。また、母親の新しい家計収入をどのようにして確保できるかということも真剣に模索しなければならなかった。まもなく還暦の母親に新しい職業を見つけることも不可能である。これまでの延長線上のことでやる以外にないと考えた。今まで、アパートという収入源と居住が一つの建物であったことの煩わしさをなくす事とし、アパートを建て、その近くに自宅を建てようと考えた。

新しい居住地をどこにするのか考えた。この家で生活することになる母親を中心として、まだ社会へ出て行くまで時間がかかる妹や弟の利便性、それから大阪府の小中学校の教員になっていた姉、全国的な企業に就職することになる兄（その後、清水建設に勤務することとなる）や建設省でこれからどこへ転勤するか読みきれない私などが無理せずに立ち寄れるところを模索した。不便なところは避けたい。その条件から、阪急沿線で、宝塚線か神戸線、自宅から30~40分で大阪梅田へ行けるところを探した。阪急伊丹線の稲野駅から7分くらいのところに用地を確保し、アパートは駅から3分くらいのところに用地を確保し、これまでの収入源を確保することとした。国鉄の提示補償額は、通常の相場よりよかったし、その金額で母親の生活のアパート収入も確保できる目途が立ったのでさっさと調印した。

自宅のほうは、地元の西海建設に作ってもらうこととし、アパートの方はやはり地元の今西建設に建設してもらうこととした。西海建設はしっかりした仕事をしてくれた。今西建設の方は、色々なところで不具合があって、補修費が追加で必要となった。私の目が行き届かなかったことによる誤算であった。

私が和歌山県庁勤務3年間に国鉄との交渉、売却、新たな居住住宅の建設、アパートの建設、移転等々、全て土曜、日曜に帰った時に精力的に片付けることが出来た。新しい家が出来てから引っ越しを済ませ、更地にしてから国鉄から補償費を受け取るという形になる。色々な手続き等ややこしかったが、無事全てが終わり、幸いにも新しいアパートは便利な場所であったので、直ぐに居住者も決まり、新しく母親の生活が始まった。

　私は和歌ノ浦の独身寮であったが、毎週土日だけでは間に合わない時は、平日でも勤務が終わってから2〜3時間かけて帰り、色々相談に乗って翌朝朝早く2〜3時間かけて勤務時間に間に合わせるということが続いた。

　父親が大阪の家に久しぶりに来たら、家は更地になっていた。父親の名義の家であったのだが、父親には新幹線の用地買収の話や、新しい家の新築移転の話は一切せず、秘密裏に行った。新しいアパートも全て母親名義にした。このような形にした私に対し、何一つ文句が言えず、スゴスゴと帰っていった。肩を落とし、淋しそうな後姿が今でも思い浮かぶ。

　父親として、これまで母親に対するつらい仕打ちに対し、申し訳なかったと体中で表現しているようであった。私は父親に対し、尊敬するところが一杯あるし、決して憎む気持ちはない。気持ちの優しい善良な人なのであることは十分わかっていた。父親はこれを機会に一切の商売を辞めたようである。その後は趣味の魚釣りと読書の余生であった。

　私が真名川ダム勤務の時、父親が九頭竜川でアユ釣りをしたいと言ってきた。越前大野の官舎に泊め、アユ釣りを楽しんだことがある。そんな父親であったが、亡くなって久しい。私は現在、趣味に生きる父親の年齢となった。色々なことを思い出し、感慨深いものがある。

　このような経緯で、母親の老後家計の安定が図れて、私も家のことから解放されることとなった。これから人事異動の話があった時は「希望は一切ありません、組織が命じるところ北海道から沖縄までどこへでもいつでも行きます」と言える環境にようやくすることが出来た。そして入省4年目の春、和歌山からいよいよ霞ヶ関勤務を命ぜられた。

風土工学の思い

その地の過去が作ってきた　風土
　それだけの　風土ではなく
未来への　夢が広がる　風土にしたい
その地の現在が作っている　風土
　それだけの　風土ではなく
未来への発展の種を　育む　風土にしたい
その地の人々を　育んできた　風土
　それだけの　風土ではなく
誇り得る個が自他に認知される　風土にしたい
時空を越え一度しか接し得ない　風土
　自由なる形成に
　向かわせてくれる　風土なので
自他にとって存在の意義を育む　風土にしたい
森羅万象にとってかけがえの無い風土
　夢のある明るい未来に
　向かわせてくれる　風土なので
ただそれだけの　風土だけにはしたくない

作　竹林征三

【二】遊びに夢中の時代（小学生時代）

［1］全ては、遊び!! 家業の手伝いは、刺激的な遊び

小学生より小さいときのことは良く憶えていない。

昭和25年に大阪市立加島小学校に入学し、昭和31年に加島小学校を卒業した。

加島小学校は東淀川区の一番西の端、神崎橋を渡れば尼崎市である。小学校1年から6年までクラス替えはなかった。私共の学年は人数が多く、学年3クラスで、1年上までは学年は2クラスだったと思う。私のクラスはCクラスで人数は30数人、40人弱だった。1年から4年までは細谷久恵先生、5年、6年は益田節子先生だった。

私はクラスで一番背の低い方だった。一番背の高く頭が良かったのが松村博君だった。一番、先生好みの優等生、お利口さんは光在論君と山田臣徳君だった。一方、私はクラスで先生の言うことを聞かない、先生を困らせるどうしようもない生徒だった。

私の一日は全てが遊びであった。まず、学校に行くまでがスリリングな遊びの連続だった。

学校までの登校の道のりは子どもの足でも10分位だったと思う。私の遊び仲間は学校から西に家のあるものであった。というのも学校での遊びと学校への行き帰りの道すがらの遊びが重要だった。従って必然的に学校から西の友達と遊んだ。その道のりを遊びながら1時間くらいかけて行った。毎日、高橋宏彰君や播本君、川原義樹君を誘いながら、そこいら中で相撲をとったり、木登りしたり、ゲームをしたり、木の枝を折って遊び道具をつくったり、柿がなっていたら、取って食べて「やっぱり渋いか」とひとかじりで捨て、学校につくまでが毎日楽しい1時間だった。

授業中も大切な遊びの時間であった。私は遊ぶのに夢中で、先生の授業には面白味がなく、一切興味がもてなかった。先生の話を聞けと怒れると、先生の言っていることの誤りをみつけて〝大人なぶり〟という刺激的な遊びの時間だった。

休み時間はまた大切な遊び時間だった。廊下で走り回って、いろいろな遊びを考えていた。

家に帰ってからも大切な遊びが待っていた。

私は家では母親の家業の手伝いを嫌がらず、姉兄よりも一番楽しくやっていた。私にとっては家業の手伝いは目新しく刺激的で面白かった。手伝いと言うより遊びそのものだった。

家業の手伝いで近郊の都市へ行けば鉄道の駅名を全て覚えるのが楽しかった。

商品をつくり、瓶詰や袋詰めにし製品化し、箱に納めシールをはる荷造り作業を深夜遅くまで行っていた。そして、段ボール箱につめて発送の準備等々、翌日には、梅田の中央郵便局へ代金引換小包を出しに行く。また、遠くても列車で日帰り出きる所は、配達に行く。県名や市町村名は覚えられるし、速達、書留、代引きやいろいろな手続きも興味を引いた。

商品づくりの内職的な仕事も楽しかった。1時間でどれだけのスピードで出来るか、それを遊びにして手伝った。

学校の授業は退屈で刺激がなく面白くなかったが、家業の手伝いは一つ一つ、新しい世界が目に入ってくる。注文書、納品書、請求書、領収

書、小切手、手形割、銀行渡り等いろいろな商取引のルールを実体験で自然に覚えた。

家内工場だったので、製粉機、攪拌機、缶詰機、瓶詰機等々簡単な器具の操作をして商品をつくる工程も、次々と商品が形となって出来てくるので楽しかった。

香辛料の製造をしていたので私の嗅覚は全くダメである。ウコン、ウイキョウ、ショウキョ、カンピ、ニッケ、丁子、青トウ、赤トウ、コショウ等々の南方の乾燥した香辛料は石のようにカチカチに硬い。それを粉砕機で砕いて粉にする。バリバリ、ガリガリ、物凄い破壊音、騒音もすごい。それにも増して、砕粉が飛び散る。細粉は鼻に入り、鼻の粘膜を強烈に刺激する。私の鼻はそれに耐えるように大変鈍感になってしまった。というより、嗅覚機能が損なわれていると言う方が正しいかもしれない。また大変な雑音・騒音の中・劣悪な作業環境の中でよく手伝ったので、完全に音感が損なわれて音痴になってしまった。

(1) 私はクラス一番の厄介者

私は担任の先生にとって本当に許しがたい厄介者だった。私は授業でやっている内容に一切興味がなかった。知っていることばかりなので新鮮味がなく刺激がなかった。授業は退屈で仕方がなかった。教科書やノートに何か落書きをして時間をつぶす。さらに退屈せずに授業時間を過ごす方法は、先生の教えていることの誤りを指摘し、「先生間違っている」「先生はこんなことも知らない」と先生なぶりをすることであった。大阪近郊のあちこち家業の手伝いで配達等で行っていたので、地理に関してはことの他詳しかった。先生を困らせる種はいくらでも知っていた。

小学生時代の遠足時の写真。
前列右から２人目が竹林、４人目が川原義樹君。後列右端が松村博君

担任の先生に取ってみたらこんな厄介者はない。「竹林君廊下に立っていなさい」と立たされることになる。折角見つけた刺激的な遊びも奪われて廊下で一人で茶化す先生もいない。また、退屈な時間となった。廊下に立たされながら、次の休み時間は何で遊ぼうかと遊びの種を考えていた。その分休憩時間は俄然元気になる。余計にふんだんに遊び回る。

私は仲間を集めて、何かを遊びにすることばかりを考えていた。学校では昼休みとか放課後は元気で、遊ぶ種を見つけては播本君や川原君等と悪さばかりしていた。それが刺激があって楽しかった。

私の一年上には兄が、二年上には姉がいた。「今日も弟が廊下で立たされている」と学年を越え、学校中に有名になった。姉は頑張り屋で、兄は優等生タイプで、共に小学校時代から先生の評価はよく、先生からかわいがられていた。

優等生だった兄と姉が家に帰って報告することになる。母親はそんなことは一切気に掛けなかった。そのうち担任の細谷先生が私には手を焼いて両親を呼びつけて、「この悪ガキはまわりに迷惑をかけるし、先生に大人なぶりをする。手に負えない、授業にならない、こんな生徒は教育することは出来ない、どこかの学校に転校させる以外にない」と言われた。兄と姉の授業参観では先生に褒められ、私の先生にはどうにかしてほしいと、きつく注意されていた。

母親はいくら学校の先生からボロクソに叱られていても、家に帰って私を叱りつけることはなかった。母親は「我が家では兄弟の中で一番親孝行で家業の手伝いをよくする息子なんですが」と先生にモゾモゾと言っていたが、家に帰っても一切無頓着であった。「担任の先生が大人なぶりを止めさせて欲しいと言っていたよ」そして「転校させる」と担任の先生から話しがあったと笑いながら言っていたものである。

私の興味は次々に面白い遊びを考えて遊ぶことだった。ガキ大将というものは実に楽しい愉快なことである。私は女の子や弱い者いじめはしなかった。私たちの興味の対象は担任の先生であり、担任の先生のお気に入りの贔屓にされている優等生や先生にいい格好をする生徒だった。1年から4年生ぐらいまでは、私は手に負えないどうしようもない生徒そのものだった。私は先生もクラスの誰もこわい者はいなかった。

そんな手に負えない生徒だったが、小学校5～6年生の頃、他の学校から大変な不良が転校してきた。彼はIと言った。Iは鉄鎖で窓ガラスなどを割るとんでもない不良だった。私は、「いずれIと喧嘩でもしようものなら、こちらは大怪我をしてしまう」と、そのことを案じて、それ以来悪ふざけをやめることとした。おかげで、彼の鉄鎖の被害に遭う事はなかった。

（2）禁じられた遊びと物作り

大人にやっては駄目だと言われたら、無性にやってみたくなるのが腕白盛りの考えることである。小学校の裏を国鉄が通っている。列車の通過する直前にレールの上に五寸釘を並べ、列車通過後、五寸釘はぺちゃんこに扁平になり、強力な磁気を帯びた磁石になっている。こんな遊びをしたら現在だったら、大変な社会問題になっていただろう。子供心に、大きい石を置くと列車は脱線するかもしれない。しかし、五寸釘程度なら、何ら心配はいらない事くらいをわきまえていた遊びだった。

広い田圃の稲刈り後、稲藁の山がそこかしこに在った。その一つに火をつけたら、消防団がやってきて、大騒動で消し止めた。広いところなので、他に拡がらないことを良く考えての悪ふざけであったが、騒ぎが大きくなったので、この遊びはその後、怖くなって2度としなかった。

禁じられた、やっては駄目だと大人が言っている事は良く分かっているが、それを破っての悪遊びは何ともスリルがあって面白いのである。それがとんでもない大事故や大火事になることはないと、子供心に考えた範囲での遊びなのである。

（3）小学生のころの飯盒炊爨

小学生高学年の頃、同級生何人かに声をかけて、武庫川の河原に飯盒炊爨に行こうとさそったことがある。

当時福知山線は宝塚までは複線だが、その先は単線で蒸気機関車であった。道場や武田尾の河原は非常に美しく飯盒炊爨に最適だった。

その帰りに、私は時刻表からすると、上下線ともしばらく列車は来ないはずだから、単線の福知山線の真っ暗なトンネルと鉄橋を使って近道をしようと提案した。ところが1つめのトンネルを抜けたところで、臨時列車が通過して、ずいぶん不安になった。引き返すこともできず、次の鉄橋を走って渡ったのを覚えている。

おかげで皆の顔はススだらけとなった。今日では無断で線路内に立ち入れば罰せられる。その当時は、列車の本数も少なく、線路沿いの近道などはごく当然普通のことであった。

小学校卒業後の50年目のクラス会で50年振りに会った同級生が、竹林に連れていってもらった武庫川が忘れられない楽しい思い出だったと言っていた。これも好奇心のなせる業だろう。

①山芋のつるを見つけると、山芋掘をした。自然の野山の山芋なので樹の根の間に山芋の根が細く曲がりながら伸びているので、途中で直ぐポキリと折れてしまう。何時間かけてもうまく掘りあげれなかった。

②楠の葉から樟脳が取れることを知ると、香具波志神社のクスノキに登り、枝を折り、沢山の葉っぱを集めて、それを鍋で何時間もごとごと煮詰めると蒸発した結晶が樟脳となった。感激した。

③モザイクという画法があることを知れば、大豆を沢山買ってきて、いろいろな色に染め上げて、一方、材木屋で板と細い角材を買ってきて画板（1・5メートル×2メートル）を作った。それに色付けされた大豆を隙間なく並べモザイク画を描いていった。大変な大作を作った記憶がある。

④夾竹桃の枝ぶりは二股に分岐する。その三つ叉になっているところを切り取って、パチンコ（ゴムをつけて石粒を打つゴム鉄砲）を作ってよく遊んだ。シュロの大きな葉でハエ叩きをつくったりした。竹や笹で竹鉄砲や吹き矢をつくったりもした。

⑤バイと称する鋳物で作られた小さな独楽がある。それを茣蓙の上でまわしてぶっつけ合い、どちらかが飛ばされる。飛ばされた方が負けである。そこまでは一般的な遊びであったが、そのバイをヤスリでいろいろ削り工夫して強いバイを作った。

⑥凧揚げの凧つくり。おもちゃ屋でやっこ凧は売っていた。それでは面白くない。竹やぶに行ってきて、手ごろな細い竹を取ってきて、それから竹ひごを作り竹ひごを骨組みに組み四角い凧を作った。それに和紙を糊で貼り付けて完成である。実際飛ばしてみたが少し重すぎて余り上手く揚がらなかった。しかし作る過程は楽しかった。

⑦当時はテレビは加島町で2台しかなかった。大地主の渚家と、三ツ輪電線の竹内家だけしかなかった。相撲やレスリングの実況を見たくて、渚君や高橋君のつてで見せてもらったことがある。当時の力士としては

両差しの巧者の信夫山などを思い出す。高橋宏彰君は信夫山の両差しの真似が実に上手であった。

⑧私の家には真空管の箱型ラジオ（大きさ40×50×20㎝くらい）があった。放送局もNHKともう1局くらいしかなかった。大阪はJOBKであった。東京はJOAKである。そこから流れてくる笛吹き童子のテーマ曲が流れてくると、姉・兄と頭を摺り寄せて聞いてスリル満点のドラマの展開に魅せられたものである。今でも笛吹き童子のテーマ曲は耳を離れない。江戸川乱歩の「怪人二十面相」などもラジオにかじりついて聞いた。テレビと違い場面を想像しながら聞くことは脳力を育てるのに重要である。

⑨自分だけのラジオがほしい。鉱石ラジオがはやった、鉱石ラジオも作ったが、あまり良く聞こえなかったと記憶している。

⑩黒文字の木を見つけたら爪楊枝を作った。香具波志神社の社務所の庭にミョウガの葉を見つけたら、こそっと入って、ミョウガを引き抜いて食べてみた。うまいものではなかった。しかしやってみることに興味があった。スリルが何とも楽しいのである。

（4）山あるき

地図を見て、日本や世界の高山ベスト10とか、山の名前、川の名前、都市の名前ベスト10など何でもかんでも数えて覚えることが楽しかった。小学3年ごろには全都道府県の県名と県庁所在地名や世界各国の全国名と首都名等をすらすら言えた。

（5）遊び場

きれいな海で泳ぎたい時は自転車で浜甲子園まで行った。自転車で行き帰り少し時間がかかった。

土曜、日曜、夏休みの昆虫採集は、箕面から能勢妙見に一番よく行った。あと六甲山、生駒山、金剛山、ポンポン山などがフィールドであった。

（6）小遣いかせぎ

大阪機工の工場跡地は焼夷弾で焼野原であった。簡単な鉄条網がしてあった。子供でも簡単に敷地に入れた。中に入れば鉄くずや銅線等がころがっていた。鉄くず屋に持ち込めば、いくばくかで購入してくれた。鉄片はかさばって重いが、銅線は〝赤〟と言っていた。赤くずはかさばらない。少し拾い集めると少々の小遣いかせぎができた。

子供のころの箕面を始めとする北摂の山々や六甲等の山に良く行ったが、その延長線で大阪近郊の山々を歩いた。当時、地図は5万分の1、2万5千分の1の国土地理院の地形図以外は無かった。また、山歩きをする関係で国土地理院の5万分の1、2万5千分の1、地形図を、行くところは必ず大阪駅前の旭屋書店で買いそろえて現地に持ち歩いた。地図は大きいので、8枚折に畳んで持ち歩いた。すると折り目から擦り切れて、直ぐにボロボロになった。大阪西北部等は同じ図幅のものを何回も買いつぶした。

地形図を見ながら、破線の山道をたどり、1日の計画を作った。当時はハイキングガイドやハイキング地図などはなかった。

地図を見るのはまだ見ぬ世界が広がり、いろいろなことを想像してわくわくする感動を覚えた。楽しくて仕方がなかった。国土地理院の地図の延長線上で日本全国の府県別地図帳が当時既に帝国書院から出版されていた。他の出版社より、帝国書院のものが一番詳しかった。地図帳に記されている情報からまだ見ぬ地域のいろいろなものを見つけては、悦に入っていた。

学校の登下校時、遊びながら通っていたので、香具波志神社の境内や、途中焼夷弾でやられた大阪機工工場跡地など子供の遊び場には事欠かない。境内では、木をよじ登ったり、庭に植えてあった茗荷を盗んだり、場所があればカンを蹴ったり、相撲をとったり。

神社の境内には大きな楠や欅そして実のよくつくムクの大木などの他、色々な種類の木の杜であった。タマムシや珍しいカマキリなど相当な種類が取れた。

もう少し遠くへ遊びに行く時は（自転車で行った）園田の競馬場の周辺や藻川（神崎川の支川）の周辺には多くの自然が残っていた。競馬場の馬の糞には馬糞ころがしの美しいオオセンチコガネなどがいくらでもいた。藻川の沿岸林のクヌギ林などはクワガタやカブトムシはいくらでもいた。トンボも大型のオニヤンマや小さなイトトンボなどいくらでもいた。また、藻川では泳げた。橋の上から飛び込んだりした。

（7）鉄棒で手の骨を折る

小学生の4～5年頃か、学校の校庭の鉄棒で逆上がりを失敗して落ちて左上腕部を骨折した。一番近くの大病院は中津の済生会病院だった。そこに行く。左腕に相当大ゲサな石膏でギブスをされた。

もともと出来もしない逆上がりを、腕白者としては出来ないとも言えずにエイヤーと一発勝負で無理をしたので落ちた天罰だと思う。左手はギブスで動かないが右手は自由に動く。右手でもギブスに絵をかいたり、刃物で彫刻したりしていたので医者もあきれていた。子供の骨は成長期なのでせいぜい2～3週間でギブスをとれば良いものを1カ月半ほどはずさなかったので、その後左腕の関節が変に固まって、いまだに十分曲らなくなってしまった。ギブスをはずしてから1～2カ月マッサージのため病院に通わなければならないことになった。

スズメバチに襲われ頭がはれ上った時も、ウルシでかぶれて白装束になった時も、今回の手の骨を折りギブスで固められた時も、結局一回も学校を休むことはなかった。

（8）ジェーン台風の思い出

子供のころ、台風が来れば、毎回停電となった。台風接近のニュースが入れば、ローソクを事前に買い込んだ。そして、材木屋に行き、板切れを沢山買い込んで、風で窓が吹き飛ばされないように、窓の外に打ちつけるのが私の仕事だった。当時の家で雨戸のある家は殆どなかった。私の家は木造瓦屋根の家だったが、大きい町工場であったので、梁も柱も大きかった。特に梁には沢山の滑車とベルトが付けられていた。台風ではびくともしなかった。近所の家が基礎を残し家全体が風で吹き飛ばされていくのが窓越しに見えた。外は瓦やトタン屋根が空中を飛びまわっていた。

［2］昆虫採集にあけくれる

（1）子供のころの読書

家業をよく手伝っていたのでいつも小遣いも不自由はしていなかった。梅田駅前に大阪で一番大きい旭屋書店が出来、バス1本でそこへ行けばどんな本でも手に入った。旭屋へ行っては読みたい本を興味のおもむくまま次々買っていた。理科・社会関係はその当時から良く出来た図鑑シリーズが出ていた。それをむさぼる様に読んでいた。理科では、生物・地学関係が多かった。社会では日本地理・世界地理・歴史等がよく出来ていて興味をそそった。

小学校時代の小遣いの使途は昆虫採集の用具と電車賃、それに梅田の旭屋書店へ行き、本を買った。裕福な家庭の子供は、小学館等が出していた「小学何年生」等の雑誌を買っていた。おまけが沢山ついていて楽しそうだったが、私はそんな雑誌を読みたいと思ったことはなかった。昆虫の図鑑とか偉人伝等をつぎつぎ買って読んだ。

小学校3年ごろまで、外で遊ぶことに夢中であった。その延長線上で昆虫採集を始めた。昆虫採集をやり出してから、昆虫名の同定の為には、昆虫図鑑が欠かせない。子供用の図鑑は役に立たない。専門家が用いる一番詳しい本でなければ同定できない。保育社から日本蝶類図鑑、日本蛾類図鑑、日本甲虫図鑑、日本植物図鑑（上）（中）（下）、日本薬草図鑑、日本樹木図鑑等の他、北隆館から同様な図鑑が出ていた。それらを買い求めて、それを読み、その日採集した昆虫の名前を同定するのが無上の喜びであった。前述の図鑑で調べて同定できないものもあった。その時は台湾や朝鮮等が日本国領の時につくられた戦前の昆虫図鑑等を心斎橋の天牛商店等古本屋で探し求めて買い、その本の中に見つけた時の感激は天に昇るような興奮を覚えた。このようなことで図鑑を見るのが大好きになった。その延長線上で保育社から、日本史図鑑、世界史図鑑、動物図鑑、植物図鑑等々、どんどん間口が広がり、興味が広がっていった。

偉人伝、とりわけ発明・発見ものに心おどらされ感動して読み漁った。子供むけに、ポプラ社ともう1社から偉人伝のシリーズ100冊くらいが当時出版されていた。小学校4年生ころから、偉人伝シリーズの半分くらいを漁るように読んだ。世の中には大変偉い人がいるものだと感動しながら読んだ。今でも記憶に残っているものとしては、豊川の植樹に捧げた金原明善の一生、十和田湖のヒメマス養殖に捧げた和井内貞行等地方開拓に命を捧げた人々の高い郷土愛をもってコツコツ夢の実現に向けて必死に人々の為に努力された過程に感動を覚えた記憶が残る。

伊能忠敬や松浦武四郎や間宮林蔵の探険もの発見ものもワクワク感動しながら読んだ。

感動して、何度も何度も読み直したものにシュリーマン伝「古代への情熱」がある。いつか自分もそのような人になりたいという子供心が芽生えた。

力道山のプロレスや日本の飛び魚といわれた水泳の古橋選手にも心おどらせたが、スポーツ選手などを夢みることは一度もなかった。

（2）昆虫採集・標本つくりのこだわり

小学校の夏休みは昆虫採集で箕面や能勢に毎週のようによく出かけた。私は小学生3～4年頃の夏休み等は昆虫採集にあけくれていた。小学生の私と一緒に昆虫採集していたのが、当時府立西野田工業高校に通っていた田原俊行さんだ。田原さんは6歳も7歳も年下の小学生の私を昆虫マニアとして対等に扱ってくれた。

朝一番（朝5時前）の電車に乗り箕面の駅に着いた時はまだ暗く、電灯の下には多くの昆虫が群がっていた。箕面から高山を通って妙見に着いたころ夕方となった。夜暗くなって、田原さんの自宅に帰って、それから田原さんの家の上り口で、その日の成果の昆虫を図鑑で確認し、標本作りを夜遅くまでした。

昆虫採集の醍醐味は稀少な種に出くわすことである。稀少な種かどうかの同定は詳細な図鑑によらなくてはならない。その当時、買った昆虫図鑑等は、当時出版されている一番詳しいものだった。保育社のもので今もボロボロになった本を大切にしている。

次に同じ種であっても雄雌での違いや春型、夏型、秋型などで違うものを採集することである。箕面には昆虫館があり、その館長さんに昆虫の同定をしてもらったりしていた。三津屋の薬局のおじさんは昆虫マニアで2階の書斎は昆虫の標本箱の棚がズラーッとあった。これらの人は、京大の農学部の農林生物科を出ていることを知り、こんな趣味の世界で一生を過ごす幸せな人もいるのだなあと子供心に思った。

その次にこだわったのが傷がない完全な標本つくりである。捕虫網等で捕獲する時、虫をいためてしまう場合がある。また、無傷のものを捕獲しても標本つくりの過程で傷つけてしまう場合が多々ある。もっともよく傷つけるのは、殺し方にある。

蝶や蛾等鱗翅をいためれば標本としての価値がなくなる。羽をバタバタさせればいたむ。いためない方法は捕虫網で捕えたら、捕虫網の中で胸を指でしめつけて瞬時圧死させることである。

その他の甲虫類は毒ビンに入れるのであるが、毒ビンの中で暴れさせれば、手足等が折れたり傷つけることになる。やはり、毒ビンの中に入れたら瞬時に殺すことにつきる。そのためには毒ビンと毒薬が要る。市販のものは毒素が弱く、毒ビンの中で死ぬまで少し時間がかかる。すると昆虫の手足がなくなったり等で、傷んで標本価値がなくなる。一番良い毒薬は何か、青酸カリであった。

現在青酸カリは入手できない。当時も一般の人は入手できなかったと思う。鍍金工場では青酸カリを使っていたので、鍍金工場の工員さんを通じて入手していた。現在だったら大変なことになるのではないか。そんな苦労を経て傷のない標本体を得る。

次は標本つくりであるが、いかに芸術的にも学術的にも価値高い標本をつくるかである。

蝶や蛾類は、その日のうちに展翅板で一番美しい形に羽をととのえてピンで固定するのである。左右の羽は水平にし、上羽の下端のラインを一直線にそろえることである。

鱗翅のない蜂や甲虫類は六本の足を広げて一番美しい形にととのえることである。そのためにはやはり採集後、あまり時間をおかずに昆虫針で整形しなくてはならない。

採集後、その日の夜おそくまで、それらの作業にかかった。整形後数日で乾燥すれば展翅板からはずし、美しい標本が出来る。当時展翅板も自分でつくった。

つぎは標本箱つくりである。

材木屋で板材を購入してきて標本箱つくりをした。大工道具が必要である。曲尺や鉋等もそろえた。標本箱にはガラスを入れねばならない。ガラスを入れるには溝切り鉋が必要だ。溝切り鉋も購入した。標本箱は金釘では錆びるので錐で穴を明けて竹籤の針をつかった。出来上がった標本箱はガラス屋に行き寸法をあわせてガラスを切ってもらった。そのようにして出来た標本箱の一辺のコーナーには樟脳を熱でとかし込む等専門家も顔負けの標本箱を自分でつくった。

標本の価値は採集日、場所、和学名を記したラベルが重要である。それらも全て手づくりでつくった。そのようにして出来た標本箱が数箱できていた。

私と一緒に昆虫採集をしていた田原俊行さんも西野田工業を卒業され○○シャターに就職されて、昆虫採集などの趣味をやっておれなくなった。私も中学生になり、いろいろ時間がとれなくなって昆虫採集から遠のいていった。

標本箱は相当な場所もとったので中学卒業時に中学の理科の教材にもなるので寄付してきた。

その標本箱はその後どうなったか、非常に手間暇をかけてつくった標本であり、標本箱である。もう数10年もたった。とっくの昔に捨てられてしまっているのであろう。

（3）白装束の月光仮面

あの頃の私は怖いもの知らず、何にでも挑戦する無謀きわまりない存在だった。いつもの遊び仲間の中でガキ大将の私は皆に「私は漆くらいではかぶれない」と宣言した。漆塗りの職人は漆の免疫ができていてかぶれないことを知っていた。私も漆の木を折った棒でチャンバラをしたり、ウルシの木で色々細工をしたり、漆の木に登ったりした。そんなことで、私は既に漆の免疫が出来ているものと確信していた。漆の木でかぶれるということを言う人がいるけれども、私には余所の世界のことと写った。

私は既に漆の免疫が出来ているので、未だにもって漆にはかぶれないものと過信をしていた。漆の木を折り、その木の汁を私の腕に塗ってみせた。私の遊び仲間はそれでもかぶれないことを知れば、ビックリするだろうと考えたのである。今から考えれば無茶苦茶だ。とんでもない。しばらくしたら、何だか痒くなってきた。何時間かしたら、腕は真っ赤になり腫れだしてきた。腕だけではない。その手で触った顔もそこいら中真っ赤に腫れだしてきた。熱も持ってきた。

問題は顔ならまだしも、身体のそこいら中が腫れだしてきた。漆を触った手で触ったのである。えらい事になってきた。急遽、町の皮膚科に行った。世の中にはこんな馬鹿がいるのかと呆れ果てた医者は白い軟膏をそこら中塗り出して、特にひどい腕や顔は包帯でグルグル巻きにした。

オチンチンまでは包帯はしなかった。そこまで包帯すれば小便も行けなくなる。医者も考えてくれた。お陰で私は白装束の月光仮面になった。1日や2日で治ると言う程度のものではない。明日から少なくとも、腫れが引く4～5日は休むところだが、私の辞書には休むと言う単語はなかった。白装束の月光仮面で学校へいつものように何食わぬ顔で登校した。クラス中の者から、あざけり笑いの渦が出来た。本人には、白装束の月光仮面の顔は見えないのである。

私には惨めな私が見えないので私は惨めではない。1日も休む事無く遅れることもなく、あざ笑いの中での1週間は過ぎた。名医の判断どおり、見事に急速に治っていってしまった。

本人はとんと気にせず、その日もいつもと同じで一日中、白装束月光仮面よろしく、面白いことはないだろうかと、遊び仲間の先頭にたってじっとしていない。小学校を卒業して40数年ぶりのC組の同窓会があった。遊び仲間も皆良い小老（還暦に近い）になっていた。その折も白装束月光仮面の話で花が咲いた。

（4）スズメバチとアンモニア

今日も日の出の前に家を出て、一番電車で箕面に行った。メンバーは私と川原君と田原俊行さんだったと思う。箕面の渓谷の道は暗いうちだ。日の出の頃は箕面の滝だ。その日は夏一番という感じで、日差しの強いカンカン照りの日だった。政の茶屋や杉の茶屋を過ぎ、勝尾寺をすぎ、高山集落に向かっている山道での出来事である。

クヌギ林で樹液に群がる大きなクワガタやカナブンなど、それにコムラサキやスミナガシなどの蝶には余り興味はなく、それらと共に樹液に群がっている小さい昆虫の中から、珍しい昆虫にであう。それらに夢中になっているうちに、近くにあるスズメバチの巣をつついてしまったようだ。スズメバチの大群でなくて良かったが、数匹のスズメバチが私を襲ってきた。私の頭の上に止まり、鋭いお尻の針でグサリッ、するどい鎌状の口でガブリとやられてしまった。

一瞬目がくらみ、頭がズシリズシリと重くなり、激痛が走り出した。いくら頑丈で休むことを知らない私も、スズメバチに襲われては降参である。近くには病院などない。薬屋のある町らしき所までは数時間かかる。自動車と言う便利なものは大阪のチベットといわれた高山集落には当然の事見当たらない。そこで、考えた。虫刺されにはアンモニアである。アンモニアといえば小便がそうではないか。小便を頭にかけて貰おうという事になって川原君に私の頭の上に小便をかけてもらった。効果は覿面。辛抱出来ない激痛から、何とか歩けるくらいの痛みにまで治ってきた。友の生ぬるい温かき友情に支えられて、当初の行程どおり、妙見駅まで日暮れと共に着いた。その日一日中、なんとなく頭は重く、元気半分で危ない崖には近寄らず、危ない川原の石には近寄らず、さすがに相当こたえたようだ。「虎穴に入らずんば虎児を得ず」ということで、皆が近づかない難しいところに珍しいものがいるのである。その日は行程をこなすことで精一杯で、何も収穫らしきものは一切なく、腕白者に良い薬となった。

持つべきものはやはり友である。友の生ぬるい温かき友情に感謝の一日であった。

●「北摂の風土とダム」CD

【三】自己流学びの道

［1］学校の授業は身が入らない

（1）修学旅行について

授業にはとんと興味がなく、いたずらの種を探しに学校に来て、いたずらの種が見つかると、仲間を使って何をするか分からない腕白者に担任の女の先生はホトホト困っていたようだ。

小学校の遠足などは目的地が近い場所、私の遊び場所のフィールドより狭い。興味があるわけがない。先生は私の行動をよく監視しておかなくては大変だ。こんなことがあって、小学校の修学旅行には竹林はいたずらばかりで度が過ぎるので、連れて行かないと先生が言い出した。伊勢方面だったと思う。私としては何回も家の仕事で行っている所、あまり新鮮味がなく興味もそそらない。連れて行かないというなら、連れて行って欲しいとは思わないということで私は参加しなった。

ついでながら中学の修学旅行は東京方面であったと思うが、私としては自分で何度も行っている所で興味をそそるものはない、旅行は年がら年中行っていたので、修学旅行には参加しなかった。北野高校では仲の良い仲間も多かったので、修学旅行は一度くらい行ってみたいと考えた。しかし、北野高校は昔から修学旅行のようなくだらないことはしないという伝統の歴史を誇っていた。そのようなことでとうとう修学旅行というものを味わってみたことがなかった。

（2）教科書について

私は三人年子の三番目である。一つ年上に姉がいて、一つ年上の兄がいた。教科書は姉の時は全て新品である。二代目の兄は2代目のお古と言うことである。姉は教科書を大切に使っていたようである。兄は乱暴な扱いをしていたようで、頁を破ったりしたのだろう。3代目の私に回って来たお古の教科書は、何ページもなかったり、落書きがひどく読めたものではなかったが、私はお古3代目の教科書で小学校（中学校も）を過ごした。

先生に教科書の何ページを読みなさいと言われてもそのページはちぎれていてないのである。当然読めないのである。一頁そっくりちぎられていた場合はまだすっきりしているが、一頁の半分くらいがちぎられていた場合も多かったので、読んでも思考が次々こま切れに分断される。こんなことも授業が面白くなかった原因の一つであったかも知れない。これは言い訳を一生懸命さがして言っているだけで、遊びの刺激からすればやはり余りにも退屈だったのである。

余談ながら高校は姉や兄と違う北野高校へ行って初めて新品の教科書というものを手に入れることとなった。この時の新品の教科書を手にした時の感激は忘れられない思い出である。

（3）通信簿

私は子供のころから先生や大人に胡麻を摺り、よく思われようとすることを潔しとしなかった。担任の先生から良い子だ、優等生だと褒められることは、あまり好まなかった。私はあえて、先生に逆らう態度を取ることが、自分の自尊心を傷つけられることなく誇りを保持することだとする、どこか捻くれた態度をとることにつながったと思う。先生から贔屓にされている者に対し毛嫌いをするところもあったと思う。

私の父親は子供の教育など一切眼中にない人だった。子供は親の家業を手伝わすことのみ考えていたように思えた。母親は子供の教育には熱心だったと思う。姉にはピアノを習わせたり、兄の学校の担任の先生を囲む懇談会には良く参加していた。

姉も兄も優等生だったので、いごこちが良かったのだろう。一方私の教育には一切興味を示さなかった。ほったらかしという態度に思えた。

しかし、私は家では一番家業の手伝いをよくしたので、両親共、私の教育には一切興味はなかったが、親孝行な息子に対し、姉・兄以上に無視できない大きな存在だったと思う。

そんなことで、大人に対しどこか屈曲した考えがあったものと考える。

私は先生からは問題児だと散々な評価であったが、当人はそんなことは眼中になく学校が大好きであった。学校へ行けば、遊び相手にことかかない。遊びではいつもガキ大将だったので楽しくてしかたがなく、休むことはなかった。

6年間で、1～2年の頃は病気で1～2回休んだ程度でその他は皆勤であった。手の骨を折ろうが、スズメ蜂にやられようが、休むことがなかった。そんなことで、通信簿の評価は悪かったが、毎年皆勤賞をいただいていた。

賞といえば、3～4年頃だと思うが、六甲の仁川にピクニックに行き、阪急電車かどこかの主催の写生大会で描いた絵が優秀賞をいただいたことがある。小学生の時の表彰はこれ以外に記憶がない。大問題児であったので学級委員等は当然やったことがない。しかし5年以降悪ガキを卒業してから6年の3学期に、クラス委員をわずかの期間やらされたことがある。私にはそのような世話役はどう考えても向いていないのだ。

(4) 関西各地をめぐる、そして東京へも

家では、家内企業販売をやっていて父親はアイデアマンで次々に何かを考えては商品化して販売していた。母親もその商品作りでこまめに遅くまで良く働いていた。私は、小学校低学年から母親の手伝いを兄弟の中で一番良くしていた。

小学生のころ、家では夏のかき氷のシロップの蜜を商品化して売っていた。夏期だけの商品なので注文がくればすぐに納入してくれということで商品を荷造りし、梅田の中央郵便局へ速達代引きで小包を毎日のように出しに行った。急ぐ時はすぐに届けてほしいという注文もよくあった。

子供のころ商品の配達をしたことを覚えている所としては、小豆島の土庄とか徳島の小松島等くらいまでは夜行の関西汽船で届けた。夜遅く天保山から商品を抱えて乗船し、早朝5時とか6時に土庄や小松島に着き、港から早朝一番のバス便で届けた。また、福知山線は福知山、和田山、氷上郡等まで日帰りで行った。河内方面では富田林、河内長野、南は岸和田、東は奈良方面では大和郡山市、西は明石にも行った。行きは子供には持ちきれない程の荷物を運んだ。帰りには荷物はなくなったが、代わりに子供にとっては高額な売上金をもらい、下着の下に腹まきをしてその中に入れて帰った。子供心に大金を腹巻に入れて二等船室で帰るので気が気でなかった。商品を届けると相手の店の人が小さい子供なのに届けてくれたと非常に好意的にあつかってくれた。

そんなことで、大阪駅を基点として当時の電車で日帰りでなんとか行ける範囲内、及び往きは夜行船中泊、帰路は昼間便で行ける小豆島、高松、徳島くらいの範囲内は、ほとんど一人で配達で行ったことがあった。

当時の交通事情は、福知山線は大阪駅から全て機関車。加島から梅田までが木炭バスから、大阪で最初のトロリーバスが走った。大阪駅から天保山までが路面電車であった。

叔父さんが父親の仕事を東京を拠点として手伝っていたこともあり、東京にも仕事で行ってこいということで一人で行かされた。小学生の切符は半額である。（私は背が低かったので中学生になっても小学生・子供の切符で通した）

東京大阪間が最速の特急（ハトとツバメ）でようやく8時間で結ぶようになった当時である。ハトやツバメの特急料金は高かったので次の急行の三等車で往復した。片道10時間くらいかかった。途中浜名湖あたりが中間点で、浜松あたりで車窓から買ううなぎの駅弁や、富士山が車窓からじっくり眺められることが楽しみで何回もいったことが思い出に残る。

そんなことで関西周辺の地理には相当詳しかった。家の商売の手伝いは、納品は間に合わさなくてはならないのである。時間が決められており、真剣で手が抜けなかった。しかし、手伝いで辛かったという思い出は一切なかった。

（5）家業の手伝い

父親は商売で何人かの営業マン等を雇用していた。また、母親が何人も女子作業員を雇用して商品をつくっていた。

私たち子供は文句は言わないし、タダで使えてごまかすこともない。非常に重宝な存在だったと思う。どこかの帰りに近くの名勝地等遊んで来いと言われても、大金を持っている身でそんな気分になれる訳がない。用事を済ませたらさっさと帰宅することになる。

景観十年　風景百年　風土千年

十年の景観の向こうに
百年の風景を見る
百年の風景の向こうに
千年の風土を見る
千年の風土の中に
ほのぼのとした
いにしえの心を見る

風土に育まれた
森羅万象の中に
先人がその地に
注いだあたたかき
思いを見る

［2］自己流学びの時代（中学生～社会人になるまで）

中高生の自我流

（1）中学生の頃

加島小学校の3クラスと美津屋小学校の6クラスが一緒になり、1学年合計9クラスの美津島中学校に通うこととなった。中学校は松村博さんの家に近かった。中学校に行くようになり、中学校が加島町の東隣の三津屋との境界近くにあったので、中学校に行くようになって松村博さんを誘って登校するようになり、松村博さんの家にもよく行った。

中学校は9クラスで小学校6年間同じクラスであった松村君とは毎年クラス替えはあったが、一緒のクラスになることはなかった。松村君の家は鉄工所を経営していた。兄さんが鉄工所を継いでいた。兄さんは松村君とは相当年が離れていた。松村君は親が2人いるようなもので、一人っ子のように大切にされていた。松村君の部屋へ行けば、中学3年の頃から、相当な文学青年で梶井基次郎や井上靖等の小説を読んでいた。書斎には、そのような本がぎっしり詰まっていた。彼の部屋で深夜遅くまでそれらの本の内容をよく聞かされた。ただただ感心して聞くばかりであった。

中学生時代からは、中間試験や期末試験があり、学校で上位のもののみ学科ごとに順位と名前が発表されるので勉強することとした。家の商売の手伝いもだんだん忙しくなってきた。遠くへ配達に行く時など、明日、中間試験等という時は、汽車の中、船の中で寸時を惜しんで勉強した。松村博君も私も学年で常に上位にランクされることとなった。

（2）高校受験のこと

美津島中学校は、大阪市内でもズバ抜けて成績のランクの低い中学校だった。高校の校区には大阪府立一中である大阪でナンバーワンの北野高校があった。美津島中学からは北野高校には毎年5人程度しか行っていなかった。ところが近くの新北野中学校などからは毎年100人程度北野高校に入学していた。それだけ同じ大阪市立中学校でも学校のレベルの差があったということである。

私たちの学年は過去になかったことだが、10人も北野高校へ入学することとなった。松村君も私も当然北野高校へ入学した。北野高校へ入学すると、小学校の同級で5年の時、新北野中学へ越境入学していた高橋宏彰君も鴨脚佐君も入学してきた。また、同級生となった。

高校に入ってまずびっくりしたのは、新北野中学から来た学生は皆、英語の辞書を持っていた。それも相当手垢によごれて使い古されている感じであった。私共の中学校では英語のリーダーという教科書は一年立っても半分しか進まない状態であった。また、リーダーの後に単語の訳が書いてあるので、英和辞書など必要なかった。そのレベルの学力しかなかった。

大変ショックであった。あわてて、研究社の英和辞典が主流の中、あえて岩波の英和辞典を買った。他の中学校から来た生徒は皆秀才に見えたが、一年の夏休みになる頃には、何だ大したことはないということが分かってきた。

北野高校は私共の町加島から約4㎞位東の十三にあったので、松村博さんと2人で自転車通学した。私としては、生物部とか地学部や美術部の方が興味があった。しかし、松村博さんが化学部に入るということなので、私は特段化学が好きだった訳でもなかったが、自分の普段のたまり場、たむろする場を確保するために化学部に入った。化学部は頭の良い人ばかりがいた。三好旦六（東大から神戸大学教授）、小畑義治（東大から日本銀行）、中辻博（京大教授）等々相当な人物が集まっていた。

先生陣はさすが数学にしろ英語にしろ、国語や漢文等相当レベルの高い先生ばかりであった。私は小学校時代から授業を聞くのが下手で苦手であった。授業を聞くより、一人で本を読んで理解するほうが早かった。先生から教えられたと言う感じではない。私は高校の授業の思い出はほとんどない。友達が皆よく勉強する人ばかりで、こんな本を読んでいる等の情報を得て、友達から教えられて勉強したという感じである。当時既に数学のチャート式とか、英語の読解本とか大変素晴らしい本がいくらでも出ていた。化学部の頭の良い仲間の刺激をうけて、次はどの本をマスターしようという目標を立てて彼等に肩を並べたいと勉強した。

水泳部に斎文章君がいた。斎君もあまり授業は出ないが、図書館で一人で次々と本をマスターして行った。彼は大変な馬力があり、この本もマスターした、あの本もマスターしたと豪語するものだから、強烈な刺激を受けて私もそれについて半分くらいのスピードでマスターして行った感じであった。彼はスピードが速かったので時間的余裕があり、よく女生徒には優しく指導していた。大変な才能だ。私などにはてんで持ち合わせていない才能だ。従ってよくもてた。

松村博さんは大学入学後は考古学クラブに入って奈良等の古墳発掘の現地調査に熱を入れ出した。考古学クラブの中でも正確な測量が出来て、精緻なスミ入れの図を画けることから、考古学者の中でも一目おかれる存在になっていた。正確な古墳の測量を積み重ねた結果、松村博さんは日本の古墳建設時の尺度スケールは高麗尺、少しこんもりとしたところがあれば、全て古墳であることが分かった。当時まだ古墳調査はされていなかった。松村君は奈良の古墳調査によく誘ってくれた。

高校時代から日本育英会の奨学金制度があるということで、特別奨学金を3年間いただいた。今となっては大したことのない金額だったが、相当助かったことだけは確かであった。また、近所の八百屋、小西さんの息子（中学生）が勉強がよく出来るので見てやって欲しいと頼まれて、自宅で家庭教師をはじめた。高校生で家庭教師をしていた人は少なかったのではないだろうか。

当時北野高校から東大へ10人程度、京大へ60～70人程度、阪大へ40～50人程度合格していた。出来る者の大半は何も東京まで行かなくても近くに京大があるではないかという感じであった。

私も裕福な方でなかったので、東京へ行って下宿代がかかるより、京都なら自宅から通える。大阪の商売人育ちで役人とか権力が嫌いである。東大へ志望するものを何となく好きになれなかった。私と歩調の合う者はほとんどが京大を志望していた。そんなことで、私も京大に志望することとした。

私は趣味で生きる魅力も感じたが、小さい時から稼業の手伝いばかりしていたので、まず食っていくためには、実業だと考えた。実業で絶対食いはぐれのない職業としては，手に資格を持つものとして医学部を志望した。当時、京大医学部は東大の理Ⅲが医学部と薬学部との合わさった受験だったこともあり、今流行の偏差値からすれば一番難関受験だった。担当の先生からは「お前の汚い字を採点する人が読んでくれれば合格するだろうが、読んでくれないかもしれない」と言われた。当時の受験の配点は数、英、国、理（2科目）社会（2科目）全て200点合計1000点満点だった。

私は全て満遍なく強かった。特に得意とするのは数学で、他の人と差をつけていた。入試の本番で数学で差をつけねばとの焦りから、数学で躓いてしまい、結果は合計1000点満点で数学のわずかな差で京大医学部を滑ってしまった。

絶対の自信のあった者としては、良い薬となった。当然他の学校二期校ははじめからカウントの外で願書も出していない。心ならずも浪人せざるを得なかった。

私の仲間の半分くらいは浪人することとなった。皆それぞれ京大や東大の多くの合格者を出している予備校生となった。私は授業を聞くのが苦手、一人で本を読んで勉強するタイプであり、予備校に行っても無駄だと考えて行かなかった。家で一人で本を読んでいても気が晴れないので、図書館通いで勉強した。すると予備校へ行っているはずの浪人仲間の何人かが予備校へ行かずに私の通っている図書館に来る者も出てきた。

年に数回ある予備校の公開の模擬試験は受けた。公開模擬試験の結果はいつも抜群であったので、一切ノイローゼになることも何もなかった。それより、入試で勉強するような内容については徹底的に勉強したので、もうこれ以上勉強することもないという感じになった。2年目は、病人を相手にする職業より、不況の時に強いと言われている土木に変えた。

今度滑ったら、ということで二期校は兵庫医進（現神戸大学医学部）を滑り止めとした。結果は両方とも相当な上位で合格したが、京大の土木に行くこととなった。現在の時勢からすれば、医学部の方へいった方が良かったかもしれない。父親は京大の土木などに行かず医学部へ行けと言っていた。

当時の合格発表は掲示板に入試の成績順に名前がはられた。土木は合格者100名であったが、私の名前は右から4番目にあった。京大新聞も全学部、全て成績順に名前を発表していたので、北野高校の仲間がどれぐらいの成績で合格したか全て分かった。私どもの仲間で浪人したものは全て合格した。浪人までするということは殆どなかった。いうものは殆どなかった。浪人までするということは番狂わせというものは殆どなかった。

反対にあんなに出来の良くない者まで合格するとは、京大も大したことはないなあと実感することとなった。

世の中、受験勉強についてとやかく批判する人も多いが、私は受験勉強は実に大切なものだと思っている。それも受験科目数が多いことは大切なことだと思っている。全て学問の基礎のところをきちっと勉強することはその後ありとあらゆるどんな勉強をするにもベースになることなのである。受験勉強が一番近道なのである。また、受験の教科書は実に良く出来ている。漢文や古文などその当時勉強したもので、今でも苦痛なく読めるのもその時のお陰であると思う。

（3）私の科目選択基準

私は何か選択しなければならない時には興味があるからではなく、より私にとって負荷の大きい方を選択してきた。

高校に入った時、大学へは理科系の実学（工学か医学）を目指していたので、理科は物理と化学が必須となっていた。

医学部の場合でも物理と化学であった。生物は必須ではなかった。あと地学と生物のいずれか1科目を選択ということであった。そんなことで地学と生物からあと1科目を選択しなければならなかった。

私は子供の頃から昆虫少年だったので生物の図鑑は大好きだった。生物は自分一人で本を読めばわかるので地学にした。地学は宇宙のはてまでのスケールが大きかったからである。

社会は日本史、世界史、地理、公民の４科目から理科系の場合は２科目が選択であった。

日本史は大好きな学科だったし政治経済は別にこの機会でなくても何も人から教わらなくてもいつでも自分で興味ある本を読めばわかるではないか、一人で本を読んで理解する方が早いと考えて世界史と地理にした。地理も大好きな学科だったが、いずれ理科系を志望していたのでより関係がありそうな科目として選択した。私はどうも常に人から教わるという姿勢が少なかった。自分で勝手に勉強すれば理解できるではないかという判断基準が真っ先に立つのである。

（４）私の受験学部選択にあたって

私が大学進学にあたって考えたこと

〈法学部〉法律の条文で人や社会を律しようとすることに非常に抵抗があり、好きになれなかった。私は口ベタであった。人と論争して勝てる気がしない。口が達者な人がいくらでもいる。よくも次から次へと理屈が出てくるものだと舌をまいていた。私は法学部には一番向いていない種の人間である。

〈経済学部〉経済の変動を学ぶ実学である。金儲けの下心が見え隠れする。金儲けを目的とする人生などみじめではないかと考えていた。金の学問は一番好きになれない学問だった。

〈社会学・地理学〉文科系的なアプローチも出来るし理科系的なアプローチも出来るので非常に興味があったが、実学として見た場合、学校の先生の道位しか思いあたらなかった。

〈歴史学・文学・哲学等〉私は文学や言語学的素養がないので無理がある。しかし考えることには非常に興味があるが、やはり向いていないということである。

〈農学・工学〉共に実学である。農家の出身なら農学を選んだかも知れない。下町で育ったものとして二次産業である工学を選ぶことになる。工学の中で何を選ぶかである。

〈電気・電子系〉電気は目に見えないものを扱う。それだけに人間味の温かさが感じられない。それになにより、私共の仲間でも頭の良い秀才タイプの者が多く志願する。秀才タイプの人はどうもつき合いにくい。

〈機械系〉機械はものづくりの基本である。それだけに人間味の温かさが感じられない。それになにより、私共の仲間でも堅実タイプの者が多くいく。堅実タイプの人はどうも面白みが少なくつき合いにくい。

〈冶金・金属系〉製鉄等はこれまで日本を繁栄に導いた機関車の動輪である。なんとなく、ピークをすぎたように思えた。

〈化学系〉化学反応で全く性質の異なるものが生まれる。なんとなくごまかされているように思えた。石油化学応用化学に、当時秀才タイプの者が志願していた。秀才タイプの人はどうもつき合いにくい。

〈土木建築学〉目に見えるものをつくるのでイメージしやすい。それだけに人間味が感じられた。なにより私共の仲間の中でも嫌みのないタイプの者が多く志願する。裏心がなくつき合いやすいように感じた。建築は芸術家気取りの人がいるので面白くない。土木はスケールが大きく、景気・不景気がないというのも良い。

自然現象を相手にするというのに魅せられた。

高校当時の仲間の多くが工学部を志望した。才たけた友人の多くは当時最先端の部門・電子とか応用化学等を目指す者が多かった。

私は最先端で華々しい分野はどうも性にあわないように思えた。脚光を浴びることなく、世の為、人の為に地道にコツコツ働く分野が私の性に合っているように自己分析していた。最先端分野を目指す友達から、当時からイメージが余りよくない土木を何故目指すのかとよく言われた。

医者にあこがれたのは山本周五郎の「赤ヒゲ」のような生きざまにあこがれたことも確かである。一方、「青の洞門」の話や長柄の人柱の話、金原明善の治山の話などに感銘を受けたことも確かである。医者も良いが、病院という病んだ人が多くあつまるところ、その人達と向き合って人の命を助けることは尊い仕事だと考えた。一方、明るい太陽の下で、その地の発展のための土木事業を行うことは、大地の宿命といえる病状をなおす大地の医者のような尊い仕事だと思うようになった。

なんとなく暗いイメージの病院で病人をなおす医者も大切だが、明るい太陽のもとに大地の手術をして地域の人々のために尽くす土木技術者は大地の医者だ、と思えるようになってきた。

地名を訪ねる（コラム）

○地名は大地の記憶
○地名は先祖からの贈り物
○地名はその地の最大のアイデンティティ
○大字・小字、俗称地名、呼称地名等小さき地名ほど価値が高い
○地名は最大の風土の宝
○地名の由来を訪ねる旅はその地に秘められた歴史の謎を解く旅路
○地名はテラインコグニタ
○地名には地霊が宿る

未知の世界〝テラインコグニタ〟を求めて

・テラインコグニタ（人類未踏の地、知られざる地）ラテン語。
・大航海時代、ヨーロッパ人は未知の地を求めて船出した。かつての未知の地、「南極」も「ヒマラヤ」も「アフリカの奥地」もきわめ尽くされた今、もう地上に秘境はない。
・好奇心に満ちた人々が熱いまなざしを向ける〝未知の世界〟は私たちの住むこのふるさとの大地・風土である。
・日本の近代化の過程で棄捨し、忘却してきた日本の風土、日本の心の中に未知の世界が隠されている。
・このふるさとの大地・風土が語るメッセージに耳を傾けよう。
・この地が語る風土、不二の物語の旅。
・わが国のふるさとの風土は古くて、新しい最大不変の課題。
・ふるさとの風土は〝未知の世界〟「テラインコグニタ」。

【四】実学として・世の為・人の為

大学時代の自我流

（1）大学時代のこと

大学の始めの頃は、通うことに馴れていなかったので、少し下宿したことがある。しかし、すこし無理をすれば通えることが分かったので、大阪の自宅から通うことにした。京大の工学部という所は、徹底的な詰め込み教育と激しい訓練を要求している。文科系の学部は相当暇を持て余していたが、工学部は朝早くから特訓的な授業が多かった。朝8時10分から夕方5時頃まで毎日ギッシリ、カリキュラムが一杯であった。朝8時10分に授業を受けようとすれば、大阪梅田一番の京都行きの急行電車に十三から乗らなければならない。文科系に行った者は同じ授業料を払って休講が多い。こちらは特訓ばかりである。これだけでも文科系の人は相当損をしている、かわいそうだと思った。2年間は教養で第2外国語を選択しろという。大抵の人は独語をとった。建築関係の人は仏語をとった。私共の学年から第2外国語としてロシア語が認められた。私はできるだけ皆がとらないものとしてロシア語を選択した。全学合わせて露語を選択したのは10人程度だった。教師は比較言語学の植野修司先生であった。土木では竹林の他、井原道之、柏谷増男、そして電気で謝章文、今井、冶金で水野等であった。皆相当な変人ばかりであった。土木以外の人とは社会に出てから合っていない。大いに奇才を発揮して活躍していることだろう。

第2外国語は必須なので単位を落とす訳にはいかない。授業は上記のように少人数なので、サボるわけにはいかない。仕方がないのでこれだけは毎回出席せざるを得ないはめになった。非常に少人数で家族的付き合いとなった。植野先生は夏は山登りに行こうということで、植野家の奥さんとお子さん2人と共に毎年山登りに行くこととなった。

上野先生の息子さんの聡君は現役で東大法科に入学し司法試験もストレートで合格し、今は裁判官をやっている。名のとおり聡明な親譲りのお子さんだった。最初は鈴鹿山脈の御池岳だったと思う。それから次の年は槍ケ岳や穂高岳等、私と謝君が大きなリュックで荷物持ちで行くこととなった。このようなことで、植野家の奥さん、お子さんとも家族的なお付き合いがはじまった。

（2）植野修司先生のロシア語の授業

ロシア語の入門からなので「I am a boy」から始まるものと思っていたら、そうではない。岩波の露和辞典と動詞や形容詞の活用表があれば直ぐにロシア語の文献が読めるというものであった。最初からチェーホフの本をまさに解読していくのである。

このような解読法を教えていただいたので、新しい言語でも活用表と辞書さえあればチャレンジすれば何とか解読できるのだということがわかった。

京大教養時代、ロシア語の植野修司先生との夏休み登山
後列左より天野先生、竹林、謝、植野先生
前列左より植野先生の長女、長男聡君、奥様。御嶽山の山頂にて

（3）京大芦生演習林の思い出

教養時代の夏休み、京大の芦生演習林で樹木調査実習の仕事で2～3週間くらいのアルバイトを募集していた。土木は土と木である。木のことを良く知らなければとの思いで参加した。農学部の学生がほとんどで、工学部の学生は私一人であった。芦生演習林は由良川の源流で福井県、滋賀県との県境にかけて、京都市域より広い、人手のほとんど入っていない原生林であった。芦生演習林は暖温帯林と冷温帯林の移行帯のあたり、植物の種類が多い。著名な学者である中井猛之進博士が「植物を学ぶ者は一度は京大の芦生演習林を見るべし」と書いた森林である。演習林の事務所はその入口の芦生にあった。そこは演習林勤務の林学科の吉村先生と神崎先生の家族の方々の他、演習林の樹木の管理をする関係者だけの宿舎であった（相当古いことで曖昧な所があるので京大の芦生演習林の記録を見ると吉村健二郎氏と神崎康一氏の名前が出てきた。両氏は芦生演習林の中で氷河期の遺存種のニッコウキスゲの分布の西限を１９６４年5月24日発見したという記事があった）。

今回の実習は広い原生林の樹木と下草の植物の全体像を調査把握しようとする目的であった。広い原生林を１００ｍか２００ｍのメッシュに分割し、その何千とできたメッシュの碁盤目のところを無作為に抽出して、そのメッシュ内の樹木と下草の植物を徹底的に悉皆調査することにより、広い演習林全体の樹木像、植物像を推測しようとするものであった。調査項目は樹木名、樹高、幹周り、樹齢、本数、それに下層の植物層、コケやシダ類や菌類も含め悉皆調査しようとするものであった。

月曜日の朝、何パーティかに分かれて、パーティ毎に大きな釜、鍋、それに一週間分の米や缶詰等をリュックにかつぎトロッコに乗る。トロッコの終点から由良川の源流を遡る。道のある所はその道をたどる。あらかじめ地図上で決めた所、付近の広場にベースキャンプをはる。２～３人はベースキャンプのテントの設置や夕食の準備のために残る。他はその所から磁石で方位を測り、北北東何度の方向に直進し何百メートル往けと言う。テープで測量しながら原生林の山の斜面をその方向に進めという。途中大きな岩にぶち当たれば、それをよじ登るか迂回する場合も方向と直線距離を測る。そして、あらかじめ定められたメッシュの交点のところに到達すればそこにポールを立て、東西南北方向の四角形のメッシュを測定して４本のポールを立て、その４本のポールをテープで結ぶ。そのテープで囲まれた斜面の区域内の全樹林及び下草の植物層を全て調査し、ノートに記帳する。

私はこの調査で樹林のことを徹底的に学ぼうと思い、保育社の「樹木図鑑（上・下）」と「植物図鑑（上・中・下）」他北隆館の図鑑等の重い本を数冊リュックに入れて参加した。

パーティ毎にリーダーの先生がついて、分からない樹木名や植物名を教えてくれる。名前が分からなければ、調査にならない。低木の高さは人間の背丈からの推測であるが高い樹木は迎角を測って何m位かを推測する。樹齢は樹幹に細い手まわしのサンプラー（ボーリング状のもの）で差込み年輪の数を読む。幹周りは巻尺ではかる。下草などですぐに同定できないものはビニール袋に入れてベースキャンプに戻る。ベースキャンプには２～３人残った炊事班が川原の少し広いところにテントを張った。また川原の石を積み上げてコンロを造り、大きな鍋に何でも放り込みグツグツと煮込んで御馳走を作ってくれている。

吉村先生や神崎先生は調査の途中でつかまえたマムシなどを持ち帰り皮を剥いて火で炙って食わせてもらった。シマヘビやアオダイショウなどはまずいと言って取らなかった。

大きな鍋と焚き火を囲んでの楽しい夕食の一時、今日一日の調査での話題の他、歌なども飛び出し楽しい一時であった。当然アルコールも少しあったが、明朝からの調査に控えて少しだけだった。早めにテントに別れて寝る。

１週間のテント生活を終えるとまたトロッコに乗って演習林の事務所に戻る。同じ形で参加した農学部の学生２～３人は途中でギブアップして離脱して行った。

私はこの調査に参加させていただき、樹木や植物の名前を相当教えてもらった。今でも山道を歩く時、周囲の木々の名前がほとんど分かるし、木々のメッセージが聞こえてくるのも、この芦生の演習林での貴重な経験をさせてもらったお陰だと感謝している。

（４）白浜サマーハウスでの思い出（京大教養時代）

教養時代いつも一緒の仲間で何度か南紀白浜にある京大瀬戸臨海実験所の中にある白浜サマーハウスに７月早々だったか、８月末だったか、みんなが利用するシーズンより少しずれた時に遊びに行った。メンバーは謝君と水野君とか柏谷君か松村君のどちらかであったかと思う。３～４人で行ったことは間違いない。利用者は我々３～４人だけだった。広い畳間で寝食、遊び（マージャン）や学び等全てその部屋であった。縁側があって、雨戸を開けるとハマユウなどの海浜の植物のゾーンが数メートルあって、その先は海岸の砂浜まで続いていた。

まさに、海水浴場の海の家そのものである。砂浜は瀬戸臨海実験所の構内で、一般の人は立ち入れなかった。その広い砂浜を３～４人で１週間独占した感じであった。管理人は中学か高校の生物の先生家族だったと思う。ご主人は、貝の研究をしていた。奥さんも海辺の生物のことは非常に詳しかった。奥さんが私共の朝、昼、夜の食事をはじめ、色々な世話をしてくれた。

私は小学生の頃、昆虫採集の世界にとりつかれていた。今回のサマーハウスでの1週間は海辺の生物層の豊かさに圧倒され、その魅力にとりつかれた一週間であった。

昆虫の世界の何十倍、何百倍生物の多様性と不思議一杯の世界であった。

朝、起床と共に砂浜の散歩である。夜中に砂浜に新しい貝殻や海草が多く打ち上げられている。それらを拾い集めて帰る。朝食後、海水パンツに着替え、日差しの強くないときに浮き輪やシュノーケルをつけて海へ入った。海底の魚を銛でついたり、サザエ、アワビ、トコブシ、ウニ等食料の宝庫である。カンガゼ等足裏に突き刺さり腫れることもあった。貝等をとりあつめたものを、サマーハウスの奥さんに持ち帰れば食べられるものは料理して出してくれた。

その砂浜の先は塔島、番所崎につづく広い海蝕台であった。満潮の時は隠れているが引き潮の時は広い広い岩礁でそこいら中にタイドプールが出来ている。その中は一つの海の生物、宇宙コスモスを作っていた。ウミウシがいたり、コバルトウミスズメが泳いでいたり、色々な海草やサンゴ、実に多様なコスモスである。

海の生物は昆虫の多様性より数段バラエティーに富んでいる。小学生時代昆虫少年だった私としてはゾクゾクするほど、知をくすぶられる世界だった。取って帰れば、海草やサンゴ、貝類等々海草図鑑、貝類図鑑等々全てがある。

また、奥さんに聞けばほとんど教えてくれる。奥さんも初めてのもので、図鑑で探し、非常に珍しいものがあれば歓喜した。また、奥さんは海草のしおりの作り方を教えてくれた。はがき大の用紙でいろいろな海草のしおりを作った。

海で遊び疲れたら部屋に帰り昼食、そして、朝からの疲れで昼寝、起きたら午後の散歩で円月島や少し遠目の散策、そして夕食は昼間とってきたサザエやアワビ、トコブシ、ウニ魚類を奥さんが料理して出してくれる。そして陽が沈むとマージャンと今日の獲物の成果について談論、話はつきない。

このような生活を一週間くらい続けた。サマーハウスを引き揚げる時は海草のしおりや、採集した貝の標本でリュックは入りきれないほどだった。一週間後にはちょっとした海辺の生物学者になっていた。

(5) 私の大学での勉強法

私は小学生時代から先生が教壇でしゃべり、黒板を書き、それを書き記すという授業は苦手である。小学生時代から先生の話を素直に聞くという習慣と訓練に欠けている様である。そして何よりもノートをとるのが遅い。黒板をうつすのが遅い。ゆっくり書いても字が下手で読みづらいところを早く書けば、書いた本人もあとから読めない。しかし、本は良い。分からなければ自分の理解力のペースで何度でも読める。何がおかしいか考えながら読める。必要なところはノートをとり自分で著者の考えを追体験することが出来る。内容の無いところは、飛ばして、読まなくても良い。

(6) 授業は受けなくて良い・本さえあれば

竹林家の親類の方で山形出身の永井さんが、京大の法学部に入ったので我が家で下宿し、我が家の仕事を手伝って学資を稼ぎ、京大を留年する事無く4年間で卒業して大企業に就職して行った。私が中学生の頃だと思う。永井さんは殆ど大学に行っていなかった。試験とか絶対に行かなければならない時以外は大学へは一切行っていなかった。永井さんは私や兄をよく面倒見てくれた。少し離れた良い兄貴分の役割をしてくれた。

永井さんの言うことには、法学部など全て、民法だろうが刑法だろうが全て良く書かれた本が出ている。それを読めば、授業など出る必要など全くない。往復の通学時間などは時間の無駄だと言っておられた。いつも我が家の仕事を淡々と手伝っておられた。

私の勉強法も永井さんの影響を受けて、より確信をもってきたようなところがある。

(7) 京大土木の授業について

法学部と違って、実に詰め込み授業が多かった。まず、演習がある。工学部に入って最初に図学があった。製図である。コンパスとカラスグチでいろいろな形の正面図、立面図、横断図、鳥瞰図を正確に書いて提出するのである。これは一人一人自分でやらねばならぬ、仕方が無い。

次に測量演習がある。平板測量や三角測量の実習である。数人一組で、町のどこかを測量してこいというものである。これについては、参加はしなくてはならないのだが、私などより器用な者がいくらでもいる。それらの者にやってもらう方がよりはるかに精度の良い物が出来る。こういう授業は役割分担して半分程度はさぼれる。

次に構造計算の実習があった。計算機と計算尺を持ち込んで一日中、与えられた構造物の鉄筋量とか部材を設計していくのである。体力仕事の授業であった。工学部とはこんなところかと諦めて耐えた。

これらの実習的な授業はどうしようもないが、他の多くの授業は黒板とノートであった。これをどうするかである。

授業に真面目なグループは全ての授業をかぶり付きでそれを仕事として一生懸命ノートをとっていた。学生なのだからそれが当然といえば当然なのだが、私などの場合、大阪から通っていた。朝一番の授業（8時10分）に出るには大阪梅田発の一番の電車に乗らなければ間に合わない。最後の授業は毎日5時過ぎまであった。土曜日も当然ぎっしりあった。これを全てつき合わされたらアルバイトなど一切出来ない。私のアルバイトは大阪である。それも、大阪駅から小一時間位かかる所、アルバイトから帰れば真夜中である。

授業に出るのは3分の1くらいに減らしたい。一番良いのは授業に真面目なグループのノートを写させてもらうことであるが、授業に真面目なグループはそんなことを頼める雰囲気にない。私共授業に余り出ない者を軽蔑の眼で見ている。

そこで考えた。私共いつも一緒に行動しているグループの数人で手分けして授業に出ることにした。自分が興味のある授業はその人に頼む。即ち土木は大きく分けて4つのグループの部門がある。水・河川関係、土・大地関係、構造物関係、都市計画関係の四つである。井原道之さんは将来土部門を志望していた。土関係の授業を引き受けてもらう。松村博さんは将来橋関係を志望していたので、構造物関係の授業を引き受けてもらう。柏谷増男さんは将来計画畑関係を志望していたので、計画関係の授業を引き受けてもらう。竹林は将来水関係を考えていたので河川・水関係の授業を引き受けるという大まかな分担をした。

皆、自分が一番勉強したい部門なので授業を聞くのも真剣である。前の方の席できちっとノートをとることとなる。

井原君などは字も上手だし、ノートをとるのも早く、私など同じ形で出席しても半分くらいしかノートをとれない。

そのノートも最初はカーボン紙で書くことにした。そうすれば自動的に関係者分のノートがとれる。しかし、カーボン紙を毎頁ごと入れ替えながらノートをとることは実は大変手間である。

松村さんの所は鉄工所で湿式のコピー機がある。それを使わせてもらえばということになり、薄い湿式コピーが出来る用紙でノートを取ってもらうことにした。井原君に負担をかけることが多かった。井原君に足を向けて寝れない。

ところが私は水関係の授業は私の責任である。水関係で一番難問でよくノートをとるのは、石原藤一郎教授の河川工学であった。

私だけが私の分担分をあまりノートがとれなくては、皆に申し訳がない。そこで考えた。私共より一年上に飯田裕さんがいた。飯田さんにノートを借りることにした。飯田さんは学年も違い、快くノートを貸してくれた。石原先生の授業は毎年一字一句違わぬ授業を何年もやられていることがわかった。飯田さんのノートを見ながら、図書館なり、本屋の本を徹底的に調べた。すると野満隆治先生の「河川学」という相当古い古典の書そのものであることがわかった。もうその頃は絶版になっている書である。

これで私も大きな顔をして役割分担の責任をほとんど授業に出る事無く果たすことが出来た。試験の前にはそれぞれ自分の担当部分を4部コピーして配り、また、授業を出て先生が強調していた点などを各人にレクチャしてもらった。こんなことで授業は3分の1か4分の1しか出ずに全授業の講義ノート、それもしっかりしたノートを入手することが出来た。私共のグループは授業は余り出ていないが、全員試験の成績は非常に良かった。中でも胴元の私が一番良かった。そんなことで私共のノートをみせて欲しいと試験の直前に言ってくる者がいたが、役割分担しない者には基本的には見せなかった。

ロシア語で一緒だった西川君は試験の当日教室に行くと私の席を確保してくれていた。西川君の隣だ。試験中に私の答案を回せという。卒業後も彼は自分が卒業できたのは竹林のおかげだと冗談半分で感謝してくれた。

京大土木の方針として、優秀な人は全員修士まで行けということであった。また、上位18人（10分の1）くらいは大学院の試験は免除ということであった。国家公務員試験も上位で合格しているから直接建設省に入ったほうが良かったかもしれないが、大学の方針に従った。建設省に入って分かったことだが、京大は全員修士卒。東大は 1人、2人の例外を除き学部卒であった。

私共のグループのスクラム勉強法が効を奏して全員成績がよく大学院に行った。そして就職先も全て第一志望のところへ行ける事となった。井原逵之君は第一志望の清水建設へ。柏谷増男君は京大助手を経て故郷の愛媛大学の教授（その後副学長）、松村博さんは第一志望の大阪市橋梁課へそれぞれの道の第一人者への道を歩むことになった。

京大土木の岩佐研究室の仲間と。左から市橋、竹林、亀山、本庄、塩入君の五人衆

(8) 学生時代のアルバイト

私は高校に入学した頃から授業料等で家計に迷惑をかけたくなかった。母親が下の弟妹の養育費に苦労しているのを横目で見ていたので、自分は学費等で家計に迷惑をかけないようにしようと自分に言い聞かせた。高校へ入れば日本育英会の奨学金制度があった。まず奨学金をもらう手続きをした。普通奨学金は月1000円で、特別奨学金が月3000円だったと思う。

高校の授業料は年三千円くらいだったので十分払うことが出来た。高校は学区で一番難しい北野高校に入ったので近所では評判になったのかもしれない。私の居住している近所は教育レベルが余り高くない地域だったので、恐らく初めてのことだったかもしれない。

近所の八百屋の息子K君が中学生の一年位で非常に勉強が良く出来た。その母親が高校生の私のところに来て家庭教師をしてくれと頼まれた。私の勉強机の横で分からない時に聞くという形で良いということだった。

私の机の横に机を並べて勉強させた。月いくらもらったか忘れたが、大したことはなかったと思う。それでもK君はしかるべき高校に入り、その後、神戸大学に入学した。

そんなことで私のアルバイトの初めは高校生の時からだった。

私はこれから大学受験を控えているし、人の子を教える時ではないと思ったが、少しでも小銭を稼いで学費のたしにしようと考え、引き受けることとした。ただし、私が家に行くのではなく、私の勉強している横で勉強してもらい、分からない所を聞いてくれという形をとった。

一浪した時、友だちは皆それぞれ予備校へ行った。私は授業を聞き、人から教えてもらうのが苦手な質なので、予備校へ行っても仕方がないと思った。当時すでに非常によく出来た受験の参考書がいくつも出ていた。私は家で一人でいると生活のリズムが狂うので、区立の図書館に朝から行き、夕刻まで行き、そこで受験の参考書を片っ端から読破した。一年も浪人し、そのような勉強すれば読む本がなくなった。ほとんどの受験問題を見ても直ぐに出題者の意図が読み取れた。大学受験の全教科、英語、国語（漢文、古文）、数学（代数、幾何）、物理、化学、世界史、地理の8教科だった。日本史は特段系統立てて勉強しなくてもよく理解できたので選択しなかった。私は地学と生物は得意の教科だったが、工学部を受験することとしていたので、物理と化学が必須であった。大学受験の全教科殆どどんな問題が出ても難なく解けるようになった。

京都や大阪の有名な予備校の定期試験には外部生として模擬試験を何度も受けた。その結果、京大へ何百人も合格生を出している予備校の試験でもいつも順位は1桁で悪くても10数番目の成績だったので、いくら調子が悪くてもトップの方で合格できるという自信がついた。そんなことで浪人中も中学生の家庭教師を続けていた。

大学の入学試験の本番は特段よく出来たとか、調子が悪かったということもなかった。工学部の掲示板に合格者を成績順に発表していた。競争率は数倍で合格者は土木系で１００名だった。私は4番で合格した。当時の世の風潮はものづくり立国に向けて工学部の各学科は増員する時代であった。土木系も私の一年前は60人だったが私の時は交通土木学科が新設されて１００人に増員された。いくら増員しても就職は引っ張りダコだった。就職指導の先生は一社一人以上は行かさない。トップゼネコンでは一社2～3人までしか行かさないという時代だった。当然全員入社試験などなかった。

国家公務員試験（上級職甲種）だけは、大学の方針として府県や市役所等の公務員、公社、公団等に志望する者全員受験しろというのが大学の方針だった。国家公務員試験に合格すれば、他は全てフリーパスだった。

大学の入学後も日本育英会の特別奨学金をもらった。月８０００円であった。一方、授業料は年８０００円か1万円くらいだったと記憶している。大学院の日本育英会の特別奨学金は月１２０００円で、学費は年１８０００円くらいだったと思う。条件の良い家庭教師を学生時代ずっと続けていた。大学に入ってからは私は母親に負担をかけたくなかったし、どうにかして母親の家計を援助したいと考えていた。友達の殆どは何らかのクラブに所属して大学生活をエンジョイしていたが、私はそのような気分にはなれなかった。

まず、最初に考えなければならないことは、アルバイトで出来るだけ多くの収入を得ることであった。学生課に行けば多くのアルバイトの斡旋をしてくれる。京都の町は四季折々の祭り等がある。祭りのエクストラ等のアルバイトは沢山あった。賃金・時給は安かった。立命館や同志社の学生が多かったと思う。京大の学生は余り行っていなかったと思う。私はもっと割の良いアルバイトとして家庭教師の口を探した。高田浩吉さんの娘の高田美和さんの家庭教師の口もあったので話題になった。誰かが行ったものと思う。

京都市内の家庭教師の相場は大阪と比較すれば半分以下だった。したがって、大阪で家庭教師の口を探した。探すといっても大学の学生課では大阪の口などない。私は北野高校の教師に相談した。北野高校の女性徒を紹介して頂いた。大阪の此花区で石工業を営む家の娘さんだった。大学からも、大阪の私の自宅からも遠かった。しかし京都での家庭教師と比較して3倍くらいくれた。

土木部の授業は文科系と違い、実習的なものや、必須で出席を強制する授業が多かった。朝8時30分から夕方5時までの一週間、月曜日から土曜日（土曜日は午前中だけだった）までギッシリ詰まっていた。朝8時30分の授業に出席するには朝6時頃に自宅を出て、阪急十三駅から京都行きの急行の一番電車に乗らなければ間に合わなかった。十三から京都の四条大宮の終点まで行き、四条大宮から1番系統の市電、四条通りを東進し、祇園で90度方向を変え、東山通りを北進して東一条か百万遍まで行く、片道の通学総時間は2時間半はかかった。

学生時代は阪急電車が大宮から四条河原町まで延伸して特急も出来、通学時間は大幅に短縮して30分以上短縮した。

そんなことで授業を終わってからアルバイト先に駆けつけたら夜の7時半は過ぎていた。1時間半ほど教えて家に帰れば10時過ぎていた。朝は5時過ぎに起きて6時には家を出なければならない。時間は大切だった。私は授業で先生の話を聞くのが苦手だった。また、黒板等で書かれたことをノートに取るのが下手だったので授業はさぼれるものは全てさぼった。

代返の効かないもの以外は基本的に出ず、図書館等で自分で勝手に勉強することが多かった。1~2年の教養時代は研究室はなかったが、3~4年は研究室に行けば自分の机があったので気兼ねなくゴーイングマイウェイで勉強することが出来た。

当時の同級生の中で、アルバイトでキューキューとしていたのは私ぐらいでなかったかと思う。ほとんどの人はたまにあるアルバイトくらいはしていたかもしれないが、アルバイトをしなくても仕送り等が十分ある豊かな家庭の子息がほとんどであったと思う。

（9）大学での実習に学ぶ

私は大学に入学したが、受験勉強から解放されて自由に青春を謳歌する気分にはなれなかった。なにより他の受験生がよく言うような、受験勉強期間のつらさや気が晴れない時間とも感じなかった。ゴーイングマイウェイで自分で自由になる時間で次々にマスターする目標もあったのでとても充実した時間でもあった。大学に入れば教養の1年目から私は家庭教師のアルバイトに精を出した。それでもはじめての長い夏休みとなった1年目の夏は、兄が北大の学生だったので1~2週間、北海道旅行をした。また、謝君や水野君と南浜のサマーハウスに遊びにもいった。植野先生の家族と鈴鹿山脈への山登りにもいった。

2年の春休みになり、夏休みはどう過ごそうかと考えた。うかれて遊ぶ気分にはなれなかったので、実質アルバイトと同じように収入も得られ、将来の土木技術者としての実習にもなるものを考えた。そのひとつが京大農学部芦生演習林での樹木調査である。

その他には、親戚筋にあたる永井和雄さんが京大法科を出て東洋建設に入っていたので、永井さんにお願いしたところ、兵庫県の高砂の浚渫工事現場のアルバイト先を紹介してくれた。2週間位飯場事務所の宿泊所に泊り込みで実習させていただいた。浚渫船の土砂の輸送パイプの摩耗と更新の計画を考える仕事を与えられた。現場の土木技術者とはこんなことをするのかということを実体験させていただいた。

3年生からは学部生なので、3年以降の春休み夏休みは学外実習として土木教室の方で斡旋してくれた。名目は大学からの実習だったので、受け入れ機関も大切にあつかってくれた。そして尚且つアルバイト料も出してくれた。春には阪神高速道路公団の本社の設計室に配属になった。

我々実習生をなにかと世話する担当もつけてくれた。その方はラッキーなことに京大土木の先輩だった。そこで当時非常に流行していた、ホロースラブ床版橋の設計をやらせてもらった。橋梁の設計とはこんなことをするのだと、おぼろげながら分かった。夏の実習は近畿地建の淀川工事事務所だった。私と小葉竹重機君がペアで上林好之監督官室付けとなった。上林好之さんは当時淀川の三川合流地点下流からさかのぼって上流、すなわち桂川、宇治川、木津川へ洪水の水面形を追跡する計算に精力的に取り組んでおられた。河川断面をいくつかに分断し、それぞれにどのような粗度係数を仮定すれば水面形が一番合致するかということを、オリベッティーの電動計算機でやっておられた。そのお手伝いであった。この世知辛い世の中で、このようなことを一生の仕事として取り組んでおられる人がいるのだと感激した。

世間では金儲けのためなら法にふれない範囲でえげつない仕事をする輩が多い中で、このように洪水の時、広い淀川の三川合流地点ではどのような流れになるのか、それを追求するために何度も何度も計算をし直し、図面を書きなおしておられた。私にはまるで天国の仕事のように思われた。

私が将来の職業として建設省の河川技術者になりたくなったのも、この上林好之さんとの出会いが大きかった。

風土は何故・英語にはないのでしょうか

〝風土〟は何故・英語に訳せないのでしょう

〝風土〟とは〝風〟と〝土〟の物語

〝風〟の字は中に虫が抱かれている、蟲は何を意味するのか

〝土〟の字は二つの横線に縦棒、三線は何を意味するのか

〝風土〟とは神々の大地・文化創生物語

神々の深い意図が隠されている

〝風土〟とは先人のその地に注いだ、血と汗と知恵の物語

先人のその地に注いだ思いと愛の物語

〝工学〟とは〝工〟と〝學〟の物語

〝工〟の字は二つの横線と縦棒、こちらは、突き抜けない

〝學〟の字は大きな屋根に、大きな重い飾りを戴いている

屋根の下には子供がいる。

〝風土工学〟とは（東洋）の知恵に学ぶ

地域づくり、〝風土の宝〟づくりの物語

第五部　終章

【一】独立独歩〝我が道を行く〟

（1）人生に五計あり

人の一生は、生まれ、老い、いずれ死ぬことになっている。人の身体はそのように設計されている。親から受け継いだ遺伝子には、神が定めたプログラムが組み込まれている。かつては人生わずか五十年といわれてきたが、医療のめざましい進歩で50代で死んだら若死したといわれる。70代は古稀と称され、非常に長寿とされた。私は今年でその古稀を迎えようとしている。

この年になってしみじみ考えることは、これまでいろいろなことにチャレンジしてきたが、自分がチャレンジしようと思ったこと、自分が成し遂げようと想い画いた夢以上のものは成し遂げられていない。私が思うに何かを成し遂げようとすれば、次の３Ｃのプロセスが欠かせない。

チャージ：先人の知恵を学び、先人の思考の過程を追体験すること。先人の知恵の足跡をたどれば、その先への夢を見ることが出来る。

チャレンジ：夢の実現に向けて、更に不足するところはどこか、学ぶべき目標が定まってくる。知の補充。データの集積、実証のプロセスを歩む。

クリエーション：当初の夢の実現したもののイメージを構築する。

完全なものはない、不完全なもので良い。全体の設計図をつくり、不足するところを順次やりやすいところからつくっていき、部分部分を完成させて行く。築城に例えれば、広いところば城下町の設計から、お堀の設計、二の丸、三の丸の設計、本丸の一階部分、二階部分そして天守閣の設計、その屋根上のシャチホコの設計という全体設計プランをつくる。最初は幼稚なもので良い。小さくてチャチなものから順次、精巧なもの、緻密なもの、大きなものにつくりまして行く。人間に生まれていずれ間違いなく死んで行く。墓場に入るまでに何を成し遂げるか計画を立てる。

中国の宗代の朱新仲が五計ということを唱えている。人生約70年として、

○10代は「生計」を建てる。父母の考えに背かずに生きる術を心がける。

○20代は「身計」を建てる。学問、諸芸を身につけて、身を立てる準備をする。

○30～40代は「家計」を建てる。家業を営み、家を保つ。

○50代は「老計」を建てる。自分の子孫を世間に通用するように育てる。

○60代は「死計」を建てる。死期に臨んで後悔しないように死後の準備をする。

以上のように、年を重ねるごとに計画すべき内容が変わってくる。また、「積善の家に余慶あり」という子孫が相続し、家が長く繁栄することを願うなら、陰徳を積むことが大切だとし、心に仁を保って、善い行為をなし、神仏を敬って先祖を祭ることであるといっている。素晴らしい先人の知恵である。

○私も「死計」を真剣に考えなければならない時代にさしかかっているが、後悔しないように準備するとは、言葉としてはよくわかるのだがなかなか難しい。

○80代になってエベレスト登山に挑む登山家、三浦雄一郎さんが良いことを言っている。

究極の年をとらない方法は、①夢を見ることだ。②その夢に向けてチャレンジすることだ。思い切ってやって見ることだ。③そして成し遂げることだと言っている。こちらの方が具体的で分かりやすい。役人生活は幸いにもというべきか、2~3年毎に人事異動で転勤を命ぜられる。

その2~3年の間に成し遂げる当面の目標を自分で設定して、それの実現に向けて日々を過ごすこととする。さらに具体的には、そのポストの在任中に何かそのポストでなければまとめることが出来ない図書を発刊することである。そのポストの仕事の中で、その時点で一番とりまとめることが望まれているテーマを考えることである。

（2）土木研究センターの実験室の片隅を借りて独立採算の風土工学研究所を設立

早期退職勧奨を受け、既存企業への天下り再就職の道は閉ざされて、独立採算の風土工学研究所を設立し、世の中に全く概念もなかった新分野で海のものとも山のものとも分からない段階の風土工学をベンチャービジネスとして活動を開始した。自分と所員の毎月の給料を稼がなければならない。創業から3年、苦闘の末、風土工学研究所の基盤を築く。しかし、せっかく軌道に乗った研究所も3年後には、当局の強い意向で閉所しなければならない。

土木研究センターの軒先を借りられるのは2~3年と期限を切られていたので3年で見切りをつけるため次の研究所設立に動き出す。

（3）独力で3つの研究所を設立

日本唯一の環境防災学部を主軸にする富士常葉大学が新設されるのを機に、大学への転身を考え、大学附属の風土工学研究所の設立を条件として大学教授となった。

いずれ閉鎖しなければならないつくばの土木研究センターの風土工学研究所から、風土工学普及啓発の活動の場を、新しく創設される大学の附属風土工学研究所の方に移行させることにした。

この研究所も大学の一室を借りるものの、大学からの支援は一切受けず独立採算が条件であった。大学付属なので風土工学の学会活動を中心として普及啓発活動の場とした。

（4）ベンチャービジネスの場としてNPO風土工学デザイン研究所の設立

つくばの土木研究センターで開拓したベンチャービジネスとしての風土工学研究所を、いずれ閉所しなければならない。時間の問題である。せっかく基盤をつくったベンチャービジネスの場を継承する場として、新橋にNPO法人風土工学デザイン研究所を設立した。

大学教授の職もいずれ定年を迎える日が来る。その時は附属の風土工学研究所の存続はどうなるのかわからない。大学附属の風土工学研究所の活動を引き継ぐ受け皿の役目もある。

既存の学問の研究費は、国立大学等の大研究機関では税金等で研究費が確保されているが、風土工学に対してはどこも研究費を支援してくれる所がない。日産科学振興財団から600万円、前田工学賞100万円、河川財団から数年間で数百万円の研究助成をしていただいた。ありがたかった。

（5）ベンチャービジネスとしての風土工学デザイン研究所

私は建設省の土木研究所に計7年、席をおいた。

国の研究所の研究員は、国家公務員としての給料は研究しようがしまいがいただける。その上、国のために、このような研究をしたいと予算要求すれば、いくつかの審査はあるとしても、研究するための実験費や旅費他諸経費はいただける。国のため、国民のためになる研究をするので税金でそれらの諸経費は支給される。

国立大学等の研究も同じである。行政改革で国立の研究所も独立行政法人化されて、自分たちの研究費は自分でかせいでこいという建前にはなったが、その基本となる骨格は概略変わっていない。

一方、土木研究センターや私立大学の研究所は全く違う。そもそも自分の給料も全てかせいで来いということである。自分だけでなく自分の下で研究を助けてくれる研究員の給料も同様に自分がかせがなければ支払えない。民間でも超巨大企業の研究所では、企業の将来の商品開発戦略として研究費が予算化され、研究開発に専念できる。

しかし、私どもの風土工学研究所等は自分の日々の給料も自分の毎日の活動費も一切どこからも出てこないのである。

まずは自分の給与をかせがなければならない。そのための仕事を受託しなければならない。その業務で儲けた利益のうちから研究のために使う経費をひねりださなければならない。まず、自分や自分の元で働いてくれる研究員の給与と、研究所の家賃それに日々の旅費や事務所経費の捻出のために、仕事を出してくれる所を探さなければならない。

・このようなことを調べてまとめては、貴組織のために役に立つのではないかと提案し、

・そのような業務をやってみようかと意思決定してもらわなければ業務が生まれてこない。

・そのためには、営業活動で動き回らなければ誰もその気にならない。

（6）何故本を出すのか

何故本を出版するようになったのか。

私はもともと文章を書くことは苦手である。私は小学校時代から国語の成績は良くなかった。私は奥手であったようで、自分の考えていることをうまくまとめてしゃべることが下手であった。クラスの優等生たちは先生から質問されると実にうまく答えた。

私はどちらかというと劣等生であった。考えをまとめてしゃべれなかった。また、本を読むのも上手ではなかった。それに、字が下手である。何故字が下手かと言えば、美しい字を書く基本はお手本をなぞったりして、出来るだけ同じような字を書くことである。要はものまねではないか。私はものまねを大切だとは思っていなかったようである。従って、真面目に習字などしたことがなかった。そんなことでいまだに字は下手である。

高校三年生の担任は国語の山崎先生（後、神戸大学教授）であったが、「竹林の字は何が書いてあるか読めない。読んでくれれば東大でも京大でもどこでも合格する。しかし、採点する試験官の一人でも、こんな字

が読めるかと言われればゼロ点だ」と言っていた。要は、私は、話すこと、書くこと、読むことが下手なのである。全て劣っているのである。従って国語の成績は良い訳がない。

ついでに話をすると、英語である。英語学習とは聞くこと（ヒアリング能力）としゃべること（コンバセーション能力）、そして文章を読むことから成り立つ。

ものまねが下手でものまねを軽蔑している者が、ヒアリングや会話がうまいわけがない。

現在の大学入試はヒアリングが課せられている。私の大学入試のころは英文法と英文読解そして英作文であった。これなら私は得意とは言わないが、高得点がとれる。しかしヒアリングとなれば恐らくゼロ点に近い。即ち、私は現今の入試制度なら大学など行けない事になる。私どもの時代は、ヒアリングなど無くてよかったとしみじみ思う。

以上の事から私は、本の類を出版するにはいちばん遠い存在の者である。

学者は自分の理論を論文という形で世に出さなければならない。これは出版というより、学会に論文を纏めて発表するというものである。

私は役人の道を選んだ。役人は出世し位が上にならなければ何もできない組織である。能力のアリ、ナシよりも椅子（役人の肩書、立場・権限）が仕事をしてくれるところがある。その椅子に座れば、椅子が人を育ててくれるところがある。立場・ポストに就けば、関係者はそのポスト・椅子に頭を下げる。その人の知恵や能力に頭を下げているのではない。しかし、皆が自分に頭を下げれば、自分は実力が備わっているのだと勘違いしだす。勘違いが常態化すれば、いずれそのポストなりの実力が付いてくるから不思議である。

私は、あるところまで、順調に出世コースを歩んだが、あるところから上司に睨まれ、失敗は私の責任にされてしまった。それから何度か復帰のチャンスもあったが、その都度、私に復帰されることを好まない方々に阻まれて、結局出世の道は閉ざされた。私は役人生活の最後の7年間は早期退職の予備軍の扱いを受けることになった。役人後の職をどうしようかと真剣に考えた。役人の社会は、勝ち組（指定職になったもの）については、退職後も天下り等でいろいろ面倒をみる組織であるが、負け組（指定職の手前でクビになった者）については、面倒を見切れない組織である。

景気の良い時は、負け組でも、それなりの処遇するところはあったが、不況になり、役人叩きと「コンクリートから人へ」のスローガンのもとに、建設業が冬の時代に突入した。いよいよ、行くところがない。このままなら野たれ死にである。

人生は墓場に入る時に勝負が決まる。墓場に入る時までが勝負である。どのようにすれば、くやしい思いが晴れるであろうか。まず、退職予備軍のうちに博士号を取ろう。それも、皆がびっくりするような、博士号を取ろうと決心した。そのような思いで構築したのが風土工学である。これで博士号を取った。次に、活躍出来るポストを得なくては何もできない。民間に行けば発言力が制限される。

当時の建設省の権力あるポストの者が、竹林には大学への道はないと断言していた。何故ないと断言できるのか不思議に思った。しかるべき国立大学の方から建設省当局へ打診があった時に、竹林は駄目だと断っていることが、しかるべき人から聞かされた。

私に残されている道は、自分で研究所でも作り、多くの情報を発信していく以外にはなさそうである。そんなことで、ＮＰＯ風土工学デザイン研究所をたちあげた。

その様なときに個人的に旧知の徳山明さんからダム技術者の先輩を介して、富士常葉大学を創設するから参画しないかと打診があったので、それに飛びついたということである。それにしても、富士常葉大学など無名の大学である。この看板ではこれから食っていけない。やはり自分で独自の情報発信をしていく以外に道はない。そのような訳で、次々と本の出版を計画していった。

（7）著書（一作・一作）の思い出

人からよく「竹林さんは沢山の本を出されて、印税だけでも相当になるだろうからいいですね」「印税だけで食えるのでは」等と言われることがある。

とんでもない。印税で食えるという事は著作業であり、数万部以上のベストセラーを出すような、マスコミから取り上げられる著名人である。

私が沢山だしている本は、全て初版２０００部程度の本ばかりである。私の本のターゲットとしている読者は同じ建設業の人々であり、多くの一般の人を相手にしている本は少ない。マスコミ等世の中の風潮が可笑しい、どうも間違っているのではないか、との居ても立ってもいられない気持ちで書いているので、マスコミ迎合と反対のものばかりである。マスコミが取り上げてくれる事はあまり考えられない。せいぜい業界紙や専門の雑誌に紹介される程度なので何刷りも重ねるものはあまりない。確かにゼロではない、いくばくかの印税らしきものはある。しかし、大したことはない。少しの小遣いの足しになる程度である。

出版社との付き合いも長くなり、何社かの編集の人から出版業界の事情を良く聞かされる。出版社はベストセラーを出す大衆向けの本を出す有名な出版社以外は、何処も不況でつぶれそうな状況にある。経営難にあえいでいる。

私が付き合っている建設業の業界は、「コンクリートから人へ」の風潮で急激に仕事が減少し倒産が続出、リストラが進み、読者数が激減している。

①『土木工学ハンドブック、ダム編』

開発課の課長補佐の時に山海堂からハンドブックを作るから、ダム編を執筆しないかという話があった。私はそれまでダムの設計の仕事を何年かしてきて、一応ダムの設計論は分かっているつもりであった。引き受けて、仕上げてみて、失敗したと思った。私以外は、同じ建設省の技術屋でも立場が１～２ランク上の人が執筆している。役所は年次が逆転出来ない。若輩が先輩を差し置いて出しゃばると、大変大きなしっぺ返しを食らう事を覚悟しなければならない。

②『甲斐路と富士川』

甲府工事事務所の所長時代に書きためたものを纏めて、土木学会山梨支部から出版した。私の名前で単著判の最初である。原稿は甲府事務所長時代に書いたものである。出版したのは、土研の環境部長の時である。もう１～２年で退官することが明らかになってから出した。現職の時に本などを出版すれば、上司や周りから、あいつは役人向きではないとラベルを貼られてしまうのである。一旦、ラベルを貼られると後は取り返しがつかない形になる。

③ダムのはなし

私はダム関係の仕事が長くなり、「ダム技術」という雑誌をダムセンター出向の時に発刊した関係で、ダムに対する論説等沢山書いてきた。

それらの中から、加筆、編集し直したものを上梓した。原稿は私の独自のものばかりである。その意味で誰にも文句を言われる筋合いはないと思ったが、一応上司に「こんなものを出版したい」とお伺い立てた。すると、「出版するな」と返事が返ってきた。このような題名の本は、その道の権威が書くものであるということらしい。私よりはるかに先輩のダム技術者が沢山いるではないかということらしい。ここで上司の意見を聞かなければ、この先私の役人生活出世は無いということになる。私は、既に出世からはずされており、戻ることはないと確信したので、上司の意見を無視して発刊したものである。

④湖水の文化史シリーズ全5巻

月刊誌「ダム日本」という雑誌に数年にわたり、「ダム・ダム湖名称考」と題して日本の各地にあるダムの名前、ダム湖の名前についての話題を書いてきたが、今回編集し直して、全5巻のシリーズとして山海堂から出版した。

ダムの名前やダム湖の名前にまつわる話題をいろいろな角度から記したものであり、ダムや水源地の文化論である。これらに対し「竹林は何と暇な、つまらないものを書いている」というような冷ややかな目線を感じた。一方で、こんなことは誰も注目してこなかった。「竹林さんよ、これだけで将来食っていけるよ!!」と温かい励ましの言葉もいただいた。「ダム・ダム湖名称考」がその後、大きな風土工学体系の一つの重要部分を構成することになるなど思いもよらなかった。

⑤「湖沼工学」岩佐義朗編著

私は琵琶湖工事事務所の所長の時、湖沼問題についていろいろ勉強する機会を得た。「河川工学」や理学部の陸水学の立場から書かれた「湖沼」をテーマとする著書はいくつか出されていたが、湖沼の治水論・利水論等土木技術者サイドから書かれた図書はなかった。私の大学時代の指導教官であった岩佐義朗先生にお願いして、その方面の先生を構成していただき、建設省サイドで編集して出版したものである。

⑥「堰の設計」山内彪編著

「河川工学」や「ダム技術」に関する著書はいくつか出版されているが、河川構造物としてダムよりもはるかに多く設置されている堰や水門に関する土木構造物としての設計論をまとめた本がないことに気づいた。

琵琶湖工事の所長の時、最大のテーマが瀬田川洗堰の改築の工事であった。この時、建設省が手がけていた大型の堰の設計図書を集めて分析してまとめたのが『堰の設計』である。私が中心となってまとめたのだが、当時私の直ぐ上の「開発課長」の山内彪さんの編として出版した。

⑦「現場技術者のためのダム工事ポケットブック」豊田高司編著

私が河川局開発課専門官当時は全国で何十ものダムが本体工事中であった。

それらに従事する技術者は、国や県の発注者側だけでなく、コンサルタント、施工会社等に幅広くいる。それらの人々にダム設計・施工論として絶対知ってもらわなければならないポイントを、土木研究所のダム部の室長と開発課の私と机を並べていた者、計8人で分担して執筆した。編著は私の上司の豊田高司開発課長とした。

⑧「自然になじむ山岳道路」

建設省の土木技術者は河川、道路、都市と大きく分類される。人数的に多いのは河川と道路である。私は河川関係なので道路関係のことは余り口を出しにくい立場にある。道路工学や橋梁工学、トンネル工学等の専門家が多くいる。私はたまたま、ダムの付替道路について従事した関係で、山岳部の道路の技術的課題に多く直面した。急斜面の一方を切土し、もう一方を盛土して道路はつくられて行く。斜面のどこを通すかにより、土工量も大幅に変わるし、少しの工夫配慮により斜面の崩壊や地辷りをほとんどなくすことが出来るではないかということで、多くの山岳道路の図面を集めて、それらの知見をまとめたのが『自然になじむ山岳道路』である。多くのデータを収集整理する関係で国土開発技術センターで委員会を結成し、私は委員長としてとりまとめた。

⑨「鋼製ゲート百選」「水門工学」

建設省には河川技術者はこれまでも多くいたし、その当時もいた。ダムや河川の河道のことを研究する人はいるが、河川の構造物の中で制御する可動のものはゲートである。ゲートは鋼製でつくられる。その製作メーカーは三菱重工とか川崎重工、ＩＨＩだとか鉄鋼メーカーでその設計技術者は土木を専門とする者でなく、機械を専門とする集団が中心だった。そのようなことでゲートや水門等鋼製の可動構造物について土木技術者で研究している者はほとんどいなかったと記憶している。

何とも不思議な状況にあった。人間の身体で言えば胴体や手足の部分は研究するが、小さいながらそれらを動かす一番重要な心臓部を研究するものがいないという状況だ。そのような状況下で、まず私は、土木にも鋼製ゲートに注目してもらおうと思い、とりかかったのが『鋼製ゲート百選』を選んで図書を発刊しようと考えた。ゲートメーカーの技術者の中心メンバーに参画してもらい、全国の既設鋼製ゲートの中から技術的メッセージの多いものを百基選んで出版した。

次に、いよいよ、鋼製ゲートそのものの設計論を大系化しようと考えて、関係方面の技術者のトップを集めて編集したのが『水門工学』である。２つの本の編集は共に私が編集委員長となりまとめた。

⑩「県の輪郭は風土を語る―かたちと名前の四七話―」

47都道府県の輪郭の〝かたち〟はその県の誇りとするものに見えてこないかと考え、順次その県の誇りのものにデザインできた。私の研究所に最初に来てくれた下田謙二さんは大変な連想力豊かな人であり、また絵心もあり、それを見事な絵にしてくれた。

また47はいろはカルタの数でもある。

〝かたち〟のいろはカルタをつくる。次には47都道府県の名前の由来をいろはカルタにした。それらをまとめたのがこの本である。47都道府県の風土の誇りをデザイン化したいとの遊び心の延長線上の本となった。大変な難産だったが、風土工学のプロセスそのものの傑作だと思っている。

（8）風土工学と絵本

私たちは「民話・伝説は昔の人のつくり話であり、史実ではない。史実は一つである。史実こそが大切なのだ。民話・伝説などはつくり話なのであまり価値がない」というように教えられてきた。

中国では「焚書坑儒」という。秦の始皇帝は民間に蔵する医薬・卜筮・農業関係以外の書を集めて焼き捨て、翌年咸陽で数百人の儒者を坑に埋めて殺したという。都合の良くない人物は殺されてしまうのだ。

史実は一つではない。勝者と敗者によって史実はちがう。勝者が自分に都合の悪いものを消し去り、自分に都合の良いものに書き変えてきたものが歴史ではないのか。

日本の敗戦後、ＧＨＱのマッカーサーは戦前の日本の教育を悪者に仕立て上げて、全国の教育委員会をつかって徹底的に検閲をして焚書した歴史がある。

　敗者は自分達の大義名分は歴史として書き残せないので口承で伝えてきた。それが伝説となった。勝者の歴史書より敗者の伝説の方が大切なことを伝えている場合が多いのではないか。伝説が更に時間の経緯のなかで普遍化していったものが民話や昔話ではないのか。

○ヤマタノオロチ伝説は斐伊川の治水伝説である。

○全国各地に伝わる、いろいろな地名にはその地の歴史が刻されている。

○歴史よりもより大切なものが伝説ではないか。

○伝説よりも大切なものが民話ではないか。その地その地に先人が刻してきた歴史がある。それを民話伝説の形で残して行くことが大切ではないか。そんなことで、風土工学ではその地に伝わる民話・伝説を調べ、地物・風物を調べ、その地の物語を創作することをやってきた。

○湖水伝説はかって本当に湖水であったのだ。

○そこに天変地異で1カ所が決壊して、水が引いて盆地が出来たのだ。それを神様の仕業として蹴裂明神とか瀬立不動、穴切明神という伝説になっているのだということが分かってきた。

　これまで風土工学手法を駆使して創作してきた民説としては、

①『雷電坊物語　―秩父の大雨編と甲武信ヶ岳編―』

　大地創成の自然の営力を地域に伝わる巨人・雷電坊のしわざと擬人化した物語である。

②『雫石あねっこ物語　―八郎太郎とあねっこ六話―』

　雫石の大地は当地に伝わる八郎太郎伝説の巨人がつくり、その地に歴史の一コマ一コマに活躍する賢くて美人の六人のあねっこ娘の展開する物語である。当地の「道の駅」のデザインコンセプトが物語化されている。

③『蔡温あけみお物語』

　沖縄の大賢人蔡温が当地の伝説の巨人アーマンチューの知恵を授けられて羽地大川の河川改修した物語。

④『藤原千方伝説』

　伊賀地方の高尾に伝わる藤原千方伝説と大変な能力の持主四鬼の物語

⑤『鬼翔平物語』田村喜子先生との共同作品

　鬼剣舞の里・北上市が入畑ダム湖周辺の創作民話を公募した。それに応募して最優秀賞を受賞した物語である。

⑥その他

　多くの地域でその他の風土の誇りうる物語を創作してきた。

　田村先生の風土工学での思い出の中で最大のものは田村先生との共著で創作民話を作ったことである。田村先生は小説家であり、いわゆる物書きを本職とされておられる。田村先生の作品は随筆的なものを除き、物語は全てで20作ほどある。小説家であるので当然のことながら全て単著である。しかし一作だけが共著となっている。

〈『鬼翔平物語』の創作にかかわるエピソード〉

第1話

　この話は平成13年（2001年）の7月中ごろから始まる。ダム技術センター設立当初、全国の都道府県の代表として、7県から優秀な若手の土木技術者が私のもとに集まってくれた。その中の一人が岩手県の佐藤文夫さん（後に岩手県の県土整備部長になった）である。その佐藤文夫さんから、岩手県の北上市が創作民話を公募しているという新聞記事を送って来た。創作民話の主旨は、北上市にある入畑ダムの周辺を舞台にした、鬼をテーマにした物語を作ることである。佐藤さんから、これは風土工学そのものではないか、是非とも応募されたら如何かという話があった。北上市は鬼剣舞の里で「鬼の舘」を作り、鬼を地域おこしの主役にしようと考え、北上の風土文化になじむ、誇りとなるもので、子供たちに読ませる絵本にしたい。ついては絵本は絵と文からなるが、絵を描く人は既に決まっている。今回は文を作れということである。佐藤さんからのお誘いなので二つ返事で引き受けることにした。応募期限まで僅か二カ月くらいしかない。現地調査や取材する時間は到底とれそうにない。幸いな事に、昔、入畑ダムの地質調査で現地調査したことがあるところなので、周辺の地質は知りつくしている。佐藤さんに地質以外の郷土史（市史等）や民話伝説等その地域の観光パンフレット等なんでも、役に立ちそうな資料を送ってほしいとお願いした。１週間くらいしたら、佐藤さんからダンボール箱一杯の書物が送られてきた。まず、それを徹底的に読み、気になるところメモを取りながら読んだ。２週間以上はかかったと思う。それから地域の誇りうる風土資産を題材にして、鬼が活躍する物語の構想を考えるのに2週間くらいかかったと思う。

その時思いついたのが、滝沢馬琴の南総里見八犬伝である。八匹の犬が里見家の再興の為に関八州を舞台に活躍する壮大なスケールの物語である。もうひとつが陰陽五行説である。木火土金水である。木火土金水は緑・赤・黄・白・青の五色である。鬼を五色の鬼にすればよい。五色の鬼の性質は木火土金水から自ずから決まる。五色の鬼の活躍する舞台は入畑ダムの周辺で、それぞれの鬼の特性・性質から一番ふさわしい処（風土資産）を選定し当てはめればよい。まるで謎解きのパズルのような感じである。即ち赤鬼の住処はどこが相応しいか、活躍する題材を何にするか。黄鬼は何処におれば相応しいか、そしてどのような役割を持たせればよいか。まるで精巧な模型の工作をしている感覚であった。少しでも馴染みの悪いことは、もっと素直な当て嵌めが出来ないか再考する。メモ書きの山が出来る。全ての鬼の性質から、住処から、活躍する内容から、その時に使う小道具からすべてが無理なく納まって来た。全ての検討した当て嵌めの内容を箇条書きにしてストーリーの順番に並べた。これだけ緻密な構成は誰も真似出来ないだろうと思った。審査をする先生方がこの事を理解できれば、最優秀賞は間違いないと確信することになった。後の作業は、箇条書きのメモの内容を順番に民話の語りの文章にしていけば創作民話は完成である。

順番にメモの内容を絵本用に語り口調で文章化し始めて気がついた。箇条書きの内容を絵本用の文章にすることは実に大変で、箇条書きの文字数の10倍の文字数でもなかなか意が通じる文にはならない。箇条書きの文字数だけでも絵本の制限文字数 2倍近くになっている。これは困ったことで大難題である。応募の期限までもう1カ月は切れていたと思う。その時、ハタと気がついた。

風土工学デザイン研究所の理事長田村喜子先生は小説家である。今回の公募の資格要件はプロ・アマ問わず、外国人他、誰でもOKという。早速、田村先生にことの次第を電話でお話し、是非とも、田村先生の筆の力をお借りしたいと懇願した。要は、物語の筋、起承転結のシナリオは出来ている。後は小学生でも読める平易な言い回しの文章にすること、特に応募の絶対条件の文字数に収めるため大幅に（約10分の1くらいに）文章量を減らせという。これは実に大変な難題であったと思う。

田村先生は二つ返事で「私にできる事なら」と引き受けてくれた。それから約1カ月近く、2人だけの苦闘の日々が続いた。

田村先生から、内容の確認質問、部分部分出来てきた原案についてアーでもない、コーでもない。何度も何度もＦＡＸと電話のやりとりの末に、ようやく一応最後まで出来た。文字数をカウントすると、まだ2倍以上、これから更に半分以上カットしなければならない。2行で書かれた内容を1行に圧縮することは、到底できない。物語の骨格をなす五行思想は伝わらなくてもしかたがない。鬼の仔細な行動をカットし、筋がわかりさえすればよい等々で、ようやく制限文字数に納まった時には、物語の骨だけ、その骨も半分削られた惨めな骨だけになってしまった。出来あがったら祝杯を挙げる予定だったが、疲労困憊し、出るのは諦めのため息ばかりとなってしまった。文字数制限には勝てない、致し方がない。参考に半分以下に圧縮する前の原案と、物語の構成を図化したものを添付して、北上市に送ることにした。田村先生も私も、今回の応募でこれ以上地域の風土文化を調べ上げ、それを物語化したものが出てくるとは考えられないので、最優秀賞は間違いなくいただきだと確信していた。

それから二カ月以上たった11月中ごろに、北上市の教育委員会から最優秀賞に選ばれたとの通知が来た。外国の人や、プロ・アマ等々、119作の応募があったと新聞報道されていた。田村先生も私も、当然の結果ということで、余り感激は無かった。

その後、事前に決まっている絵本画家が絵を描き、絵本が暮れの12月末までに完成し、翌3月末に絵本完成の発表会と表彰式と祝賀会が予定されていた。岩手県の佐藤文夫さんからも新聞で最優秀賞を知って、表彰式には北上市で一杯やろうということになった。田村先生も私も、12月末となる絵本の絵の完成と、3月末の祝賀会が楽しみだった。それから次々起こる出来事は想像もしていなかった。

第2話

絵描きの作家と鬼の館のこの企画の中心人物である「鬼の館」の学芸員との間で絵描きの具体化の作業が始まった。その都度、いろいろ当方にとんでもない命令に近い形の書き直しの指示が来た。それで、田村先生とこんな書き直しの指示が来た、どうしようかと電話で相談することになった。

まず、この絵本の主人公を赤鬼にしてほしいと修正指示が来た。この絵本の主人公は北上の大地の大白然である。親分は大自然であり、黄鬼である。そのもとに四鬼、「風の鬼・白鬼」、「水の鬼・青鬼」「土の鬼・黒鬼」「生類の鬼・赤鬼」がこの北上の大地を舞台に活躍する物語である。鬼の色は絵描きの好みで決まるものではない、五鬼はこの物語の根幹のそれぞれ別の役割を背負っているのである。五色はその役割の象徴である。とんでもない注文をしてくるものだとあきれてしまった。この絵描きの画家は鬼の絵本ばかりをテーマにしているらしい。「鬼の館」の学芸員はこの画家の虜になっているようであった。田村先生と私は、とんでもない、この絵本の骨格思想の五行思想を良く勉強してほしい。そのために、添付で物語の構成図や圧縮する前の原本も送ってある。そちらを良く勉強してくれとつっかえした。その結果、鬼の絵本画家としては自分以上の者はいないというプライド高い画家と、この創作絵本公募の「鬼の館」の学芸員はプライドを傷付けられて体調を悪くされたようで、絵がその後なかなか出てこない。この創作絵本公募は北上市の平成13年度の事業で絵本の発刊と表彰式や祝賀会を3月末までに執行する予算が組まれている。

2月後半になって、ようやく絵が出てきた。送られてきた絵を見てまたびっくりである。物語の文章を理解していないのである。普段穏やかな田村先生もとうとう堪忍袋の緒が切れて次のようなメールを学芸員に送っている。「ＳＡさま。原稿に従って、絵を描き直してください。描き直した絵に、文章をいれてください。（先に送られたラフでは、地上から垂れてきた滴が6滴描かれていましたが、これは、あくまで2滴です。資料をもとに構成した物語ですので、勝手に内容を改竄することなく、基本に忠実にお願いいたします。）新しいラフが出来た段階で、必ず当方に見せてください。体調の悪いところにお手数をおかけしますが、以上の点、宜しくお願い申し上げます。田村喜子。２００２年2月28日」

その折、一方でこの文化の基本が分からない学芸員とは話をしても仕方がないということで、私は直接「鬼の館」館長の力丸光雄先生に、事の顛末と書き直し指示の不当さを電話で申し上げ、やり取りをした。その時、力丸先生は大変、学識豊かで、道理を解する立派な先生であることが分かった。

このような経緯の結果絵本が出来、送られて来たのが２００２年6月13日で、半年以上遅れてしまった。絵本のタイトルは「鬼かけっこ物語」とした。（入畑ダム湖の湖名の「鬼翔湖」とかけているのである。）

そして発刊記念祝賀会も表彰式も何の音沙汰も釈明もなく全て流れてしまった。市議会で認められた予算はどうしたのであろうか？　その後数カ月たち秋になって、北上市の方から、表彰状と記念の鬼の盾を贈呈したいので、北上市の東京事務所に来てくれとの連絡が入った。誰から表彰状を受けるのかと思い、当然北上市長なのか問合わせたら、北上市長は公務で代理で「鬼の館」の館長の力丸光雄先生だという。田村先生と相談し、腹が立つので、受け取り拒否しようかと相談したが、これも大人気ないこと、「鬼の館」の館長の力丸光雄先生が直接、持参してくれるというので、力丸先生と東北の風土論議で一杯飲むのも悪くはないかと、気持ちを直して受け取りに行くことにした。表彰状の日付けは２００２年3月30日となっていた。文化は解さないが役人の建前だけは良くわきまえているようだ。

田村喜子先生との記念すべき共著の顛末は最初から終わりまでハラハラ・ドキドキの連続だった。それにしても田村先生から物書きの基本をまさに手をとって教えていただいた。私にとっては忘れることの出来ない貴重な経験であった。田村喜子先生の御冥福をお祈りします。合掌。

（9）私と学会活動

私の構築した風土工学は、土木学会等ではなかなか認めようとはしない。

大学と言うところは、審査付き論文を何編書いたかで評価をする。単純な社会である。風土工学は審査する人間がいない。風土工学を取り扱う学会がない。仕方がない、新しい学会を作ること以外にない。

風土工学に関する研究発表の場を確保する必要がある。風土工学に関する論文を審査し、評価してくれる場をつくる必要がある。風土工学の論文を評価する人がいるのか、いそうにない。私がやる以外にはなさそうである。

○土木学会

岩盤力学副委員長　企画委員会

私は従来より、現在に至るまで土木学会に所属している。学生時代は水理学研究室に所属し「密度流の研究」をしていたので、修士論文等は水理部門に年次発表会で発表してきた。

建設省に入省後はダム事業を中心に研究してきたので、岩盤力学や河川計画部門に付き合いがある。風土工学の構築に関する発表は土木計画部門で土木計画論文集などに発表してきた。岩盤力学委員会では長年副委員長も務めた。現在も委員会の委員をつとめている。その他企画関係の委員も引き受けたことがある。しかし、新しいジャンル「風土工学」の部門を新しく開設できる気運にはない。

○日本感性工学会

風土工学はいくつかのベースの学問があるが、その大事な一部門に長町三生先生の感性工学がある。感性工学会が設立の気運が出てきた。その時に風土工学も是非とも参加してほしいという要請を受け、感性工学会の一番大きな部会として風土工学部会が出来た。設立発起人の一人として学会設立に貢献した。風土工学部会長として学会の一翼を支えてきている。

○日本感性教育学会

感性工学会と軌を一にして、日本感性教育学会の設立気運が教育関係者から盛りあがってきた。風土工学も是非共設立に参加してほしいとの要請を受けた。

○アジア民族造形学会

アジア民族造形学を樹立した巨人・金子量重先生と『職人と匠』というタイトルの本を共著として出版した。そのようなこともあり、アジア民族造形学会の設立に当初から参加することとなった。民族造形と風土工学は全くアナロジーな学問体系である。

○日本地名文化研究会

地名研究の大御所・日本地名研究所の谷川健一先生のもとに全国各地に地名研究会が設立されている。その中でも最も会員も多く熱心な会の一つが服部真六先生を中心とする日本地名文化研究会である。私も参与として参加してきた。

（10）初代性の仕事

日本の公務員の組織も激変している。公務員の定員削減でどんどん人員は減っている。一方、社会からの公務員の要求内容は多様化・複雑化・高度化していっている。それに応えるためには組織をどんどん改変していかなければならない。そのためにとられているのがスクラップａｎｄビルドである。新しい組織を新設しようとすれば、既存の不用になっている組織を廃止しなければならない。当初は定員削減で、どんどん人員が減っていった結果、係長がいても係員がいない組織や、課長がいても係長１人だけの組織、出張所の名前があるが兼務で実質的には１人もいない組織等が出てきてスクラップしても実質的に痛みを伴わない組織や役職があった。スクラップするもののある間は新設ポストや組織も出来た。しかし役人の社会は組織維持することが権限確保するためにも最も重要なことである。

そのような激変の中で、毎年組織要求・新規ポスト要求の熾烈な競争とドラマが展開される。新設ポストの組織要求は財務省をはじめ関係省庁との協議が必要である。新設ポストはその意味でなかなか認めてもらえない。実質的に痛みをともなう既存組織のスクラップをしなければならない。役人社会では新設組織ポストの要求とその実現は予算の獲得・権限獲得と表裏一体でありシビアな課題である。その熾烈な競争の結果、新設組織やポストが生まれてくる。新規ポストは役人社会では非常に注目される。

組織やポストの新設には何年もかかる。永年の組織要求の結果、悲願達成されて新設組織が誕生すれば、それにふさわしい人をつけなければならない。そのようなことより、新規ポストに誰をあてるかは関係者は興味津津なのである。新規組織ポストが社会の激動にマッチし大きく育つかどうかはそこにあてる人次第である。新規ポストの評判はそのポストの一代目、二代目で決まってくる。役人の社会は人事異動が激しく、同じポストに2年位しかおれない。早ければ1年、長い場合でも3年位で変わる。

役人の社会での処世術で最も大切なことは大過なく職務をこなすことである。大過なく職務をこなすために重要なことは前任者からの引継ぎである。引き継いだ職務を忠実に前任者と同じレベルでこなせば同じ程度の評価を受ける。

前任者以上の成果を上げなければ前任者以上の評価は得られない。新設ポストに就くということは、その職の先人（前任者）はいない。前任者がいる場合は前任者から業務を引き継げば良い。前任者のやられたことで良いことは継承し、それに自分の価値観で新しい目標を付加していけば良い。しかし新設ポストの場合、前任者はいない。前任者の代わりに新設ポストの要求の時につくられた新規ポストの必要性についての作文があるのみである。要求されている職務の内容の羅列がある。初めてのポストに就けば、自分でその職に期待されている職務内容を咀嚼して自分は何が出来るか、自分は何をすべきか誰も教えてくれない。自分で考えて、自分で目標を設定してそれの目標実現に向けて関係方面に働きかけて行かなければ何も出来ない。

その新設ポストが出来る以前からそれに係わる周辺の組織が一杯ある。その多くある既存組織の職務の隙間に新しい職務が割り入って新しい職務の場をつくり、周辺の組織の人達にも認知してもらえるようにしなければならない。

その意味で新設ポスト一代目の人の役割が重要である。一代目の人の能力と仕事ぶりでその新設ポストの評判と基盤が決まる。

初代といっても1～2年位しかない。初代ではそれが達成できない場合でも、せいぜい2代目（4年位か）の活躍で決まってしまう。その後は初代の人が敷いたレールの上を脱線しないように走って行くことになる。初代の人は何もないというよりも弊害だらけの荒野を切り開いてレールを敷設する仕事なのである。

私は約30年間の役人生活の中で20回の人事異動の辞令を受けてきた。そのうち全くの新設ポストの初代に就いたものとして新設のダム技術センターの企画課長（現在の企画部長）がある。新設のダム技術センターの骨格をつくる仕事であった。あとは、初代ではなく2代目なのだが、初代の人が1年で変わられたので2年目に着任した2つの職務がある。土木研究所のダム計画官と環境部長の職である。これも全く新設ポストの初代の人が1年で2代目に引き継いだもので、まだレールを敷設し始めたばかりの時点であるので実質初代と見なせる職である。

役人の人事異動20回のうち3回は新設ポストと見なせる職についたことになる。役人後も新設ポストというより私がつくった組織あるいは私のために新設したポストといえるものが土木技術センターの風土工学研究所長、新設の富士常葉大学の環境防災学部教授と附属風土工学デザイン研究所長、さらにはＮＰＯ法人の風土工学デザイン研究所長の4つのポストがある。これも含めると7つの新設ポストに就いたことになる。その他既存組織であるが、私のような経歴の者を初めて着任させた職がいくつかある。人事担当者がこのような人事はこれまでなかったが竹林なら何かやってくれるのではないかという意図が感じられる人事異動が何度かある。ある意味で初代性の職ということである。

開発課の補助技術係長のポストはこれまで現場経験の長い実務者が務めてきたポストに私が就いた。私はその時まで現場経験がほとんどない新参同然な者である。上級職採用者を初めて実験的というか冒険的に使ってみたという人事担当者の意図を感じる。また、私にとってはじめての管理職となった真名川ダム工事事務所の工務課長もこれまでは現場経験の豊かな人が務めていたポストに私をあてがったのも同様な人事発令者の意図を感ぜざるを得ない。

そのような意味で言えば私の初任地となった和歌山県の和歌山土木事務所和歌山班工務第一課改良係の職も上級職甲種採用の者に最末端な職務を経験させるというこれまでにやったことのない実験的な試みの人事発令であったと思われる。その意味では上級職採用者の初任地として府県に発令するのも私の時が初めてであり、尚且つ、私と同様に府県に発令された者は私以外は全て府県の本庁勤務で尚且つ2年で建設省に復帰させたが、私のみ本庁ではなく出先の土木事務所であり、尚且つ2年ではなく一人だけ3年であったこと等も初めてのことであった。

初代性の仕事というものは既に何らかの多様な組織の秩序が出来ている中に割って入っていき居場所をつくる仕事であり、周りとの摩擦や抵抗がつきものである。摩擦や抵抗を恐れては何も出来ない仕事という側面がついてまわっている。

(11) 全国四十七都道府県風土調査の思い出

風土工学の調査研究を始めて今年（2016年）で20年になる。その間、北は北海道から南は沖縄まで、全国47都道府県の各地を風土調査でかけまわった。当地の図書館で文献を調べ、必要箇所をコピーさせていただき、購入できるものは購入し、赤線をつけたり、ノートをとり、地図で確認し、そして現地調査に行く。現地へ行けばあるはずの石碑が既になくなっていたり、移設されていたりする。現地の教育委員会の学芸員に聞いても何のことか一向に分からない等のことが何度もある。

当地の風土の特筆すべきことは何だろう。当地の民話や伝説は何を物語っているのだろう。そのようなことで何度も何度も当地を訪れたら、どんどんその地のことが分かってくる。1度や2度ではほとんど何も分かってこないが、4度5度、現地を訪れ神社や石碑を調べていくうちに、当地の先人が私共に伝えている当地の誇りが読めてくる。それを風土工学技法を駆使して物語化してゆく。

観光物見遊山で各地を巡っているのではない。研究所の研究活動の一環で訪れている。研究所の成果が問われている。限られた時間内に報告書をまとめあげねばならぬ。近くに観光地・名勝等があれば、ひと通りは見てよく知っておかねばならないが、それが研究目的ではない。

これまで誰もが着目してこなかったその地の誇りを見つけ出し、それを形あるもの（姿・形）や形のない（名前や物語）としてゆくのである。研究所の真価が問われているので真剣である。手抜きは許されない。ことん調べ上げ、当地の郷土史家や研究者たちに、なるほどそうだったのか、と思わせなければならない。実に骨の折れる研究である。

47都道府県の各地を訪れ、必死に歩き回った結晶が当地の物語であり、絵本であり、カルタであり、風土資産絵地図であり、風土記であり、ビデオであり、各種の命名、各種の施設のデザインである。

ひとつひとつに各地の風土には思い出が尽きない。

○北海道 …『チキサニ七ッ森物語』ルモイラックルの冒険。『ここまで来れば北海道』オロロンラインの旅。作詞：竹林征三。利尻、礼文、天売、焼尻、奥尻。離島の旅は忘れられない。

○青森 ……「津軽白神湖」白神山地の意味空間を考える。

○岩手 ……『雫石あねっこ物語』雫石の道の駅の風土工学デザイン展開を行った。『鬼翔平物語』北上市創作民話最優秀賞。

○秋田 ……『諸美姫物語』、森吉山の物語。

○山形 ……『肘折鬼物語』、『長井百秋湖讃歌』。

○宮城 ……『うたつ物語』旧歌津町（現南三陸町）の払川流域の風土資産（数々の津波の石碑調査）。

○福島 ……『不時沼物語』藤沼ダム決壊。

○新潟 ……越後湯沢・上越宿場町の歴史風土を調べる。

○富山 ……「新川・常願寺川物語」立山カルデラ形成と崩壊の歴史に学ぶ。

○石川 ……「竹林家のルーツを訪ねる」金沢市野町の老舗を訪ねる。

○茨城 ……「ドラエモンの夢物語」つくば市は風土工学研究所の発祥地である。

○栃木 ……『深鬼怒物語』湯西川渓谷の沢名調査。

○群馬 ……「大吾妻湖物語」吾妻渓谷、長野原の小字名の調査。

○千葉 ……南総里見八犬伝の旅。物語創作の知恵を学ぶ。

○埼玉 ……『秩父の大雨・雷電坊物語』荒川源流、雷電廿六木橋の命名。

○東京 ……雲取山へ昇る鯉・大昇鯉。風土工学デザイン研究所を新橋に開設し神田に移す。

○神奈川 …宝永噴火後の酒匂川洪水の跡を訪ねる。

○山梨 ……三大不可能話。雁坂峠三大峠の物語。「禹之瀬」の開削。

○長野 ……「伊東伝ヱ衛物語」伊那谷の源流・南アルプスの山懐の風土を考える。「千曲川の源流・神々の古戦場」。

○静岡 ……富士学への思い。富士学会の創設。富士常葉大学附属風土工学研究所を開設。『豆州志稿』に学ぶ。

○岐阜 ……「徳ノ山八徳物語」揖斐川源流、徳山村旧八村の物語。

○愛知 ……設楽ヶ原の古戦場の跡を訪ねて。

○三重 ……『藤原千方四鬼物語』川上ダムの源流、高雄地区に伝わる千方伝説。

○福井 ……『麻那姫湖物語』真名川ダム湖の物語。『鳴鹿伝説物語』鳴鹿大堰の物語。風土工学デザインの第1号。

○滋賀 ……世界の宝の山・田上山物語「田上山五訓」石碑の建立。

○京都 ……「由良川風土記」大江山の鬼の物語。舞鶴軍港の歴史に感動。

○奈良 ……「山幸彦物語」紀ノ川の源流、川上村で後南朝の歴史に感動。

○和歌山 …「熊野川・大日山天然ダム」に学ぶ。

○大阪 ……「安威たつ姫物語」北摂の山々は私の山野めぐりのルーツの地。

○兵庫 ……「円山川風土記」「淡路島物語」災害の多発と災害の宿命を考える。

○香川　……「讃岐溜池物語」溜池の文化を学ぶ。
○徳島　……「高磯山物語」「阿波の古事記」に学ぶ。
○愛媛　……「山鳥坂の地名」小さき地名や屋号の調査。
○高知　……「幡多郡の歴史と秦氏」中筋川ダムの水源地を考える。
○鳥取　……袋川の流路変遷と殿ダムの水源地を考える。
○岡山　……「奥津太郎の冒険」奥津温泉の文化を学ぶ。
○島根　……斐伊川・八岐大蛇の伝説に学ぶ。
○広島　……感性工学の創始者「長町三生先生」に学ぶ。
○山口　……「錦川物語」ダムの先進県。山口大学との御縁が深まる。
○福岡　……「糸島半島物語」魏志倭人伝を考える。
○大分　……「国東六郷満山物語」国東の仏教文化を学ぶ。
○佐賀　……成富兵庫・佐賀平野物語。低平地の治水の知恵を学ぶ。
○長崎　……坂の町長崎。市内河川の風土を学ぶ。「和漢蘭」の文化に学ぶ。
○熊本　……「加藤清正治水物語」緑川・白川等、清正の治水の史跡を訪ねて。
○宮崎　……「百済王物語」小丸川流域の風土資産調査。
○鹿児島　…「かごしま」は「かぐしま」「火の島」。大隅の弥五郎ドンに学ぶ。
○沖縄　……「蔡温あけみお物語」あけみおの町、名護の羽地大川の治水物語。「水星五行館（風土工学展示館）」。

全国四十七都道府県の、それも山間僻地が多い。これだけ全国各地の風土調査に明け暮れ多様な文化を学ばせていただいたものだとしみじみと思う。これを可能にしてくれたのは、3つの研究所に席を置いた多くの若手の研究者が私を連れて行ってくれたからだ。

(12) 山登りと持病

私は小学生時代、昆虫採集で北摂の山野をかけまわっていた。箕面から高尾、そして妙見山までのルートである。

早朝一番の電車で箕面駅まで行き、夕刻暗くなりかけた頃、能勢妙見駅にたどり着くコースである。途中、時間をとって妙見山までたどり着けそうにない時、高尾あたりから引き返した。箕面以外としては東六甲の山々、洛西のポンポン山、生駒山等がなつかしいコースであった。一番遠いところはアサギマダラに憧れて田原俊行さんに連れられて大台ヶ原まで行った。

大学生になってからは、ロシア語の植野修司先生の御家族（奥様と2人の子供さん）それに謝章文さんと私の6人で毎年夏休みに1泊2日か2泊3日の山登りに行った。最初は鈴鹿山系の御池岳だった。その翌年は濁河温泉から御岳山に登った。それから乗駒山、前穂高岳等もなつかしい思い出である。3000m級アルプスのお花畑の美しさ、それに四方の山並の景観、それに何よりも頂上まで登ったという達成感が大きかった。

その後、兄と登った伊吹山や樽前岳登山も忘れられない。支笏湖畔のモーラップから登った。樽前山頂から眼下に広がる支笏湖の湖面はあまりにも幻想的でこの世にこのような美しい風景があるのだとの強い印象を覚えた。

建設省入省後登った山としては、誰と登ったのか忘れてしまったが、2度目の伊吹山に登った時、御岳山が何百年ぶりに噴火して何カ月後だった。かつて植野先生と登った御岳山の山頂から三筋の煙が立ち登っていた。その御岳山の右隣に富士山が見える。その後、私が富士山の北の甲府市と南の富士市に住むことになるとは夢にも思わなかった。

その後、富士山の北・甲府市に赴任した。毎日、四周の山並みに山への思いを募らせていた。山梨大学の荻原先生・竹内先生・砂田先生と学生を誘って富士川の源流調査に行こうと計画を立てた。大井川の源流から南アルプスを越えて富士川の源流へ行こう。具体的には大井川源流の東海フォレストの二軒小屋で一泊し、早川の源流へ下るコースである。11月末か12月の初めであった。学生も参加して大部隊で2000m級の高い標高の伝付峠を越した。かつて電力王松永安左エ門が日本初の流域外分水の計画を実現させるために越したと思われる峠である。松永安左エ門の思いを追体験したかった。

所長室から一番よく見える山が櫛形山である。南アルプス前衛の櫛形の特色ある山姿である。ある日、櫛形町の石川町長が所長室へ来られ、櫛形山のアヤメ平のアヤメ祭りに誘われた。アヤメ日本一だという。是非一度見ておきたかった。軽い気持ちですぐに行くことを約束して日程まで決めた。アヤメの群生というからには、山麓の湿地帯をイメージしていたら、とんでもない、櫛形山の山頂に近い日当りの良い高原にアヤメの群生があった。まさにこれこそアヤメ日本一だと確信した。

その後、霞ヶ関に職場が変わり、山形県の長井市長の斉藤伊太郎市長が来られて、長井市のアヤメは日本一だと言われたので、それは違う、長井市のアヤメなどおおよそ大したことがないと言ったら、それなら長井市に来て、長井市のアヤメなど大したことがないことを講演しろということになってしまった。長井市のアヤメが日本一だと信じて郷土愛に燃えて取り組んでいる人達の前で水をかけることになる。これは大変なことになった。袋叩きにあうのではないかとの思いで長井市で一番大きなホールで講演した。これが私のその後、数えきれない程多くすることになる風土に係わる講演の最初ではなかっただろうか。

良くよく考えれば櫛形山も2000m級の山である。山岳地の山梨県だから前衛の低山のように扱われているが、近畿や中・四国に行けば2000m級と言えば一番高い山のグループに入る。

もうひとつ忘れられない山登りは雁坂峠越えである。甲州三大不可能話の一つ、雁坂トンネルを開削することになった。トンネルを開削する意義を実感するためには雁坂峠をこの足で越しておかなければならない。雁坂トンネル開削に関係する関東地建の藤井道路部長、秩父側を担当することになろう大宮国道の野口所長、アプローチ道路の担当をする山梨県の浅沼道路建設課長に提案した。全員賛同してくれたので早速実行に移すこととなった。一日前に石和にあった保養所の笛吹寮で雑魚寝して明朝、寮のおばさんが準備してくれた大きなにぎり飯の弁当と水筒を各自もってアプローチ拠点の三富村の坑口まで車で行きそれから登りはじめた。私の荷物は若い職員が持ってくれたのでほとんど荷物のない状態であったが、持病の喘息の小発作が出て苦しくて大部隊の最後にようやく頂上まで辿り着いた。

下りは平気であったが、この雁坂峠の登山の経験で自分は喘息の持病があるので今後は登山は絶対無理だといやという程思い知らされることとなった。せっかく甲府で勤めているのだから富士山にも登っておきたかったが、車で行ける五合目までで諦めることとした。

その後の建設省退官後、風土工学研究所を創設して全国各地の風土調査にかけ巡る日が続いたが、自分の体力と持病から山登りは断念せざるを得なかった。全国各地の名山に登る機会は次々に巡ってくるのだが、全てもう一歩のところで断念せざるを得なかった。無念の思いで北から思い付くまま記す。
○利尻島に2泊3日の風土調査の機会を得た。利尻富士は3時間位で登れると言われたが山麓の湖沼巡り等2～3周はしたが無念であった。
○岩木山にはリフトで8合目まで行けた。そこから頂上まであと30分程度だという。頂上に登った尾崎真人君が手を振っているのが見える距離だが諦めた。
○早池根山登山口に位置する峠の兜明神岳は、兜明神の神社までは行ったが、そこから1時間程度で登れるというが諦めざるを得なかった。土研の大先輩・芥川先生も登ったというのに、我身のなさけなさに泣いてしまった。
○森吉山山麓の根田森等の風土調査に何度も訪れた。そこに森吉山がある。森吉山の魅力は地元の方から何度も何度も聞かされた。私の森吉山への憧憬の思いを森吉山五讃に書きとどめた。しかし登ることは断念せざるを得なかった。
○月山の四周、5つの登山口の風土調査に何度も訪れた。肘折温泉、大網七五三掛、志津、立川町の調査し羽黒山と湯殿山までは行くが月山にはついに行きそびれてしまった。本当に情けないの一言である。
○岩手山の麓の雫石町は各集落を巡り歩いた。しかし岩手山は麓から遠くより遙拝するものと決めつけて断念することとした。
○朝日連峰は子供の頃からの憧れの山だ。山懐にある大鳥池も是非とも行って見たい秘境の地だ。置賜野川の源流八木山ダムまでは車で行ける、そこから正面に朝日岳の雄姿を遠望するのでガマンしなければならない。
○飯豊連峰も山の本を沢山読んだ者としては是非ともアプローチしたい山だが、小国町の叶水集落から眺めることで良しとしなければならない。
○浅間山は鬼押出しまであきらめねばならない。
○宇奈月ダムの調査のあと、もう一泊しようと柴田さんが提案されたので、何も考えずに賛同したら、もう一泊して立山アルペンルートに行こうということだった。登山靴等、登山の準備も何もしていない。
朝、室堂を出発し一ノ越の峠をこえて黒部ダムのダムサイトまで下るコースである。黒部ダムまでは大町ダムの方が車で迎えに来てくれていた。それにしてもまだ喘息を知らない頃（ダム計画官時代）だったので無茶なことが出来た。今となっては良い思い出である。
○白山は越前側の登山口の大野市に2年も住んでいたのにとうとう登る機会を得なかった。
○大峰山は登山口の吉野山の蔵王権現まで何度足を運んだことだろう。吉野山の「さこや」で何度飲み過ぎたことだろう。
○剣山は四ツ足峠までだ。少なくとも剣山スーパー林道を走れば四国の魅力を満喫できたことだろう。
○中国地方第一の大山は、登山口の大山寺まで行き、そこから大山登山の香りを嗅いで帰ることとした。
○雲仙岳は山頂近くに雲仙温泉がある。温泉の地獄巡りや山頂近くのオシドリ池（ダム湖）の調査で山へのあこがれを打ち消すこととした。
等々、日本の名山とされる登山口の集落までは行くのだが、そこからあと数時間で登頂出来るというところで自分の体力と持病の喘息のことを考えると断念せざるを得なかった。

私の丈夫な身体は母親からいただいたものである。喘息の持病も母からの遺伝のようである。喘息のおかげで、身体に無理をさせることなくこの年まで生きられたということなのであろう。持病の喘息が無ければ自分の山へのあこがれにまかせて無謀な登山をして結果的には寿命を縮めていたことだろう。あの山の頂に立てばどれだけ素晴らしいことか、その達成感はどれほど大きいか、それを想像するだけで幸でないだろうか。

山は、あこがれる者にとって、尽きることのない魅力を秘めている。

（13）〝風土工学〟に寄せられたメッセージ

○沢田敏男　京都大学名誉教授

今後、科学技術はますます進展することであろう。それとともに芸術文化の振興がさかんとなり、いわゆる〝サイエンス・アンド・アート〟の時代を迎えることと考えられる。そして、科学技術的な理性と芸術的な感性との融合による新しい文化の創造ということが重要視されてくるであろう。このことに関連して米国の著名な物理学者ワイスコップは「工業化社会の成熟化した現代社会において、物質汚染と並んで精神汚染が深刻であり、それを制御するためには、学術と芸術を振興し、自己高揚心を高める以外にない」と指摘していることが注目される。…本来具備すべき機能のほかに、人々に心地よい感動を与えることができる構造物、つまり理性と感性を融合させたような文化的工作物を創造するよう心がけることが大切である。

○高橋裕　東京大学名誉教授

21世紀こそ、風土工学に基づく技術哲学に根ざした国土の開発と保全によって、日本人の本来の自然観を呼びさまし、再び美しくも味わいのある日本の国土を再建しようではないか。

○中田栄七郎　元長野県ＪＡ南相木理事長

風土工学は自然と人間との過去からの関わり合いを研究し、このことを理解することによって、現在の人間の課題である心の和みに役立たせようという発想であり、今までみなかった人間性のあふれる真実の探究法である。

○オギュスタン・ベルク　元宮城大学教授、元日仏会館フランス学長

風土工学は、日本の国外で知られ、追随されるべきである。なぜなら風土工学は土木工学の思考と実践におけるだけでなく、人間社会と環境とのかかわりにおいても一大転機をもたらすものだからである。

○五十嵐日出夫　北海道大学名誉教授、社団法人北海道開発技術センター会長

私が風土工学に興味を抱いたきっかけ、佐佐木先生にはじまり、竹林先生にグッと引きつけられたということです。

もう30年以上も前のことになりますが、土木計画学という学問を、土木工学の体系の中につくろうということで、土木学会の中に土木計画学研究委員会という常置委員会をつくろうという機運が盛り上がったわけです。

それまでの土木工学というのは、基本的には力学が基礎になり、それにいろいろの学問が積み重なって体系ができている、と私は思ったわけです。構造力学はもとより、水理学は流体力学が基礎ですし、土質力学

にしても、だいたいは物理学的な方面自然科学的分野の学問体系で、誰も土木工学が社会科学的分野、あるいは人文学との関係がどんな具合になっているか、そういうものとの関係があるか、ないかなんてことも考えてもみなかった時期でございました。

第1回目のシンポジウムをやりました。そのときに私が申し上げたことですが、土木工学の体系の中には自然科学的な要素が非常に強くて、だいたいは力学に偏重した学問体系になっているけれども、土木技術そのものは自然環境とともに社会環境を相手にしているんだから、社会科学あるいは人文学理論や方法を中に引き入れなければだめだ、とりわけ土木計画学は、土木構造物や施設等の整備によって、市民・地域住民がどのように動くか、自然環境と共に社会環境がどう変化するかが問題になる。

私どもの土木工学は概念の学問ではありません、実際の学問、実学ですから、必ずあるモノとして実現させるためには、そのモノが社会に受け容れられなければなりません。土木は自然環境と社会環境の接点に生まれてきます。自然環境に対応できても、社会環境に対応できなければなりません。だから土木計画学には、社会科学や人文学の側面からの研究も重要だと思ったわけです。

このような経緯から、私と風土工学とのかかわりは土木計画学の第1回のシンポジウム、そのときの私の発言にあった。それがまた私の学問の傾向になったと思っています。

時代の権力とか文化はしばしば辺境から起きるように、学問でも学際から中心が生まれていくわけです。ですから私どもが始めました土木計画学も、そのときにはそんな学問は成立しないよ、と馬鹿にされましたが、今や土木計画学はどんどん中心に迫りつつありまして、学生の人気も非常に高いのです。やがて風土工学もそうなると、私は確信しています。

脱工業社会に突入した今、集団主義から個人主義へ、さらには自己主義へと傾いていく。人びとは『経済効率』よりも「好きか・嫌いか」、あるいは「快適・不快」などの「感性的行動基準」、さらには地域の「物理的環境」はもとより「精神的環境」あるいは「文化的環境」にも関心を広げていく。このような変化の中にあって、「風土工学」の体系が創造され、地域・都市計画、交通計画はいうまでもなく、土木施設計画、設計にもこれを広く適用し、その成功例を増やし、さらには同志を集めて斯学の研究と普及に精力的な努力が望まれる。

○金子量重　アジア民族造形文化研究所所長

ところが近代以降、西欧から導入した土木工学の影響を受けて、機能主導型に走るようになった。情緒やゆとりある暮らし方を重んずる日本人にとって機能一点張りのやり方が果たしてよいのか、いささか疑問に思っていた。

そんな折、竹林征三氏と知り合い、かつ『風土工学序説』を読んで共鳴するところ多く感動した。これによると、土木工事の推進にあたっては、地域の歴史・神性、伝説、古老のいい伝えなどを重視することが基盤になっていたからである。氏は京都大学で土木工学を専攻したのち、建設省の技官として全国の河川やダムの築造事業に携わってこられた。いわば治水・利水の専門家として重責を担ってきたわけだが、昨今の環境問題に伴う地域の合意形成が厳しく論議される中で、新しい道を模索してきた。若き日に学んだ和辻哲郎の『風土の哲学』や『東洋の自然哲学』など内外の哲学書に啓発され、「風土工学の構築に関する研究」で母校より工学博士を授与されている。本書を読むと、綿密に地域の特色をアナロジカルに分析して、それを土木工事のなかに生かす方策を打ち立ててきたことが充分に伺える。

いわば氏の風土工学は長年にわたる工事現場での経験と自然の中での人間の生きざまの追求が本書の刊行へとつながったと思う。これを一読して、私の主張する「民族造形学」と、竹林「風土工学」とは〝土木事業〟にせよ、暮らしの〝ものづくり〟にせよ「地域性」「民族性」「時代性」がその根底をなしているということで共通項を見出し、その奥には、つねに行動する者と、受け取る側の両者に共通する温かい心の通い、すなわち「精神性」の高さにかかっている点にあろうかと思う。

明治以降の西欧、戦後のアメリカ一辺倒から自らを解放することが来るべき「二十一世紀への新しい生き方」につながるのではなかろうか。

○中村和郎　駒沢大学名誉教授、日本国際地図学会会長

オギュスタン・ベルクの風土論や、イー・フー・トゥアンの『トポフィリア』などが地理学で風土学を模索している間に、土木工学で感性工学が誕生し、やがて風土工学へと展開した。これは地理学にとって大きな衝撃であった。風土工学は、竹林征三氏によって学問の諸分野を包括する壮大な総合体系として構築された。地理学が地域の個性記述に終始したのに対して、風土工学では地域の個性に一層の付加価値をつける地域づくりが力強く説かれた。何よりも地域の心をとらえようとする竹林氏の熱い思いと、ほとばしり出んばかりの勢いが感じられて、個性化原理が求められる新世紀にふさわしい学問として発展することが期待される。

「景観十年風景百年風土千年」といって時間の長さによって概念を分けるのは示唆的であった。砺波の散村で数百年も変化しない本質的部分が風土であろうか。

○河野清　徳島大学名誉教授

風土工学で感銘を強く受けるのは、人間すなわち心を大切にする点です。この風土工学というのは、心をこめて地域のアイデンティティを掘り起こしていて、造られる構造物が心を豊かにし、人々に安らぎを与える。自然や風土と共生できる工学の分野として、大いにこれからの発展が期待される。

○服部真六　中部地名文化研究会会長

ふつう地名研究といえば、地名の由来や変遷や広がり、同じ地名の分布を調べる。だが風土工学は地名文化の研究と同じように、地名の裏に潜む生活や文化や歴史や風土などを掘り起こし、それをもとに考察を深める。だから風土工学のとらえ方は、単なる地名研究より幅が広く奥行きも深いと言える。

風土工学という普遍性のある方法論は、竹林先生の独創的研究成果である。とりわけ風土の情報を数値に表して処理を行い、土木事業の上に実用化をはかるという試みは驚嘆に値する。そこにこそ風土工学の真髄がある。

ここにダムをつくりたい。橋やトンネルをつくりたい。その時その土地の風土を詳細に調査し分析し、その地域のイメージを数値化して、それをデザイン展開する。そのことによって、その風土の素晴らしさを一層引き立てるような橋の形やトンネルのデザインやダムの名前ができあがる。

地名研究者は「歴史ある地名を守れ」と言う。だが風土工学者は「よりよい事業を完成させて、地域の歴史をつくれ」というのである。

○故　村松貞次郎　元東京大学名誉教授、元博物館明治村館長

正直申して、芸術だ、デザインだ、と昔から言ってきた建築の方が、機能一点張りの土木よりはるかに先行しているという優越感が、この「風土工学」によって覆されたという、残念な気もしないではない。しかし、それは内輪のつまらぬ感情。土木や建築など、広い意味での風土や環境にかかわる仕事をしている人たちにとって、これはえらく勇気を鼓舞してくれる近来稀な学説だ、と喜びかつ確信して広く江湖に推薦する。

○桑子敏雄　東京工業大学大学院教授

個々の人間の体のローカリティーと、人間の知性が捉える普遍的な概念レベルとを統合するという課題に答えるものとして、「風土」が非常に重要な意味を持ってくるだろうと思う。そこで、身体性と普遍性の統合を具体的な空間再編に活かすものとして、風土工学が位置付けられるのではないだろうか。風土工学を志す人は夢窓疎石の言葉をもじって、こんな風に表現できるのではないだろうか。

風土工学を志す人

「山川大地、草木国土を自己の本分とするエンジニア」

○長町三生　広島大学名誉教授、九州大学ユーザーサイエンス機構客員教授

風土工学は竹林征三氏によって確立された技術であり、その新しい技術の背景に感性工学があることも事実である。感性工学の考え方や手法はそのまま取り入れられている。感性工学の対象が消費者が使用する製品にあるのに対して、風土工学はダム・河川・橋梁・都市などの何十年あるいは百年もその地に存在する土木構造物を対象としているところに、大きな違いがある。土木構造物はその地に長期にわたって存在し維持される構造物であるために、その地の風土・感性の構造設計への取り入れが必要になる。それぞれの地方には古くからの言い伝え・伝説があり地方文化がある。それらはその地方の歴史であり住民たちの誇りでもある。また地方によっては住んでいる人たちの感性や住民意識が異なる。このようなものすべてを一口で風土・感性と表現するとすれば、その地域の風土・感性が新しくでき上がる構造物のデザインやネイミングに生かされて、地域の人たちの誇りとなり愛されるものにならなければならない。それでこそその地域で新しく建造されることが、地域の人々に歓迎されることになる。土木構造物そのものには治水・利水その他多くの目的と役割をもっているが、地域の風土文化との結合を目標とするかしないかとでは、構造自体が異なり、また重要な資源となり喜ばれることにもなる。

現在日本のあちらこちらでダムや堰あるいは高速道路の建造計画が住民運動による反対の矛先となり、建造計画があやぶまれたり廃止になったりしているのは、地域文化の更なる発展や展開に風土文化が生かされるような計画になっていないことが大きな原因の一つである。地域文化・風土・地域の人々の意識と土木構造物の設計との融合を表に出して地域住民と根気よく話し合えば、今日ほどのこじれは起こらないはずである。当然これには住民参加が前提となる。

風土工学は地域文化を取り入れた土木構造物の設計ができ、しかもそれが地域の誇りとなるものにするという重要な役割をもつ。この手法が早く関係者に理解され活用され、日本国土が美しく愛される国土に変身することが待ち遠しい。

○薗田稔　京都大学名誉教授、秩父神社宮司

モノ造りを主体とする従来型産業都市の発想は、秩父地域の創造的将来計画には、全くなじまないと、この際はっきり見極めるべきだ。

では、どうしたら秩父ならではのマチおこしが可能なのか。どのように考えたら、秩父に住む住人たちが挙ってマチづくりに参加できるような希望に満ちた構想が描けるのか。それには、まず従来の産業開発一点張りの経済構想を捨てて、なによりも住人たちが心身ともに健康で住みやすく自他ともに魅力的な生活社会づくりを目指して、いま秩父に残されている地政学的諸条件を最大限に活用することが必要である。そしてそのためには、いまや日本の土木工学で注目されつつある「風土工学」の発想が大切なのである。

○千島茂　元大滝村村長

日進月歩、近代科学、技術の粋をあつめ、あらゆる角度から研究し、ダムやトンネル橋梁など道路、治山、治水の工学を論ずる時、山を治め、水を治め、神々の宿るところ。地名の始原。やんごとなきお方の営む都域は古来より山川麗しく、言霊、国霊がそなわっているものであって、万葉集とか、遍路とか巡礼とか、鬼の里とか、併せ考えなければならないところに風土工学の大切さがある。

○岩井國臣　参議院議員、前国土交通省副大臣

「杜のくに…日本」、…これが、これからあるべきわが国の「国のかたち」ではないか。わが国独自の国柄である…この「杜のくに」の思想と感性を大事にし、そういう地域づくりを進めていきたい。そのためには、私たち土木技術者は、今こそ哲学者の語る言葉にも耳を傾け、平和の哲学を語り、地域づくりの哲学を語らなければならない。そして、土木計画学の新しい地平を切り開いていかなければならないのだ。

土木研究センター風土工学研究所所長の竹林征三さんの卓越した識見と精力的な努力によって、「風土工学」という新しい工学ジャンルが創造された。「風土工学」の草分けは京都大学名誉教授の佐佐木綱先生である。竹林征三さんは、これに広島名誉教授の長町三生先生の「感性工学」をドッキングさせ、新しい風土工学の体系を創造されたのである。まだ、研究課題は少なくないと思われるが、この理論を適用することによりこれからの地域づくりに大きく寄与することが期待されている。何よりも実践的研究を重ねることだ。

竹林征三さんは、風土工学の定義を、やや施設の設計に重点を置いて考えておられるようだが、私は、とりあえずPFIを念頭に置きながら、公共施設などの企画、計画、設計、施行、管理のそれぞれのレベルで、風土工学の理論を適用するよう挑戦して欲しいと考えている。

さて、風土とは、竹林征三さんが「風土五訓」で言っておられるように、五感で感受し、六感で磨き、しみじみと判る…地域の個性、地域の誇り…それが風土である。そこに棲む人々意識により、或いはそこに訪れる「漂泊の旅人」の意識によりその光り方が違ってくる地域の個性、それが風土である。竹林さんは、鳳の羽ばたきと言っておられるのだが、…地域の人々の心を豊かに育み、地域の文化を育んでくれるもの、それが風土である。悠久の時の流れの中で形成され、その地域の人々の自己を形成するもの、それが風土である。

このように、風土は、地域の人々の深層心理と深く係わっているのであり、いいかえれば、地域の人々の自我そして自己を形成している。…とすれば、虚心坦懐に地域の人々の意識を探らなければならない。「地域の人々をして語らしめる」ということが、…基本的に重要になってくる。これはとりもなおさず川喜多二郎さんの「KJ法」だ。「風土工学」はここで「KJ法」と繋がってくる。

「自我」ないし「自己」というものを理解するには、河合隼雄さんの「アイデンティティーネットワーク」という考え方がいいだろう。また、日本人の「自我」とその特質を理解するには、老松克博さんの「漂泊する自我」という考え方がいい。ここで、「風土工学」は、深層心理学と繋がってくる。

さらに、竹林さんは、地域が発するリズム、…それはいうまでもなく、人々の感性を揺り動かすもとになっているのだが、それが風土であるとも仰有っている。

お判りにくいかも知れないが、哲学的いえば、「地域のリズム」…それが風土である。中村雄二郎さんの「リズム論」、…中村哲学でいうところの「共振する世界」…その「トポス」が風土である。私は、ここで「風土工学」は「中村哲学」と繋がってくるように思う。

土木工学は、本来、住民がその地で心豊かに生活し豊かな風土を作り上げていくための工学である。土木工学はその原点に立ち返らなければならない。土木工学、それはいうまでもなく「シビルエンジニヤリング」である。シビル…つまり文化をつくるための技術である。本来はそうであった。その原点に立ち返らなければならない。

梅原猛さんがいわれるように、これからわが国は、縄文文化に想いを馳せ、「森の思想」を近代風に育てていかなければならない。梅原猛さんのいわれる「循環と共生」だ。「風土工学」は、ここで梅原哲学とも繋がってくる。

○谷川健一元日本地名研究所所長

日本は8世紀の初めから風土記というのをつくっております。「風土」という言葉は日本人にとって非常に親しい名前なんです。外国人にはデリケートな言葉でわかりにくい面もあると思いますが、日本人にとっては何かわかる。風土記の場合には、土地の形状だとか、土地が肥えてるとか、痩せてるか、地名を二字にしろとか、古老の伝承を出せとか、土地の物産を出せとか、そういうものをみんな書き上げて出せと言ってるわけですから、いまここでおやりになろうとしてる風土工学デザイン研究所の趣旨とも合致するわけです。

○風土工学への期待

徳山区共有財産管理会会長　埴　國隆

名称決定までには随分ご苦労があったと推定されます、現地調査・全国的なアンケート調査・地元のアンケート調査・橋梁名・命名記・扁額名・随道名・扁額の思い・どれを見ても関係者苦心の労作の結晶ばかり、心から敬意を表し厚く御礼を申し上げます。

願わくば私たち移転住民も含めて、ダム見学や観光に訪れる方々が、何げなく走り通るだけでなく、この小さな表示板に注目し刻まれた文字が何を訴えているのか、廣く深く理解することに心がけたいと思います。

付け替え道路の橋・トンネルの随所に示される表示板には、神秘的なもの、ほほえましいもの・もの悲しいもの・懐かしいもの・嬉しいもの・地名・等の謂われ　伝承、現状が例え四文字であっても驚くほど沢山含まれている、そして肉眼には見えない風景や物語が脳裏に浮かび見る事が出来る。

橋・トンネルの工法や構造は別として、この橋・トンネルの名称から私たちに伝わって来るものが、正に風土工学の神髄に結びつくものではないかと私は理解してしまった。

そして橋・トンネルの名称も始まったばかりで、これから沢山の名称の決定が待っております。徳山ダムのみならず全国各地からも期待が寄せられると思います。

○風土不二
猿ヶ京ホテル女将、
三国路紀行文学館・猿ヶ京関所資料館館長　持谷靖子

生き物は、本来自分が生きる環境の範囲内で食物を調達するのが一番で、それが健康の大原則である。その土地で取れる旬の食物を食べることは、略奪と占領を無くし、人々が平和で、健康な生活を営める一つの考え方に繋がる。

それを〝身土不二〟と言う。竹林先生の「風土工学序説」からの発想で〝身土不二〟を〝風土不二〟という言葉に置き換えて見た。形のない風は、人間の智恵を表象しているとも言える。風土工学は工学という学問を越え、風を扱おうとしている。拙い私の昔話を風土工学の資料として扱って下さったことは、工学という固いものを連想される言葉の中にあって、弥が上にも、やわらかな期待を膨らませてくれる。

○故郷の歴史に光を与え、今後の道しるべ
橋に想う・風土工学への期待
ドラゴンリバー交流会副会長　吉田秀尾

先般、新しく出来た鳴鹿大堰へ見学に行った。橋桁が足をのばした鹿の形になっている。鳴鹿の地名に因んで風土工学研究所の創意によるものであるという。実に素晴らしい。

悠久の昔から九頭竜川の流れに沿って生活を営んできた人々、その哀愁が橋の歴史が新しい橋に表現出来なかっただろうか。風土工学的な知識を持っている人がかかわっていたら、橋も名称も変わっていたことと思う。

風土工学、それこそ故郷の歴史に光を与え、今後の道しるべともなるものではなかろうか。

そんな想いにふける昨今である。

(14) 数々の表彰状

私は子供の頃から賞状とかに縁のない人間であった。小学校時代は病気をあまりしなかったので、皆勤賞を何回か貰った。怪我をしても学校へ行っていた。学校へ行けば友達と遊べるからである。中学校、高校、大学、大学院とこの間卒業証書は確かに貰ったが、その他紙切れを貰ったこととしては、小学校の時、仁川で写生大会の時、入賞したことがある。その他は記憶にない。

社会人として勤めてから、紙切れをもらうのは人事発令のみでしかなかった。初任地の和歌山県庁は筆でかかれた人事発令書であったが、建設省では全てタイプライターで行政職○等○号を給すると書かれた味もそっけもないもの以外に貰った記憶がない。

初めて貰ったのは、役所に20年勤務した者全てが貰える20年勤続表彰であった。銀盃が二口ついていた。これは小学校の皆勤賞くらいのことなのであろう。

○建設大臣研究業績表彰

賞らしき物の最初のものは、土木研究所のダム部長の時「ダム堰技術の高度化と水歴史文化に関する研究」で建設大臣研究業績表彰していただいた。これは土研における研究業績を評価していただいたもので年に1人か2人だったと思う。私のように研究費なしでコツコツまとめたものが山ほどあるのだという業績調書（相当ページ数のあるもの）をつくらされたので、相当値打ちがあるものだと自分では思っている。これで研究業績調書をまとめていたので、富士常葉大学の新設にあたり、文部省大学設置審議会の教員予定者人物審査用書類作成の際には、相当役に立った。

○科学技術庁長官賞

第1回科学技術普及啓発功績者表彰。これは風土工学の構築で工学博士の学位をいただいてから1年強の間、全国のあらゆる所に風土工学の普及啓発で講演にあけくれたものに対して与えられたものである。科学技術庁の功績表彰は、土研でも数年に一人位は賞を受け取っていたと思うが、この普及啓発功績者表彰はおそらく土木建設部門では私一人だけではないだろうか。それも栄えある第1回目のものであるので、この賞は値打ちがあるものと思っている。

この賞をいただくにあたり、土研の企画課長の安田成夫さんと補佐の木内さんに大変分厚い功績調書を作っていただいた。両者には感謝しなければならない。この第一回の受賞は松本零士さん、米倉伝次郎さん、それに私ともう一人の合計4人であった。

○第5回前田工学賞

これは先代の前田又兵衛さんの遺産でつくられた賞で、土木建築部門で毎年多くの人が多くの大学から工学博士称号を授与されているが、そのうち最も優秀な論文に対して土木部門1編と建築部門1編に対して授与される賞で、その五回目に私の博士論文が選ばれたものである。この年は土木と建築あわせて私の博士論文を1編選出していただいたものである。この賞は副賞として金百万円が贈呈された。これは素直に嬉しかった。賞の選定委員で私の知っている人としては、福岡正巳先生一人だけであった。表彰式で鈴木博之先生や竹内良夫先生も選定委員であることを知った。ところでこの賞に誰が私の論文を推薦してくれたのか未だに知らない。

○創作民話「鬼翔平物語」最優秀賞

この物語は風土工学理論そのものである。風土工学はその地の意味空間のデザインである。北上市和賀の地の歴史や地名由来をはじめとする風土文化を詳細に調べ上げて、その地の成り立ち、地物・風物を語る物語である。

これは、応募した時から最優秀賞を確認していた。その地の風土を徹底的に調べ上げ、それを見事に五行思想による五つの鬼により関係付けて物語が出来たので、これ以上の物語を作る人はいないと確信していたが、最優秀賞を逃す場合があるとすれば審査委員が文化の素養がなく、理解できないケースであると思っていた。

最優秀賞決定まではよかったが、その後、文化も教養もないと思わざるを得ない人達が関係していた。（P256からP258で詳述）折角の素晴らしい絵本とカルタと絵地図が活かされていないのが残念である。

○ダム工学会賞

ダム工学会は、私が実質的に各省の関係者を根回しして設立にこぎつけた。しかし、設立当初から学会であるから、大学の先生等に御協力を仰いだ。設立時は関係したがその後ダム事業とは遠ざかっているので、ダム工学会の運営にはその後一切関係がない。

・論文賞…風土工学理論の論文
・技術開発賞…引張りラジアルゲートの開発
・著作賞…「ダムのはなし」「続ダムのはなし」の２冊
・２度目の著作賞…「ダムは本当に不要なのか」

私をダム関係から外した人達が、ダムのことで私を表彰せざるを得なくなったということであり、そう考えれば、腹もたてずに素直に喜んでいいのだろう。

○土木学会景観デザイン賞

土木学会に景観デザイン委員会が出来た。景観デザインの考え方は、見た目の良さの追求である。機能設計の追求は埒の外で関係ないとしている。

例えばトンネルのエントランスの洞門もデザインを色々している。洞門で一番大切な物は機能設計ではないか、豊浜トンネル事故はそのことを教えてくれている。岩盤崩壊に対し安全な機能設計が一番重要なのである。機能設計を極めてゆけば自ら美が備わってくることに気がついていない。

中国地方のＴダムの堤体デザインも土木学会の景観デザイン賞を受賞している。

Ｔダム堤体の設計のポイントは①ダム高が制限されている中でどれだけの洪水吐の設計流量を大きくすることが出来るかということでラビリンス堰の越流吐が導入されている。また②本邦で二カ所目の引張りラジアルゲートを導入した。また③堤体の基礎掘削線の決定がある。①、②、③の設計で堤体の姿形は殆ど決まってしまうのだ。従って見た目の姿形を良くしようとすることは、①、②、③の機能設計を極めるということなのである。①、②、③の見た目の良さのみを追求しようとすることに恥ずかしさを感じないのであろうか。風土工学デザインは①機能設計を究めることにより自ら美が備わってくるという考え方である。もう一つは②見た目の視覚は最も重要なものの一つであることは異を唱えないが、見た目の良さのみでなく六感全ての良さを追求するのが風土工学なのである。

風土工学は見た目の良さ以上に、意味空間デザインを重視する設計論である。見た目の良さのみを追求する景観デザインの考えは大変浅く深みのないものではないだろうか。

○中筋川ダムの景観設計について

四国地建の河川部長から、海外の事例から階段状横筋基調のダムのデザインをしたいと話があった。そこで日本の風土には階段式の横基調のダムは、ダムの維持管理機能からも馴染まないこと等を申し上げたが、どうしても階段式のものをつくりたいという。どうしてもというなら、機能設計が間違いないようにということで、糸林芳彦さんを委員長にお願いし、私が色々実質的に機能設計を前提にデザインネックを解消してデザインしたものである。その時、委員会の運営はダム水源地センターが行い、その下で意匠系のコンサルタントが手伝った。その手伝ってもらったコンサルタントは中筋川ダムの景観設計は自分達がやったということで、当時のゼネコンの所長と現在の中筋川ダムの所長にも連名に加わってもらって土木学会の景観デザイン委員会に申請した。

何も経緯を知らない中筋川ダムの所長は、少し以前の経緯を調べて私に相談してくれたので分かったのである。私は本当にこの賞は恥ずかしい賞だと思う。

○国土交通大臣建設功労者表彰

国土建設月間にこの省の行政部門の功労者として表彰された。表彰していただけるということなので、いただいたが、何か変だと今だに思っている。

それは、行政関係の功労者だという。私は、その当時すでに建設省を辞めて6～7年は経つ。現在は大学の先生だ。建設省退職時は土木研究所という研究機関の勤務で、研究を本務とする研究職を6年ほどやっている。

私の行政部門の功績を表彰してくれたとすれば、13年ほど前のことであり、それを何故、今になって思い出したかのように表彰してくれるのか？　また、私の行政部門の功績とはどのことを言っているのであろうか。本当に良く分からない。

私は行政職から土研の研究所に移ってから、建設大臣研究業績表彰をいただいてから10年後、研究業績よりもっと古いことで国土交通大臣から表彰を受ける。どう考えても不思議なことである。

○ダム工学会功績賞

私は昭和44年に建設省入省後、土木研究所等において長年にわたり、ダム事業の推進、技術指導、ダムに関する研究に従事した。建設省本省では河川局開発課建設専門官、開発調整官等の要職を歴任し、多目的ダムの建設事業の推進、河川砂防技術基準の改定等に取組み、土木研究所ではダム部長、地質官等の要職を歴任し、ダム技術に関する研究、ダムの技術基準の作成や全国のダム事業の技術指導にあたった。退官後も富士常葉大学教授に就任し、風土工学の第一人者として活躍し、一般の人へのダム事業の正しい理解や啓発に貢献した。

ダム工学会においては、設立に尽力し、設立後も評議員、ダム工学編集委員会委員を務め、論文賞、技術開発賞、著作賞を受賞するなど、ダム技術・ダム工学の進歩及びダム工学会の発展に貢献した。

以上の業績に対し、功績賞に推薦され、選考されました。

○富士学会　功労賞　表彰

平成25年6月1日、富士学会功労賞をいただきました。

富士学会は、平成14年（２００２）11月16日、東京都千代田区のパレスサイドビル毎日ホールで「日本のアイデンティティ 富士を考える」というテーマでシンポジウムを行ない、「富士学会」設立総会となった。

富士常葉大学は富士山の麓に創設された大学である。

「富士学会」の事務局を富士常葉大学内の風土工学研究所に置き、富士学会を支えてきた。

竹林征三は富士学会設立発起人の1人であると共に、設立時の富士学会副会長、現在は「特別顧問」となっている。

○春の叙勲 瑞宝小綬章

春の叙勲で竹林征三理事長が瑞宝小綬章を授章しました。

謹啓

皆様には益々ご清祥のこととお慶び申し上げます。さて私ことこの度平成二十六年春の叙勲に際しまして図らずも瑞宝小綬章受章の栄誉に浴しました。これもひとえに皆様の長年に亘る心温かいご指導ご支援の賜と深く感謝申し上げます。今後共一層精進しいささかなりともご芳情に報いたいと存じますので相変わらぬご厚誼ご鞭撻を賜りますようお願い申し上げます。末筆ではございますが皆様のご健勝ご多幸を心から祈念申し上げ御礼のご挨拶とさせていただきます。

謹白

平成二十六年五月吉日　　竹林征三

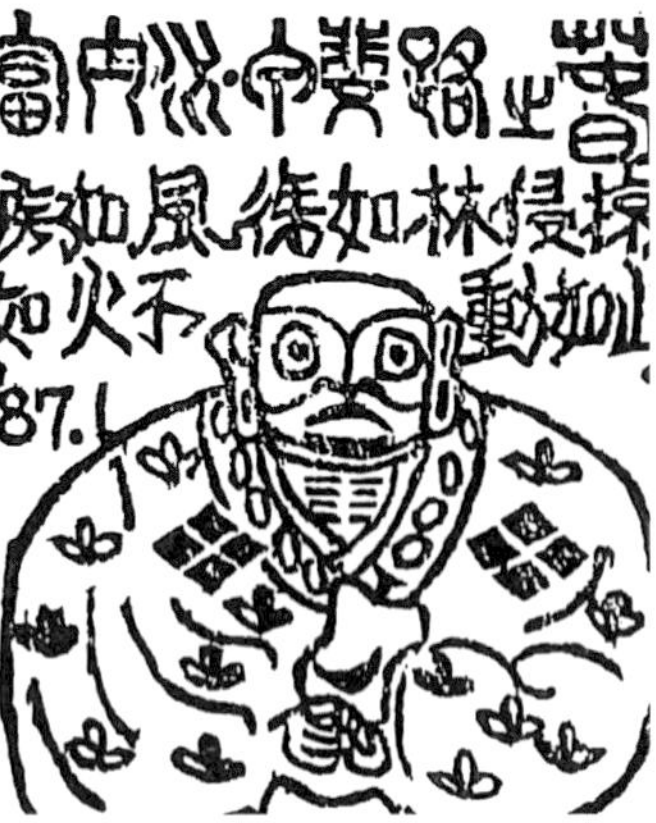

●富士山の雪形：「猿」と「かぐや姫」
（富士常葉大学からみた富士山の雪形）

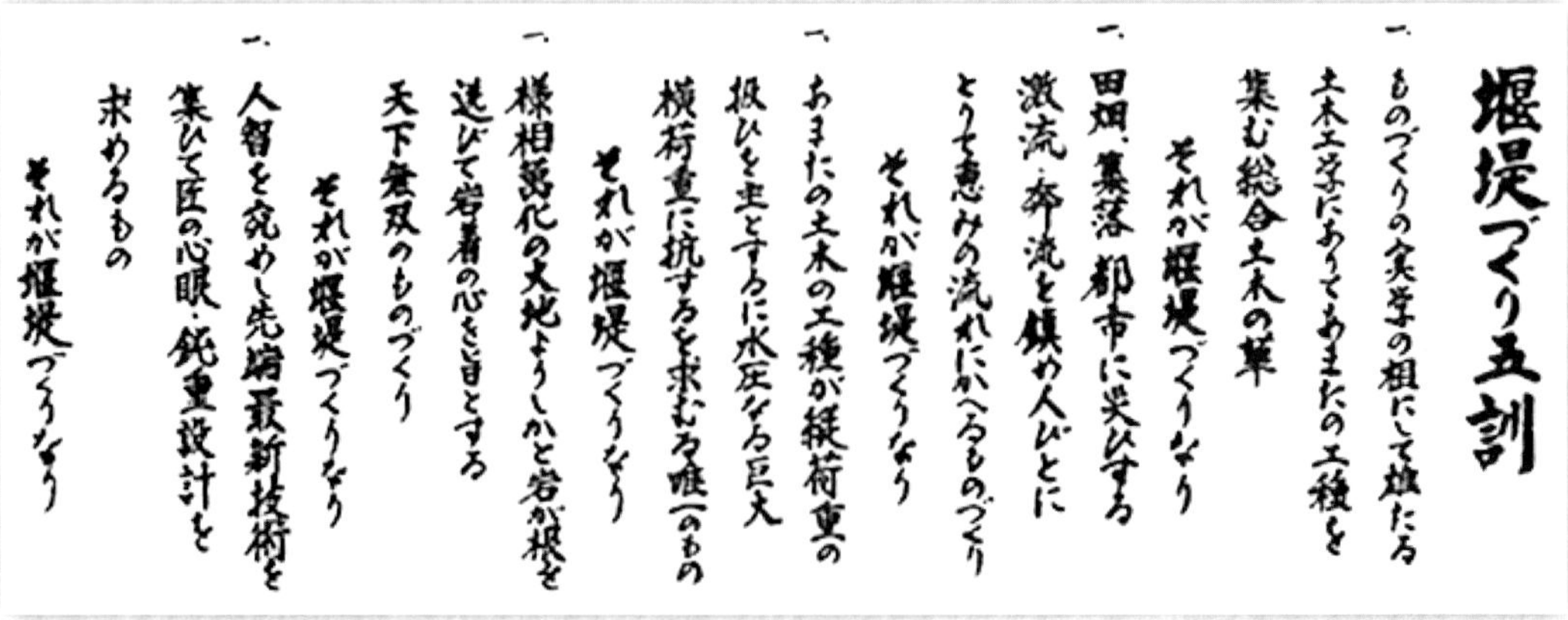

堰堤づくり五訓

一、ものづくりの実学の祖にして雄たる
土木工学にあってあまたの工種を
集む総合土木の華
それが堰堤づくりなり

一、田畑、集落、都市に災ひする
激流・奔流を鎮め人びとに
とって恵みの流れにかへるものづくり
それが堰堤づくりなり

一、あまたの土木の工種が縦荷重の
扱ひを主とするに水圧なる巨大
横荷重に抗するを求むる唯一のもの
それが堰堤づくりなり

一、様相萬化の大地よりしかと岩が根を
選びて岩着の心を旨とする
天下無双のものづくり
それが堰堤づくりなり

一、人智を究めし先端最新技術を
集ひて匠の心眼・鈍重設計を
求めるもの
それが堰堤づくりなり

○日本水大賞受賞〔ＪＡＰＡＮ ＷＡＴＥＲ ＰＲＩＺＥ〕第17回特別賞

――風土形成に資する物語・絵本等創作活動――

一、はじめに

これまでの公共事業はコスト・ベネフィットの効率追求一辺倒でやられてきた。その結果、地域の環境との調和や風土との調和が損なわれる等いろいろ齟齬をきたすようになってきた。

これらの反省の上に私共は、風土との調和を目指す、風土の誇りを形成する風土工学の必要性を訴えてきている。

風土工学のデザイン対象の一つに誇りうる意味空間の設計がある。ソフトな意味空間デザインには物語・民話の創作やイベント、歌謡、歌留多等々がある。

たまたま、北上市が風土資産を活用した、地域の誇りとなる創作民話の公募があり、私共の風土工学理念と合致することより風土工学手法により創作民話『鬼翔平物語』をつくり応募させて頂いたところ、最優秀賞を授与して頂いた。

風土工学研究所では設立以来、誇りうる水空間のデザインに向けて矻矻と多くの創作民話や歌留多・讃歌等を作ってきた。

このようなその地の誇りうる風土資産を活用した創作民話や歌留多・讃歌等が良好な水文化形成に大きな役割を果たすものと考えている。

二、活動の内容

土研センター風土工学研究所（つくば市）（１９９７年～２００３年）、富士常葉大学附属風土工学研究所（富士市）（２０００年～２０１０年）及び、これらの２つの風土工学研究所の活動と実績を継承した風土工学デザイン研究所（千代田区神田）（２００１年～現在に至る）において、通算17年余の風土工学の普及啓発活動の一環として全国各地の風土を徹底的に調べ、その地に存する誇りうる風土資産を題材とした民話等を数多く創作してきた。

それらのうち、地元の自治体（市）から創作民話最優秀賞を受賞した作品『鬼翔平物語』（入畑ダム水源地域の物語）や、当方が創作した民話がその地の地域おこしとして演劇化された作品『蔡温あけみお物語』（羽地ダム水源地域の物語）や、創作民話に因んだ橋梁名やトンネル名が名付けられた作品『徳之山八徳物語』（徳山ダム水源地の物語）、『阿保千方物語』（川上ダム水源地の物語）、『小丸川の郷物語』（小丸川発電所水源地の物語）ｅｔｃや地域の関係者から命名の由来の素晴らしさから、感謝状や表彰状をいただいた作品、『雷電坊物語・秩父の大雨編・甲武信ヵ岳編』（中津川渓谷の物語・雷電廿六木橋の命名、最優秀賞受賞）、湖名の命名から『ながい百秋湖讃歌』が創作されたもの等があります。

地元の方で是非共多くの人に読んでほしいということで、一般市販してもらえないかということで、一般市販定価をつけたものが『徳之山八徳物語』『雫石あねっこ物語』（小柳沢の砂防公園の物語）『満山ガータロー物語』（行入ダム水源地の物語）などがあります。その他列挙すると『肘折鬼と地蔵の物語』（肘折カルデラ小松渕の物語）『奥津碧渓湖ものがたり』（苫田ダム水源地の物語）『諸美姫物語』（森吉山ダムの水源地の物語）『早池峰権現あづまね太郎物語』（早池峰ダムの水源地の物語）『留萌チキサニ七ツ森物語』（留萌ダム水源地の物語）『小丸川の郷物語』（小丸川ダム水源地の物語）『一布叶水物語』（横川ダム水源地の物語）『鳴鹿郷物語』（九頭竜川鳴鹿の物語）『田上七賢人物語』（田上山砂防の物語）『お鬼怒と喜平の物語』（湯西川ダム水源地の物語）他多数ある。

意味空間設計として創作民話だけではなく、ダム水源地等の誇りとなる風土資産を題材とする「いろはカルタ」を多くつくってきた。『諸美姫ものがたり風土歌留多』（森吉山ダム水源地）『田上砂防いろはかるた』（瀬田川砂防）『球磨川・川辺川風土歌留多』（球磨川・川辺川）『野洲の扇いろはカルタ』『薩埵峠いろはかるた』『幾春別川いろは歌留多』『三峰川長谷の郷いろはかるた』『都道府県「かたち」いろはカルタ』『都道府県「名前由来」いろはカルタ』他多数ある。

『あけみおのまち名護羽地いろはカルタ』については読み札、絵札が羽地ダムの堤頂高欄部デザインに組み込まれている。又、『日本橋カルタ』についてはルネッサンス特別賞（２００９年）、更には『山陰海岸ジオパークかるた』については優秀賞（２０１２年）等、地元関係者から表彰状等高く評価していただいた。

その他、風土資産の誇りの歌謡化が創作されたものに『ここまで来たら北海道（オロロンライン編』（作詞：竹林征三、作曲：福澤恵介）、歌謡化や踊りが創作されたものとして『ながい百秋湖讃歌』等がある。

三、活動の必要性

「ダムは無駄」「コンクリートから人へ」のキャッチフレーズのもとに、国家百年の計で着実に整備して行かなければならないダム事業が事業仕分けとか有識者会議とかで、ベネフィットが計算しやすいごく一部しか評価されていないにも関わらず、Ｂ／Ｃの評価尺度で次々事業中止に追い込まれている。ダム水源地域は治水・利水の事業の犠牲の地としてのマイナスカウントの評価だけではない。建設の目的は誇り得る水文化の価値高い地域を形成する積極的プラス評価の側面が全く忘れ去られている。ダム水源池を地域にとって誇りうる風土の宝とするためにはダム湖の名前や意味空間のソフトデザインが欠かせない。意味空間デザインとしては小説や物語、そしてイベント等が考えられる。私共の研究所が企画した小説としては、野洲川放水路をテーマとして「野洲川物語」（前理事長田村喜子作）がある。工学手法を駆使すれば創作民話等は出来る。このようなことより多くの創作民話や讃歌・カルタをつくってきた。物語化、民話化、歌留多等は風土工学のデザインの一手法であり、創作民話ひとつひとつに秘められている地域の誇りを一人でも多くの方が認知し共有して頂くことを願ってやまない。認知共有の輪が広がれば誇り高い地域おこしへの無限の展開が開けてくる。

四、社会の評価

社会への波及効果：小柳沢砂防公園と道の駅をデザイン対象として創作された『雫石あねっこ物語』は雫石町の自慢とする民話七話として雫石町に定着すると共に道の駅「雫石あねっこ」は地域おこしの核となっている。『阿保千方物語』は当研究所が発掘し作った。千方伝承地マップの効果もあり、地元高尾地域の人々が藤原千方の壮大な物語を地域おこしの核にする活動が活発に行われるようになった。その他の地域では創作民話を題材として、ビデオ化やいろはカルタ・讃歌創作・演劇化等いろいろな展開を見せている所も多い。『蔡温あけみお物語』は地元の人々が俳役として演劇化されたことには当方としては想定外の展開にビックリさせられました。風土歌留多も好評で地元からいくつかの賞をいただくこととなった。又、田上山五讃碑が建立された。

五、工夫した点・留意点

1)〈創作民話の作者について〉

当研究所が風土工学理論とプロセスに沿って創作したものばかりであるが、その創作経緯から著者名が異なる形をとったものがある。①地元の方が、当方の風土工学理論に感銘してチャレンジして創作してみたいと申し入れがあり、その方と当研究所で創作したものとして「満山ガータロ物語」がある。②風土工学理論で物語の骨子を組み立て、作家田村喜子先生と合作したものに「鬼翔平物語」がある。③当方で風土工学理論とプロセスで、全文を作成した後、地元の元教育長の佐々木正志さんは風土工学理論に感銘され、自分が是非共、地元の方言等加筆させて頂きたいと1年間、自分の鞄の中に入れて、日々、声を出して読み加筆修正を重ねられて。完成させたものとして「雫石あねっこ物語」がある。④その他は所長の竹林征三及び研究員が風土工学理論とプロセスを駆使して創作したものばかりである。

2)〈創作民話の絵本化についての画家について〉

①地元の方でプロの画家にお願いしたいと頼まれたのが『鬼翔平物語』の画家「野村たかあき」である。②『蔡温あけみお物語』は沖縄の地方色を強調させるために地元の方に描いて頂いた。又絵本は沖縄の月桃紙でつくられた。③その他の絵本化の画は、当研究所の活動を共に行っている会員の中に絵心がある会員がおられる。その方々に描いてもらったものばかりである。

3)〈創作プロセスについて〉

①当該地域の風土資産（風土の宝物）を徹底的に調べる。②風土資産相互間の地元の人と、他地域の人の意識イメージの差異をマルコフのイメージウェイトの解析を経てイメージ構造図化をして、地域のトータルデザインコンセプトを導き出す。③コンセプトのブレイクダウンを行うと共に、発想技法とスクリプト技法等を駆使して物語の起承転結をつくる。

㊟ 風土工学理論については、竹林征三著『風土工学序説』『風土工学への招待』『市民環境工学・風土工学』『風土工学の視座』『風土千年復興論』等を参照。

六、今後の展開

東日本大震災以降巨大災害の世紀に突入して『環境防災学』（竹林征三著）と『風土工学』の視座とその展開が極めて重要で不可欠であることがわかってきた。今後は「風土工学」と共に「環境防災学」の普及啓発に全力をつくして参りたい。今後の展開として①「風土工学」においては風土調査がその基本であることより、各地の調査結果を「風土誌」及び「風土資産マップ」の形で順次編纂していきたい。②災害の世紀に突入し、よりよき環境創造に資する真の防災の視座「環境防災学」の普及啓発に努めて参りたい。③土木事業の基本を支える両学の理解を深めていただくために、全国各地の「風土に刻された災害の宿命」をテーマとした講演活動を積極的に展開していきたい。真の安心安全国土づくりと良好風土形成を目指す活動はますます重要になってきている。

【二】波瀾万丈・二倍の人生

［1］必死のパッチの精神で乗り切る

私の両親の家系は共に商売人の家系で、商売で大成功もするし、一方で大失敗もしている。祖父や両親は相当波瀾万丈の生涯を送ってきた。両親の家族は激動の中で育ってきたようだ。

そのようなことを見て育った私は、商売による金儲けの道を避け、コツコツ地道に世の為人の為の仕事をしたいと思い、国家公務員となった。土木職で建設省に入省したので、何よりも良い土木施設を建設したいとの思いであったが、特段出世したいとは思わなかった。良い仕事をするためには、ほどほど皆と同じくらいの昇進はしたいと思う程度だった。何よりも平穏に生きたかった。古稀を迎え振り返ってみると、自分の思いとは逆に技術公務員としては波瀾万丈の人生になってしまった感じがしないでもない。

良い仕事さえすれば、少々反対する者がいても必ずいずれ分かってもらえる。私の子供の頃からの、周りの目を気にしない生き方は、社会では通用しないということである。当然と言えば当然のことである。周りの御機嫌伺いなど私なりに相当気を使ってきたつもりなのだが、根っこの根性がそうでないので、周りへの配慮が大幅に足りなかったということか。

公共事業が中心の土木の社会で、当局の意向に逆らう事は、この社会で生きて行けないことを意味するということなのだろうか。当局の意向に従わなかった結果、次々に身に降りかかる想定もしなかった勤局を切りぬけていかなければならなくなった感じである。

私にとっては想定外の波瀾万丈の人生が墓場に入るまで続くということなのだろうか。

ダムの地質調査で世話になった徳山明先生が、日本で初めての環境防災学部を看板とする大学を創設するので私にも参画してほしいとの要請が入ってきた。つくばの研究所は2〜3年たてばつぶすと当局から言われていたので、富士の大学に附属風土工学研究所を設置することと、私の兼業許可を認めてくれることを条件に参画することとした。大学の方へ移る話がすすむと反対に、つくばの土研センターはせっかくの稼ぎ頭の部門がなくなるのはモッタイナイ、私に掛け持ちして残せという。

それにしてもつくばと富士の両研究所もいずれなくなることを考えておかなければならないことから、新橋にNPO法人の風土工学デザイン研究所を設立した。私は想定しなかったいきさつから同時に三つの風土工学研究所を運営・経営しなければならなくなってしまった。3カ所に何人かずつの研究員と職員がいる。その方々の仕事の段取等相談に乗らなければならない。つくばは東京より東北へ数10km、富士は東京より西へ約100kmと、3つの研究所を一週間で1回ずつ巡るだけでも大変だった。運転の下手な私もドライバーとして動かなければならなかった。

私としてはせっかく富士にある大学の教授になったわけだから、大学の名前を高めることも考えねばということで、富士山の事を何でも研究対象とする文理融合の「富士学会」の設立を考えた。学会長は地理学会長をやっておられた西川治先生にお願いし、各部門錚々たる学者の参画を得て富士学会を設立した。常葉学園の理事長の木宮和彦さんも非常に喜んでくれた。私は設立の功労者として副会長となった。（現在は名誉顧問）この富士学会の事務局も引き受けることとなった。富士山のことなら何でもということである。

しかし木宮健二理事長に替わって、何を無駄な事をしているかということで富士学会事務局も放棄しなければならなくなった。非常に残念至極である。それに設立当初、大学設立に貢献した者は、定年は65才でなく70才までおれるという話だったので、じっくりやれると思っていたが、理事長が変われば全て御破算で65才一律になってしまった。

予定より5年も早く定年になれば、後任の風土工学研究所長になる人も育てる時間がない。新しく研究所を設立するのも大変馬力が必要だ。そしてそれを軌道に乗せるまでも人には言えない苦労がある。更に大変なのが、閉所するとなれば実に大変なことが起こる。

つくばの研究所を閉所する時もそうだったが、富士の大学附属の研究所を閉所する時はその何倍も大変だった。それは研究所を閉所する時に残っていた動産（貯金通帳残高）は大学に帰属すると新しい理事長は主張し出した。民法の弁護士に相談にのってもらったら、それは大学ではなく、私に帰属するという。訴訟を起こして争えば必ず勝つと言う。約数千万円位あったと思う。しかし、結局争うことなく、全て大学に寄付をした形となった。

組織をつくれば、つくっただけ色々な問題が生じるものである。私としては富士の風土工学研究所の業務は神田の風土工学デザイン研究所に全面的に引き継ぐので、貯金通帳残高もそちらへ引き継げばどれだけ助かったかわからない。残念だが仕方がない。

それにしても、長年3つか2つあった風土工学の研究所が、ようやく神田の風土工学デザイン研究所一カ所となった。これで私も長距離マイカー運転をしなくてよくなった。私はもともと運動神経が良くない方である。下手に長距離運転を長年しているといつ大事故を起こすか分からない。スピード違反で警察にどれだけ御奉公したか知れない。また、大事故には至らなかったが、小事故は何度もあった。これでマイカーも手放したのでそれらのことについて心配しなくてもよくなった。これからも完全にリタイヤするまではいくつもの波瀾万丈が待ち受けていることだろう。

私がこれまで情熱を注いで設立に大きな貢献をしてきた組織がいくつもある。ダム技術センターはその設立準備室から初代の企画課長（現在の企画部長）を務めて組織の骨格を作った最大の功績者の一人だと思う。

ダム工学会の創設の一番大切な各省の実質的な調整やその軌道に乗せるところまで、私の果たした功績は大きいと思う。

また、ダムから人へ、ダムによらない治水とかの世の風潮により、かつて情熱をかけて勤務してきた役所の組織、開発課や土研のダム部長やダム計画官の名前は無くなってしまった。

私が設立時に名前を連ねた富士常葉大学も常葉大学・富士と名前が変わり、環境防災学部も社会環境学部に名前が変わり、さびしい限りである。

これでもか、これでもかといじめられいる感じに思えてくる。子供の頃のいじめはともかく、社会の巨大権力によるいじめは実に陰湿である。何より、私が創設した土木研究センターの風土工学研究所や富士常葉大学の附属風土工学研究所も今や閉所せざるを得なくなったことも残念至極である。現在それらのことも想定されたので、事前に立ち上げておいた、神田のＮＰＯ法人風土工学デザイン研究所がそれらの業務を全て引き継いでいるからまだ救われる。世の中の激動の中、波瀾万丈の中で必死に生き延びている感じである。

風土工学の学会活動用に設立をした日本感性工学会風土工学部会も細々と活動を継続している。

大変な思いで、設立した富士学会も事務局を富士常葉大学附属風土工学研究所から日大に移さざるを得なくなり、私の役職名も当初・副会長からいまや名誉顧問という名を残すだけとなってしまった。

私の波瀾万丈の人生は小学生の時代にその萌芽を見つけ出すことができる。大人なぶりをする腕白小僧で担任の先生を困らせて、手におえないので転校さすと言われ母親が学校へ呼び出されている。

勉強より家業の手伝いをしろという家庭に育ったお蔭で困っても何とか食って行く逞しい生活力が育まれたのかもしれない。事業を真面目に聞かない小学生時代を過ごしたことより、その後大学を卒業するまで授業から学ぶという姿勢が身につかず、友達からの刺激を受けて自分で目標を定めて学ぶという半独学自己流学びのスタイルが固まってしまったようである。これらも波瀾万丈の人生を歩まなければならなくなった遠因になったかもしれない。

高校では数学が一番得意で、数学で友人と差をつけていたところがあった。京大医学部を受験したとき、得意の数学で頑張らなくてはとの思いがパニックを起こしてしまった。数学がほとんど解けずに結果的にはわずかな得点差で浪人生になってしまった。一年間の自宅浪人生活で受験で学ばなければならない全教科を全てやり、やり残したものはない。もう一年受験勉強しろと言われてももう学ばなければならないものはないと思った。浪人後は人間の悩みを直す医者よりも地域の国土の悩みを直す土木に志望を変更したのも、波瀾万丈の人生を歩むことになった遠因の一つになったと思う。

そして何より不運だったのは、誰もが考えもつかなかった文理融合の風土工学という、大学の権威を振りかざす学者たちが認めたくないテーマで博士号を取ったことではなかろうか。波瀾万丈の人生を歩まねばならなくなった近因の一つになったことは確かである。私はダム技術で工学博士の論文のテーマは当時いくつかあった。そちらの方で博士号を取っておけばと思うこともある。

社会の行政需要にこたえるのが土木事業である。社会が環境が大切だと騒いでいるときに、そうだそうだ環境が何より大切だと言えばよい。環境が大切だが風土がもっと大切だなどと、何も言うことはない。ダムは環境破壊の元凶だ、ダムによらない治水と、ダムから堤防だという世の風潮のときに、ダムと堤防は比較の対象ではない。ダムはやはり重要だなどと言わなければよい。辛い草臥れる波瀾万丈の人生など送らなくとも、大過なく平穏な人生を送れたのに、そうすれば、家族ももっと幸せだったのにとの思いが脳裏をかすめることもある。

［2］二倍の人生を歩む

人生の生き方として細く長くという生き方と太く短くという生き方がある。

私はどうも太く短く生きてきたようである。

古稀を迎えてしみじみと顧みると、人の二倍も密度の人生を歩んできたという感じがする。

小学校時代は遊びが主で学校の授業は息抜きで、そして一番真剣に取り組んだのが家業の手伝いであった。その意味で2～3倍の密度の日々を暮らした。

中学校や高等学校は毎年クラス替えがあったが、私は何組で担任の先生は誰であったか、余り覚えていない。小学校時代のような悪ふざけの遊びはしなくなったが、家業の手伝いは続いた。

高校から家庭教師を始めた。家庭教師といっても相手の家に行くのではなく、屋根裏部屋の机の横に座らせて、分からないときに教えるという程度のことだった。高校のときは母親の家業をもっと楽にしてあげたいと思い、地主や建設屋と話を詰めて、工場風の大屋根の家を解体し、アパート兼用の自宅に作り変えた。母親の収入をアパート業にしたのである。父親には一切了解を取らずに、口出しをさせなかった。中学校・高等学校時代も間違いなく二倍の密度の人生を歩んできた。

浪人中は自宅浪人なので、予備校までの往復の無駄な時間もなく、また、自分の一番良いペースで、恐らく予備校の受験勉強の二倍以上の勉強をしたと思っている。

大学時代は大阪から通っていたので、通学時間もかかる、さらに大阪で家庭教師をしていた。場所は此花区の春日出で、自宅からも学校からも時間がかかった。京都の家庭教師は単価が安かった。大阪の相場は京都の二倍ぐらいしていたからである。私の家庭教師は更に条件が良かった。私にとっては、大学の授業などよりはるかに大切な仕事であった。

建設省に入ってからは、5時で勤務を終わることはなかった。残業手当はつかなかったが、10時ごろまでの残業は当たり前の世界であった。その後、仕事仲間と毎晩飲み屋に行き、帰りは終電車という毎日であった。

補助事業担当のときは、仕事が終わってから、必ず府県の担当者と飲んだ。その時に本音の話が聞けるので、重要な情報交換が行えた。現在は官官接待とか何とか言って、禁止されているようだが、そうなれば建前だけで本音が反映されない行政をやっていることは想像できる。非常に偏った表面だけの情報でことが進められ、大きな誤りにつながる可能性があると思う。

私は酒は相当強い方であった。恐らく、平均の人が一生に飲む酒の数倍の酒を飲んできたことであろう。いくら夜遅くまで飲んでも、二日酔いということはほとんどなかった（年を取ってからは12時以降まで飲むことはなくなった）。私は睡眠時間は短い方なので、寝ているとき以外は、全て仕事、仕事であった。私の建設省時代は時間的にも、二倍働いたと思うが、それ以上に、2～3年ごとに確実に転勤があるので、それまでに、そのポストで何か重要な課題を見つけて、その解決に立ち向かい、その結果を形のあるもの（図書の発行、報告書のとりまとめ等）にまとめてきた。竹林征三著の本は退官直前の「甲斐路と富士川」や「ダムのはなし」以降であり、それ以前は上司の著の形か、共著、ないしは執筆分担とか、編集委員、委員長とかの名前で、約50冊くらい図書を発刊ないしはとりまとめをしてきた。それらは、私がそのポストに着任したときに、次の転勤までにまとめて見せようと、自分で目標を掲げて成し遂げたものばかりである。本をまとめるということは、相当なエネルギーの結集が無ければできない。

何もそのポストついたからと言って、そのような本をまとめなければならないということは一つもない。全て自分で自分にノルマを課してきたものばかりである。その意味で二倍以上の密度の役人生活を送ってきたものと自負している。

退官後は、富士常葉大学の教授として多くの授業科目を担当し、学生の教育をする一方で、大学附属風土工学研究所長として、研究所の研究活動（所員の給料を稼がなければならない）を行うとともに、兼業許可をとり、筑波の土研センターの風土工学研究所と東京の風土工学デザイン研究所の経営（所員の給料を稼ぐ）および研究活動を10年強実施してきた。普通の大学教授の3～4倍以上の激務をこなしてきたことになる。

富士常葉大学定年退職後、大学附属の風土工学研究所が閉所するまで2年ほどあった。その後、富士常葉大学の名誉教授となり富士常葉大学とも縁が切れて、ようやく神田の風土工学デザイン研究所一本に集約することができて、少し肩の荷が軽くなった。その後、山口大学大学院工学研究科の非常勤講師や、山口大学時間学研究所の客員教授の仕事が入ってきたので、いつまでたっても、二倍の人生から解放されることはないようだ。

まさに太く短かい貧乏性の人生でおわりそうである。

［3］必死のパッチと阪神ファン

人生を顧みる時、我が人生は休むことなく、常に全力疾走、全力投球でやってきた感じがする。言い方を変えれば、常に余裕のない、ゆとりなど感じられない人生を送ってきた感じがする。

生来、頑健な身体を両親から授かってきたので大病らしきものもせず、少々の病気やケガなどでは休むこともなく、風邪なども人並みにひいてきたのだろうが鈍感で気がつかない。私の辞書には休みとか休暇という言葉はないような感じであった。

独身の時などは時間とか曜日など気にすることなく仕事をしていた。所帯を持ってからも家族サービスなど余り考えたことがなかった。土・日が休日になった後も家で本を読んでいるか、仕事の事を考えていることが大半で、どう考えても良い亭主でも父親でもなかった。

私は戦時中、疎開先の甲陽園で生まれたが、終戦後、小学生から社会人になるまで大阪市内で育ったので、大阪出身というのが一番素直な感じがする。したがって、完全な大阪弁である。今となっては関東圏での生活の方の長くなってきたのだが、いつまでたっても大阪弁が抜けきらない。東京生活が長くなると、地方出身の方は地方の方言を控えて、お国訛りを出さないように心掛けている人が多いが、大阪出身の人はいつまでたっても大阪弁を直そうともしない。東京に出てくれば、標準語を喋らないと恥ずかしいなどという気が一切ない。

私は言葉の感覚が鈍感な方で、標準語をいつまでたってもマスターしない。というより、標準語を喋る気がしない。

子供のころから、東京は日本の首都、政治の中心、一方、大阪は経済の中心・商人の町としてのプライドがあったと思う。ところが、世の

ご購読者カード

この度は竹林征三著「風土工学誕生物語」をご購読賜りありがとうございました。お差し支えなければ、以下のアンケートにご記入いただき、ご投函いただければ幸いに存じます。

❶本書は、どちらで入手されましたか。

□書店　□贈呈等　□ネット書店　□出版社　□ DM で

❷ご購入者について（チェック又はご記入願います）

□男性　女性□　　　　　年齢　　　代

お住まい　　　　　　　　都道府県

❸本書をお読みになったご感想をお聞かせください。

ご回答ありがとうございました。切手を貼らずご投函下さい

料金受取人払郵便

盛岡中央局
承認

2267

差出有効期限
平成29年10月
9日まで

郵便はがき（返信）

028-3690

紫波郡矢巾町広宮沢10—513—19

有限会社ツーワンライフ内
竹林征三著作関係アンケート係

行

中の動向として、日本の経済を先導する大企業の本社はいくつも大阪にあったが、いずれかの時に、大阪本社では、大きな商売はできないと、本社は政治の中心の東京に移さなければという風潮になり、いつしか経済の中心も東京に移り、関西の凋落が急激に始まった。いつしか大阪は一地方都市の一つになってしまった観がしないでもない。

関西出身とりわけ大阪出身のものは、反東京、反政治、反官の気持ちがどこかにある。私などは大阪商人の家庭に育ったので反東京、反東大、反権力の思いがどこかに潜んでいるのかもしれない。

私の子供のころの口癖のひとつに〝必死のパッチ〟という言葉があった。何となく品が良くないので勤めてからは、さすがにこの言葉を言うことはなくなった。しかしみじめな敗け方をする阪神ファンになってからテレビで野球観戦することがこの数年多くなった。大抵はみじめな敗け方をするので最後まで見ると余計に惨めになるので、途中で見るのを止めるが、今日はどうも勝ちそうだという時は最後まで見て、ヒーローインタビューを聞くのが楽しみだ。ヒーローインタビューで矢野捕手や関本内野手が〝必死のパッチ〟とよく言っていたので、同じ大阪人の親近感をおぼえた。最近は西岡内野手や新人の藤波投手も口にするのを耳にする。

私が何故阪神ファンなのか改めて自問してみる。まず大阪育ちで大阪人であること。反巨人であり、余りにも強い巨人、東大、権力、権威が面白くないのである。自分は必死のパッチで人一倍の努力にもかかわらず余り世に認められない自分の惨めさと重ね合わせ、阪神ファン応援団の必死のパッチの応援に応えられない余りにも弱い阪神タイガースの惨めさが、こよなくいとおしく思えてくるのである。要は阪神タイガース選手の必死のパッチぶりも熱狂的な阪神ファンの必死の応援に報われることの少ない惨めさを、我が身とどこかで重ねて見ているので、無性にいとおしく感じるのである。

私は〝必死のパッチ〟の言葉の意味など深く考えずに、一生懸命の強調という意味あいで口にしてきた。〝パッチ〟というのは大阪弁で成人男性の肌に密着した暖かいズボン下のことを言う。〝必死〟と〝ピッタリ〟という感じのことだろうと何んとなく考えていた。

ここで改めて〝必死のパッチ〟の意味を考えてみた。

「必死のパッチ」とはどのような意味なのか、私は子供の頃、深く何も考えずに一生懸命を強調した表現としてつかってきた。「パッチ」とは①成人男性のつける、あたたかい長い丈のあまり恰好の良くないズボン下のことである。②パッチワークという、端クレのことである。ということから①パッチ姿であることを忘れるくらい必死である。②パッチをはく間もないくらい必死である。③ピッタリ密着するほど必死である。ということかと考えた。これでは何んとなく忙しい。そうではなく「パッチ」とは将棋の駒では桂馬のことをいう隠語だという説がある。桂馬という飛び技を打たれてピンチのことを言うのだという。なるほど、こんな将棋用語があるのかと感心した。

そうではなく、必死は「ひち」で「7」のことである。パッチは「はち」で「8」のことである。語呂合わせの遊び心だという。

「当たり前田のクラッカー」→「あたりまえ」

「余裕のよっちゃん」→「余裕のあること」

「おはヨーグルト」→「おはよう」の挨拶言葉

「かしてチョンマゲ」→「貸してチョ！」のこと

「お疲れサマンサ」→「お疲れさま」の強調語

に類する表現だという。なるほど、私としてはこの遊び心の語呂合わせ説が一番それらしく思えるのだが、果たして皆様はどう思われるでしょうか！

子供の頃から何をやるにも一生懸命だった。遊びと家業の手伝いでも一生懸命だった。何故一生懸命するのか、一生懸命に事をする過程を楽しんでいたのである。その結果が認められようが、認められなくても、あまり気にはならなかった。しかし自分と年の近い兄がいた。不器用な私とちがい要領の良い方だったので、自然に比較して自分は損をしていると自覚することも多かった。社会に出てからもこの一生懸命に事に当たる性（さが）は何らかわっていない。

古稀を迎えて、身体中そこいら中が具合が悪くなってきて、自分の気持ちに身体がついてくれない事を自覚することが多くなってきたので、必死のパッチにそろそろ終止符を打とうかと考える今日このごろである。

［4］自己評価としての竹林征三

私、竹林征三という人物は他人からどう見られているのであろうか。

①他人の価値基準は一切気にしない。

小学校では3学期制で通信簿というものがあった。国語では書く、読む等5段階で評点されていた。私はそれらの評価は悪かろうが、評点をつける先生に理解してもらえていないのだと考え、一切気にならなかった。

中学校になれば、中間テストや期末テストの成績で評価されていたので通信簿の評価は5段階で殆が5で、たまに4がある程度で一切気にしなかった。

②身だしなみ服装はいつもボロを着ていた。

家が貧乏だったからではない。私の兄や姉はいつも小ぎれいで身だしなみは良かった。私はあえてだらしない服装をしていたところがある。小ぎれいだったら、悪ふざけをしたり、危険でスリリングな遊びがしにくい。服が破れようが、よごれようが一切気にならないのである。

私は生来身長は低く、スタイルの良い方ではない。また、腕白盛りであったのでいい服装をしても似合わないということもある。私は皆から良く思われたいと思ったことは一度もなかった。そんなことで優等生は身だしなみもちゃんとしていたが、私はいつもだらしないかっこうをしていた。そんなかっこうの私を周りの目がどう見ていようが一切気にならなかった。

水前寺清子の歌の文句ではないが、「ボロは着てても心は錦」が気に入っていた。人前でいいかっこうをする人が大嫌いであった。身だしなみなど気にかかったことは一度もなかった。

③もの真似は大きらいであった。

人のもの真似は卑しい仕草だと自分に言いきかせていた。先生と同じように上手に本を読もうとは考えなかった。本は読んでわかれば良いと考えていた。

私自身もいやになる自分の欠点は、字が下手で、本人もあとから見て読めないということである。

子供の頃、習字の時間があったが、墨と筆が与えられたら、それで悪さをすることしか考えていなかった。そもそも、小学生の時から人のものまねが大きらいで、習字といえば手本の美しい字をなぞることから始まる。習字の時間は全くの遊び時間であった。

④英会話等、欧米人の言葉をまねてしゃべることは非常にいやしいことだと決めつけていた。

自尊心の無い者のやることだと頭から決めつけていたところがあった。その延長線上で英語の文を解読することは良いが、声を出して読むことは恥ずかしいことだと決めつけていた。したがって中学校での英語の成績は最低であった。

⑤私は人前でしゃべることが苦手である。

私はそもそも奥手の方で、小学校に入る以前のことはほとんど覚えていない。思っていることをきっちり人に伝えることが上手でない。この年になっても、ＴＥＬを切ってから、しまったあのことを言うのを忘れたということが頻繁にある。

自己表現が下手ということは、人から正当に評価されなくて損をする性である。姉や兄は子供の頃から優等生で回りからよく評価されてきたが、それを見て育った私はいつも非常に損をする性分だと思っていた。おしゃべりが上手な人は先生からも贔屓にされていると思うところがあった。

私の小学生の頃の好奇心の対象は刺激の多い学外に向いていた。学内では先生に向けられていた。学内では最大の知識人は先生である。その先生の説明が足りなかったり、知らないことがあると指摘したくなり、それがあげ足をとることになった。学校の授業は退屈で退屈で、先生のあげ足をとること以外に興味はなかった。本当に許しがたい生徒だったと思う。

そんなことから、先生から評価の高い優等生に対してあまり良い印象をもっていなかった。どちらかといえばあまり評価の高くない者が私の仲間であった。

⑥素直でよく学ぶ優等生タイプの人は先生から贔屓にされていると思い、自分はあえてその反対の行動をとることが自分の誇りになっていた。先生にゴマをすることは卑しいことだと言い聞かせてきたので、担任の先生に「よい子」だとほめられようと思ったことは一度もなかった。

その一方で、「オレは損だ、損だ」と母親などに口ぐせのように言っていた。いつも自分は正当に評価されずに損をしていることを自覚していたからである。

しかし、そのことで卑屈になることも、態度を直そうという気持ちも起こらなかった。常にマイペースを貫きとおしてきた。

⑦子供の頃の目標を定めて次々にチャレンジする気持ちは今も変わりはない。

公務員生活の28年は、２年ごとに転勤し新しい仕事につける。赴任すれば、すぐに２～３年後の次の転勤までに何と何をまとめようと目標を定めた。いくら良い仕事を始めても次の転勤の時、後任の人に是非共、私が手がけたことを立派に仕上げてほしいと引き継いでも、それは無理な事である。後任の人との価値観が全く違っていたら、やるはずがないのである。そのまま中途半端な形のままになってしまう。

そんなことを何度も経験し、自分のいる間に必ず成果まで出しておかなければと決めていた。

次の転勤はいつになるかわからないので、いつその時が来ても良いように早め早めに切りをつけておかなければならなかった。

○ダム計画官の時にまとめたのが「ダム事故例調書」。

○琵琶湖の所長の時にまとめたのが「湖国近江の水の道」。

○甲府の所長の時にまとめたのが「甲斐路と富士川」であり「富士川二十二選」等々。

○公務員を退官してからも土研センターや大学へ移ってからも毎年次の目標を定めて、毎年新しい本を上梓してきた。

私が本を出す動機は二つある。一つは多くの人が気づいていないことに対し、警鐘を鳴らしたい。もう一つは、自分の人生の生きざまとして、その都度その都度をまとめたいということである。

自分自身、墓場に入る時、自分自身納得した人生だったと言えるようにとの思いである。

その結果、人が認めてくれればそれも良い、認めてくれなくてもそれも良しである。

問題は私自身が誰にも恥ずかしくない人生を送ってきたと自分自身に言い聞かせるためである。

⑧結果よりも過程を楽しんでいた。

○私の子供の頃の生きがいは、毎日苦労していた母親を見ていたので、母親の手助けをして母親を支えることであった。

○私の子供のころの関心は、次に何をしようかと考え、それを実行して達成することに悦びを感じていた。

やまいも掘り、自然薯掘りは蔓の太さや大きさから、その土中の自然薯の大きさが想定される。

○人が価値がないと見すてたものに価値を見つけて遊びの種にしていた。

○ミノ虫の革でサイフを造った。アイロンをかけ、ミシンで縫った。

○捨てられた玉子の殻でモザイク細工をつくって得意になっていた。

○親から本を買ってもらった記憶がない。

「神の手」で有名になった心臓外科医の天野篤さんが「父の教え」というコラムで「書物好きだった父は、僕にも本だけはたくさん買ってくれた」と述懐していた。

私の場合は親から本を買ってもらった記憶がない。本は自分で勝手に買った。そのお金は自分が子供のころ家業の手伝いをして、その代償としていただいた小遣銭で捻出した。

⑨日本地図帖、世界地図帖や5万分の一地図等で、ここにこんな記号があると調べるのが大好きだった。未だ見ぬ地へのことを想い描いて、夢をふくらませていた。

本州最南端の灯台とか鍾乳洞の記号を時間を忘れてさがしていた。

○昆虫採集も、次々とまだ出会ったことのない昆虫に夢をかきたてられた。

ルリセンチコガネを探し求めて奈良の奥山にも行った。ヤハズカミキリをとりたいと夢を見た。アサギマダラをとりたいと大台ヶ原まで行った。夢を求めての探求は限りはなかった。

○昆虫の標本箱も昆虫館のものに負けない立派なものを作りたいと

思った。

○小豆島へ行けばオリーブの木が見れると知り、小豆島への達配もまだ見ぬものへのあこがれとなった。

○春日大社の裏山には梛（ナギ）の樹林があると知り、ナギの葉をちぎって、弁慶泣かせ〃とは良くも名付けたといたく感心もした。

授業から何かを学ぼう、教えてもらおうということは余り思ったことがなかった。

ものを学ぶこと、知ることは、自分で次々目標を設けて買ってきた本を読み、自分で学ぶものという習慣が小学校の低学年のころについてしまっていた。

⑩子供のころから何才も上の人から対等に扱われ非常にかわいがられている事を自覚していた。

小学校3～4年生頃、既に高校生だった田原俊行さんは自分を対等の昆虫仲間だと思って扱ってくれた。何才も年下の私をなぜそのように対等に扱ってくれたのか今でもわからない。

社会人の駆け出しの頃、和歌山県庁に入り役人社会のことを一切知らない私を2、30年も大先輩の柳沢宏さんや浜啓介さん、雄山重義さん（京大の17年先輩）等が自分の弟分、自分の子供のようにかわいがってくれたことを忘れることができない。

和歌山県庁から霞ヶ関勤務になった時、糸林芳彦さんは自分の子供にものごとを伝授するように扱ってくれた。

今、古稀を迎える年となり、人生を顧みると、行くところ行くところで、私を実の子供のように諭し、教えてくれた大先輩に邂逅してきた。

それらの人生の達人とも言える方々から日々遭遇する仕事上の難問、課題を解決する知恵を教えていただいたと実感している。

⑪私は古稀を迎える年まで、人の 2倍以上の人生を歩んできたと思っている。ということは人の2倍以上の努力をコツコツとしてきたと思っている。それぞれの人がどれだけ一生懸命生きてきたかは私は知るよしもない。しかし、知りうる限りの人の生きざまを横目で見てきて、私はそれらの多くの人が経験する2倍の密度の人生を歩んできたように自分では思っている。

毎年毎年、自分自身に到底できないであろうと思う目標を設定して、それの実現のために、夜中はもちろん土曜、日曜も休まずにコツコツいろいろ取りまとめてきたという自負は持っている。

富士常葉大学の10数年も大学の教員としての業務と附属風土工学研究所の所長、ＮＰＯ法人・風土工学デザイン研究所の指導者としての役割を兼業でやってきた。人の3倍の職務をこなしているのではとの思いは、自分だけでなく他人からもそう見えたようである。

国立大学からの話もあったが、ことわった。国立大学も大学法人化され兼業を認めるようになったというが、実際はなかなか認めてもらえないようだ。私は国立大学教授の道をことわって人生2倍密度の濃い道を選んだのである。

⑫人の2倍の人生を歩むとは

小学校の頃は普通の小学生と違い、家業の手伝いと昆虫少年等であけくれた。普通の小学生の2倍以上充実した日々を過ごしたと思っている。大学・大学院時代は学業と家庭教師のアルバイト、母親の家業の再興のために日々をつかかった。

⑬私の好きな言葉

私は女子マラソン選手の高橋尚子や野口みずきが大好きだ。何が好きかと言えば、両者が共に言っている言葉に共感したからである。

「自分は走る天才だからオリンピックで金メダルをとれたのではない。走った距離はうらぎらない!!」。誰よりも多くの練習トレーニングを重ねてきた結果が金メダルだと言っている。実に素晴らしい言葉ではないか。

いつも学生にもこの言葉を贈ってきた。わかってくれたかどうかはわからない。私はいつもこの言葉をことあるごとに自分自身にも言い聞かせている。

「かたぎ」とは〝模範となる手本〟
─職人〝かたぎ〟になろう─

「かたぎ」とは形木であり、文字や模様を彫りつけた木の板のことである。それを模範にしてつくる手本のことでもある。それが人に関しても言うようになり、生来というよりも職業、身分にかかわる時間の経過の中で形成された独特の気質を言うようになった。

職業人としての生き方からしらずしらず形成されてきた慣習であり、所作でもある。その慣習、所作にはどこか職業人としての誇りが感じられる。

［5］友人の評価　─趣味を仕事にした男─

私のことを良く知る大学の同級生（某準大手建設会社役員）が「自分は仕事が趣味である。竹林は違う。自分の趣味を仕事にしてしまった男だ!!」と評していた。

私は他人からそう見られているのか、なんとなく、うまく評するものだと思う反面、一方で相当誤解されていると思った。

「好きこそものの上手なれ」という。好きで心をこめて当たれば良い成果が生まれる。しかし、趣味と仕事は根本的に違う。仕事は事に仕えて、生業・世を渡っていくことである。いわゆるプロと言われている。プロは当然、趣味であるアマ以上の出来ばえを要求される。

アマは、往々にしてプロ以上の素晴らしい成果を挙げる。プロの仕事となれば、いろいろ遵守しなければならない制約がつきまとう。気のおもむくままと言う訳にはいかない。

事に仕える、事の主体は〝はた〟の人であり自己ではない。自己の身体を動かして〝はた〟の人を楽（らく）させるので働（はたらく）なのである。

生涯の仕事・ライフワークとしての風土工学でなく、生涯の趣味としての風土工学に取り組めればと思っている。

［6］私と同窓会

小学校・中学・高校・大学とそれぞれ卒業年次の同窓会がある。私に限らず学校を卒業した者は大なり小なり出身校の同窓会はあると思う。

建設省入省後、約2年毎に人事異動で全国各地に赴任した。勤務した部署ごとに学校の同窓会に類したＯＢ会がある。実に沢山の○△会がある。多忙で仕事が重ならないかぎり出来るだけ出席することとしている。

各地で共に机を並べて激論しながら仕事をした間柄である。時間がたてば何もかもなつかしいのである。

○毎年複数回あるものとしては

1・京大土木の昭和 42年卒の同級会を 42年なので「志仁会」と称している。その東京在任の者の会が毎月1回あったが、集まる人数が10人以下となったので2カ月に一度となった。

2・昭和44年建設省入省の同期会を44年なので「獅子の会」と称して1年に数回ある。

○毎年定期的に1回あるものとしては

3・建設省で河川局開発課ＯＢ会、「開友会」が3月にある。開発課は現在治水課に吸収されて今はない。

4・建設省河川局河川計画課のＯＢ会、「計友会」が5月にある。

5・建設省土木研究所のＯＢ会が毎年12月に上野である。

6・土木研究所の地質技術者の会を「高田会」と称している。毎年12月に忘年会を兼ねてある。

7・甲府工事事務所のＯＢ会が毎年10月頃甲府である。

○定期的に数年に一度あるもの

8・琵琶湖工事事務所のＯＢ会が2年に一度、大津である。

9・真名川ダム工事事務所のＯＢ会が2年に一度ずつ、福井と京都で交互にある。

10・土木研究所のダム部のＯＢ会が3年に一度ずつ東京である。

11・北野高校の全体の同窓会は「六稜同窓会」と称して1年に一回程度やっているようだ。東京在住者の会もある。

12・北野高校の昭和37年（74期生）卒の同期会を三十七和会、皆若いとかけて「みなわ会」と称して2年ごとくらいにある。現在は毎年あるようである。

○定期的ではないが何かの区切りの年にあるもの

13・加島小学校C組の同窓会がこれまで数回あった。卒業後50年と、還暦の年と、今年は古稀の年ということである。クラス全員で30～40人のところ20～30人くらいが集まる。

14・美津島中学校の10期生の同窓会が1度あった（平成15年4月27日、ヒルトン大阪）。

15・和歌山県土木部の河川課、道路課、砂防利水課のＯＢ会が一度あった。

16・近畿地建の河川計画課設立50周年、45周年の記念の時にＯＢ会が3度あった（平成21年2月（50周年）、平成16年2月（45周年）。平成26年3月（55周年）

17・ダム技術センターのＯＢ会が設立10周年等という区切りの年に何度か開かれた。

2003年10月、加島小学校C組の同窓会。前列左から4人目が益田節子先生、5人目が細谷久恵先生。
二列目左端が川原義樹君、右から二人目が鴨脚佐君、右端が竹林、後列左端が松村博君、真中が高橋宏彰君、他

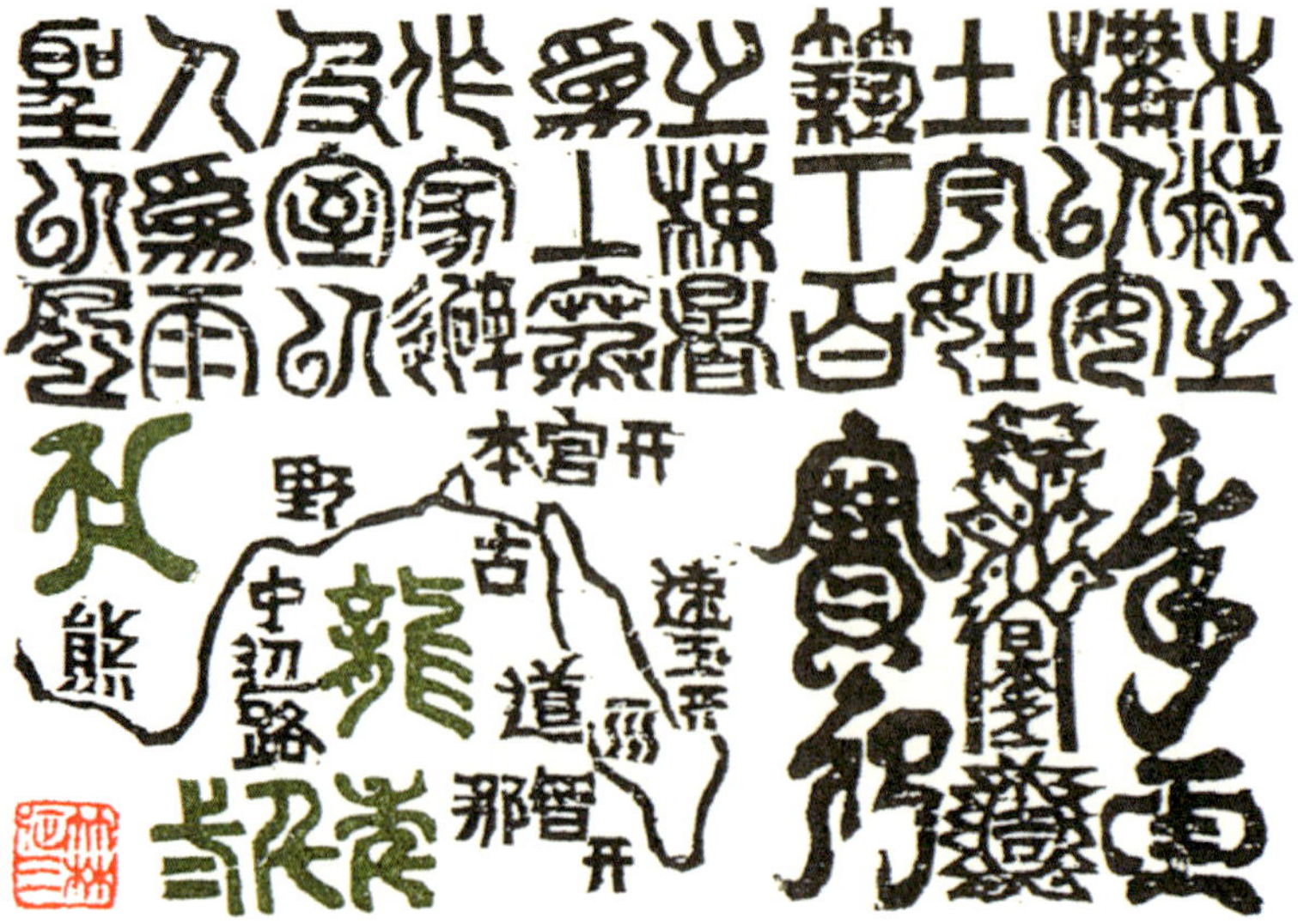

●古来より、起死回生の想いが熊野三山（那智大社、速玉大社、大宮大社）への熊野詣りでした。八咫烏（やたがらす）に導かれて、熊野古道を辿り、午王宝印の護符を大切に持ち帰りました。イメージの落ちている土木の起死回生の願いを込めて作りました（竹林）

参考資料

【一】年表

［1］風土工学生誕以前

暦	関係事項	社会一般事項
昭和18年 （1943） ［0歳］	西宮市甲陽園で父勝吉、母聞子の二男として9月16日誕生。家業は電気設備業で大阪市北区の中津に工場があったが、太平洋戦争勃発（昭和16年12月8日）後1年もたたない昭和17年4月、そして6月にはミッドウェー海戦で空母4隻を失う等戦局は刻々あやしくなってきた。大阪市中津から西宮市甲陽園に疎開を決めた。日々新聞の紙面には「出征」の文字が躍る。従って私の名前には「征」の字がつく。名前に「征」の字の付く人は、ほぼこの年の生まれの人だ。	昭和18年6月には学徒約300万人動員が決まり、10月には出陣学徒の壮行会がある。出生の直前の9月10日には戦時下4大地震の最初の地震である鳥取地震（M7.2、震度6、死者1083人）が発生している。流行語は「欲しがりません勝つまでは」「撃ちして止まむ」「鬼畜米英一億国民総武装」等の時代でした。 昭和19年。マリアナ沖海戦惨敗、サイパン島3万人玉砕、レイテ沖海戦で日本海軍事実上壊滅。11月には米B29が東京空襲以降本土空襲本格化。
昭和20年 （1945） ［2才］	その後自宅は西宮市から豊中市上新田村に引越し（昭和20年頃）その後、大阪は焼野原で、まず住宅より食うことの方だと電気業から食品製造業に変え、工場を大阪市淀川区加島に移転した。	昭和20年8月15日終戦
昭和25年 （1950） ［7才］	昭和25年（1950）4月に加島小学校に入学した。6年間クラス替はなかった。腕白坊主。1年～4年まで細谷久恵先生、5年～6年まで益田節子先生。	この年はジェーン台風が関西に上陸したと記憶に残る。また、9月には浅間山が噴火している。1950年代は戦後の国土の荒廃による自然災害の時代だった。
昭和31年 （1956） ［13才］	加島小学校を卒業し美津島中学校に入学。戦後の一区切の年に中学生となった。自分流の勉強スタイルが出来てきた。	経済白書で「もはや戦後ではない」の年、流行語、一億総白痴化、神武景気、神風タクシーの時代。
昭和34年 （1959） ［16才］	美津島中学校を卒業し、北野高校に入学。北野高校までは片道約4km、松村博君と自転車通学をした。北野高校には50mの公認プールがあった。水泳も得意になった。	4月10日　皇太子様御成婚 9月26日　伊勢湾台風、死者5098人 11月27日　安保阻止、デモ隊2万人国会内突入
昭和37年 （1962） ［19才］	高校の3年間は、先生から学ぶというより、仲間の勉強に刺激されて学んだ。高校を卒業。京大医学部の入試に失敗し一浪となり、多くの仲間が予備校に行くも私は自宅浪人(実際には十三の図書館の自習室に通いマイペースの浪人生活)。	○東京が世界初の人口1000万人都市になる ○日本最長の北陸トンネル開通 ○佐世保重工世界最大のタンカー「日章丸」進水 ○東洋一のつり橋、若戸大橋（2068m）開通
昭和38年 （1963） ［20才］	これからは土木と思い一期校は京大土木に志望変更。二期校は神戸大学医学部（兵庫農大医進過程）に変更。共に合格した。父は医学部を勧めたが、殆どの友達が京大に進んだので私も京大土木に行くことにした。	6月　関西電力黒部第4ダム完成 7月　日本初の高速道路名神部分開通 土木事業の華々しいニュースが多い時局
昭和40年 （1965） ［22才］	京大土木西松記念館完成の年、教養から学部に進級、将来建設省に就職することを考え、河川・水理学教室に所属。	昭和39年　東海道新幹線開通。 昭和40年　名神高速道路全線開通。
昭和41年 （1966） ［23才］	国家公務員試験上級甲種に4番で合格（学年で1番）。	
昭和42年 （1967） ［24才］	就職を2年間保留にして京大土木卒業、京大大学院修士課程に進学。	1月　東大紛争始まる 10月　全学連の学生新宿駅放火

暦	関係事項	社会一般事項
昭和 43 年 (1968) [25 才]	私は学生の運動は浅はかに思えた。一切興味がなく、自分は自分の信ずる我が道を歩む。	4 月　日本初の高層ビル霞ヶ関ビル完成 5 月 16 日　十勝沖地震（M7.9）死者 52 人 6 月 26 日　小笠原諸島が日本復帰
昭和 44 年 (1969) [26 才]	4 月　建設省に入省。即刻和歌山県に出向。和歌山土木事務所に配属、道路の局部改良等スケールの小さい土木事業に失望した。	1 月　東大安田講堂攻防。入試中止、核マル、中核、全共闘等、学生活動活発化。 5 月 26 日　東名高速道路全線開通
昭和 45 年 (1970) [27 才]	10 月　広川ダム本体発注の積算に従事することになり、歩掛りや積算基準が未制定の時代、私が中心で積算根拠を作成しながら積上げていく仕事につき、仕事の満足感達成感を味わう。土木とは金の計算なり､それが実学だと体験した。	3 月 14 日　日本万国博覧会開幕
昭和 47 年 (1972) [29 才]	4 月、和歌山県から霞ヶ関の河川局の府県担当の係長に移動。石垣島の宮良ダム等を新規に採択する等、丁度沖縄復帰記念になる仕事に従事できた。このころの補助ダムの数は 200 ダム位あったと思う。	5 月 15 日　沖縄が米国から返還され沖縄県が発足 7 月 7 日　田中角栄内閣が発足し、日本列島改造論を打ち出した。田中角栄首相は公共事業の中でもダム事業にはことのほか力が入っていた。新潟県営ダム、一時に 10 数ダム事業実施
昭和 49 年 (1974) [31 才]	補助ダム担当後、2 年直轄・水公団ダム担当に変わった。その時の印象は事業主体が変われば全てが変わることに驚いた。開発課でのダム係長の 3 年は田中角栄首相の 3 年間と一致する。	12 月　田中角栄首相がロッキード金脈問題で辞任
昭和 50 年 (1975) [32 才]	3 月 10 日　山陽新幹線が岡山～博多間が開業し、東京と博多がつながった。 4 月、福井県の大野の真名川ダム現場に移動したが、大野から局のある大阪まで行くのにバンに書類を一杯積み込み、朝 9 時からの打合せに間に合わすには早朝 4 時頃に大野を出た。夕刻 5 ～ 6 時まで局（大阪）で会議をし、それからバンで大野の官舎に帰ると夜の 10 時 11 時になっていた。太平洋ベルト地帯は非常に便利になったが日本海側との差は非常に大きいものがあった。	7 月 27 日　田中角栄元首相が逮捕された。日本列島改造論の立役者がもう数年日本を先導してくれていたら、どれだけ日本はよくなっていただろうと思う。それにしても田中角栄のロッキード事件は米国から告発された事件である。 9 月 12 日　台風 17 号で長良川の安八堤防が決壊し、死者不明 171 人の災害となった。私も 10 数年後長良川問題にドップリつかり悩まされることになろうとは、この時は思いもつかなかった。
昭和 52 年 (1977) [34 才]	まだ大野は一面雪景色の 2 月に、大阪の近畿地建河川計画課の補佐に転勤になった。越前大野から枚方に引越して荷物もそのままの状態の 8 月に、今度は東京の駒込の土研のダム計画官という新設 2 代目のポストへ転勤となった。 ダム計画官は北海道から沖縄までの現地調査がメインの仕事。	2 月 10 日は日米が 200 カイリ水域を設定する漁業協定に調印した時である。これからは海洋問題が重要になってくることを予感させた。 8 月 7 日は北海道の有珠山が 32 年振りに爆発した。
昭和 53 年 (1978) [35 才]	全国のダムサイトの現地調査に飛びまわっていた頃 11 月に再び大阪の近畿地建（河川計画課長）に転勤となった。近畿地建の三大堰、加古川大堰、鳴鹿大堰、紀ノ川大堰事業の進捗を図る。ダムとしては大戸川ダム、高時川ダム、余野川ダムの事業化を果たす。その後、これらのダム事業が淀川流域委員会で計画の見直しとなり、足踏みをかけられたこと残念でならない。上司は井上章平河川部長だった。総合治水を積極的に推進しようと努力した。	福岡大渇水がこの年の 5 月 20 日から翌年 3 月まで 287 日間の給水制限となる。全国各地で渇水騒動が頻繁に起こるようになる。全国各地のダムの必要性の理解は深まってきた。また 6 月 12 日には宮城で M7.5 の大地震が発生、27 人が死亡し 10962 人が負傷した。

暦	関係事項	社会一般事項
昭和 54 年 (1979) [36 才] 〜 昭和 53 年 (1978) [35 才]	昭和 55 年 6 月河川局水源地対策室の課長補佐。 昭和 56 年 4 月開発課の企画調整担当の課長補佐。	11 月 13 日　国公立大学共通一次試験がスタートした。入試改革入試改革と叫べば叫ぶ程、どんどん入試制度が悪くなる。日本の国の良い制度が改革の大騒動のなかで音をたてて崩壊して行っている。 9 月 8 日　鉄建公団でカラ出張が発覚し、その後官庁公団での同様な不正経理問題が広がっていった。
昭和 57 年 (1982) [39 才]	悲願のダム技術センターの設立に向けて、私が中心でいろいろ構想を練り、その実現に向けて動き出す年、昭和 57 年 7 月に開発課企画調整担当補佐から河川計画課の方に席を移し設立準備室の仕事となる。11 月には新設された財団法人ダム技術センターの企画課長となる。 活動を開始する時機としてはやや遅かったと思われる。	6 月 23 日　東北新幹線大宮〜盛岡間開業 11 月 10 日　中央自動車道全線開通 11 月 15 日　上越新幹線大宮〜新潟間開業 と交通インフラが次々大輪の花を咲かせる 7 月 23 日　長崎の集中豪雨で死者不明者 299 人の災害が生じる等、治水・防災インフラの遅れが顕在化する時局であった。
昭和 58 年 (1983) [40 才]	ダム技術センターの 2 年目。実質的には初年度のような年。47 府県の中で最も成立に大きな役割を果たした山口県で水害。補助ダムの役割が痛感させられた。	5 月 26 日　日本海中部地震の津波で 104 人死亡 7 月 22 日　山口東部で集中豪雨があり死者不明 117 人を出した。 10 月 3 日　三宅島、21 年ぶりに噴火、溶岩流で 3 集落消滅
昭和 59 年 (1984) [41 才]	ダム技術センターを軌道に乗せる 1 年 5 ヶ月の業務を終え、4 月、近畿地方整備局の琵琶湖工事事務所長となる。初めての事務所長である。 琵琶湖工事事務所では当時 3 つの事業を進めていた。一つは野洲川放水路事業である。この事業は地元の 1 市 2 町ともうまくいっており楽しい仕事だった。	2 月 12 日　冒険家・植村直己が米マッキンリー山で消息不明 4 月　植村直己に国民栄誉賞 9 月 14 日　長野西部地震（M6.9）で 29 人死亡
昭和 60 年 (1985) [42 才]	もう一つは瀬田川・信楽砂防であった。日本で唯一法面緑化植樹をやっていた。非常に勉強になった。 もう一つが琵琶湖開発事業の瀬田川洗堰の改築と瀬田川浚渫であった。当時地元では、敵のいない最大の権力者であった武村知事と琵琶湖総合開発事業の進め方について大論争をした。結果的には私の正論が勝利した。	4 月 1 日　電電公社が NTT、専売公社が民営化 8 月 7 日　初の日本人宇宙飛行士に土井隆雄、向井千秋、毛利衛 8 月 12 日　日航 123 便　群馬御巣鷹山墜落、4 人生存 520 人死亡 10 月 11 日　政府が国鉄分割民営化を正式決定
昭和 61 年 (1986) [43 才]	4 月に甲府工事の所長になる。山梨の自民党のドン、金丸信が日本の政界を牛耳る人である。私が甲府工事でいろいろな地元の懸案の公共事業を解決し進展させることが出来たのも、金丸信の存在があったからだと思う。	11 月 15 日　伊豆大島の三原山噴火、21 日に島外避難 7 月 6 日　衆参同時選挙で自民衆院 304、参院 74 議席で圧勝
昭和 62 年 (1987) [44 才]	日本の外貨準備高が西ドイツを抜き世界一になる。このような時期に私は霞ヶ関の河川局の建設専門官となった。このような時こそ、社会基盤を充実させる最大の好機だと考えた。多くの新規ダム事業に着手する。	2 月 9 日　NTT 株が上場、買いが殺到 4 月 1 日　国鉄分割民営化で JR グループ七社誕生 11 月 18 日　日本航空が完全民営化 11 月　北朝鮮の大韓航空機爆破事件で 115 人死亡 世界の人口が 51 億人

暦	関係事項	社会一般事項
昭和63年 （1988） ［45才］	私共土木技術者が日本の国土の強靭化の最先端を担っていることをひしひし実感した。毎年のように洪水被害に見舞われる水害大国からいかにして安全国土を築くか、それが河川技術屋の夢である。利便国土を目指す。道路や鉄道等の社会インフラは次々大きな成果を上げていく中で、より災害に強い国土を目指す河川等の社会インフラの整備が遅れている。もっとこの方面を充実させなければならないと考えた。	3月13日　青函トンネル（53.85km）開通 4月10日　岡山と香川を結ぶ「瀬戸大橋」（海峡部 9368km）開通 日本は四つの大きな島よりなる。それが鉄道で結ばれたのである。日本という国土の一体化が実現した。 世界に目を向ければソ連のゴルバチョフ書記長がペレストロイカを強力に推進していた。私は世界最大の強固な共産党国家がトコトン内部崩壊してしまっているのだ。それを真正面から改革するすごいリーダーが出現したものだと感じた。
平成元年 （1989） ［46才］	2月に私は補助事業を担当の建設専門官から直轄公団事業担当の開発調整官に変わった。 長良川河口堰の反対運動が激化した。近藤徹河川局長のもとに河川局全体で長良川河口堰シフトをとった。水公団の長良川河口堰の主務課として開発課長と共に開発調整官は局内外から最大の批判の標的となった。 ○長良川河口堰のいわゆる白パン作成で連日の徹夜が続く。喘息発作で連日点滴、病院から通勤 ○Ｘダムの左岸岩盤変状問題が生じる。その対応で陣頭指揮をとる。	1月7日　昭和天皇が崩御し、8日に「平成」に改元 6月2日　リクルート事件で竹下内閣が総辞職し、3日に宇野内閣が発足した。 竹下内閣の終りは、竹下と一体であった金丸信の時代の終わりを意味していた。
平成3年 （1991） ［48才］	4月　霞ヶ関からつくばに移った。つくばで公務員生活をとじることになる。平成3年は私にとっては大変革の年ということになる。私の人生設計も大きく変革することが求められていた。私はそのことには気が付いていなかった。	湾岸戦争でイラクが大敗（4月）、米ソが戦略兵器削減条約調印（7月）、ワルシャワ条約機構が解体（7月）、ソビエト連邦崩壊しゴルバチョフ大統領が就任（12月）、世界は新しい米国主導の秩序へ大変革を遂げていった。
平成6年 （1993） ［50才］	7月　平成5年度建設大臣研究業績表彰「ダム・堰技術の高度化と水歴史文化に関する研究」	
平成6年 （1994） ［51才］	私は平成6年（1994）4月、土研のダム部長から新設まもない環境部長に移ることになる。環境問題の対応が建設省として最大の施策となった。土研としても道路局、河川局、都市局の環境問題を一つの部としてまとめることとなった。命令系統、組織体制が全くことなるものをひとつにしてもまとまらない。そこで考えたのが「建設環境技術」というタイトルの本を発刊して、組織の一体化を図った。	平成5年3月6日　金丸信が脱税容疑で逮捕 12月16日　田中角栄元首相が死亡 9月27日　ゼネコン汚職で宮城県知事逮捕 等公共事業、とりわけダムに対する社会的批判は極まった感がする。 平成5年8月に発足した細川内閣から平成6年4月には羽田内閣、そして平成6年6月には村山内閣と公共事業に対する逆風はいよいよ強まる一方である。
平成7年 （1995） ［52才］	文部省の文化財課が、近代日本遺産の文化財としての評価を行おうということで学識者をあつめて委員会を設置した。委員長は村松貞次郎（東大教授）で建築史の大御所であった。その委員会の委員に私が加わった。	1月17日　阪神淡路大震災。土木研究所の構造物系の研究室は現地調査や対策で多忙を極めていた。私はその時には環境部長で一線を画して少し外野席からの観戦という感じであった。
平成8年 （1996） ［53才］	平成8年4月に環境部長から地質官になった。地質官は理学部の地質学を修めた人が地質職として採用された人の最高のポスト。地質職以外の土木職の者が就くのは初めてのこととなる。私としてはこのポストで建設省を退職することとなると予感がしたので、第2の人生の準備を急ぐこととなった。	2月10日　北海道豊浜トンネル事故で20人死亡 12月6日　長野県小谷村の蒲原沢土石流で死者6人 2つの事故に対し、地質官として役割を果たす。

［2］風土工学生誕以降

暦	風土工学	土木・建設関連情勢	国内外情勢
平成8年 (1996) ［53才］	5月　竹林、博士論文を提出。 8月　竹林、博士論文公聴会。 11月25日　竹林、論文「風土資産を生かしたダム・堰および水源地のデザイン計画に関する研究」で、母校・京都大学より「工学博士」の学位を授与。	6月　JR高山本線で特急列車が落石に衝突して脱線事故。 11月　大分自動車道が全線開通。	1月　橋本龍太郎内閣発足。 7月　堺市で腸管出血性大腸菌O157による集団食中毒発生。
平成9年 (1997) ［54才］	1月7日　NHK総合テレビ「おはよう日本」に於いて、藤吉洋一郎解説委員が「風土工学」を紹介。 1月13日　日刊建設工業新聞に「『風土工学』のすすめ」を連載（～1月21日・全5回）。 1月24日　ダム工学主催・第2回ダム工学会講習会、星陵会館に於いて「ダム・堰の景観設計と風土工学」を講演。 2月7日　土木学会四国支部・愛媛大学工学部主催講演会に於いて、「風土工学の誕生」と題し講演。 2月20日　日刊建設工業新聞に「次世紀へ――所論諸論」を連載（～翌2月20日・全16回）。 3月31日　竹林、土木研究所地質官を最後に、建設省を退官。 4月16日　（財）土木研究センター内に「風土工学研究所」（茨城県つくば市西沢2-2）を設立。 5月　ダム工学会論文賞受賞。 5月7日　日刊工業新聞に「風土工学のすすめ」を連載（～8月26日・全5回）。 8月25日　『風土工学序説』を技報堂出版より発刊。 11月23日　『景観十年 風景百年 風土千年』を蒼洋社より発刊。 12月22日　『風土工学事始』を土木学会山梨会より発刊。	3月　岡山自動車道が全線開通。 3月　三井三池鉱山が閉山。 4月　「公共工事コスト縮減対策に関する行動指針」策定。 5月　鹿児島県薩摩地方にM6クラスの地震が続けて発生。 6月　河川法改正。 8月　第二白糸トンネル崩落事故。 10月　磐越自動車道が全線開通。 11月　北陸自動車道が計画路線延伸後の全線開通。 12月　山陽自動車道の神戸JCT～山口JCT間が全線開通し、中国自動車道とのダブルネットワークが完成。 12月　東京湾アクアラインが開通。 1997年1月、京都大学の博士学位授与式。前列左端が工学科長、左から2番目が学長、後列右端が竹林	1月　ナホトカ号重油流出事故。 4月　消費税が3%から5%に。 6月　デンバーサミット開催。 7月　香港返還。 9月　第二次橋本改造内閣発足。 11月　山一證券が破綻。 12月　地球温暖化防止京都会議で京都議定書採択。 
平成10年 (1998) ［55才］	3月19日　日刊岩手建設工業新聞に「岩手の風土特性と風土工学」を連載（～4月13日・全18回）。 4月15日　科学技術庁より、科学技術庁長官賞「第1回科学技術普及啓発功績者表彰受賞」、「地域環境に適した土木工学手法の確立とその普及啓発」の功績で表彰される。 5月9日　『東洋の知恵の環境学―環境と風土を考える新しい視点―』をビジネス社より発刊。 6月9日　（財）前田記念工学振興財団より、霞ヶ関東京会館「ゴールドスタールーム」に於いて、年間優秀博士論文賞受賞。論文題目は「風土資産を活かしたダム・堰及び水源地のデザイン計画に関する研究」。 8月16日～24日　水門技術に関する風土工学研究のため米国視察。 10月3日　国道140号大滝村区間開通式典、雷電廿六木橋と命名される。竹林、最優秀愛称としして表彰される。 10月3日　絵本『雷電坊物語』（秩父の大雨編、甲武信ヶ岳編）刊行。 11月18日　土木学会主催、中央大学駿河台講堂に於いて、「ダムのリニューアル技術と環境―風土工学の視座―」と題し講演。 11月20日　土木学会環境システム委員会主催、山口県教育会館ホールに於いて、川づくりシンポジウムが開催される。 12月8日　羽地ダム定礎式典。絵本『蔡温あけみお物語』発刊。 1998年4月15日　第1回科学技術普及啓発功績者表彰で、竹林、科学技術長官賞を受賞 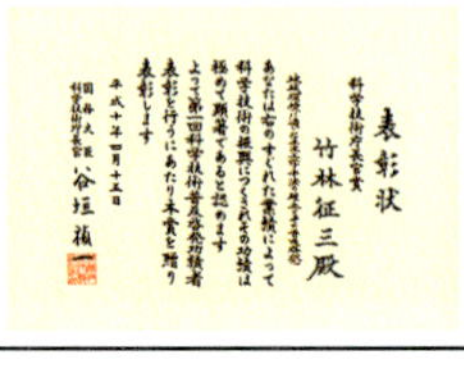	4月　明石海峡大橋が開通。 6月　北海道室蘭市の室蘭港に架かる白鳥大橋が開通。 9月　岩手県内陸北部にM6.1の地震が発生。 10月　巨大ハリケーン「ミッチ」が中南米を襲い、ホンジュラスでは350万人が被災。 1998年10月3日　埼玉県秩父市のループ橋の愛称募集で「雷電廿六木橋」が最優秀愛称に決定	2月　郵便番号が七桁に。 2月　長野オリンピック開幕。 4月　日本版金融ビッグバンスタート。 7月　小渕内閣発足。 8月　北朝鮮がテポドンを発射、三陸沖に着弾。 12月　国際連合の大量破壊兵器査察を拒否したイラクを米英軍が空爆。 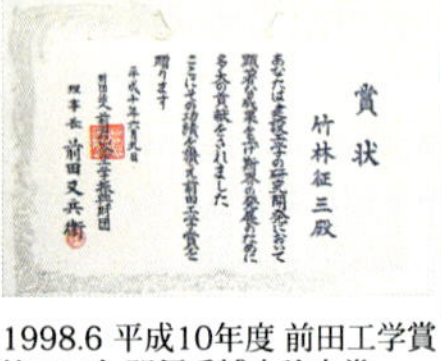1998.6 平成10年度 前田工学賞 第5回年間優秀博士論文賞

1998年4月、第1回科学技術普及啓発功績者表彰式。前列左から2番目が松本零士氏、4番目が谷垣科学技術庁長官。後列中央が竹林

暦	風土工学	土木・建設関連情勢	国内外情勢
平成 11 年 （1999） ［56 才］	4 月 17 日　ラジオ大阪主催、大江戸支川天神川左岸田上公園キャンプ場に於いて、「近畿川ものがたり」〜水辺の暮らし〜『田上山五訓物語』収録、5 月 2 日（日）9:00 〜 9:30 放送。	5 月　広島県呉市の本庄ダムが、稼働している水道施設としては全国初の国の重要文化財に指定される。	1 月　EU の単一通貨ユーロ導入（銀行間取引などの通過として）。
平成 11 年 （1999） ［56 才］	6 月 5 日　東京日本教育会館に於いて、「風土工学研究部会」の活動を開始。発足時会員数 74 名。 6 月 12 日　工学院大学に於いて、日本感性教育学会が開催される。竹林、評議員に推挙される。 6 月 18 日　（財）土木研究センター設立 20 周年記念講演会。同センター主催、池之端文化会館に於いて、「風土工学の展開」と題して講演。 7 月　「風土工学研究部会会報」No.1、No.2 が発刊される。 7 月 3 日　ラジオ大阪主催、福井県永平寺町の九頭竜川鳴鹿大堰左岸詰に於いて、「近畿川ものがたり」〜水辺の暮らし〜『鳴鹿山鹿物語』収録、7 月 11 日（日）9:00 〜 9:30 放送。 8 月 20 日　雑誌『国づくりと研修』第 85 号（全国建設研修センター）特集「風土工学」発刊。 9 月 1 日　雑誌『土木施工』Vol.40 No.9（山海堂）特集「風土工学の現場への適用」を発刊。 9 月 22 日　土木学会年次学術講演会・研究討論会中国支部、広島大学総合科学部 2F・L201 号室に於いて、「土木と感性」シンポジウムが開催される。 10 月 11 日　『現場技術者のための環境共生ポケットブック』が山海堂より発刊される。竹林征三、原田実編著。 10 月 28 日　平成 11 年度研修会。京都府国道連絡会主催、西舞鶴駅交流センター大ホールに於いて、「個性豊かな地域づくり—風土工学の視座—」と題して講演。	6 月　新幹線トンネルのコンクリート壁が剥落。 8 月　神奈川県山北町の玄倉川が増水。中州に取り残されたキャンプ客のうち、流された 13 人が死亡する玄倉川水難事故が発生。 8 月　トルコで M7.4 の大地震が発生。 9 月　茨城県東海村の核燃料施設 JCO で、日本初の臨界事故が発生、2 名が死亡。 10 月　上信越自動車道が全線開通。 12 月　ベネズエラに集中豪雨。洪水による甚大な被害が発生。  雑誌「国づくりと研修」第85号で、風土工学が巻頭で特集される	1 月　ハッピーマンデー制度導入。 3 月　日本銀行、ゼロ金利政策を実施。 3 月　コソボ紛争制裁のため、NATO 軍がユーゴスラビアを空爆。 4 月　石原慎太郎、東京都知事選に当選。 8 月　国旗国家法成立。 8 月　組織犯罪対策三法成立。 8 月　玄倉川水難事故が発生。 12 月　パナマ運河、アメリカ合衆国からパナマに返還。 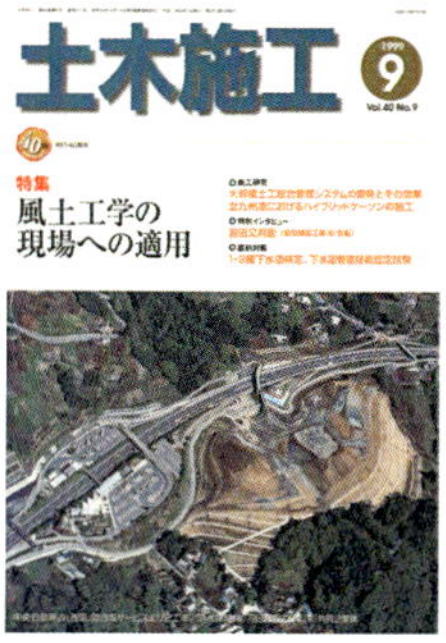 雑誌「土木施工」9月号で、風土工学が巻頭で特集される
平成 12 年 （2000） ［57 才］	3 月 24 日　『職人と匠—ものづくりの知恵と文化—』が技報堂出版より発刊される。金子量重、丹野稔、竹林征三鼎談集。 3 月 31 日　『鋼製ゲート百選』が技報堂出版より発刊される。水門の風土工学研究委員会編集。 4 月 1 日　竹林、2000 年 4 月開学の富士常葉大学の環境防災学部教授に就任する。また、同大学内に附属の研究機関として「風土工学研究所」が解説される。 4 月 10 日　『風土工学への招待』が山海堂より出版される。日本感性工学会監修、風土工学研究部会編集。 4 月 14 日　『現場技術者のための土工事ポケットブック』が山海堂より発刊される。竹林征三、本庄正史、田代民治、吹原康広共著。 5 月 18 日　日刊建設工業新聞に「風土工学の視座と展開」を連載（〜 2002 年 8 月 27 日・全 53 回）。 5 月 27 日　富士常葉大学に於いて、第 1 回風土工学シンポジウム開催。テーマ「これからの日本・21 世紀のビジョン・風土論の視座と展開、環境と防災、そして地域活性化への思い」。 8 月 24 日〜 31 日　ヨーロッパ運河閘門研究調査視察（オランダ・ベルギー・フランス）、水門の風土工学研究委員会。 9 月 12 日　日刊岩手建設建設工業新聞に「ふるさとの形」を連載（〜 12 月 1 日・全 12 回）。 10 月 2 日　盛岡タイムスに「雫石七話物語」を連載（〜 11 月 12 日・全 7 話）。	1 月　吉野川可動堰の可否を巡る住民投票が徳島市で実施。反対得票率 90％以上となり徳島市、可動堰建設反対に転じる。 3 月　徳島自動車道が全線開通し、四国 4 県を結ぶエックスハイウェイが完成。 3 月　有珠山が 22 年ぶりに噴火。 4 月　地方分権一括法（合併特例法の改正を含む）が施行。 6 月　神津島近海に、震度 6 強の地震が発生。32 件の土砂災害が発生。 7 月　四国縦貫自動車道が全線開通。 7 月　淀川水系流域委員会、準備会議設立。 7 月　三宅島雄山噴火。 10 月　富郷ダム（銅山川）が完成、吉野川総合開発事業が完成する。 10 月　平成 12 年鳥取県西部地震が発生。震度 6 強、M7.3。19 件の土砂災害が発生。 11 月　那賀川上流の木頭村に計画されていた細川内ダム計画が中止に。 12 月　関東最大の多目的ダム、宮ヶ瀬ダム（中津川）が完成。	4 月　小渕内閣総理大臣が、脳梗塞で緊急入院。5 月 14 日死去。 4 月　森喜朗が第 85 代内閣総理大臣に指名される。 5 月　ストーカー規制法公布。 6 月　朝鮮半島の分断後 55 年で初の南北首脳会談。 6 月　新紙幣 2000 円札発行。 8 月　新 500 円硬貨発行。 9 月　シドニーオリンピック開幕。  4月1日に開設された富士常葉大学附属風土工学研究所（写真は大学正門）

暦	風土工学	土木・建設関連情勢	国内外情勢
平成 13 年 (2001) [58 才]	3 月 27 日　東京都知事・石原慎太郎氏より「風土工学デザイン研究所」が特定非営利活動法人として設立認証される。 4 月 1 日　「風土工学デザイン研究所」を港区西新橋 1-20-10 に開設。	1 月　中央省庁再編により、建設省が運輸省・北海道開発庁・国土庁と合併し国土交通省が発足。 1 月　インド西部に M7.9 の大地震が発生。	1 月　ジョージ・W・ブッシュがビル・クリントンの後を継いで、アメリカ合衆国大統領に就任。 4 月　小泉内閣発足。
平成 13 年 (2001) [58 才]	4 月 18 日　「風土工学デザイン研究所」特定非営利活動法人として設立登記完了。 5 月 18 日　縄文の道フォーラムⅢ実行委員会主催、函館市ビロングスホール 2F にて「『北の縄文』ロマンと『地域おこし』―風土工学の視座と展開―」と題して講演。 6 月 29 日　風土工学デザイン研究所の臨時総会が開催される。 6 月 29 日　田村喜子氏、風土工学デザイン研究所の理事長に就任。 7 月 1 日　「雫石あねっこ」(地域交流拠点施設及び農村資源活用施設)がオープン。 7 月 2 日　『「雫石あねっこ物語」―雫石七話 雫石あねっこ五姫物語―』を風土工学デザイン研究所より発刊。 10 月 1 日　『「徳之山八徳物語」～ダム湖底に沈む徳山村のおはなし～』を風土工学デザイン研究所より発刊。 10 月　「風土工学だより」第 1 号発行。 11 月 2 日　中央大学駿河台記念館に於いて、第2 回風土工学シンポジウム開催。テーマ「風土と地域づくり―21 世紀の地域づくりは郷土と風土の復権から―」。 11 月 16 日　岩手日日新聞、田村喜子・竹林の共著『鬼翔平物語』の創作民話最優秀賞受賞を報道。	1 月　市町村合併が進み、26 日時点で、市が 695、町が 2,186、村が 566、合計 3,447 となる。 2 月　長野県の田中康夫知事、県議会で「脱ダム宣言」を発表。信濃川・天竜川水系の県営ダム事業計画を一斉に中止する。 2 月　淀川水系流域委員会、第 1 次流域委員会設立。 3 月　平成 13 年芸予地震。震度 6 弱、M6.7。愛媛県で地すべりが 1 箇所で発生した他、がけ崩れは 4 県で 52 箇所発生。	9 月　日本国内初の狂牛病(BSE)感染牛が発見される。 9 月　アメリカ同時多発テロ事件。 10 月　アメリカ軍によるアフガニスタン侵攻開始。

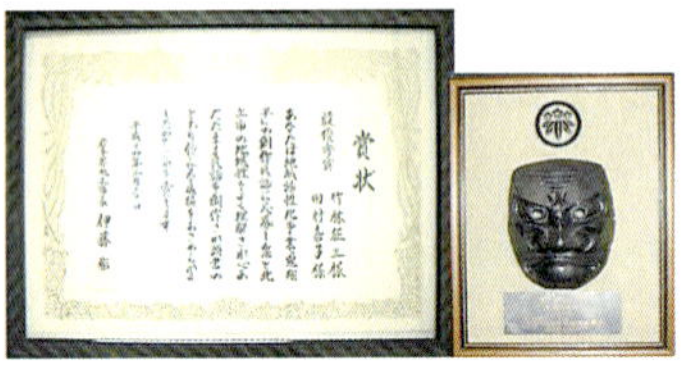

「鬼翔平物語」最優秀賞受賞の賞状と盾

道の駅「雫石あねっこ」

暦	風土工学	土木・建設関連情勢	国内外情勢
平成 14 年 (2002) [59 才]	1 月　平成 14 年度土木学会景観デザイン委員会デザイン賞優秀賞受賞。 3 月 12 日　日産科学振興財団より《テーマ「地域整備計画のための風土工学的方法の構築に関する研究」》が日産学術研究助成を受領。経済連合会館 10F パールルームに於いて授与式。 4 月 26 日　野洲川改修促進協議会主催、ホテルラフォーレ琵琶湖にて「野洲扇の流れ、野洲川のローカルアイデンティティーを考える」講演。 5 月 3 日　田村理事長、山海堂より『土木のこころ』を発刊。 6 月　『鬼かけっこ物語』発刊。小中学校に無料配布。 6 月 14 日　中央大学駿河台記念館に於いて、第 3 回風土工学シンポジウム開催。テーマ「地域づくりに風土の美学を求めて」。 6 月 15 日　第 1 回通常総会・理事会及び研究例会。 7 月 1 日　風土工学デザイン研究所が、港区西新橋から千代田区神田錦町 1-23 に移転。 9 月 11 日　静岡県庁別館 9 階大会議室にて、静岡県事業認定審議会。竹林、会長代理に就任。(任期:平成 14 年 9 月 11 日～平成 16 年 9 月 10 日) 9 月 27 日　第 2 回通常総会・理事会。	6 月　小牧ダム(庄川)、発電用ダムとしては初めて国の登録有形文化財に登録される。 12 月　東北新幹線盛岡駅～八戸駅間延長開業。 12 月　熊本県知事が、八代市にある荒瀬ダムの完全撤去を表明。	1 月　雪印牛肉偽装事件。 4 月　学習指導要領の見直しが図られ、完全週休五日制のゆとり教育スタート。 8 月　住民基本台帳ネットワーク開始。 9 月　小泉首相の訪朝で、北朝鮮の金正日総書記が、日本人拉致問題を公式に認める。 10 月　北朝鮮に拉致された日本人 5 人が帰国。

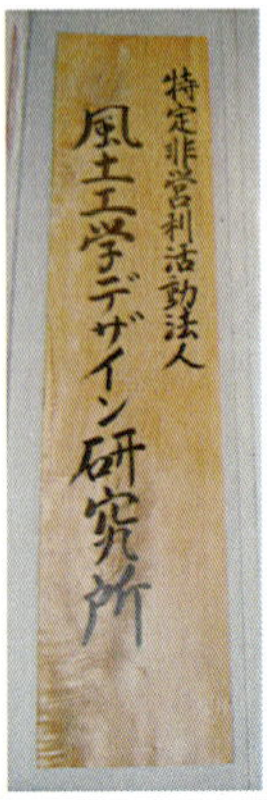

田村理事長揮毫による風土工学デザイン研究所の看板

第3回風土工学シンポジウムの会場風景

暦	風土工学	土木・建設関連情勢	国内外情勢
平成14年 (2002) [59才]	9月30日　「風土工学だより　第5号」より、田村理事長のエッセイ「心の風土記」を巻頭に連載開始。 11月7日　風土工学デザイン研究所が、東京都知事認可から内閣総理大臣認可へ変更（会社法人番号：0199-05-006083）。 11月28日　富士市都市計画審議会、会長に竹林再任。（任期：平成14年11月28日～平成16年11月27日）		
平成15年 (2003) [60才]	2月19日　日刊建設工業新聞に「ダム無用論を憂う」を連載（～3月31日・全24回）。 3月27日　オークラフロンティアホテルつくばアネックス館1階昴東の間にて、（財）土木研究センター風土工学研究所閉所にあたり送別会。 3月31日　（財）土木研究センター風土工学研究所を閉所。 5月　平成15年度ダム工学会技術開発賞受賞。 6月20日　中央大学駿河台記念館に於いて、第4回風土工学シンポジウム開催。テーマ「〝ものづくり〟と風土工学」。 7月10日　竹林、国土交通省霞ヶ関の同省会議室にて、国土交通大臣功労表彰受賞。 7月23日　富士市役所9階第2委員会室にて、「平成15年度第1回富士市都市計画審議会」の会長として竹林出席。 9月29日　第3回理事会・総会。「元気出せ土木!!」と題して特別講演。 10月17日　風土工学デザイン研究所が、「自己復元緑化工法協会」を設立。 10月18日　静岡新聞社・静岡放送、全国地方新聞社連合会主催、静岡市民文化会館大ホールにて「河川文化フォーラム 安倍川を考えよう」〈風土工学から見た安倍川～安倍川を考えよう～〉と題して基調講演。 10月20日　「地域の風土と感性の出会いを演出するデザイン適用の試み ―ダム湖畔の広場整備を例として―」（桜井厚・（財）土木研究センター）が、日本感性工学会2002年大会優秀発表賞を受賞。	3月　高松自動車道が全線開通。 4月　六本木ヒルズがグランドオープン。 5月　宮城県沖でM7.1の地震が発生。 7月　能登空港開港。 8月　沖縄に戦後初の鉄道、沖縄都市モノレール（ゆいレール）開業。 9月　十勝沖地震が発生。 12月　東京電力管理の丸沼ダム（片品川）、現役で稼働する発電用ダムとしては初となる国の重要文化財に指定される。 12月　イラン南東部にM6.5の強い地震が発生。 12月　淀川水系流域委員会、「基礎原案に対する意見書」を提出。 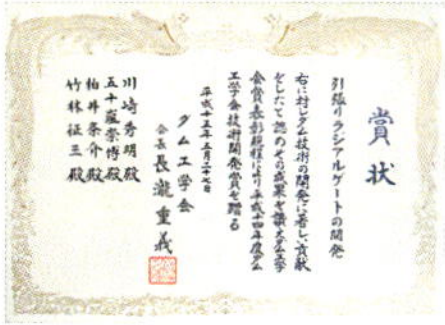 平成15年度　ダム工学会技術開発賞受賞。2003.5	3月　米英によるイラク侵攻作戦開始。 3月　感染症SARSが世界的に流行。 4月　郵政事業庁が日本郵政公社に。 6月　戦後はじめて有事法制が成立。 7月　イラク特措法が成立。 10月　衆議院が解散。 10月　最後の日本産トキ「キン」が死亡。 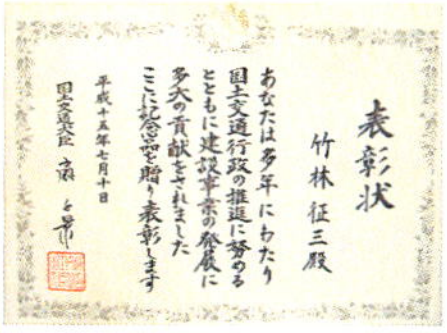 国土交通大臣表彰の表彰状
平成16年 (2004) [61才]	2月29日　九頭竜川鳴鹿大堰が完成。 3月15日　舞鶴市主催、舞鶴市政記念館にて、「由良川の流れと『舞鶴』の〝郷土〟を考える～誇り高き舞鶴の地域づくり～」と題して講演。 5月28日　『水門工学』発刊記念懇親会。大阪キャッスルホテルに於いて。 6月25日　中央大学後楽園キャンパスに於いて、第5回風土工学シンポジウム開催。テーマ「〝治山・治水〟と風土工学」。 8月5日　野洲川改修期成同盟会主催の野洲川竣工式に、田村理事長が出席。 8月5日　田村理事長、サンライズ出版より『野洲川物語』を発刊。 8月20日　中央大学駿河台記念館に於いて、第6回風土工学シンポジウム開催。テーマ「風土工学の〝道づくり〟―〝みち〟の〝みらい〟を考える―」。 8月24日～25日　北海道自己復元緑化工法現地施工実験。 9月9日　日本感性工学会において『風土と地域づくり～風土を見つめる感性を育む～』（ブレーン出版）が、日本感性工学会出版賞受賞。 10月1日　第4回理事会・総会。 10月13日～22日　風土工学デザイン研究所の高橋裕理事がコーディネーターで実施された「2004河川環境米国西部調査団」に、田村理事長が参加。また米国各地の風土調査も行う。 12月6日　「第1回景観配慮型本宮地区地すべり対策工法検討委員会」に出席。委員長に推挙される。	4月　特殊法人帝都高速度交通営団（営団地下鉄）が民営化され、東京地下鉄株式会社（東京メトロ）になる。 7月　福井県で福井豪雨発生。JR越美北線の橋梁が流失。 10月　新潟県中越地震が発生。妙見堰（信濃川）が損壊。 12月　インド洋周辺諸国にスマトラ沖地震が発生。津波の被害が13カ国に及ぶ。 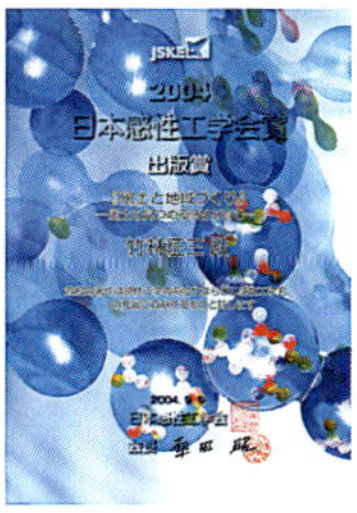 平成16年度　2004年日本感性工学会賞出版賞受賞　2004.9.9 「風土と地域づくり～風土を見つめる感性を育む～」	1月　山口県の養鶏場で日本国内では79年ぶりとなる鳥インフルエンザが発生。 1月　自衛隊イラク派遣開始。陸上自衛隊先遣隊がイラク国内へ入る。 4月　イラク日本人人質事件発生。 4月　政治家の年金未納問題が相次いで発覚。 5月　二回目の日朝首脳会談が平壌で行われ、拉致被害者の家族5人が帰国。 8月　アテネオリンピック開幕。 9月　第二次小泉改造内閣発足。 11月　日本で新紙幣発行。1万円札が福沢諭吉、5千円札が樋口一葉、千円札が野口英世。
平成17年 (2005) [62才]	2月14日　筑波大学主催の「千年持続学研究会」に於いて「東洋の智慧の環境学」と題して講演。筑波大学人文社会学系棟B818会議室。	2月　淀川水系流域委員会、第2次流域委員会設立。	3月　2005年日本国際博覧会（愛知万博）「愛・地球博」が開幕。 4月　ペイオフ完全施行。

暦	風土工学	土木・建設関連情勢	国内外情勢
平成17年 (2005) [62才]	2月21日　日刊建設工業新聞に「続ダム無用論を憂う」を連載（～5月6日・全36回） 2月22日　近畿地方整備局景観アドバイザーとして九頭竜川鳴鹿大堰現地調査及び景観評価。 3月27日　国際日本文化センター、産学官連携プロジェクト「21世紀の環境・経済・文明」に係る日文研公開シンポジウムに、竹林参加。 5月20日　竹林、著書『ダムのはなし』『続ダムのはなし』で、平成16年度ダム工学会賞著作賞受賞。 7月1日　北海道大学学術交流センターに於いて、第7回風土工学シンポジウム開催。テーマ「これからの北海道の社会資本を考える」。 7月19日　第1回矢作ダム水源地域ビジョン策定準備委員会に、委員長として出席。奥矢作勤労青少年レクリエーションセンター（大会議室）。 7月22日　中央大学駿河台記念館に於いて、第8回風土工学シンポジウム開催。テーマ「日本文明と土木そして風土」。 8月4日　第1回「創知協働人づくり推進県民会議『匠の技』育成強化部会」の部会委員として竹林参加。静岡県庁別館9階第1特別会議室。 9月15日　（財）とっとり政策総合研究センター主催、第1回「姫路鳥取線を最大限に生かす懇話会」に、竹林、顧問として出席。鳥取厚生年金会館ウエルシティ鳥取「砂丘の間」。 9月30日　第5回理事会・総会。	3月　（財）ダム水源地環境整備センター、全国の各地方自治体より推薦のあったダム湖のうち、65湖沼をダム湖百選に認定する。 3月　福岡県西方沖にM7.0の地震が発生。 4月　市町村の合併の特例等に関する法律（新・合併特例法）が施行。 6月　景観緑三法が全面施行。 8月　早明浦ダムの貯水率が0%となる。全国的な大渇水。 8月　M7.2の宮城県沖地震（宮城県南部地震）が発生。 8月　ハリケーン「カトリーナ」が米国フロリダ州に上陸。 8月　淀川水系流域委員会、「『淀川水系5ダムについての方針』に対する見解」を提出。 10月　日本道路公団、首都高速道路公団、阪神高速道路公団及び本州四国連絡橋公団の道路4公団が民営化。 12月　大阪高裁、永源寺第2ダム（愛知川）訴訟控訴審で「ダム建設違法」の判決を下す。 12月　「シーニックバイウェイ（仮称）戦略会議」開催。	4月　JR福知山線脱線事故が発生。 8月　郵政民営化関連法案が参議院で否決。同日、衆議院が解散。 9月　衆議院議員総選挙で、自由民主党が記録的な圧勝。 9月　第三次小泉内閣が発足。 10月　郵政民営化関連法案が成立。 11月　紀宮清子内親王と黒田慶樹さんの結婚式が帝国ホテルで行われる。 11月　耐震強度偽装事件が発覚。 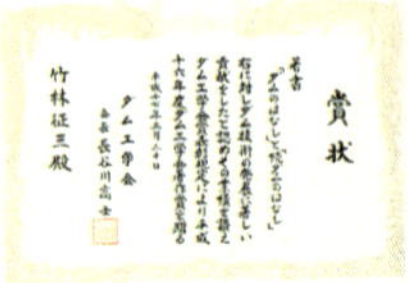  平成16年度ダム工学会賞の賞状と盾
平成18年 (2006) [63才]	1月20日　ダム工学会15周年記念特別（第11回）講習会にて「ダム無用論を憂う」と題して講演。星陵会館2階ホール。 1月27日　第1回矢作ダム水源地域ビジョン策定委員会に、竹林、委員長として出席。豊田市生涯学習センター旭交流館3階大会議室。 2月4日　黒部市観光協会・黒部市が主催する黒部市・宇奈月町合併記念イベント「電源開発の偉業を称える講演会」に、田村理事長が参加。黒部市国際文化センター「コラーレ」。 3月24日　長井ダムの名称が「ながい百秋湖」に決定。 5月20日　熊本市役所14階大ホールに於いて、第9回風土工学シンポジウム開催。テーマ「加藤清正の築城と治水—その風土と地名—」。 5月21日　第9回風土工学シンポジウム現地見学会（熊本城等）。 5月27日　『加藤清正—築城と治水—』（谷川健一編）が冨山房インターナショナルより発刊（竹林執筆「『治水の神様』の系譜」を収録）。 9月14日　日本感性工学会において『風土工学<市民環境工学シリーズ第3巻>』が、日本感性工学会出版賞受賞。 9月22日　中央大学駿河台記念館に於いて、第10回風土工学シンポジウム開催。テーマ「美しい日本の国土の復権を！— "国土づくり" と "人づくり" —」。 9月23日　「風土工学」10周年記念式典。第6回理事会・総会。 10月7日　第4回富士学会研究発表会「富士山—遺産と創造　天と地・内と外の仲立ち」開催。「"ふるさと富士" 全国会議の取り組みについて」と題して発表。 11月18日　ふるさと富士シンポジウム－近江富士（三上山）から全国へ－（野洲市・富士学会主催、野洲文化小劇場）「全国ふるさと富士サミットの意義」と題して講演。	1月　「シーニックバイウェイ（仮称）」の名称を「日本風景街道」と決定。 2月　国土交通省が、東横インの不正改造問題に対し、厳正な対応を指示。 2月　兵庫県神戸市中央区、ポートアイランド沖に神戸空港が開港。 3月　新北九州空港道路開通。 3月　紀勢自動車道（勢和多気JCT）が開通。 3月　鹿児島県の種子島に、新種子島空港が開港。 4月　市町村合併が進み、1日時点で、市が779、町が844、村が197、合計1,820になる。 4月　生口島道路の開通に伴い、本州と四国を結ぶしまなみ海道が一本に繋がった。 7月　九州地方に記録的な豪雨。 平成18年度　日本感性工学会賞出版賞「風土工学〈市民環境工学シリーズ第3巻〉」	1月　ライブドアグループの証券取引法違反事件で、堀江社長を含む4名を逮捕。 2月　トリノ冬季オリンピック開幕。 3月　いわゆる送金指示メール問題で民主党は、前原誠司代表及び執行部が総退陣。永田議員は議員辞職。 4月　民主党代表に小沢一郎氏。 4月　耐震偽造問題に関わった、姉歯元一級建築士ら、合計8人を逮捕。 7月　北朝鮮が日本海に向け計7発のミサイルを発射。 
平成19年 (2007) [64才]	1月17日　河川環境管理財団大阪事務所講演「元気だせ土木！公共事業は緊要」と題して講演。		○2006年の自動車国内生産世界一位。

暦	風土工学	土木・建設関連情勢	国内外情勢
平成19年 (2007) [64才]	2月2日　宮城県土木部技術研究発表会において「元気出せ土木！」と題して講演。(宮城県庁講堂) 2月11日　日本文明史の再建　21世紀の環境・経済・文明（国際日本文化センター第5共同研究室）「東洋の智慧の環境学」と題して講演。 2月23日　淡路島防災フォーラム（兵庫県淡路県民局他主催、洲本市文化体育館・文化ホール）「災害からのメッセージと風土工学」と題して講演。 3月18日　大谷崩れ300年事業実行委員会第二回ワークショップ「崩れと都市防災—急流河川安倍川とともに」参加。(静岡河川事務所主催) 3月26日　第1回横川ダム水源地域ビジョン策定委員会において、「小国の郷、誇りうる横川ダム」と題して講演。(横川ダム工事事務所主催、松風館) 5月28日　静岡地区用地対策等連絡協議会主催（静岡県職員会館）にて、「富士学と風土工学」と題して講演。 8月2日　第9回日本感性工学会大会「感性情報による価値創造」において、風土工学部会企画セッション。(工学院大学新宿キャンパス) 9月12日　木曽谷発「温故知心」　木曽谷の災害史講演会にて、「木曽谷・風土からの伝言、土砂災害を考える」と題して講演。(国土交通省多治見砂防主催、木曽勤労者福祉センター) 9月14日　山梨県立身延高校において、サイエンス・パートナーシップ・プロジェクトとして「個性豊かな富士川とダムの話」と題して講演。 9月21日　第11回風土工学シンポジウム『後世に残す社会資本と国土－「国土学」と「風土工学」のすすめ－』開催。(星陵会館ホール)「後世に残す風土と国土」－風土工学の視座－と題して講演。 9月24日　殿ダム展シンポジウム、「鳥取の風土と袋川」と題して基調講演。(主催：(財)鳥取市文化財団、鳥取市歴史博物館 やまびこ館) 10月26日　「第2回富士川流域の技・作家たち展／六斉市」にて、「富士川の風土の宝とものづくり」と題して講演。(増穂町あおやぎ宿やなぎ亭) 11月17日　滋賀県野洲市・野洲文化ホールにおいて、第1回全国ふるさと富士サミット「全国のふるさと富士の魅力と連携の意義」と題して基調講演を行う。 11月30日　サイエンス・パートナーシップ・プロジェクトとして「ダムと水力発電の科学」と題して、雨畑ダム、柿本ダム等の現地学習講義を行う。	2月8日　村井長野県知事、田中康夫前知事の「脱ダム宣言」方針を転換、浅川ダム建設再開。 3月25日　能登半島沖地震（震度6強）。 7月16日　新潟長野で地震（震度6強）。東電刈羽6号原発放射能漏れ。死者7人、負傷者800人以上。 10月　緊急地震速報運用開始。 11月6日　東海北陸自動車道飛騨トンネル（10,712m）開通。	2月13日　「ご当地ナンバー」が導入。 10月1日　日本郵政公社民営化。
平成20年 (2008) [65才]	1月20日　地名研究会新年瓦礼会　特別講演『世相に見る「四つの窓」と「表裏の二面性」と題して講演。大垣スイトピアホール。 3月2日　兵庫県豊岡市　出石文化会館において、〔防災と環境フォーラム〕「円山川・風土からの伝言—洪水被害を考える—」と題して講演。 3月7日　県立淡路夢舞台国際会議場〔あわじ歴史浪漫・風景街道フォーラム〕「風土工学・風景街道—六感で感動する観光淡路島づくり—」と題して講演。 5月19日　栃木県日光市湯西川での、知って納得！温故知新！　講演会にて、「湯西川の地名・伝説が面白い—湯西川・源流絵地図を作ろう—」と題して講演。 6月16日　「ジオパークフォーラム東北」にて「風土工学とジオパーク」と題して講演。(社) 全国地質調査業協会連合会　仙台国際センター。 9月8日～10日　日本感性工学会大会において「円山川・治水の神様の群像」と題して講演。会場：大妻女子大学 10月18日　第12回風土工学シンポジウム『—災害の教訓と地名—』開催。(熊本市役所大ホール)「災害の記憶と教訓」—地名と伝説そして供養と祈願と備え—と題して講演。	2月23日　新名神高速道路亀山JCTから草津田上IC開通。 7月5日　東海北陸自動車道・一本につながる。 7月28日　神戸の都賀川でゲリラ集中豪雨。これ以降日本各地でゲリラ豪雨・局地豪雨が頻発。 10月13日　徳山ダム完成	1月12日　南極海でグリーンピースが日本の捕鯨船団を実力阻止。 ○小中学校の授業時間30年振りに増加。 1月27日　橋下徹大阪府知事当選。 8月8日　北京オリンピック開幕。
平成21年 (2009) [66才]	1月31日～2月1日　国際日本文化研究センター共同研究会「日本文明の再建」「お経に学ぶ環境学」と題して講演。	○民主政権事業仕分け・八ツ場ダム中止。 2月2日　浅間山噴火。	5月　新型インフルエンザ大流行。

暦	風土工学	土木・建設関連情勢	国内外情勢
平成21年 (2009) [66才]	2月18日　富士常葉大学竹林征三教授最終講義「環境と風土―環境と風土を考える新しい視点―」と題して講演。 6月27日　NPO山梨の自然と災害を考える会設立記念講演会。「明日にも来る山梨の災害」と題して講演。(甲府市総合市民会館大会議室) 9月10日　日本感性工学会大会において「巨岩・奇岩（形と名前）が語る物語」「志木市の河童伝説による〝まちおこし〟」と題して講演。芝浦工業大学豊洲キャンパス。 11月7日　国際日本文化研究センター共同研究会「日本文明史の再建」「ダムと環境問題そしてダム無用論」と題して講演。 11月8日　国際日本文化研究センター共同研究会「日本文明史の再建」公開シンポジウム。森里海連環とわれわれ将来生活 パネラーとしてディスカッションに参加。河川管理の課題について論ず。会場：鳥羽市商工会議所ホール 11月16日　日本橋地域ルネッサンス100年計画委員会設立10周年記念事業「日本橋かるた」公募において、応募作品が「ルネッサンス賞」(一番日本橋への想いを感じた作品）受賞。 11月16日　（財）北海道河川防災研究センター第3回RIC講演会。「『地質と環境そして風土』―より良き土木設計を求めて―」と題し講演。会場：ホテルニューオータニ札幌2階鶴の間 12月18日　山口大学リハテック研究会「『風土工学・土木設計論』―より良き土木設計を求めて―」と題し講演。山口大学常磐工業会。	3月　地方の高速道路土日祝日千円乗り放題。 3月10日　桜島爆発的噴火。 4月22日　道路特定財源・一般財源化。 7月21日　山口県美祢市で土石流災害。 7月24日～26日　中国・九州北部豪雨。 8月9日～11日　兵庫県佐用町　24時間327mm記録。 10月9日　前原大臣56のダム事業のうち48ダムについて凍結方針を表明。  平成21年度　日本橋カルタ公募ルネッサンス特別賞受賞	7月31日　若田光一137日の長期宇宙生活から帰還。 8月　裁判員裁判がスタート。 8月30日　衆院選で民主党大勝・鳩山由紀夫。 9月29日　出雲市砂原遺跡 9月29日　12万年前に日本列島に人類が生存したとみられる日本最古の旧石器20点発見。
平成22年 (2010) [67才]	1月6日　国土交通省国土技術政策総合研究所講演会「河川と環境と風土」と題し講演。土木研究所講堂。 1月9日　第19回伊勢会新年会「風土工学の誕生」と題し講演。東京大神宮。 1月29日　第2回シビルフォーラム これからの地域づくり講演会「これからの地域づくり風土工学」と題し講演。土木学会本部。 2月7日　<舟運フォーラム>シンポジウム〝甦れ！賑わいの河岸〟川を活かしたまちづくり『舟運と観光』風土工学の視座」と題し講演。場所：潮来ホテル 2月26日　静岡県戦略課題研究「富士山」研究発表シンポジウム「産業（観光振興）基盤として風土資産活用に関する研究」を発表。富士宮市役所。 3月14日　国際日本文化研究センター共同研究会。日本文明史の再建研究会「『ダムと環境問題そしてダム無用論』（その2）」と題し講演。 7月2日　山口大学工学部講演会。第一部「建設事業における環境問題」第二部「風土工学の誕生」と題して講演。 7月30日　ダム統括管理技術者会主催。地区研修会（津軽ダム）において。「ダムは本当に不要なのか―国家百年の計から見た真実―」と題して講演。白神山地ビジターセンター。 9月11日　日本感性工学会大会において「東洋の知恵・唯識と心理学」、「ダムによらない治水を考える」と題して講演。東京工業大学大岡山。 9月11日　日本感性工学会大会において出版著作賞アイデア賞受賞「県の輪郭は風土を語る―かたちと名前の47話―」。 9月24日　風土工学デザイン研究所総会・講演会において「小さな政府と市場競争原理―新自由主義の呪縛―」と題して講演。 10月10日　「ダムは本当に不要なのか―国家百年の計から見た真実―」ナノオプトエクス・エナジー出版局から発刊。 11月1日　日本ダム協会「初代ダムマイスター」に任命される。 11月30日　第3回水源地フォーラムにて「地域資源を活かした地域づくり」と題して講演。場所：利賀村複合教育施設「アーパスホール」	1月4日　世界一高いビル「ブルジュ・ドバイ」がオープン。 12月1日　関西広域連合発足。 12月4日　東北新幹線　八戸～新青森間開通。 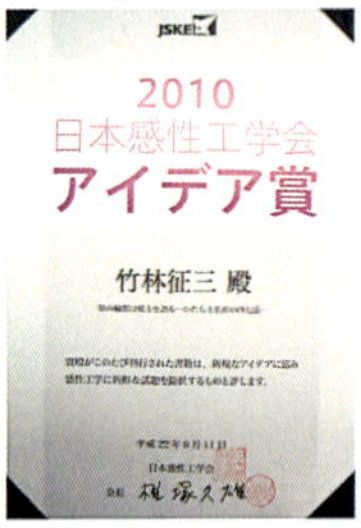 平成22年9月11日　第12回日本感性工学会「日本感性工学会出版著作賞アイデア賞受賞」受賞作品『県の輪郭は風土を語る　―かたちと名前の四七話―』	3月　韓国の哨戒艦が北朝鮮の魚雷で沈没。 8月　中国のGDP日本を抜いて世界第2位。 9月　尖閣諸島、中国漁船衝突事故。 9月　金正恩が北朝鮮の後継者に。 11月　韓国大延坪島に北朝鮮が砲撃。

暦	風土工学	土木・建設関連情勢	国内外情勢
平成 22 年 (2010) [67 才]	12 月 9 日　日本建築学会第 33 回情報・システム・利用・技術シンポジウム「感性による新しいデザインに向けて」にて「風土工学のすすめ」と題して講演。建築会館ホール。		
平成 23 年 (2011) [68 才]	1 月 15 日～16 日　国際日本文化研究センター共同研究会「日本文明史の時代を創造する」「災いを防ぎ文化をつくる。―環境防災と風土工学―」と題して講演。 1 月 28 日　第 27 回建設ルネッサンス研究会公開講座において「ダム無用論を憂う - 国家百年の見地から -」と題し講演。場所：財団法人建築保全センター 4 月　大学附属風土工学研究所閉所記念講演。「大学附属風土工学研究所 11 年間の研究活動報告」と題し講演。 5 月 12 日　竹林、著書『ダムは本当に不要なのか―国家百年の計からみた真実―』で、平成 22 年度ダム工学会著作賞受賞。 7 月 19 日　「ラジオ日本」他で好評放送中の『元気だせ！ニッポン』にゲスト出演。第 77 回「ダムは本当に不要か？」・ラジオ日本 10 月 31 日　ダム協会一般公開シンポジウム「ウィズダムナイト」「つつみと日本文明」を講演。日本橋社会教育会館 11 月 5 日　国際日本文化研究センター「生命文明の時代を創造する」第 5 回研究会において「福島原発事故からの教訓――見えないものは恐ろしい――」と題して講演 11 月 17 日　ダム工学会「『環境防災学』とは何か」と題して講演。「星陵会館」	1 月 26 日　霧島山新燃岳 189 年振りにマグマ噴火。 3 月 11 日　東日本大震災。 3 月 12 日　福島第一原発事故（水素爆発）。 3 月 12 日　九州新幹線全線開通。 3 月 12 日　長野県北部地震（震度 6 強）。 3 月 15 日　富士山大地震（震度 6 強）。 9 月 3 日　紀伊半島大水害（台風 12 号）。 9 月 20 日～23 日　台風 15 号浜松上陸。	1 月 21 日　宮崎鳥インフルエンザ。1 万 2400 羽殺処分。 3 月 13 日　東電計画停電を発表。 7 月 1 日　電力使用制限令。
平成 24 年 (2012) [69 才]	1 月 8 日　国際日本文化研究センター第 6 回研究会「生命文明の時代を創造する」において「(続) 福島原発事故からの教訓」と題し講演。」と題し講演。 3 月 17 日　山陰海岸ジオパーク推進協議会山陰海岸ジオパークかるた優秀賞受賞。 4 月 1 日　財団法人日本ダム協会ダムマイスター任命。 9 月 25 日　平成 24 年度第 3 回 RIC 講演会にて「風土千年・震災復興論」と題して講演。KKR 札幌 11 月 8 日　「歴史に学ぶ防災、風土からみる災害の足跡」講演会にて「大和川・風土が語る災害の宿命」と題して講演。國民會館 武藤記念ホール 11 月 20 日　九州地方整備局にて「災害の世紀・風土が語る災害の宿命を考える」「風土千年・震災復興論」と題して講演。 11 月 22 日　静岡防災フォーラムにて「災害の世紀・風土が語る災害の宿命」と題して講演。静岡市アイセル 21	5 月 6 日　茨城栃木同時竜巻。 5 月 22 日　東京スカイツリー開業。 7 月 11 日～14 日　九州北部豪雨・30 人死亡、2 人不明。 8 月　南海トラフ巨大地震被害・想定死者最大 32 万 3000 人。 12 月 2 日　中央道笹子トンネル天井板崩落 9 人死亡。	9 月　尖閣国有化。 11 月　中国共産党・習近平総書記。 4 月 11 日　北朝鮮・金正恩総書記。 2 月　エリザベス女王即位 60 年祝賀行事。 10 月 29 日　大型ハリケーンニュージャージー州上陸・死者 100 人超。
平成 25 年 (2013) [70 才]	1 月 31 日　国土技術政策総合研究所『風土千年・震災復興論』―災害の世紀・防災を考える― 2 月 24 日　朝霞市リサイクルプラザ　古今防災シンポジウム『環境防災とは』―自然・環境・防災・風土を考える―　新河岸川水系環境連絡会 6 月 1 日　富士学会功労賞受賞。 6 月 6 日　全国ポンプ・圧送船協会・40 周年記念講演会　浜松町東京会館「オリオンルーム」世界貿易センタービル 39F『風土千年・復興論』―巨大災害の世紀・風土が語る災害の宿命を考える― 7 月 18 日　平成 24 年度大和川河川事務所から当法人への依託業務「大和川水系流域他風土資産評価業務」に対し、優良業務表彰が授与された。また、同業務の執行に関し、竹林征三（環境防災研究所長）が優秀技術者として表彰された。 7 月 18 日　静岡大学 浜松キャンパス総合研究棟ネットワーク中継：静岡キャンパス総合研究棟『大地変動・土砂災害論』工学研究科電気電子工学専攻／情報学研究科情報科学専攻 8 月 24 日　谷川健一　民俗学者文化功労賞者死去。風土工学デザイン研究所設立発起人の一人。	○平成 25 年豪雪。青森酸ヶ湯で最大積雪歴代 1 位 566cm 記録。年最深積雪 12. 地点で更新。 3 月 16 日　東急東横線渋谷駅を地下駅に移転した上で東京メトロ副都心線との相互直通運転、みなとみらい線（東横線と乗り入れ）から東武東上線及び西武池袋線（副都心線と乗り入れ）までの相互直通運転開始。 7 月 15 日　インド北部豪雨不明者 5700 人に死亡宣告。 7 月 17 日　黒部ダム竣工 50 周年。 7 月 18 日～　山形県を中心に 1 週間以上豪雨が続き、浄水場の処理が追いつかず村山地方で最大 4 万世帯断水。	2 月 15 日　ロシア　ウラル地方チェリャビンスク州で隕石落下。 2 月 25 日　韓国　朴槿恵女性大統領就任。 3 月　出雲大社 60 年振りの平成大遷宮。 3 月 13 日　ブエノスアイレス大司教マリオ・ベルゴリオが 266 代ローマ教皇に。 5 月 31 日　テレビ放送における東京スカイツリーからの本放送開始。 6 月 22 日　「和食」が無形文化遺産に。 6 月 22 日　富士山が世界文化遺産に登録される。

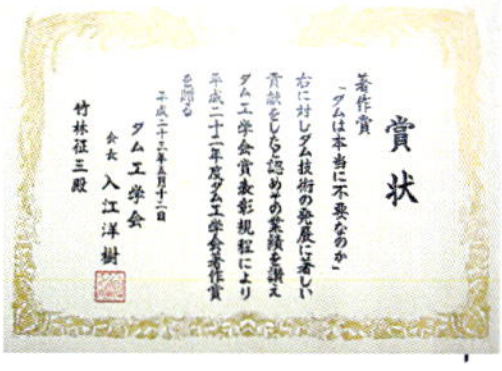

平成22年度ダム工学会著作賞の賞状と盾

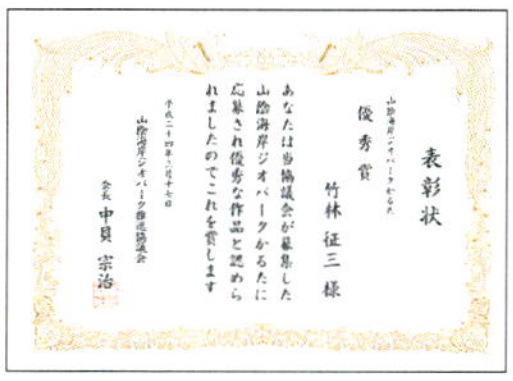

山陰海岸ジオパークかるた
優秀賞受賞　2012.3.17

暦	風土工学	土木・建設関連情勢	国内外情勢
平成 25 年 (2013) [70 才]	10 月 6 日　防災講演会　山梨の自然と災害を考える会にて『災害の世紀・防災を考える』と題し講演（甲府市役所 4F 会議室） 11 月 1 日　平成 25 年度第 4 回 RIC 講演会にて「環境と防災、そして風土を考える」と題して講演（北海道建設会館 9 階） 11 月 18 日　『災害の世紀・防災を考える』と題して講演（アピオあおもり） 11 月 21 日　国土交通省四国地方整備局主催講演会にて『那賀川流域の風土に刻された災害の宿命』と題して講演（阿南市文化会館） 11 月 22 日　『風土に刻まれた災害の記憶・防災を考える～近畿は災害と防災のルーツの地～』と題して講演（大阪合同庁舎） 12 月 13 日　時間学特別セミナー in 工学部『動く大地の土木設計論』と題して講演（山口大学常盤キャンパス D41 講義室）  平成25年6月1日 富士学会「富士学会功労賞」受賞  平成25年7月18日　近畿地方整備局「優良業務表彰、優良技術者表彰」表彰式	7 月 28 日　山口県、島根県大雨。萩市 1 時間 138.5 ミリ、山口市 143 ミリ、津和郡で 24 時間 381 ミリ。山口県須佐で 3 時間雨量 301.5 史上最大。山口市で 3 時間雨量 249.5 ミリ。 8 月 12 日　高知県四万十市で、日本国内観測史上最高気温となる 41.0 度を観測 8 月 29 日　JR リニア山梨実験線全線開通。 9 月 2 日　埼玉県越谷市、千葉県野田市で竜巻発生。 10 月 15 日　伊豆大島記録的豪雨土石流。36 人死亡 3 人不明。大島で 1 時間雨量 122.5 ミリ 24 時間雨量 824 ミリ。東京、千葉、茨城で 24 時間降水量記録。 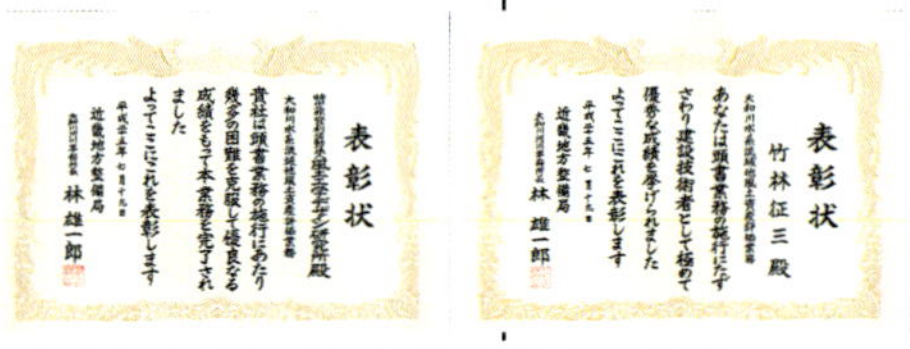 優良業務表彰、優良技術者表彰を受賞　2013.7.18	8 月 9 日　財務省、「国の借金」が 6 月末時点で 1008 兆 6281 億円となり、初めて 1000 兆円を突破したことを発表。 9 月 1 日　関東大震災 90 周年。 9 月 8 日　2020 年オリンピック開催地が東京に決定。 11 月 14 日　関門橋開通 40 周年。 11 月 20 日　小笠原西ノ島に新島出現。 12 月 18 日　福島第一原発 6 基全てで廃炉と決定。
平成 26 年 (2014) [71 才]	3 月 29 日　「甲斐の国」水災・減災セミナーにて『山梨の風土に刻された災害の宿命』～災害の世紀・防災・減災を考える～と題して講演（南アルプス市 わかくさホール） 4 月 1 日　財団法人　日本ダム協会　ダムマイスター任命。 4 月 26 日　「大久保長安の治水を考える」講演会にて『大久保長安の治水を考える』と題して講演（マロウドイン八王子ホテル） 4 月 29 日　瑞宝小綬章の受賞。  瑞宝小綬章の受賞　2014.4.29 5 月 15 日　ダム工学会功績者表彰。  ダム工学会功績者表彰　2014.5.15 6 月 17 日　平成 26 年度　砂防地すべり技術センター講演会にて『風土に刻された［土砂災害］の記憶―巨大災害の世紀　治山・治水水系一貫の思い―』と題して講演（砂防会館別館）	1 月 9 日　三菱マテリアル四日市工場爆発事故。5 人死亡 12 人負傷。 2 月 13 日　インドネシア東ジャワ州ケルート山噴火 20 万人避難。 2 月 15 日　関東甲信豪雪　甲府 114cm（過去最大）秩父、熊谷、前橋で史上最大。 3 月 7 日　あべのハルカス　地上 60F 高さ 300m 日本一。 3 月 30 日　沖ノ鳥島　建設中の桟橋転倒 7 人死亡。 4 月 1 日　チリを震源とする M8.2 イキナ地震。  平成26年4月1日　財団法人　日本ダム協会「財団法人　日本ダム協会ダムマイスター」任命書 4 月 16 日　韓国旅客船「セウォル」沈没事故。 5 月 2 日　アフガニスタン北東部地滑り災害。死者多数。 7 月 9 日　南木曽梨子沢の土石流災害。	1 月 29 日　理化学研究所 STAP 細胞成功発表。 3 月 5 日　沖縄慶良間　31 番目の国立公園。 3 月 18 日　ロシア　プーチン大統領　クリミア自治共和国を編入。 3 月 26 日　北朝鮮　中距離弾道ミサイル「ノドン」2 発日本海に向け発射。 4 月 1 日　消費税 5％から 8％に上げられる。 4 月 9 日　Windows xp サポート期間終了。 5 月 13 日　トルコ　ソマ炭鉱爆発事故 301 人死亡。 6 月 4 日　STAP 細胞論文撤回。 6 月 21 日　富岡製糸場が世界文化遺産登録決定。 7 月　西アフリカ　ギニア、シェラレオネ、リベリアでエボラ熱大流行 1552 人死亡（8 月 26 日現在） 8 月　朝日新聞「慰安婦誤報」表明。

暦	風土工学	土木・建設関連情勢	国内外情勢
平成 26 年 (2014) [71 才]	7 月 22 日　平成 26 年度ダム技術講習会にて「事故と失敗の反省に学ぶダム技術 Lesson from Dam Incident Search for Aesthetics of Dam- ダムの美学を追い求めて -」と題して講演（弘済会館 4F 菊） 9 月 4 日　日本感性工学会　平成 26 年度大会において「勢田川・宇治川左右対称物語」「大久保長安の治水を考える」の 2 題を講演（中央大学後楽園） 9 月 26 日　NPO 風土工学デザイン研究所　第 14 回理事会・総会にて「日本の河川技術の系譜」と題して講演（千代田プラットフォームスクウェア） 9 月 30 日　平成 26 年度第 5 回 RIC 講演会にて「北海道の風土が語る災害の宿命―文明と災害・環境防災学の視座―」と題して講演（札幌エルプラザ） 11 月 12 日　中部地方整備局　河川部主催講演会にて「中部地方の風土が語る災害の宿命 - 文明と災害・環境防災学の視座 -」と題して講演（名古屋銀行協会会館） 12 月 2 日　近畿地方整備局主催講演会にて「文明と災害・日本文明崩壊の危機」と題して講演（大阪合同庁舎） 12 月 11 日　東北地方整備局主催講演会にて「文明と災害・日本文明崩壊の危機」と題して講演（ハーネル仙台）	8 月 3 日　雲南地震　M6.5 死者 398 人負傷者 1801 人被災 108 万 8400 人倒壊 21 万 6 千戸（昭通市魯甸県）。 8 月 20 日　広島土砂災害。74 人死亡。 9 月 10 日　九州電力 川内原子力発電所 1,2 号機 安全審査合格。 9 月 11 日　札幌千歳等大豪雨。90 万人避難勧告。 9 月 27 日　御嶽山噴火。登山者 57 人死亡。6 人不明。1978 年以来の大噴火 11 月 22 日　長野県神城断層地震	8 月 3 日　中国新型 ICBM「東風 41」を公表。 9 月　デング熱感染 17 都道府県 116 人。 9 月 12 日　IPS 細胞を用いた世界初の再生医療。 10 月 1 日　東海道新幹線 50 年。56 億人，死亡事故ゼロ。 10 月 8 日　日本全国皆既月食。 10 月 17 日　JR 東海 リニア新幹線工事実施認可。 12 月 3 日　小惑星探査・ハヤブサ 2 号打ち上げ。 12 月 14 日　47 回衆議院議員選挙・ノーベル物理学賞　赤崎勇・天野浩・中村修二。
平成 27 年 (2015) [72 才]	4 月 23 日　高橋裕先生 日本のノーベル賞「日本国際賞」の受賞。 6 月 25 日　北陸地方整備局主催講演会にて「北陸地方の風土に刻された災害の宿命」と題して講演（北陸地方整備局） 7 月 7 日　「風土工学による絵本等創作活動」にて 第 17 回日本水大賞審査部門特別賞の受賞。 10 月 14 日　関東地方整備局主催講演会にて「日本の河川技術の系譜」と題して講演（関東地方整備局） 11 月 9 日　中国地方整備局主催講演会にて「中国地方の風土に刻された災害の宿命」と題して講演（広島合同庁舎） 11 月 12 日　平成 27 年度第 2 回 RIC 講演会にて「日本の河川技術のルーツを訪ねる」と題して講演（札幌エルプラザ） 12 月 11 日　近畿地方整備局主催『琵琶湖・瀬田川・宇治川の風土に関する講演会』にて「二湖物語・琵琶湖から巨椋池まで」と題して講演（大阪合同庁舎） 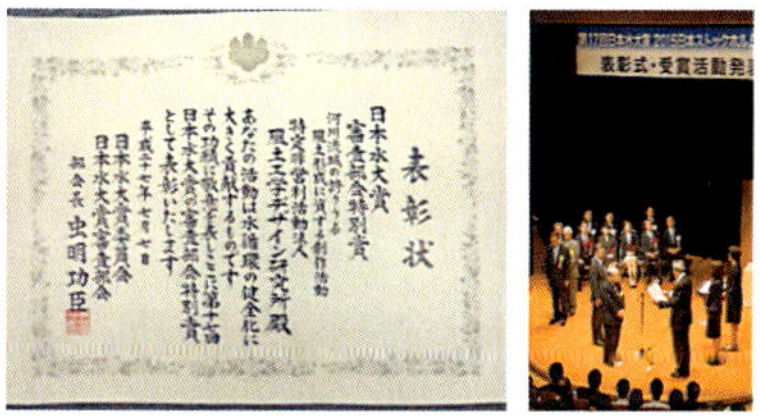 日本水大賞　特別賞受賞　2015.7.7	1 月 3 日　京都市積雪 22 センチ史上 3 位。 1 月 17 日　阪神淡路大震災から 20 年。 1 月 31 日　伊良部大橋（3540m）無料の橋として日本最長。 1 月 31 日　天竜川にかかる吊り橋。落橋。 3 月 7 日　山手トンネル・日本道路トンネルとして記録更新。 3 月 7 日　中央環状線全面開通。 3 月 14 日　北陸新幹線開業。 9 月 18 日　関東東北豪雨。鬼怒川決壊。 ○マンション基礎杭データ改ざん。 ○耐震ゴムデータ改ざん。	1 月 3 日　京都で観測史上 4 番目の積雪。 7 月 16 日　「安保」衆議院本会議で可決。 7 月 23 日　宇宙飛行士油井さんがソユーズで ISS（国際宇宙ステーション）へ。 8 月 6 日　広島原爆投下 70 年。 8 月 9 日　長崎原爆投下 70 年。 8 月 12 日　中国天津で爆発事故。 8 月 14 日　戦後 70 年談話。 ○ TPP 大筋合意。 ○マイナンバー制度始まる。 ○第 1 回一億総活躍国民会議開催。 ○フォルクスワーゲン排ガス不正問題発覚。 ○イギリスが中国製原子炉導入。
平成 28 年 (2016) [73 才]	2 月 6 日　第 137 回 六陵トークリレーにて「風土工学誕生物語―地域づくりに〝心〟を入れる工学」と題して講演（六陵会館） 4 月 9 日　安倍総理主催・「桜を見る会」新宿御苑に招待を受ける 5 月 18 日　「沖縄の風土に刻された災害の宿命」沖縄那覇で講演 8 月 17 日　東京六稜会主催「風土工学誕生物語」銀座ライオンで講演 9 月 30 日　学士会館「風土工学 20 周年感謝の会」開催	3 月 11 日　東日本大震災 5 周年。 3 月 26 日　北海道新幹線開業。 4 月 14 日～ 17 日　熊本大地震・震度 7 が 2 回発生。大分地震、九州新幹線脱線、阿蘇大橋落橋	1 月 29 日　マイナス金利・史上初。 6 月　18 歳以上に投票権。 8 月 11 日　新たな祝日「山の日」スタート。 8 月　ブラジル・リオオリンピック。

【二】著書・受賞

［1］著書一覧

単著

・『「甲斐路と富士川」―川をまもり・道を拓く―』１９９５・10 土木学会、山梨会
・『ダムのはなし』１９９６ 技報堂出版
・『湖水の文化史』シリーズ第1巻 わが町の宝・湖水と花 １９９６・７ 山海堂
・『湖水の文化史』シリーズ第2巻 湖畔の散歩道 １９９６・８ 山海堂
・『湖水の文化史』シリーズ3巻 湖畔に刻まれた歴史 １９９６・９ 山海堂
・『湖水の文化史』シリーズ第4巻 湖水誕生と文化 １９９６・10 山海堂
・『湖水の文化史』シリーズ第5巻 地図に刻まれる湖水と堤 １９９６・11山海堂
・『風土工学序説』１９９７ 技報堂出版
・『風土工学事始』１９９７ 土木学会山梨会
・『東洋の智慧の環境学―環境と風土を考える新しい視点』１９９８ ビジネス社
・『湖国の水のみち』１９９９ サンライズ出版
・『続・ダムのはなし』２００４ 技報堂出版
・『風土工学の視座』２００６ 技報堂出版
・『県の輪郭は風土を語る―かたちと名前の四七話』２００９ 技報堂出版
・『ダムは本当に不要なのか―国家百年の計から見た真実』２０１０ 近代科学社
・『環境防災学―文理シナジーの実学』２０１１・８ 技報堂出版
・『ダムと堤防―治水・現場からの検証』２０１１・９ 鹿島出版会
・『風土千年復興論』２０１３・２ ツーワンライフ社
・『風土工学への道』２０１６・７ ツーワンライフ社
・『風潮に見る風土』２０１６・７ ツーワンライフ社
・『風土工学誕生物語』２０１６・７ ツーワンライフ社

編著

・『建設環境 技術士を目指して』（建設部門）第11巻 １９９５・６山海堂
・『実務者のための「建設環境技術」』１９９５・７ 山海堂
・『自然になじむ山岳道路 ダム付替道路を事例として―』（編集委員長）１９９７・10 国土開発技術研究センター、山海堂
・『最新地盤注入工法技術総覧 第2編 岩盤注入工法』（編集副委員長）１９９７・10 産業技術サービスセンター
・『鋼製ゲート百選』２０００ 技報堂出版
・『風土工学への招待』２０００ 山海堂
・『風土と地域づくり―風土を見つめる感性を育む』２００３ ブレーン出版
・『水門工学』２００４ 技報堂出版
・『市民環境工学 第3巻 風土工学』２００４ 山海堂
・『建設環境―技術士を目指して』２００９ 理工図書
・『技術士への道 専門科目』２０１０ 近代科学社

共著

・『水土理の夢・未来 ―Ｗａｔｅｒ＆Ｎａｔｕｒｅ Ａｒｔ― ニューコンストラクションシリーズ第6巻』１９９４・3山海堂
・『ダム・堰と湖水の景観』１９９４・11 山海堂
・『景観十年・風景百年・風土千年』１９９７ 蒼洋社
・『環境共生ポケットブック』１９９９ 山海堂
・『職人と匠』２０００ 技報堂出版
・『土工事ポケットブック』２０００・4山海堂
・『鬼かけっこ物語』２００２ 岩手県北上市

執筆分担

・『ダム施工法 土木施工講座10巻』１９７８・９ 山海堂
・『「土木工学ポケットブック」「第21編 ダム」』１９８０・11山海堂
・『ダム施工」 新体系土木工学76』１９８０・12 土木学会
・『「ＲＣＤ工法によるダム施工」「ＲＣＤ工法技術指針案」「写真で見るＲＣＤ工法によるダム施工」』１９８１・7山海堂
・『「多目的ダムの計画と調査」 全建シリーズ第21巻』１９８１・8全日本建設技術協会
・『「水源地対策便覧」（解説編）（資料編）』１９８２・5国土開発技術研究センター
・『日本の河川 第11章 河川行政の今後の課題』１９８２・12（社）建設広報協議会
・『最新土木工法事典 土木工法編集委員会』１９８２・12産業調査会
・『コンクリートダムの細部技術』１９８３・2 ダム技術センター
・『工事災害と安全対策 新体系土木工学 別巻』１９８３・12 土木学会
・『ダム施工の実際 全建シリーズ第22巻』１９８４・3全日本建設技術協会
・『ゲート総覧Ⅰ（ダム技術の歴史）』１９８７・11ダム堰施設技術協会
・『多目的ダムの建設 Ｓ６２年全5巻 第1巻 計画行政編、第5巻 施工編』１９８８・2ダム技術センター
・『土木工学ハンドブック第四版 第43章 河川、第63章 水資源システム』１９８９・11 土木学会編、技報堂出版
・『堰の設計』１９９０・1山海堂
・『ゲート総覧Ⅱ（ゲートバルブ総論）』１９９０・2ダム堰施設技術協会
・『湖沼工学』１９９０・3山海堂
・『ＲＣＤ工法の手引』１９９０・6日本ダム協会
・『ダム堰施設技術基準』（第一次案）１９９０・9ダム堰施設技術協会
・『ダムの景観設計―重力式コンクリートダム―』１９９１・1国土開発技術研究センター
・『現場技術者のための新版 ダム工事ポケットブック』１９９１・4山海堂
・『魚道の設計』１９９１・12山海堂
・『河川総合開発用語集』１９９３・10ダム技術センター
・『貯水池周辺のすべり調査と対策』１９９５・9山海堂、編集 国土開発技術センター
・『改訂 ダム貯水池水質調査要領』１９９６・2 ダム水源地環境整備センター、山海堂
・『水文・水資源ハンドブック 水資源編』１９９７・10 朝倉書店
・『最新魚道の設計（魚道と関連施設）』１９９８・6 信山社サイテック
・『土木設計便覧 第25章 ダム』１９９８・9 丸善
・『加藤清正 築城と治水』２００６・5冨山房インターナショナル
・『富士山を知る辞典』２０１２・5日外アソシエーツ
・『甲府文芸遊歩―甲府文芸講座集―』２０１３・12 第28回国民文化祭甲府市実行委員会（Ｐ11執筆分担）

［2］表彰・受賞一覧

・平成5年（1993）7月3日　建設大臣研究業績表彰（「ダム・堰技術の高度化と水歴史文化に関する研究」）
・平成9年（1997）5月　ダム工学会論文賞
・平成10年（1998）4月15日 科学技術庁長官賞第1回科学技術普及啓発功績者（「地域環境に適した土木工学手法の確立とその普及啓発」）
・平成10年（1998）6月9日 前田工学賞 第5回年間優秀博士論文賞
・平成10年（1998）10月3日 埼玉県秩父市のループ橋の愛称名公募で最優秀賞（「雷電廿六木橋」）
・平成14年（2002）3月30日 北上市教育委員会創作民話公募で最優秀賞（「鬼翔平物語」）
・平成14年（2002）1月　土木学会景観デザイン委員会デザイン賞優秀賞（中筋川ダム）
・平成15年（2003）5月27日 ダム工学会技術開発賞（引張ラジアルゲートの開発）
・平成15年（2003）7月10日 国土交通大臣建設功労者表彰
・平成16年（2004）9月9日 日本感性工学会賞出版賞（『風土と地域づくり—風土を見つめる感性を育む』）
・平成17年（2005）5月20日 ダム工学会著作賞（『ダムのはなし』『続ダムのはなし』）
・平成18年（2006）9月14日 日本感性工学会賞出版賞（『風土工学〈市民環境工学シリーズ第3巻〉』）
・平成21年（2009）11月16日 日本橋カルタ公募ルネッサンス特別賞
・平成22年（2010）9月11日 日本感性工学会出版著作賞アイデア賞（『県の輪郭は風土を語る—かたちと名前の四七話』）
・平成23年（2011）5月12日 ダム工学会出版賞（『ダムは本当に不要なのか』）
・平成24年（2012）3月17日『山陰ジオパークかるた』入選
・平成25年（2013）6月1日 富士学会功労者表彰受賞
・平成25年（2013）7月19日 国土交通省近畿地方整備局大和川河川事務所『優良業務表彰・優良技術者表彰』を受賞
・平成26年（2014）4月29日 瑞宝小綬章を受章
・平成26年（2014）5月15日 ダム工学会功績者表彰
・平成27年（2015）7月7日 日本水大賞特別賞受賞 JAPAN WATER PRIZE

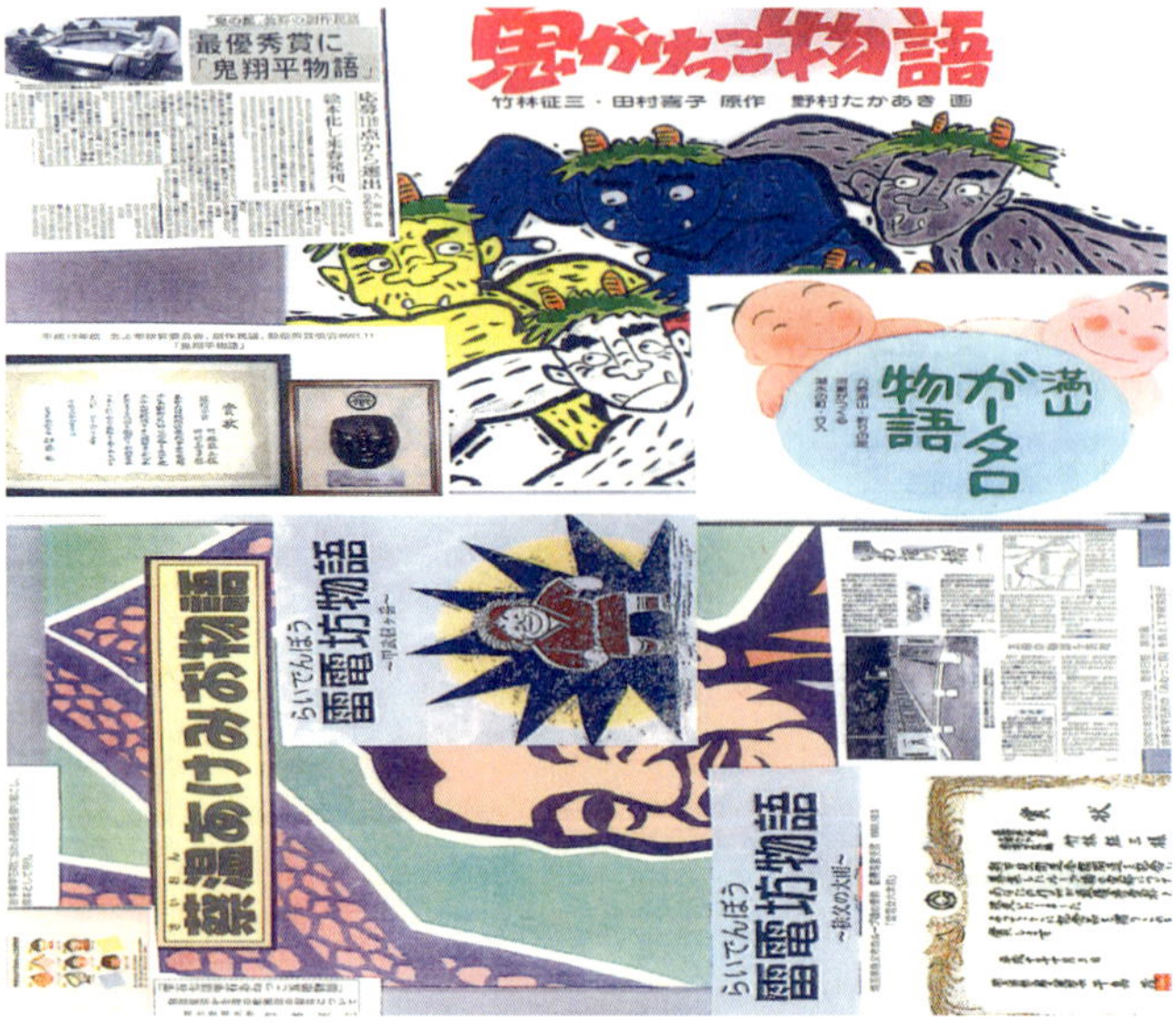

風土形成に資する物語の絵本等の創作活動

【三】履歴

［1］竹林征三の履歴書

◎生年月日　昭和18年（1943）9月16日
◎出生地　兵庫県西宮市甲陽園
・大阪市立加島小学校入学　昭和25年（1950）4月
・大阪市立加島小学校卒業　昭和31年（1956）3月
・大阪市立美津島中学校入学　昭和31年4月
・大阪市立美津島中学校卒業　昭和34年（1959）3月
・大阪府立北野高等学校入学　昭和34年4月
・大阪府立北野高等学校卒業　昭和37年（1962）3月
・京都大学工学部土木工学科入学　昭和38年（1963）4月
・京都大学工学部土木工学科卒業　昭和42年（1967）3月
・京都大学大学院工学研究科修士課程入学　昭和42年4月
・京都大学大学院工学研究科修士課程修了　昭和44年（1969）3月
・建設省大臣官房人事課入省　昭和44年4月
・和歌山県土木部和歌山土木事務所和歌山班工務課　昭和44年4月
・和歌山県土木部砂防利水課利水係　昭和45年（1970）10月
・建設省河川局開発課補助技術係長　昭和47年（1972）4月
・建設省河川局開発課直轄技術係長　昭和49年（1974）4月
・近畿地方建設局真名川ダム工事事務所工務課長　昭和50年（1975）4月
・近畿地方建設局真名川ダム工事事務所調査設計課長
・近畿地方建設局河川部河川計画課課長補佐　昭和52年（1977）2月
・建設省土木研究所企画部ダム計画官　昭和52年8月
・近畿地方建設局河川部河川計画課長　昭和53年（1978）11月
・建設省河川局開発課水源地対策室課長補佐　昭和55年（1980）6月
・建設省河川局開発課課長補佐（企画調整担当）昭和56年（1981）4月
・建設省河川局河川計画課課長補佐　昭和57年（1982）7月
・（財団法人）ダム技術センター企画課長　昭和57年11月
・近畿地方建設局琵琶湖工事事務所所長　昭和59年（1984）4月
・関東地方建設局甲府工事事務所所長　昭和61年（1986）4月
・建設省河川局開発課建設専門官　昭和62年9月（1987）
・建設省河川局開発課開発調整官　平成1年（1989）2月
・建設省土木研究所ダム部長　平成3年（1991）4月
・建設省土木研究所環境部長　平成6年（1994）4月
・建設省土木研究所地質官　平成8年（1996）4月
・建設省退官　平成9年（1997）3月
・京都大学工学博士　平成8年（1996）
・東京工業大学大学院理工学研究科非常勤講師　平成7年（1995）
・東洋大学環境建設学科非常勤講師
平成8年（1996）〜平成10年（1998）
・鳥取大学工学部非常勤講師　平成9年（1997）
・山口大学大学院理工学研究科非常勤講師
平成22年〜平成23年（2011）
・（財団法人）土木研究センター・風土工学研究所長平成9年（1997）4月
・富士常葉大学環境防災学部教授・風土工学研究所所長
平成12年（2000）4月1日
・NPO法人風土工学デザイン研究所設立、平成13年（2001）4月
・（財団法人）土木研究センター・風土工学研究所閉所
平成15年（2003）3月31日
・富士常葉大学・退任、客員教授、平成21年（2009）
・富士常葉大学名誉教授　称号授与　平成22年（2010）5月12日
・富士常葉大学附属風土工学研究所閉所　平成23年（2011）3月31日

・ＮＰＯ法人風土工学デザイン研究所理事長・環境防災研究長就任
平成23年（２０１１）10月1日
・山口大学時間研究所・客員教授
平成24年（２０１２）年度～平成25（２０１３）年度
◎国際日本文化センター・共同研究員
（1）日本文明史の再建　21世紀環境経済文明　産官学プロジェクト
平成17年～21年　研究者代表　安田喜憲
（2）生命文明の時代を創造する。
平成22年～23年　研究者代表　安田喜憲
◎日本ダム協会ダムマイスター
第一期　平成22年11月1日～平成24年3月31日
第二期　平成24年4月1日～平成26年3月31日
第三期　平成26年4月1日～平成28年3月31日
◎審議会関係
（1）富士市都市計画審議会・会長（2期4年間）
平成12年11月28日～平成16年11月27日
（2）静岡県事業認定審議会・会長（5期10年間）
平成14年9月11日～平成24年9月10日

風土五訓

一、五感で感受し、六感で磨き、その深さを増す内に秘めたる、地域の個性、地域の誇り、それが　風土なり

一、そこに住む人々の深き思いに、思いの度合いに応じ答えてくれ、他の地の者が、違いを認知すれば、より光る地域の個性、それが風土なり

一、地域の人々の心を豊かに育み、その地の文化の花を咲かせてくれる、風のはばたき、それが風土なり

一、悠久の時の流れで形成され、自己の存在を認識させてくれる外界　自己了解のもと、自己の自由なる形成に向かわせてくれる外界　それが風土なり

一、そこで住む人々とその地が発し、人々の感性をゆり動かす、そこはかとなく漂う、ほのかなゆかしい波動　それが風土なり

風土工学への道

── 挫折の人生から生まれた起死回生の工学論 ──

定価2,037円+税

2016年7月15日　1版1刷発行

ISBN 978-4-907-161-67-5

著　者　竹林征三

特定非営利活動法人　風土工学デザイン研究所

〒101-0054　千代田区神田錦町1-23 宗保第2ビル7階

TEL：03-5283-5711　FAX：03-3296-9231

E-mail : design@npo-fuudo.or.jp

発行人　細矢定雄

発行所　有限会社ツーワンライフ

〒028-3621　岩手県紫波郡矢巾町広宮沢10-513-19

TEL：019-681-8121　FAX：019-681-8120